普通高等教育“十二五”规划教材

化工原理课程设计

（第二版）

马江权　冷一欣　主编

中国石化出版社

内 容 提 要

本书是高等院校化工原理课程设计教材，内容包括：课程设计基础知识、换热器设计、板式塔设计、填料塔设计和 Aspen Plus 在化工设计计算中的应用。本书强调设计的规范性，注重理论与实践的密切结合，所介绍的单元过程都有详细的设计示例，设计示例多且具有工业生产或科研实践的背景，并附设计任务书数则，可供不同专业课程设计时选用，便于学习者较快地掌握设计的基本方法和技巧。

本书可作为高等院校化学工程、制药工程、应用化学、轻化工程、材料化学、生物工程、过程装备与控制、环境工程、安全工程等相关专业的化工原理课程设计教材，亦可作为相关领域科研、设计、生产管理部门相关人员的参考书。

图书在版编目（CIP）数据

化工原理课程设计 / 马江权，冷一欣主编 . —2 版 .
—北京：中国石化出版社，2011. 1（2019. 7 重印）
ISBN 978-7-5114-0698-9

Ⅰ. ①化… Ⅱ. ①马… ②冷… Ⅲ. ①化工原理-课程设计-高等学校-教学参考资料 Ⅳ. TQ02-41

中国版本图书馆 CIP 数据核字（2010）第 226717 号

中国石化出版社出版发行

地址：北京市朝阳区吉市口路 9 号
邮编：100020　电话：(010)59964500
发行部电话：(010)59964526
http://www. sinopec-press. com
E-mail：press@ sinopec. com
北京科信印刷有限公司印刷
全国各地新华书店经销

*

787×1092 毫米 16 开本 17 印张 406 千字
2019 年 7 月第 2 版第 12 次印刷
定价：38. 00 元

前　言

化工原理课程设计是化学化工及相关专业学生学习化工原理课程必修的(化工原理理论课、化工原理实验课以及化工原理课程设计)三大环节之一，是综合应用本门课程和有关先修课程所学知识，完成以某一单元操作为主的一次综合性设计实践。

对于化工单元操作的设计，一方面要求综合应用物理、化学、化工原理和机械制图等课程的理论知识，以决定工艺流程、确定设备结构并计算设备尺寸，另一方面又要根据设计对象的具体特征，凭借设计者的经验(或借鉴前人的经验)，了解设计的诀窍，对过程和设备参数作合理地选择和优化。后者往往成为设计能否成功的关键所在，也是设计区别于习题(或大型作业)的重要方面。因此，一本好的、有典型实例的设计教材，无疑将有助于学生掌握设计的基本方法和锻炼学生的设计能力。

在本书的编写过程中，我们吸收了二十多年来课程设计教学改革的经验和工程实践的成果，力求在内容和体系上有新意。与传统的《化工原理课程设计》教材相比，本书更注重理论对于工程设计的指导作用，引入技术经济分析评价的概念，强调在设计过程中采用现代化的设计手段和方法，力求达到过程参数和设备参数的优化，使学生初步建立"效益"观念。在选材上，我们本着"加强基础、增强专业适用性、培养创新能力"的主导思想，以精馏塔和吸收塔设计为主，附以换热器设计，从宏观上训练学生对各类精馏塔(浮阀塔、筛板塔、填料塔等)、不同物系条件下不同类精馏塔、同一物系条件下不同类精馏塔以及不同设计条件下精馏塔尺寸的变化规律等的设计过程，从微观上训练学生对一个设计条件下工作的同时，对不同设计条件下精馏塔尺寸变化规律的求解。在处理方法上，注重理论与实践的密切结合，设计示例多具有工业生产或科研实践的背景，有利于培养学生的工程观点和分析解决工程实际问题的能力，开发智力，增强创新意识。所介绍的单元过程都有设计示例，并附设计任务数则，可供不同专业课程设计时选用。

鉴于目前大型设计院都采用 Aspen Plus 进行工艺设计，本教材介绍了大型流程模拟设计计算软件 Aspen Plus，并在换热器、精馏塔工艺流程的计算模拟方面进行了较为详细的讲解，有典型的示例，是本书的一大亮点，对从事化工设计、开发的人员也非常有帮助。

本书是按照化工原理课程教学的基本要求，并根据多年来化工原理课程设计的教学成果编写而成的，同时也参考吸取了兄弟院校的宝贵经验。本书由马江权、冷一欣主编统稿，姚超、魏科年、王岚、杨德明、韶晖和王茂华等多位教师参加了教材的编写，常州大学化工设计研究院总工范正明高级工程师对图纸进行了校订，杜郢教授对全书进行了审核，提出了很多宝贵意见。在这里，我们对以各种形式帮助过本书出版的单位和个人表达深深的敬意和谢意。

限于编者的水平和经验，书中错误和不妥之处在所难免，恳请读者批评指正，以便我们在今后的工作中加以改进。

目 录

第 1 章　课程设计基础知识 ……………………………………………… (1)
1.1　课程设计的目的、要求和内容 ……………………………………… (1)
1.1.1　课程设计的目的要求 ……………………………………………… (1)
1.1.2　课程设计的内容 …………………………………………………… (2)
1.2　化工生产工艺流程设计 ……………………………………………… (3)
1.2.1　工艺流程图中常见的图形符号 …………………………………… (3)
1.2.2　工艺流程设计 ……………………………………………………… (7)
1.2.3　工艺设计包内容 …………………………………………………… (10)
1.2.4　工艺流程说明 ……………………………………………………… (16)
1.2.5　工艺流程图(PFD) ………………………………………………… (16)
1.2.6　工艺流程设计的基本原则 ………………………………………… (17)
1.3　设备设计 ……………………………………………………………… (17)
1.3.1　设备工艺条件图 …………………………………………………… (17)
1.3.2　装配图 ……………………………………………………………… (18)
1.4　设计图纸的规定和要求 ……………………………………………… (22)
1.4.1　制图的一般规定 …………………………………………………… (22)
1.4.2　带控制点工艺流程图的绘制 ……………………………………… (23)
1.4.3　物料流程图的绘制 ………………………………………………… (26)
1.4.4　设备布置图的绘制 ………………………………………………… (27)
1.5　典型单元设备的控制流程设计 ……………………………………… (28)
1.5.1　输送设备的控制流程设计 ………………………………………… (28)
1.5.2　传热设备的控制流程设计 ………………………………………… (31)
1.5.3　精馏塔的控制流程 ………………………………………………… (33)
1.6　化工过程技术经济评价的基本概念 ………………………………… (39)
1.6.1　技术评价指标 ……………………………………………………… (39)
1.6.2　经济评价指标 ……………………………………………………… (39)
1.6.3　工程项目投资估算 ………………………………………………… (40)
1.6.4　化工产品的成本估算 ……………………………………………… (42)
1.6.5　利润和利润率 ……………………………………………………… (44)
1.7　化工设备设计的最优化 ……………………………………………… (44)
1.8　计算机在化工设计中的应用 ………………………………………… (45)
1.9　物性数据 ……………………………………………………………… (46)
第 2 章　换热器设计 ……………………………………………………… (48)
2.1　概述 …………………………………………………………………… (48)
2.2　列管式换热器的设计 ………………………………………………… (50)
2.2.1　设计方案的确定 …………………………………………………… (51)

2.2.2 列管式换热器的结构 …… (56)
2.2.3 列管式换热器的设计计算 …… (61)
2.3 换热器的优化设计 …… (68)
2.4 无相变化列管换热器设计示例 …… (69)
2.4.1 确定设计方案 …… (70)
2.4.2 确定物性数据 …… (70)
2.4.3 计算总传热系数 …… (70)
2.4.4 计算传热面积 …… (71)
2.4.5 工艺结构尺寸的计算 …… (71)
2.4.6 换热器核算 …… (72)
2.5 再沸器工艺设计及设计示例 …… (75)
2.5.1 再沸器基础知识 …… (75)
2.5.2 釜式再沸器设计 …… (77)
2.5.3 釜式再沸器设计示例 …… (81)
2.6 冷凝器工艺设计及设计示例 …… (84)
2.6.1 冷凝器基础知识 …… (84)
2.6.2 冷凝器设计示例 …… (86)
2.7 换热器设计任务书 …… (89)
2.7.1 煤油冷却器的设计任务书 …… (89)
2.7.2 乙醇-水精馏塔顶产品冷凝器的设计任务书 …… (90)
2.7.3 正戊烷冷凝器的设计任务书 …… (92)
第3章 板式塔设计 …… (95)
3.1 概述 …… (96)
3.1.1 塔设备的类型 …… (96)
3.1.2 板式塔与填料塔的比较及选型 …… (96)
3.2 板式塔的设计 …… (97)
3.2.1 设计方案的确定 …… (98)
3.2.2 塔板的类型与选择 …… (99)
3.2.3 板式塔的塔体工艺尺寸计算 …… (102)
3.2.4 板式塔的塔板工艺尺寸计算 …… (104)
3.2.5 塔板的流体力学计算 …… (111)
3.2.6 塔板的负荷性能图 …… (115)
3.2.7 板式塔的结构与附属设备 …… (115)
3.3 精馏塔优化设计 …… (121)
3.3.1 精馏塔优化设计的目标函数 …… (121)
3.3.2 目标函数的求解 …… (125)
3.4 浮阀精馏塔设计示例 …… (128)
3.4.1 化工原理课程设计任务书 …… (128)
3.4.2 塔板的工艺设计 …… (129)
3.4.3 塔板的流体力学计算 …… (137)

3.4.4 塔附件设计 …… (141)
3.4.5 塔总体高度的设计 …… (144)
3.4.6 附属设备设计 …… (144)
3.5 筛板精馏塔设计示例 …… (146)
3.5.1 化工原理课程设计任务书 …… (146)
3.5.2 设计计算 …… (146)
3.6 板式塔设计任务书 …… (156)
3.6.1 苯-甲苯混合液筛板(浮阀)精馏塔设计 …… (156)
3.6.2 乙醇-水混合液精馏塔设计任务书 …… (159)
3.6.3 苯-氯苯分离过程板式精馏塔设计任务书 …… (163)
3.6.4 乙烯-乙烷、丙烯-丙烷板式精馏塔设计任务书 …… (165)
3.6.5 甲醇-水溶液连续精馏塔设计任务书 …… (166)
3.6.6 常压分离环己醇-苯酚连续操作筛板精馏塔的工艺设计任务书 …… (166)
第4章 填料塔设计 …… (168)
4.1 填料塔设计 …… (169)
4.1.1 设计方案的确定 …… (169)
4.1.2 填料的类型与选择 …… (171)
4.1.3 填料塔工艺尺寸的计算 …… (174)
4.1.4 填料层压降的计算 …… (181)
4.1.5 填料塔内件的类型与设计 …… (182)
4.2 填料吸收塔设计示例 …… (184)
4.2.1 填料吸收塔示例1——水吸收SO_2填料塔的工艺设计 …… (184)
4.2.2 填料吸收塔示例2——碳酸丙烯酯脱碳填料塔的工艺设计 …… (190)
4.3 填料精馏塔设计示例 …… (202)
4.3.1 课程设计任务书 …… (202)
4.3.2 前言 …… (202)
4.3.3 流程确定和说明 …… (203)
4.3.4 精馏塔设计计算 …… (204)
4.3.5 附属设备及主要附件的选型计算 …… (214)
4.3.6 精馏塔主要设计参数汇总表 …… (217)
4.4 填料塔设计任务书 …… (218)
4.4.1 甲醇-水分离过程填料精馏塔设计 …… (218)
4.4.2 水吸收氨过程填料吸收塔设计 …… (219)
4.4.3 水吸收丙酮过程填料吸收塔设计 …… (220)
4.4.4 丙酮-水填料精馏塔设计 …… (222)
第5章 Aspen Plus在化工设计计算中的应用 …… (223)
5.1 Aspen Plus简介 …… (223)
5.1.1 Aspen Plus的主要功能和特点 …… (223)
5.1.2 Aspen Plus的物性数据库 …… (223)
5.1.3 Aspen Plus的热力学模型 …… (224)

5.1.4 Aspen Plus 的物性分析工具 …… (225)
5.1.5 Aspen Plus 的单元模型库 …… (225)
5.2 Aspen Plus 基本操作 …… (225)
5.2.1 Aspen Plus 的启动 …… (225)
5.2.2 Aspen Plus 的流程设置 …… (226)
5.2.3 物流数据及其他数据的输入 …… (227)
5.2.4 结果的输出 …… (227)
5.2.5 灵敏度分析和设计规定 …… (228)
5.2.6 物性分析和物性估算 …… (228)
5.2.7 物性数据回归 …… (228)
5.3 Aspen Plus 换热器计算中的单元模块 …… (229)
5.3.1 Heater 模型 …… (229)
5.3.2 HeatX 换热器模型 …… (230)
5.4 Aspen Plus 塔设备计算中的单元模块 …… (236)
5.4.1 DSTWU 模块 …… (236)
5.4.2 RadFrac 模块 …… (237)
5.5 Aspen Plus 应用实例 …… (241)
5.5.1 二元混合物连续精馏的计算 …… (241)
5.5.2 三元混合物连续精馏的计算 …… (245)
5.5.3 乙醇-水-苯恒沸精馏的计算 …… (247)
5.6 Aspen Plus 设计任务书 …… (249)
5.6.1 用 Aspen Plus 进行精馏塔设计任务书 …… (249)
5.6.2 用 Aspen Plus 进行填料吸收塔设计任务书 …… (250)
附录1 精馏塔的设计任务书 …… (251)
附录2 化工原理课程设计评分标准 …… (254)
附录3 带控制点工艺流程图 …… (256)
附录4 列管换热器装配图 …… (257)
附录5 填料吸收塔装配图 …… (258)
附录6 填料精馏塔装配图 …… (259)
附录7 浮阀精馏塔装配图 …… (260)
参考文献 …… (261)

第1章 课程设计基础知识

设计是工程建设的灵魂，对工程建设起着主导和决定性的作用，决定着工业现代化的水平。工程设计是科研成果转化为现实生产力的桥梁和纽带，工业科研成果只有通过设计，才能转化为现实的工业化生产力。化工设计是一项政策性很强的工作，它涉及政治、经济、技术、环保、法规等诸多方面，而且还会涉及多专业及多学科的交叉、综合和相互协调，是集体性的劳动。先进的设计思想、科学的设计方法和优秀的设计作品是工程设计人员应坚持的设计方向和追求的目标。在化工设计中，化工单元设备的设计是整个化工过程和装置设计的核心和基础，并贯穿于设计过程的始终，作为化工类的本科生及研究生，熟练掌握化工单元设备的设计方法是十分重要的。

1.1 课程设计的目的、要求和内容

1.1.1 课程设计的目的要求

课程设计是本课程教学中综合性和实践性较强的教学环节，是理论联系实际的桥梁，是使学生体察工程实际问题复杂性、学习化工设计基本知识的初次尝试。通过课程设计，要求学生能综合运用本课程和前修课程的基本知识，进行融会贯通的独立思考，在规定的时间内完成指定的化工设计任务，从而得到化工工程设计的初步训练。通过课程设计，要求学生了解工程设计的基本内容，掌握化工设计的程序和方法，培养学生分析和解决工程实际问题的能力。同时，通过课程设计，还可以使学生树立正确的设计思想，培养实事求是、严肃认真、高度责任感的工作作风。在当前大多数学生结业工作以论文为主的情况下，通过课程设计培养学生的设计能力和严谨的科学作风就更为重要了。

课程设计不同于平时的作业，在设计中需要学生自己做出决策，即自己确定方案、选择流程、查取资料、进行过程和设备计算，并要对自己的选择做出论证和核算，经过反复的分析比较，择优选定最理想的方案和合理的设计。所以，课程设计是增强工程观念、培养提高学生独立工作能力的有益实践。

通过课程设计，学生应在下列几个方面得到较好的培养和训练。

① 查阅资料、选用公式和收集数据的能力。通常设计任务书给出后，有许多数据需要设计者去收集，有些物性参数要查取或估算，计算公式也要由设计者自行选用。这就要求设计者运用各方面的知识，详细而全面地考虑后方能确定。当缺乏必要数据时，尚需要自己通过实验测定或到生产现场进行实际查定。

② 在兼顾技术上先进性、可行性，经济上合理性的前提下，综合分析设计任务要求，确定化工工艺流程，进行设备选型，并提出保证过程正常、安全运行所需的检测和计量参数，同时还要考虑改善劳动条件和环境保护的有效措施。

③ 正确、迅速地进行工程计算。设计计算是一个反复试算的过程，计算的工作量很大，因此应同样强调“正确”与“迅速”。

④ 掌握化工设计的基本程序和方法。学会用简洁的文字和适当的图表表示自己的设计思想。

1.1.2 课程设计的内容

课程设计一般包括如下内容：

(1) 设计方案的选定

根据设计任务书所提供的条件和要求，通过对现有生产的现场调查或对现有资料的分析对比，选定适宜的流程方案和设备类型，初步确定工艺流程。对给定或选定的工艺流程、主要设备的形式进行简要的论述。

(2) 主要设备的工艺设计

选定工艺参数，进行物料衡算，能量衡算，单元操作的工艺计算。绘制带控制点的工艺流程简图，标出主体设备和辅助设备的物料流向、物料量、能流量和主要化工参数测量点。

(3) 设备设计

设备的结构尺寸和工艺尺寸的设计计算，绘制主体设备的设计条件图，图面应包括设备的主要工艺尺寸、技术特性表和接管表。

(4) 典型辅助设备的选型和计算

包括典型辅助设备的主要工艺尺寸计算和设备型号规格的选定。

(5) 设计说明书的编写

完整的课程设计报告由说明书和图纸两部分组成。设计说明书中应包括所有论述、原始数据、计算、表格等，编排顺序如下。

① 标题页：用粗体字写明设计题目；

② 设计任务书；

③ 说明书目录；

④ 绪论：设计任务的意义，设计方案简介，设计结果简述；

⑤ 装置的工艺计算：物料与热量衡算，主要设备尺寸计算；

⑥ 工艺计算及主体设备设计；

⑦ 辅助设备的选择：机泵规格，储槽形式与容积，换热器形式与换热面积等；

⑧ 设计结果概要或设计一览表；

⑨ 结束语：对本设计的总结、收获、改进和建议等；

⑩ 附图(带控制点的工艺流程简图、主体设备设计条件图)；

⑪ 参考文献；

⑫ 主要符号说明。

整个设计由论述、计算、图表和图纸几部分组成。论述应该条理清晰、观点明确；计算要求方法正确，误差小于设计要求，计算公式和所用数据必须注明出处；说明书中所有公式必须写明编号，所有符号必须注明意义和单位；图表应能简要表达计算的结果。

对设计图纸要求如下：

(1) 流程图

本设计要求画“生产装置工艺流程图”或“单元设备物料流程图”一张，图纸的大小为 A2 (594 mm×420 mm)或 A3(420 mm×297 mm)。本图应表示出装置或单元设备中所有的设备和仪器，以线条和箭头表示物料流向。

设备以细实线画出外形并简略表示内部结构特征，大致表明各设备的相对位置。设备的位号、名称注在相应设备图形的上方或下方，或以引线引出设备编号，在专栏中注明各设备的位号、名称等。管道以粗实线表示，物料流向以箭头表示（流向习惯为从左向右）。辅助物料（如冷却水、加热蒸汽等）的管线以较细的线条表示。

(2) 设备图

本设计要求画主要设备工艺条件图一张，表示其结构形状、尺寸（表示设备特性的尺寸，如圆筒形设备的直径、装配尺寸等）。

设备工艺条件图基本内容有：

① 视图：一般用主（正）视图、剖面图或俯视图表示设备主要结构形状；

② 尺寸：图上应注明设备直径、高度以及表示设备总体大小和规格的尺寸。

1.2　化工生产工艺流程设计

化工生产工艺流程设计是所有化工装置设计中最先着手的工作，由浅入深、由定性到定量逐步分阶段依次进行，而且它贯穿于设计的整个过程。工艺流程设计的目的是在确定生产方法之后，以流程图的形式表示出由原料到成品的整个生产过程中物料被加工的顺序以及各股物料的流向，同时表示出生产中所采用的化学反应、化工单元操作及设备之间的联系，据此可进一步制定化工管道流程和计量-控制流程，这是化工过程技术经济评价的依据。

1.2.1　工艺流程图中常见的图形符号

(1) 常见设备图形符号

设备示意图用细实线画出设备外形和主要内部特征。目前，设备的图形符号已有统一规定，见表 1-1。图上应标注设备的位号及名称。设备分类代号见表 1-2。

表 1-1　工艺流程图中装备、机器图例（HG/T 20519.31—2009）（摘录）

类　别	代　号	图　例
塔	T	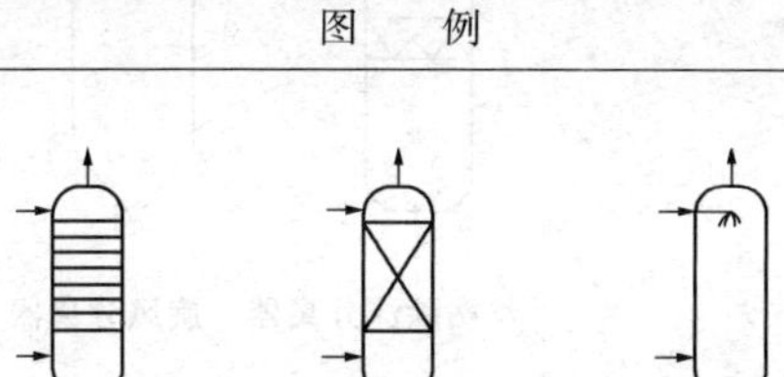 板式塔　填料塔　喷洒塔
反应器	R	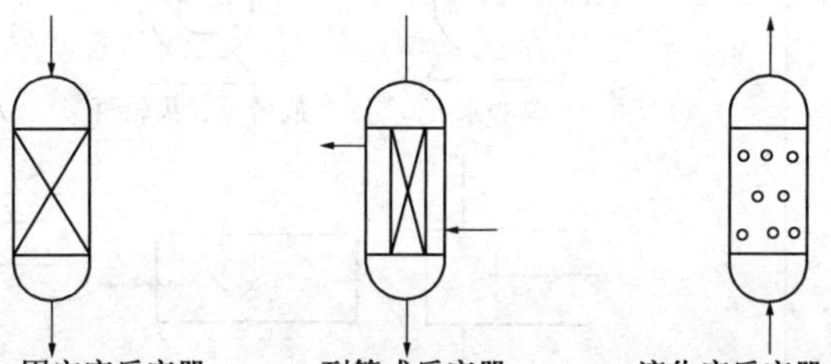 固定床反应器　列管式反应器　流化床反应器

续表

类　别	代　号	图　例
换热器	E	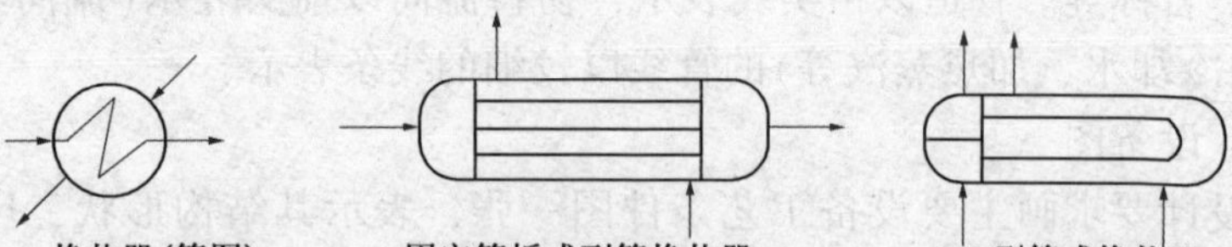 换热器(简图)　固定管板式列管换热器　U型管式换热器 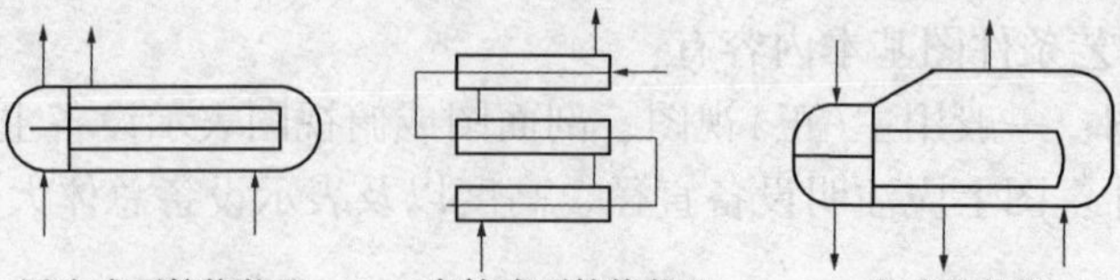 浮头式列管换热器　套管式列管换热器　釜式换热器
工业炉	F	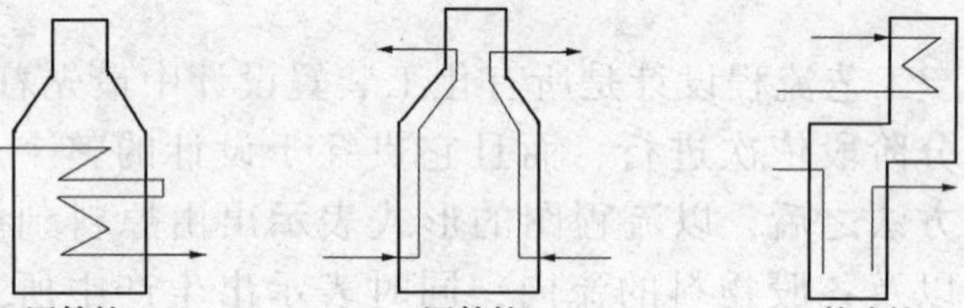 圆筒炉　圆筒炉　箱式炉
容器	V	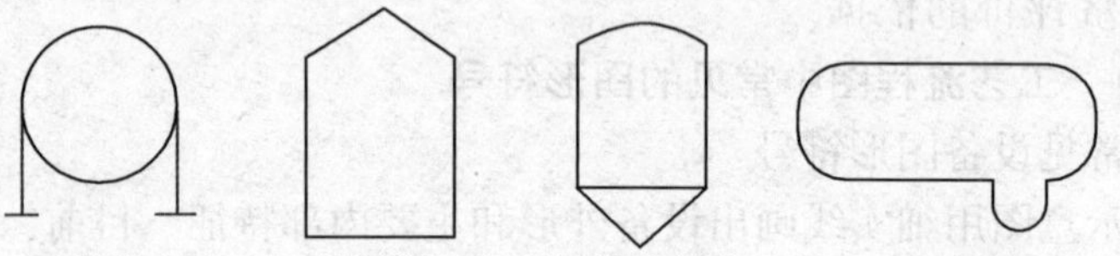 球罐　锥顶罐　圆形锥底容器　卧式容器 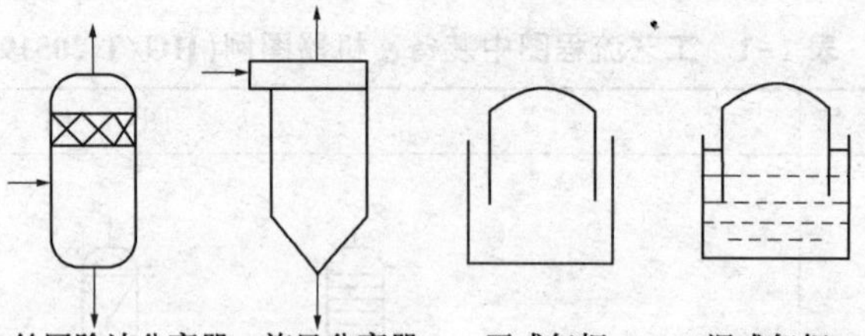 丝网除沫分离器　旋风分离器　干式气柜　湿式气柜
泵	P	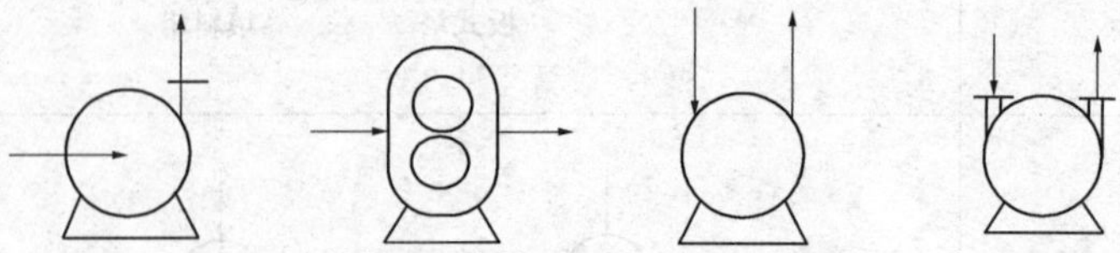 离心泵　旋转泵、齿轮泵　水环式真空泵　旋涡泵 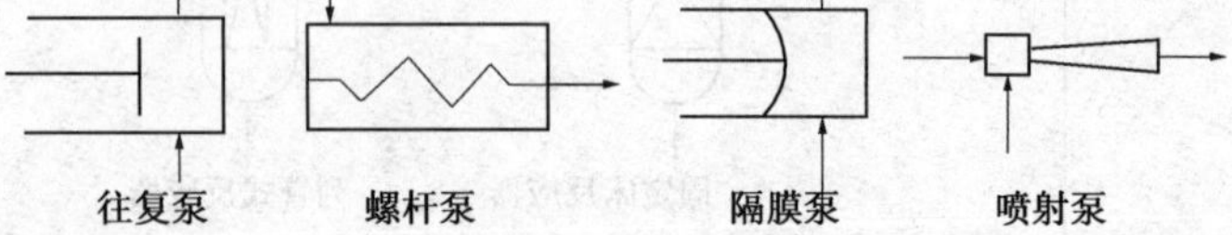 往复泵　螺杆泵　隔膜泵　喷射泵

续表

类别	代号	图例
压缩机	C	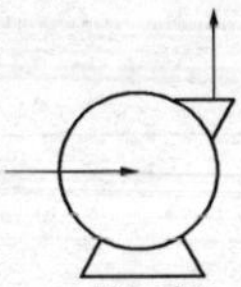 鼓风机 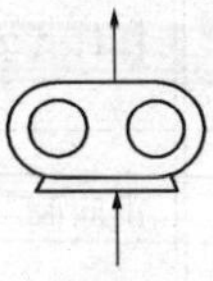 卧式 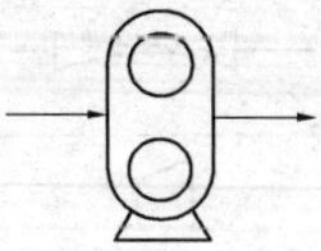 立式 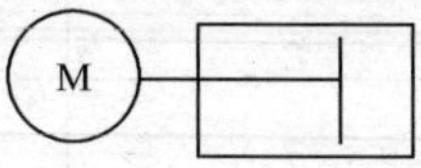 往复式压缩机 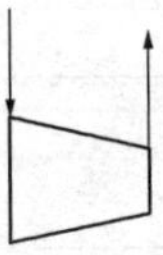 离心式 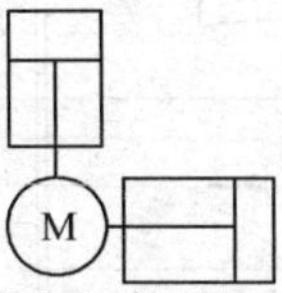 二段往复式压缩机(L型) 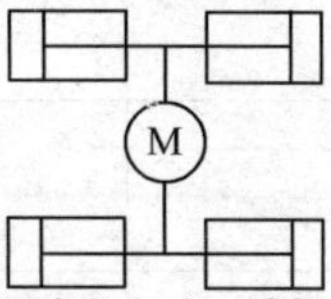 四段往复式压缩机
其他机械	M	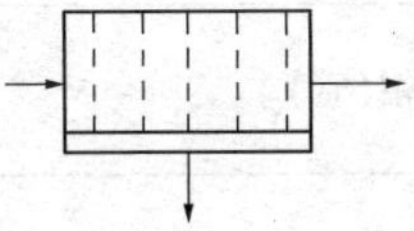 压滤机 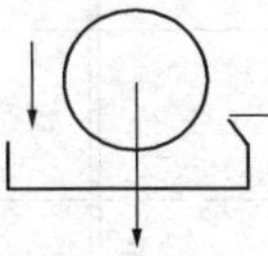 转鼓式过滤机 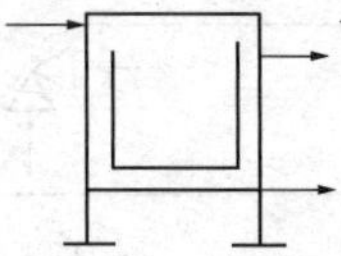 无孔壳体离心机 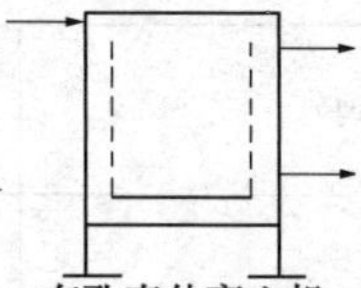 有孔壳体离心机

表 1-2　设备分类代号

设备类别	代号	设备类别	代号
塔	T	火炬、烟囱	S
泵	P	容器(槽、罐)	V
压缩机、风机	C	起重运输设备	L
换热器	E	计量设备	W
反应器	R	其他机械	M
工业炉	F	其他设备	X

(2) 工艺流程图中管件、阀门的图形符号

常用管件、阀门的图形符号见表 1-3。

表 1-3　常用的管件和阀门符号(HG/T 20519.32—2009)(摘录)

名称	图例	名称	图例
Y 型过滤器	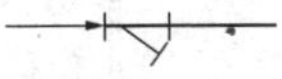	旋塞阀	
T 型过滤器	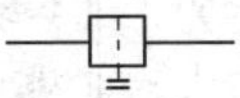	三通旋塞阀	
锥型过滤器	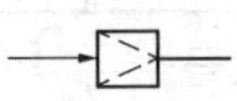	四通旋塞阀	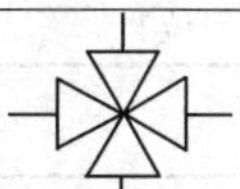
阻火器	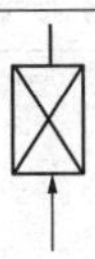	弹簧式安全阀	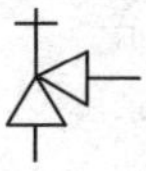

续表

名称	图例	名称	图例
文氏管		杠杆式安全阀	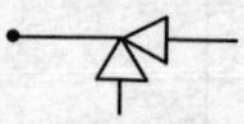
消音器		止回阀	
喷射器	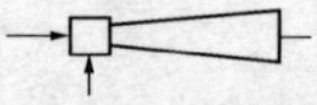	直流截式阀	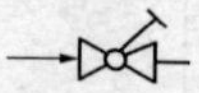
截止阀		底阀	
节流阀		疏水阀	
角式截止阀	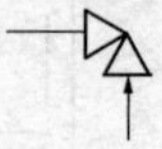	放空帽(管)	
闸阀		敞口(封闭)漏斗	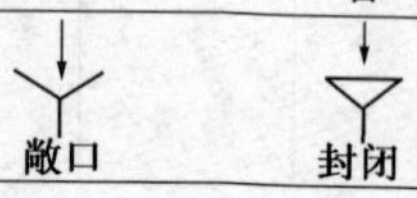
球阀	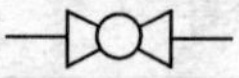	同心异径管	
隔膜阀		视镜	
蝶阀		爆破膜	
减压阀	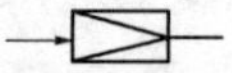	喷淋管	

(3) 仪表参量代号及仪表图形符号

仪表参量代号见表 1-4，仪表功能代号见表 1-5，仪表图形符号见表 1-6。

表 1-4 仪表参量代号

参量	代号	参量	代号	参量	代号
温度	T	质量(重量)	$m(W)$	厚度	δ
温差	ΔT	转速	N	频率	f
压力(或真空)	P	浓度	C	位移	S
压差	ΔP	密度(相对密度)	γ	长度	L
质量(或体积)流量	G	分析	A	热量	Q
液位(或料位)	H	湿度	Φ	氢离子浓度	pH 值

表 1-5 仪表功能代号

功能	代号	功能	代号	功能	代号
指示	I	积算	S	联锁	L
记录	J	信号	X	变送	B
调节	T	手动控制	K		

表 1-6　仪表图形符号

符号	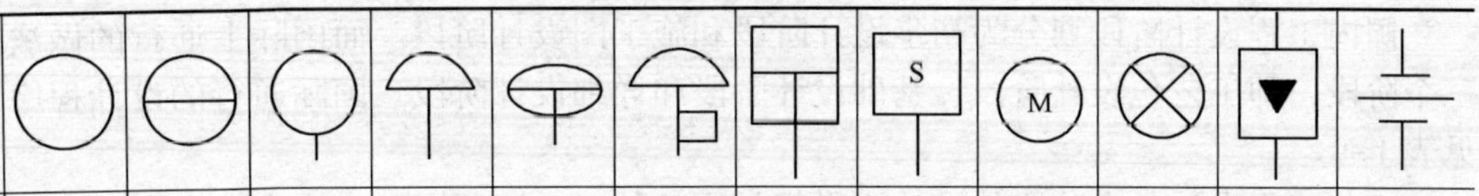											
意义	就地安装	集中安装	通用执行机构	无弹簧气动阀	有弹簧气动阀	带定位气动阀	活塞执行机构	电磁执行机构	电动执行机构	变送器	转子流量计	孔板流量计

(4) 流程图中的物料代号

表1-7 是流程图中物料的代号。

表 1-7　物料代号

物料代号	物料名称	物料代号	物料名称
PA	工艺空气	F$\overline{O}$	燃料油
PG	工艺气体	G$\overline{O}$	填料油
PL	工艺液体	L$\overline{O}$	润滑油
PW	工艺水	R$\overline{O}$	原料油
AR	空气	S$\overline{O}$	密封油
IA	仪表空气	AM	氨
HS	高压蒸汽	BR	盐水
LS	低压蒸汽	R	冷冻剂
MS	中压蒸汽	DR	排液、排水
SC	蒸汽冷凝水	FS	熔盐
BW	锅炉给水	HM	载热体
CS	化学污水	FV	火炬排放气
CWS	循环冷却水上水	H	氢
CWR	循环冷却水回水	N	氮
DM	脱盐水	$\overline{O}$	氧
DW	饮用水	SL	泥浆
RW	原水	V	排空气
SW	软水	VT	真空排放气
FG	燃料气	BD	排污
NG	天然气	TS	伴热蒸汽

注：物料代号中如遇英文字母"O"应写成"$\overline{O}$"；在工程设计中遇到本规定以外的物料时，可予以补充代号，但不得与上列代号相同。

(5) 流程图中图线的画法

图线宽度的规定画法见表 1-8。

表 1-8　工艺流程图中图线的画法

类　别	图线宽度/mm		
	0.9	0.6	0.3
带控制点工艺流程图	主物料管道	辅助物料管道	其他
辅助物料管道系统图	辅助物料管道总管	支管	其他

1.2.2　工艺流程设计

工艺流程设计和化工装置中各工段、车间的布置设计是决定整个工段、车间基本面貌特征的关键性步骤。

国内工程设计阶段划分为初步设计阶段和施工图设计阶段。而国际上通行的做法是分为三个阶段，即工艺包设计阶段、基础设计阶段和详细设计阶段。国际通行的设计程序和内容见表1-9。

工艺流程设计各个阶段的设计成果都是用各种工艺流程图和表格表达出来的，按照设计阶段的不同，先后有方框流程图(Block Flow Diagram)、工艺流程草(简)图(Simplified Flow Diagram)、工艺物料流程图(Process Flow Diagram)、工艺控制流程图(Process and Control Flow Diagram)和管道及仪表流程图(Piping and Instrumentation Diagram)等种类。

表1-9 国际通行的设计程序和内容

项 目	专利商	工程公司		
阶段名称	工艺包(Process Package)或基础设计(Basic Design)	工艺设计(Process Design)	基础工程设计(Basic Engineering)或管道走向研究和平面布置(Analytical and Planning Engineering)	详细工程设计(Detailed Engineering)或最终设计(Final Design)
主导专业	工 艺	工 艺	系统/管道	系统/管道
主要文件	1. 工艺流程图PFD 2. 工艺控制图PCD 3. 工艺说明书 4. 物料平衡及热量平衡计算 5. 设备表 6. 工艺数据表 7. 概略布置图 8. 原料、催化剂、化学品，公用物料的规格、消耗量及消耗定额 9. 产品、副产品的规格及产量 10. 分析化验要求 11. 安全分析 12. 三废排放及建议处理措施 13. 建议的设备布置图 14. 操作指标	1. 工艺流程图PFD 2. 工艺控制图PCD 3. 工艺说明书 4. 物料平衡表 5. 设备表 6. 工艺数据表 7. 安全备忘录 8. 概略布置图 9. 主要专业设计条件	1. 管道仪表流程图PID 2. 设备布置图(分区) 3. 管道平面图(分区) 以下由其他专业完成 1. 设备计算及分析草图 2. 设计规格说明书 3. 材料选择 4. 请购文件 5. 地下管网图 6. 电气单线图 7. 各有关专业设计条件	1. 管道仪表流程图PID 2. 设备安装平剖面图 3. 详细配管图 4. 管段图(空视图) 以下由其他专业完成 1. 基础图 2. 结构图、建筑图 3. 仪表设计图 4. 电气设计图 5. 设备制造图 6. 其他专业全部施工所需图纸文件 7. 各专业施工安装说明
用途	提供工程公司作为工程设计的依据，并是技术保证的基础	把专利商文件转化为工程公司设计文件，发表给有关专业开展工程设计，并提供用户审查	为开展详细工程设计提供全部资料，为设备、材料采购提出请购文件	提供施工所需的所有详细图纸和文件，作为施工及材料补充订货的依据

(1) 方框流程图和生产工艺流程草图

方框流程图是在工艺路线选择确定之后，工艺流程进行概念性设计时完成的一种流程图，不编入设计文件；工艺步骤或操作单元以方框表示，注明方框序号、名称和主要操作条件，以主要的物流将各方框连接；各种公用工程，只需表明某种公用工程的供应要求；方框图要求步骤清楚，每一步骤有一定的独立设备。

工艺流程草图也称方案流程图、流程示意图、流程简图，用来表达整个工厂或车间生产流程的图样，为物料衡算、部分设备计算和能量衡算提供依据。工艺流程草(简)图是一种半图解式的工艺流程图，它实际上是方框流程图的一种变体或深入，只带有示意的性质，供化工计算时使用，也不列入设计文件。

(2) 工艺物料流程图

工艺物料流程图(Process Flow Diagram，简称 PFD)是在完成物料计算后便可绘制，它是以图形与表格的形式来表达物料计算结果，使设计流程定量化，为初步设计阶段的主要设计成品，其作用主要有：作为下一步设计的依据，为接受审查提供资料，可供日后操作参考。物料流程图中的设备应采用标准规定的设备图形符号表示，不必严格按比例绘制，但图上需标注设备的位号、名称、规格及主要参数。

设备位号的第一节字母是设备代号，其后是设备编号，一般由三位数字组成，第 1 位数字是设备所在的工段(或车间)代号，第 2、3 位数字是设备的顺序编号。例如，设备位号 T218 表示第二车间(或工段)的第 18 号塔器。

物流图中需附上物料平衡表，可单独成表，包括物料代号、物料名称、组成、流量(质量流量和摩尔流量)等。还应列出物料的某些参数，如温度、密度、压力、状态、来源或去向等。

图 1-1 为物料流程示例 1，图 1-2 为物料流程示例 2，物流图中物料表的格式见表 1-10。

表 1-10　物料流程图中物料表的格式

名　称	kg/h	%(质量)	kmol/h	%(mol)
合　计				

(3) 带控制点的工艺流程图

在设备设计结束、控制方案确定之后，便可绘制带控制点的工艺流程图(Process and Control Diagram，简称 PCD，此后，在进行车间布置的设计过程中，可能会对流程图作一些修改)。图中应包括如下内容。

① 物料流程。物料流程包括：

a. 设备示意图，其大致依设备外形尺寸比例画出，标明设备的主要管口，适当考虑设备合理的相对位置；

b. 设备在流程图中的位号；

c. 物料及动力(水、汽、真空、压缩机、冷冻盐水等)管线及流向箭头；

d. 管线上的主要阀门、设备及管道必要附件，如冷凝水排除器、管道过滤器、阻火器等；

e. 必要的计量、控制仪表，如流量计、液位计、压力表、真空表及其他测量仪表等；

f. 简要的文字注释，如冷却水、加热蒸汽来源、热水及半成品去向等。

② 图例。图例是将物料流程图中画的有关管线、阀门、设备附件、计量-控制仪表等图形用文字予以说明。

③ 图签。图签是写出图名、设计单位、设计人员、制图人员、审核人员(签名)、图纸比例尺、图号等项内容的一份表格，其位置在流程图的右下角。

带控制点的工艺流程图一般是由工艺专业和自控专业人员合作绘制出来的。作为课程设计只要求能标绘出测量点位置即可。图 1-3、图 1-4 所示流程示例是在带控制点的工艺流程图基础上经适当简化后绘出的，附录 3 是某精馏塔带控制点的工艺流程图。

(4) 管道及仪表流程图

管道及仪表流程图(Piping and Instrumentation Diagram，简称 PID)是化工装置工程设计中最重要的图纸之一，与工艺过程相关的信息均反映在该图纸上。其设计过程就是化工装置从工艺设计实施工程设计的过程，它是设计、施工的依据，也是企业管理、试运转、操作、维修和开停车各方面需要的完整技术资料的一部分。

PID 的设计基础由工艺设计包和各专业为实施工艺设计所提交的资料组成。经济性和安全性是 PID 设计中应考虑的重要原则。

PID 的设计过程是逐步加深和完善的，它以阶段和版次分别发表，按基础设计阶段和详细工程设计阶段可分为 4 个版次和 3 个版次。

1.2.3 工艺设计包内容

工艺设计包设计文件一般应包括以下内容。

① 设计范围：说明工艺包包括的范围及生产规模。

② 设计基础：工艺装置的组成和工艺特性，生产规模，年操作小时，原料、催化剂、化学品规格，公用工程规格及用量，产品规格，原料和化学品、催化剂的消耗和单耗值，技术保证指标，三废性质、排放量和建议处理方法，安全卫生。

③ 工艺说明：工艺原理，主要工艺参数和工艺流程说明。

④ 工艺流程图 PFD：表示工艺生产所有主要设备，特殊阀件位置，物流数据(流量、组成、温度、压力等特性)以及控制、联锁方案。

⑤ 物料平衡及能量平衡。

⑥ PID：工艺包中 PID 内容是初步的，有时可以没有，待工程设计时深化。

⑦ 工艺设备表：应填写设备位号、设备名称、介质名称、操作压力、操作温度等。

⑧ 主要工艺设备的工艺规格书：包括主要机械设备规格书及仪表规格书。主要机械设备规格书，应列出所有工艺规格要求及有关数据，设备的材质要求，传动机械要求及必要的设备条件图。

⑨ 自动控制和仪表。

⑩ 管道设计。

⑪ 电气设计。

⑫ 泄放阀和安全阀。

⑬ 分析手册。

⑭ 工艺操作规程。

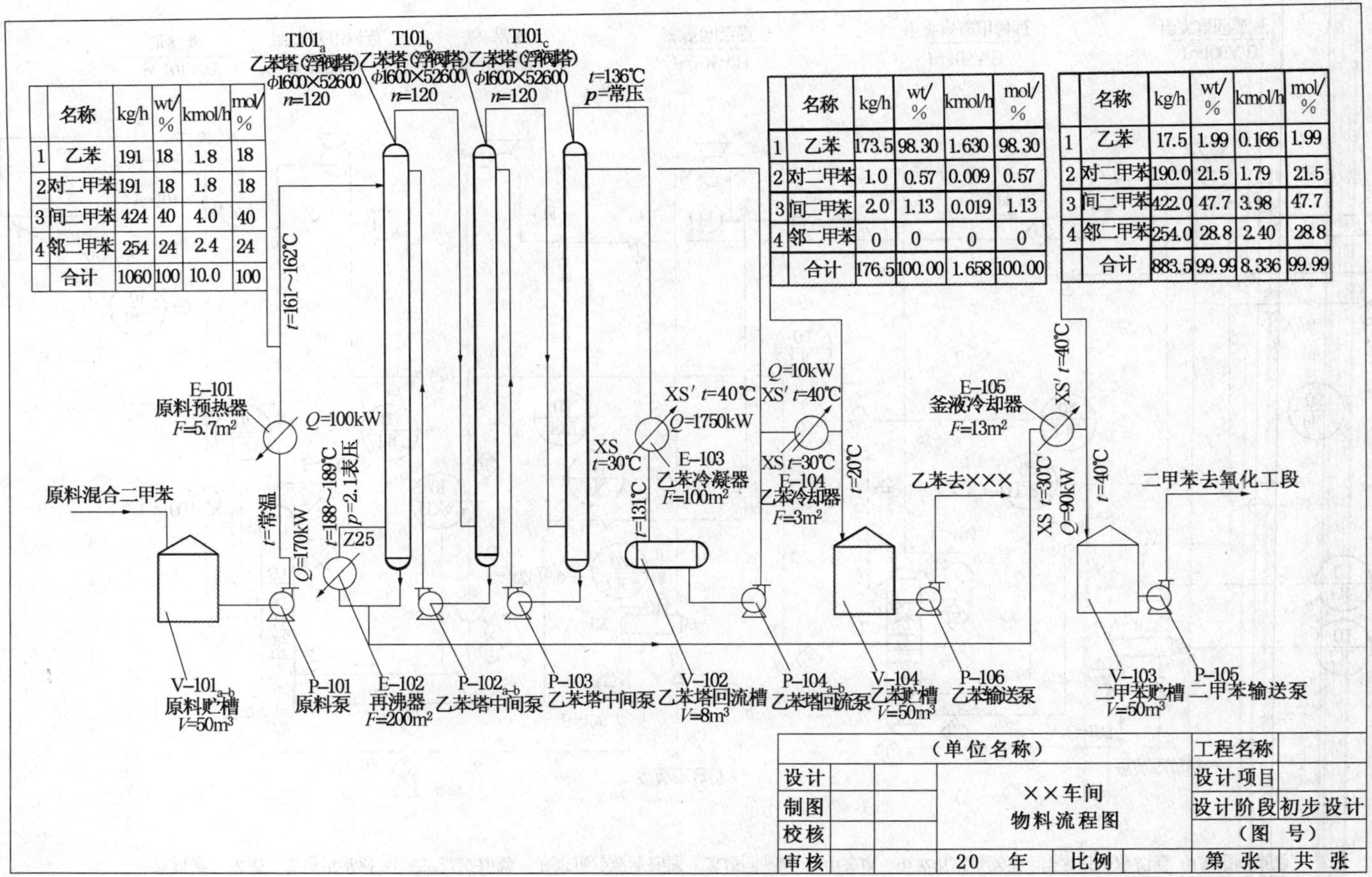

	名称	kg/h	wt/%	kmol/h	mol/%
1	乙苯	191	18	1.8	18
2	对二甲苯	191	18	1.8	18
3	间二甲苯	424	40	4.0	40
4	邻二甲苯	254	24	2.4	24
	合计	1060	100	10.0	100

	名称	kg/h	wt/%	kmol/h	mol/%
1	乙苯	173.5	98.30	1.630	98.30
2	对二甲苯	1.0	0.57	0.009	0.57
3	间二甲苯	2.0	1.13	0.019	1.13
4	邻二甲苯	0	0	0	0
	合计	176.5	100.00	1.658	100.00

	名称	kg/h	wt/%	kmol/h	mol/%
1	乙苯	17.5	1.99	0.166	1.99
2	对二甲苯	190.0	21.5	1.79	21.5
3	间二甲苯	422.0	47.7	3.98	47.7
4	邻二甲苯	254.0	28.8	2.40	28.8
	合计	883.5	99.99	8.336	99.99

（单位名称）				工程名称	
设计			××车间 物料流程图	设计项目	
制图				设计阶段	初步设计
校核				（图　号）	
审核			20　年　比例	第　张	共　张

图1-1　车间物料流程图示例1

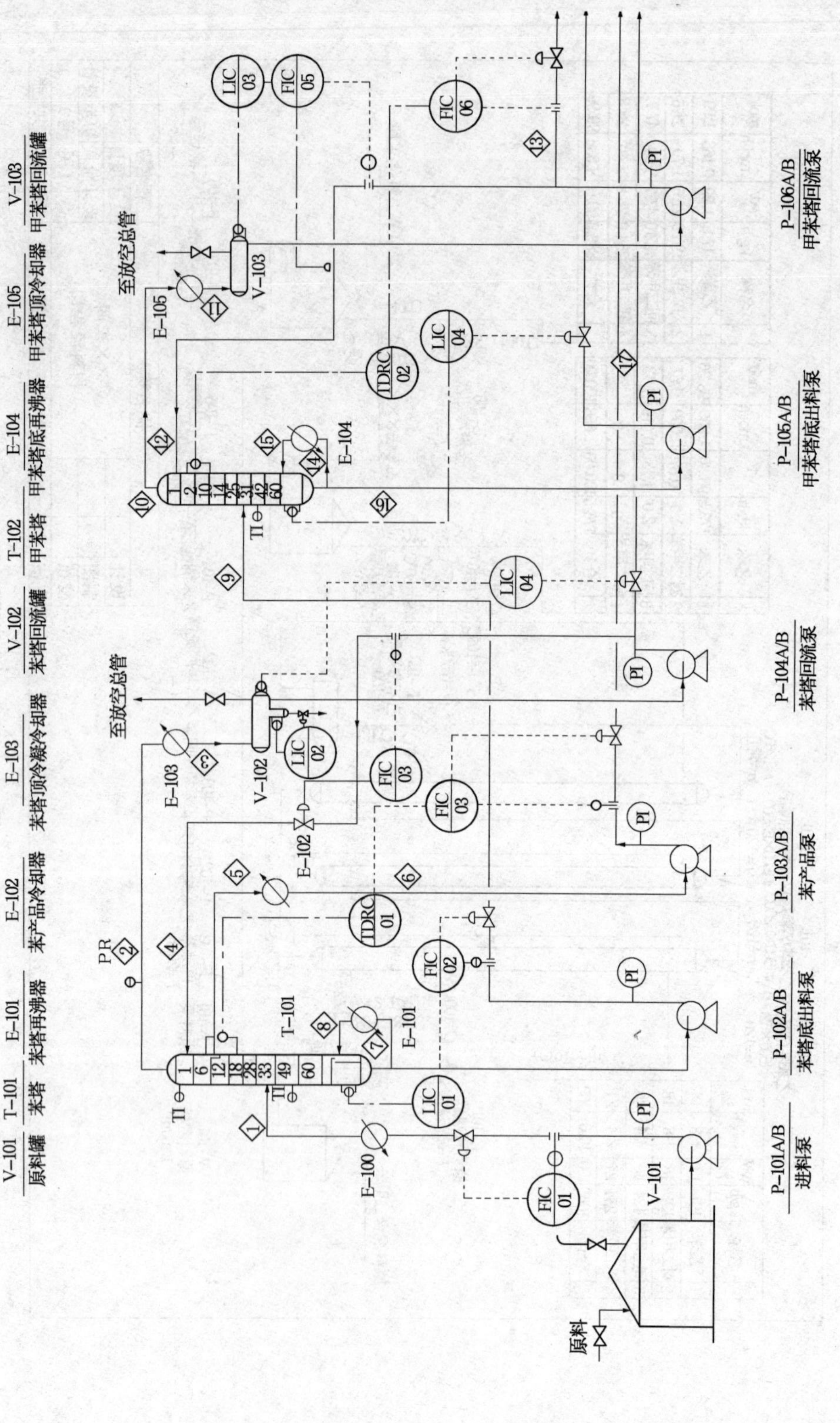
V-101 原料罐
T-101 苯塔
E-101 苯塔再沸器
E-102 苯产品冷却器
E-103 苯塔顶冷凝冷却器
V-102 苯塔回流罐
T-102 甲苯塔
E-104 甲苯塔底再沸器
E-105 甲苯塔顶冷却器
V-103 甲苯塔回流罐
P-101A/B 进料泵
P-102A/B 苯塔底出料泵
P-103A/B 苯产品泵
P-104A/B 苯塔回流泵
P-105A/B 甲苯塔底出料泵
P-106A/B 甲苯塔回流泵
原料
至放空总管
至放空总管
FIC 01
FIC 02
FIC 03
FIC 05
FIC 06
LIC 01
LIC 02
LIC 03
LIC 04
TDRC 01
TDRC 02
PR
PI
TI

流　股　号		①	②	③	④	⑤	⑥	⑦	⑧	⑨
质量分数	苯	0.7108	0.966141	0.996141	0.998073	0.998073	0.998073	0.006281	0.006703	0.003155
	甲苯	0.2879	6.136E-05	6.14E-05	0.009943	0.000948	0.000948	0.992600	0.99230	0.9948
	二甲苯	0.0006	6.200E-13	6.2E-13	1.38E-11	1.38E-10	1.38E-10	0.001178	0.0009882	0.002078
	水	0.0007	0.033797	0.003371	0.000979	0.000979	0.000979	4.4698E-14	4.97E-14	8.31E-15
温度/℃		125	84.9304	60	60	88.7	40	128.68	129.2	129.19
压力/Pa		5	1.314	1.3	1.313	1.34	1.3	1.686	1.7	1.7
流量/(kg/h)		8461	15501	15501	15500	6017	6017	76517	76517	2443
密度/(kg/m^3)		689	3.135	736	737	735	782	676	4.811	676
比热容/[J/(kg·K)]		2060	1331	1870	1880.2	1870	1642	2085	1560	2087
平均相对分子质量		81.5	70.2	77.2	75.4	77.8	77.8	92	92.1	92.1

流　股　号		⑩	⑪	⑫	⑬	⑭	⑮	⑯	⑰
质量分数	苯	0.0031625	0.0031625	0.00143485	0.0031625	4.22E-09	4.22E-09	1.22E-09	0.996141
	甲苯	0.996835	0.996835	0.998559	0.996835	0.26566	0.26566	0.15507	6.14E-05
	二甲苯	2.9E-06	2.9E-06	6.32E-06	2.9E-06	0.73434	0.73434	0.84492	6.2E-13
	水	7.3876E-15	7.3876E-15	1.02E-15	7.3876E-15	1.649E-28	1.679828	1.76E-29	0.003371
温度/℃		119.4	60	60	60	145.3	149.67	149.67	86.82
压力/Pa		1.31	1.3	1.31	1.3	1.59	1.6	1.6	1.3
流量/(kg/h)		7432.8	7432	4997.6	2437	35023	35023	6	1
密度/(kg/m^3)		3.77	686	686	686	653	4.78	648	736
比热容/[J/(kg·K)]		1521	2040.7	2042	2040.7	2172	1669	2193	1870
平均相对分子质量		92.1	92.1	92.1	92.1	102	102	103.7	77.2

图1-2　车间物料流程图示例2

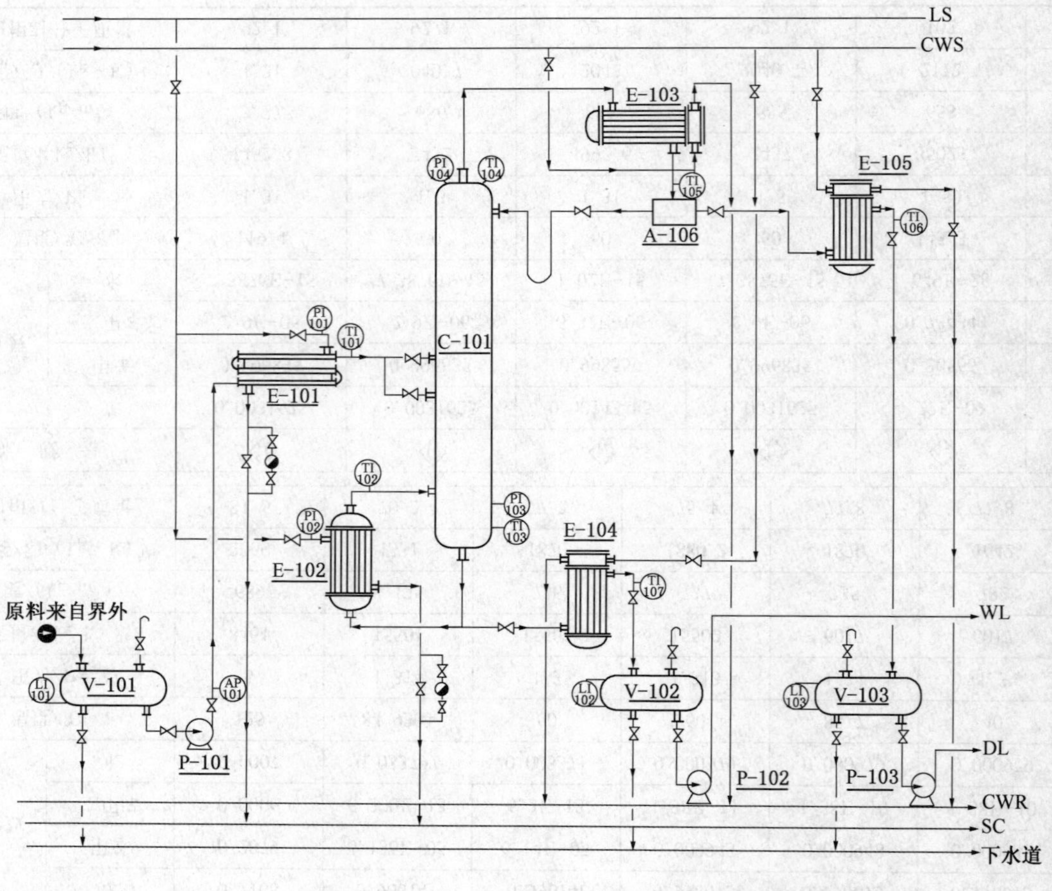

图例			
代 号	名 称	疏 水 器	名 称
LS	低压蒸汽	∫	放空
SC	冷凝水	P	压力
CWS	冷却水上水	T	温度
CWR	冷却水下水	F	流量
	截止阀	L	液位
	调节阀	DL	产品
	取样口	WL	釜液
	疏水器	I	指示

序 号	名 称	规 格	数 量	备 注
A106	分配器		1	
C-101	精馏塔		1	
E-105	冷却器		1	
E-104	冷却器		1	
E-103	全凝器		1	
E-102	再沸器		1	
E-101	原料预热器		1	
P-103	产品泵		1	
P-102	釜液泵		1	
P-101	原料泵		1	
V-103	产品贮罐		1	
V-102	釜液贮罐		1	
V-101	原料贮罐		1	

大学 专业

职责	签名	日期	年处理 ××× 浮阀精馏塔工艺流程简图
设计			
制图			
审核			

图1-3 ×××浮阀精馏塔工艺流程简图

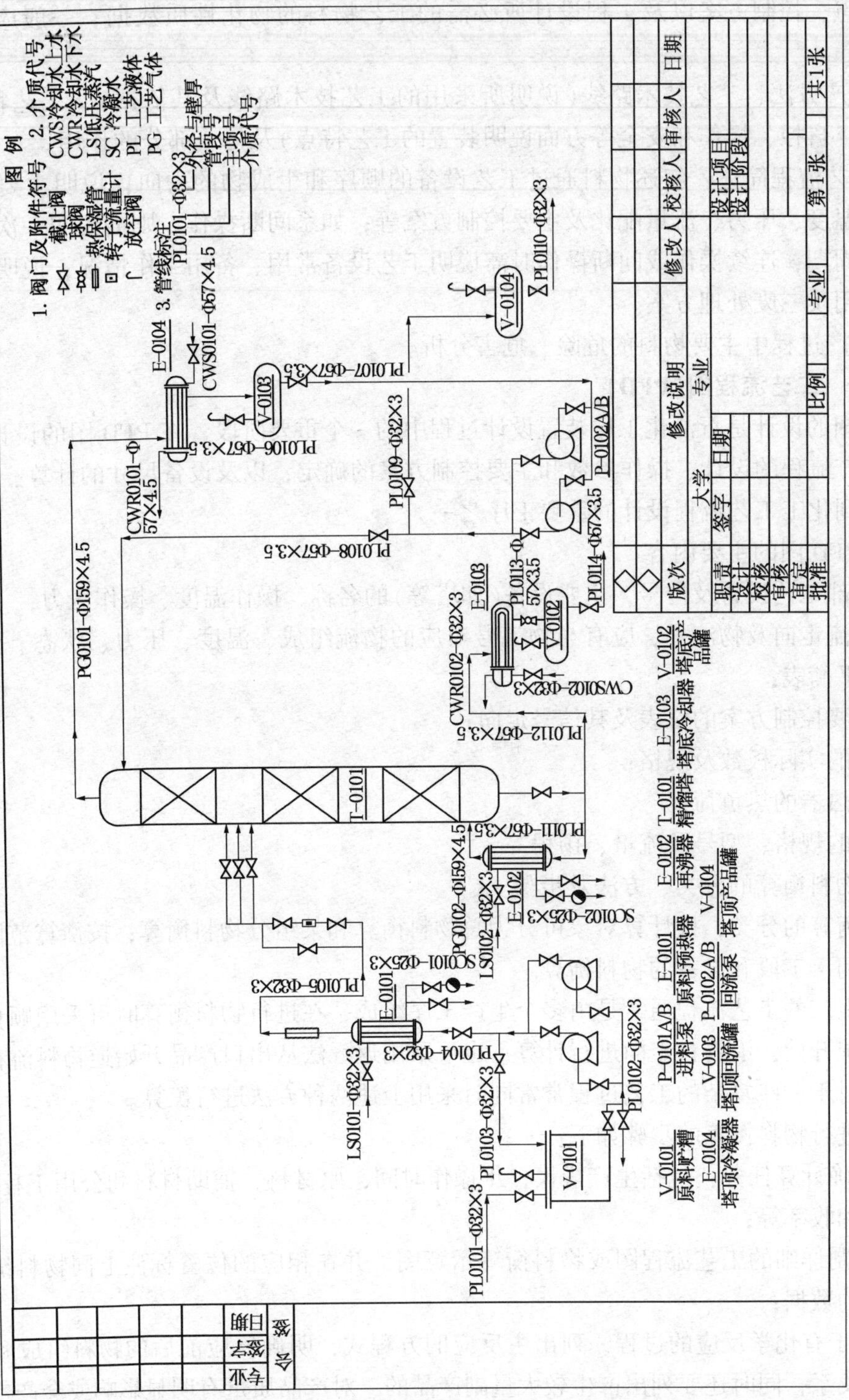

图1-4　×××填料精馏塔工艺流程简图

1.2.4 工艺流程说明

按工艺流程的顺序，详细地说明生产过程，包括有关的化学反应及机理，操作条件，主要设备特点，控制方案以及工程设计所必需的工艺物料的物化性质数据。一般应叙述以下内容：

① 生产方法、工艺技术路线(说明所采用的工艺技术路线及其依据)、工艺特点(从工艺、设备、自控、操作和安全等方面说明装置的工艺特点)及每个部分的作用。

② 工艺流程简述，叙述物料通过工艺设备的顺序和生成物的去向；说明主要操作技术条件，如温度、压力、流量配比及主要控制方案等；如系间断操作，则需说明一次操作加料量和时间周期；连续操作或间断操作时需说明工艺设备常用、备用工作情况；说明副产品的回收、利用及三废处理方案。

③ 生产过程中主要物料的危险、危害分析。

1.2.5 工艺流程图(PFD)

PFD 图的设计是石油化工厂装置设计过程中的一个重要阶段，在 PFD 图的设计过程中，要完成生产流程的设计、操作参数和主要控制方案的确定，以及设备尺寸的计算，是从工艺方案过渡到化工工艺流程设计的重要工序之一。

(1) PFD 图的主要内容

① 全部工艺设备及位号，主要设备(如塔等)的名称、操作温度、操作压力；

② 物流走向及物流号，应有与物流号对应的物流组成、温度、压力、状态、流量及物性的物料平衡表；

③ 主要控制方案的仪表及其信号走向；

④ 塔的实际板数及规格；

⑤ 换热器的热负荷；

⑥ 泵的规格、型号及流量、扬程等。

(2) 物料衡算的分类、方法及步骤

物料衡算的分类，按计算对象可分为总物料衡算和某组分物料衡算；按衡算范围可分为全厂、车间、工段和设备的物料衡算。

实际生产的工艺流程通常是由多个生产工序组成，在进行物料衡算时可采用顺程法从原料进入系统开始，沿物料走向进行计算；也可采用返程法从出口产品开始逆物料流程方向进行计算。对于一些复杂的工艺过程常常同时采用上述两种方法进行衡算。

通常进行物料衡算的步骤如下：

① 明确计算任务：包括生产规模，年操作时间，原材料、辅助材料和公用工程的规格，产品质量和收率等；

② 绘制详细的工艺流程图或物料衡算示意图，并在相应的位置标注上同物料衡算有关的和已知的数据；

③ 对于有化学反应的过程，列出主反应的方程式，明确反应前后的物料组成和它们之间的定量关系，同时还要列出产生较大量副产品的、对产品质量有明显影响或会产生有毒物质的副反应；

④ 收集相关数据：包括化学反应的转化率，原料、中间产品和产品的物性参数，如密

度、黏度、表面张力等；

⑤ 确定进行物料衡算的热力学方法；

⑥ 选择计算基准：a. 单位质量、单位体积、单位物质量；b. 单位时间原料或产品的量（用于连续工艺流程），加入设备的每批物料量（用于间歇工艺流程）；c. 单位质量的干料或单位时间的惰性气体量为基准；

⑦ 列方程、解方程（组）；

⑧ 根据计算结果列出物料平衡表；

⑨ 列出原料消耗、辅助原料、化学品、催化剂等的消耗。

1.2.6 工艺流程设计的基本原则

工程设计本身存在一个多目标优化问题，同时又是政策性很强的工作，设计人员必须有优化意识，必须严格遵守国家的有关政策、法律规定及行业规范，特别是国家的工业经济法规、环境保护法规、安全法规等。一般说，设计者应遵守如下一些基本原则。

(1) 技术的先进性和可靠性

掌握先进的设计工具和方法，尽量采用当前的先进技术，实现生产装置的优化集成，使其具有较强的市场竞争能力。同时，对所采用的新技术要进行充分的论证，以保证设计的科学性和可靠性。

(2) 装置系统的经济性

在各种可采用方案的分析比较中，技术经济评价指标往往是关键要素之一，以求得以最小的投资获得最大的经济效益。

(3) 可持续及清洁生产

树立可持续及清洁生产意识，在所选定的方案中，应尽可能利用生产装置产生的废弃物，减少废弃物的排放，乃至达到废弃物的“零排放”，实现“绿色生产工艺”。

(4) 过程的安全性

在设计中要充分考虑到各个生产环节可能出现的危险事故（燃烧、爆炸、毒物排放等），采取有效安全措施，确保生产装置的可靠运行及人员健康和人身安全。

(5) 过程的可操作性及可控制性

生产装置应便于稳定可靠操作。当生产负荷或一些操作参数在一定范围内波动时，应能有效快速进行调节控制。

(6) 行业性法规

例如，药品生产装置的设计，要符合“药品生产及质量管理规范”（即GMP）。

1.3 设备设计

1.3.1 设备工艺条件图

主体设备是指在每个单元操作中处于核心地位的关键设备，如传热中的换热器，蒸发中的蒸发器，蒸馏和吸收中的塔设备（板式塔和填料塔），干燥中的干燥器等。一般，主体设备在不同单元操作中是不相同的，即使同一设备在不同单元操作中其作用也不相同，如某一设备在某个单元操作中为主体设备，而在另一单元操作中则可变为辅助设备。例如，换热器在传热中为主体设备，而在精馏或干燥操作中就变为辅助设备。泵、压缩机等也有类似情况。

主体设备设计条件图是将设备的结构设计和工艺尺寸的计算结果用一张总图表示出来。通常由负责工艺的人员完成，它是进行装置施工图设计的依据。图面上应包括如下内容。

① 设备图形。指主要尺寸(外形尺寸、结构尺寸、连接尺寸)、接管、人孔等。

② 技术特性。指装置设计和制造检验的主要性能参数。通常包括设计压力、设计温度、工作压力、工作温度、介质名称、腐蚀裕度、焊缝系数、容器类别(指压力等级，分为类外、一类、二类、三类四个等级)及装置的尺度(如罐类为全容积，换热器类为换热面积等)。

③ 管接口表。注明各管口的符号、公称尺寸、连接尺寸、用途等。

④ 设备组成一览表。注明组成设备的各部件的名称等。

图 1-5 为浮阀精馏塔工艺条件图，图 1-6 为双溢流浮阀精馏塔工艺条件图，图 1-7 为二氧化碳吸收塔主体设备设计条件图的示例。

应当指出，以上设计全过程统称为设备的工艺设计。完整的设备设计，应在上述工艺设计基础上再进行机械强度设计，最后提供可供加工制造的施工图。

1.3.2 装配图

一台化工设备的装配图(施工图)一般应包括下列内容：

(1) 视图

根据设备复杂程度，采用一组视图，从不同的方向清楚表示设备的主要结构形状和零部件之间的装配关系。视图采用正投影方法，按国家标准《机械制图》的要求绘制。视图是图样的主要内容。

(2) 尺寸

图上应注写必要的尺寸，作为设备制造、装配、安装检验的依据。这些尺寸主要有表示设备总体大小的总体尺寸，表示规格大小的特性尺寸，表示零部件之间装配关系的装配尺寸，表示设备与外界安装关系的安装尺寸。注写这些尺寸时，除数据本身要绝对正确外，标注的位置、方向等都应严格按规定来处理。如尺寸线应尽量安排在视图的右侧和下方，数字在尺寸线的左侧或上方。不允许注封闭尺寸，参考尺寸和外形尺寸例外。尺寸标注的基准面一般从设计要求的结构基准面开始，并应考虑所注尺寸便于检查。

(3) 零部件编号及明细表

将视图上组成该设备的所有零部件依次用数字编号。并按编号顺序在明细栏(在主标题栏上方)中，从下向上逐一填写每一个编号的零部件的名称、规格、材料、数量、质量及有关图号或标准号等内容。

(4) 管口符号及管口表

设备上所有管口均需用英文小写字母依次在主视图和管口方位图上对应注明符号。并在管口表中从上向下逐一填写每一个管口的尺寸、连接尺寸及标准、连接面形式、用途或名称等内容。

(5) 技术特性表

用表格形式表达设备的制造检验主要数据。

(6) 技术要求

用文字形式说明图样中不能表示出来的要求。

（7）标题栏

位于图样右下角，用以填写设备名称、主要规格、制图比例、设计单位、设计阶段、图样编号以及设计、制图、校审等有关责任人签字等项内容。

化工设备装配图绘制方法和步骤大致如下：

① 选定视图表达方案、绘图比例和图面安排；

② 绘制视图底稿；

③ 标注尺寸和焊缝代号；

④ 编排零部件件号和管口符号；

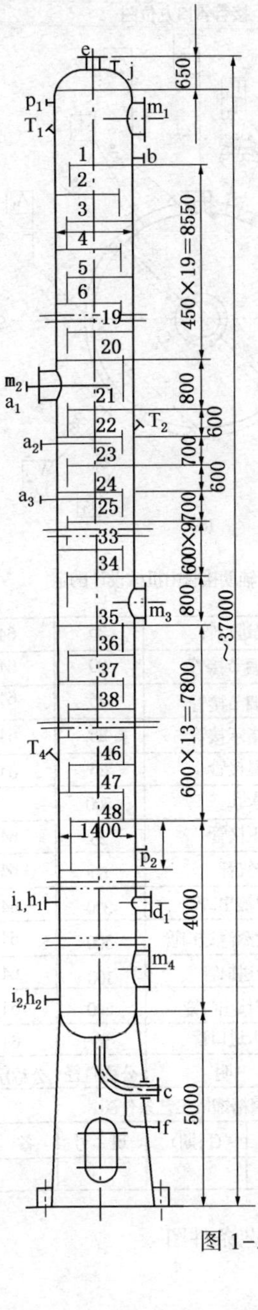

操作压力：0MPa

操作温度：160℃

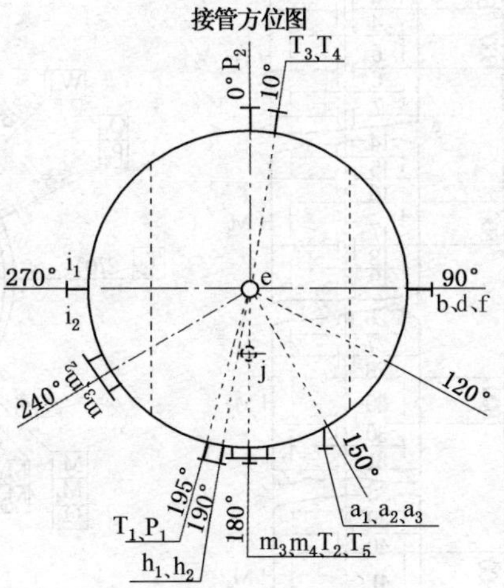

注：其余的辅助接管由机械设计酌定

mm

接管符号	说明	公称直径	公称压力
$T_{1\sim5}$	测温接管	25	0.6
$P_{1,2}$	测压接管	25	0.6
$m_{1\sim4}$	人孔	600	0
j	排空管	50	0.6
$i_{1,2}$	自控液位接管	25	0.6
$h_{1,2}$	液位指示接管	20	0.6
f	排液管	80	0.6
e	塔顶蒸气出口管	300	0.6
d	塔底蒸气返回	300	0.6
c	釜液循环管	80	0.6
b	回流接管	80	0.6
$a_{1\sim3}$	接管 进料管	125	0.6

浮阀精馏塔工艺条件图				
设计者	指导者	（日期）	班　号	备　注

图 1-5　浮阀精馏塔工艺条件图

⑤ 填写明细栏、管口表、制造、检验主要数据表；

⑥ 编写图面技术要求、标题栏；

⑦ 全面校核、审定后，画剖面线后描重；

⑧ 编制零部件图。

以上是一般绘图步骤，有时每步之间相互穿插。

列管换热器装配图样图见附录 4；

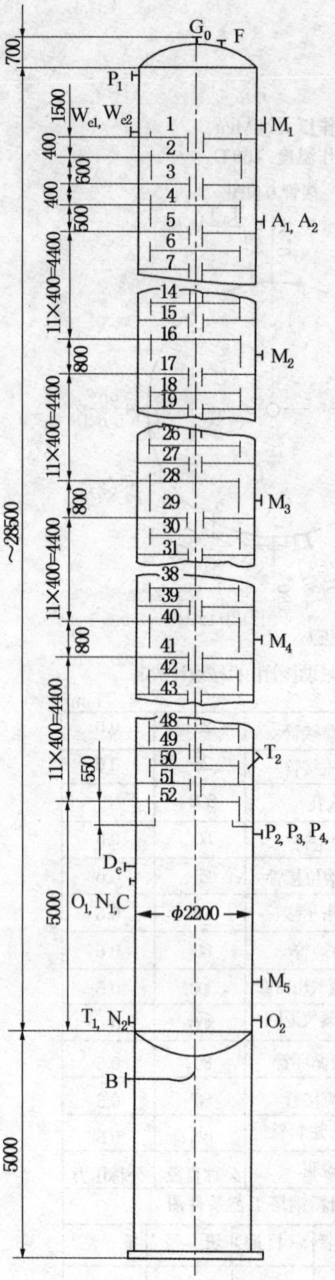

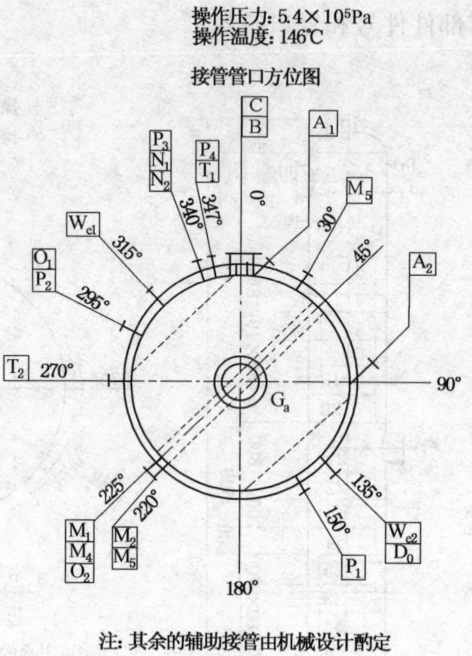

注: 其余的辅助接管由机械设计酌定

接管符号	说明	公称直径	公称压力
C	氮气进口管	25	64
O_2	液位调节接管	80	64
O_1	液位调节接管	25	64
N_1, N_2	液位指示接管	25	64
T_1, T_2	测温接管	25	64
$M_1 \sim M_5$	人孔	500	
$P_1 \sim P_4$	测压接管	25	64
F	排气管	50	64
B	釜底釜液出口管	300	64
D_e	塔底直接蒸汽进口管	400	64
A_1, A_2	料液进口管	100	64
G_0	塔顶气体出口管	300	64
W_{e1}, W_{e2}	塔顶水进口管	80	64
浮阀精馏塔工艺条件图				
设计者	指导者	(日期)	班 号	备 注

图 1-6 双溢流浮阀精馏塔工艺条件图

填料吸收塔装配图样图见附录 5；

浮阀精馏塔装配图样图见附录 6；

填料精馏塔装配图样图见附录 7。

由于时间所限，本课程设计一般要求提供初步设计阶段的带控制点的工艺流程图和主体设备的设计条件图。

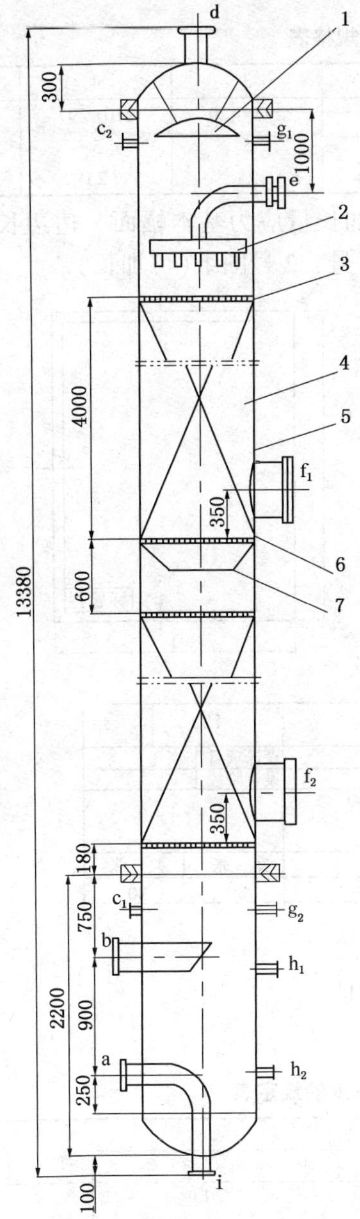

技术特性表

序号	名　称	指　标
1	操作压力	0.8MPa
2	操作温度	40℃
3	工作介质	变换气、乙醇、水
4	填料型式	阶梯环
5	塔径	1m
6	填料高度	8m

接管表

符号	公称尺寸	连接方式	用途
a	100		富液出口
b	200		气体进口
$c_{1,2}$	40		测温口
d	200		气体出口
e	100		贫液进口
$f_{1,2}$	400		人孔
$g_{1,2}$	25		测压口
$h_{1,2}$	25		液面计接口
i	50		排液口

序号	图号	名称	数量	材料	备注
7		再分布器	1		
6		填料支承板	2		
5		塔体	1		
4		塔填料	1		
3		床层限制板	2		
2		床层分配器	1		
1		除沫器	1		

大学　　专业

职责	签　名	日期	二氧化碳吸收塔设计条件图
设计			
制图			
审核			比例

图 1-7　二氧化碳吸收塔设计条件图

1.4 设计图纸的规定和要求

1.4.1 制图的一般规定

(1) 图纸规格

图纸规格按国家机械制图标准，规定见表 1-11。

表 1-11 图纸规格表

mm

基本图面代号	0	1	2	3	4	5
b×L	841×1189	594×841	420×594	297×420	210×297	148×210
c	10	10	10	5	5	5
a	25	25	25	25	25	25

说明：必要时允许将表中幅的一边加长，其加长量应为基本幅面一边边长的 1/4 倍数；工艺图中应尽量避免采用“0”号图纸，一般采用 1 号、2 号图纸(可加长)。

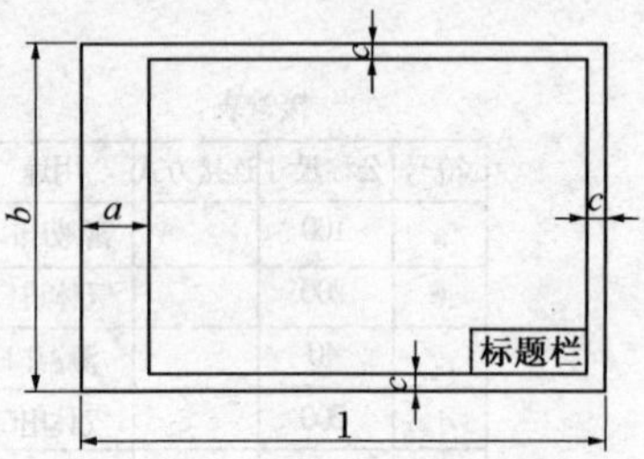

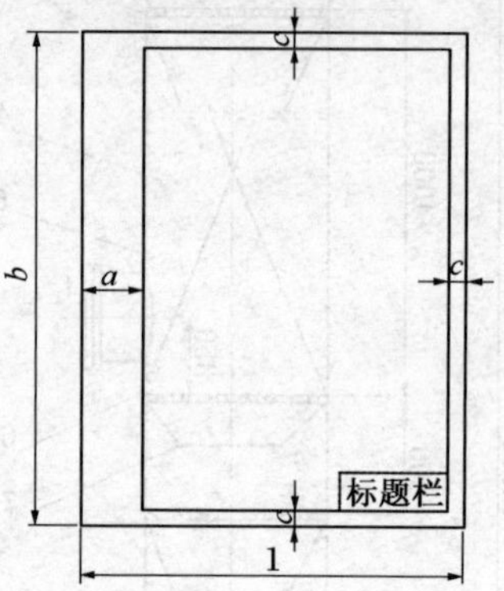

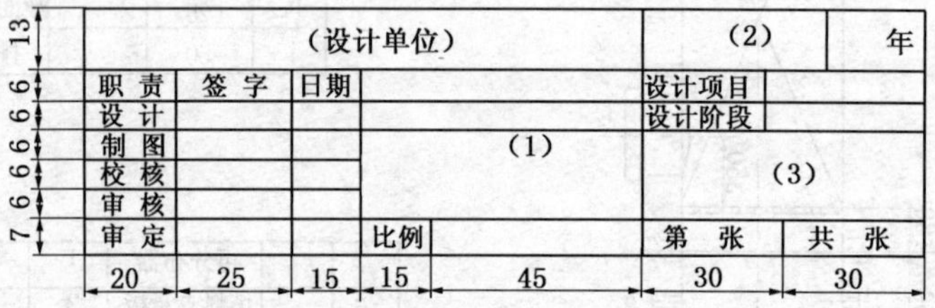

(2)图签规定　　说明：图签 50mm×180mm；

图签中(1)填图名，(2)填工程名称，(3)填图号。

(3) 图面线条宽度的规定见表格 1-12。

表 1-12 图面线条宽度的规定表

mm

类　别	图线宽度规定			备　注
	0.9	0.6	0.3	
带控制点工艺流程图	物料管道	辅助管道	其他	
物料流程图	物料管道		其他	
设备布置图	设备轮廓	设备支架 设备基础	其他	动力设备如机泵等，如只绘设备基础，基础线宽用 0.9
关键设备条件图	设备轮廓		其他	

1.4.2 带控制点工艺流程图的绘制

(1) 图面

一般采用 1 号图，按车间或工段绘制，必要时可加长，加长时按长边的 1/4 倍数进行。在化工原理课程设计中，工艺流程图相对简单，根据实际情况可以采用 2 号或 3 号图。

(2) 比例

设备可采用 1∶100(1∶50)，整个图面可不按比例。

(3) 基本内容

① 工艺过程的全部设备。

② 全部物料管道及其阀门，重要的管件如过滤器、阻火器等。

③ 辅助管道、公用工程管道，除表示出阀门和管件外，只需标出与设备衔接部分(不必绘总管)。

④ 全部控制点符号，调节系统，联锁系统。

(4) 设备位号的编制

带控制点工艺流程图上的设备必须标注设备位号和名称。其他所有图纸和表格上的设备位号和名称必须与流程图保持一致。设备的位号编制如下：

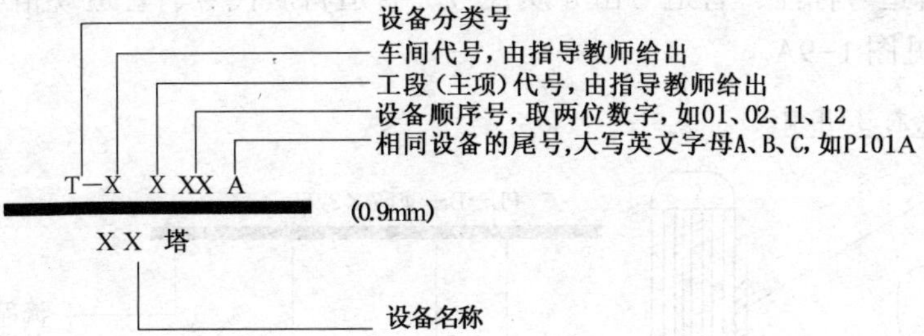

设备分类号见表 1-13。

表 1-13 设备分类号表

分类号	设备	分类号	设备	分类号	设备
T	塔	P	泵	C	压缩机
R	反应器	V	容器	F	工业炉
S	烟囱	E	换热器	L	起重运输设备
M	其他机械	W	称量设备	X	其他设备

(5) 工艺设备的表示

① 一般工艺设备以图例为基础按 1∶100 比例绘制，对于过小或过大的设备或机器可适当放大或缩小，在绘制的工艺设备上方或下方标注设备位号或名称，建议静设备标注在上方，动设备标注在下方。若设备重叠，反映不清楚，可在设备旁加注设备位号。

② 设备高度的位置，应按设备布置图上的楼层绘制。

③ 对塔类设备(板式塔)应注明塔板数和进出物料的塔板数。

④ 设备上支撑件(如支座、裙座、支耳)可不画出，但连接在设备上的仪表控制点，取样阀门需标出。

⑤ 对于技术改造或扩建项目、原有设备和管线需要表示时，用点划线表示。

⑥ 当一个流程中有两组以上完全相同设备时，可只绘出一组设备并用细实线框定，其

他几组以双点划线方框表示，方框内标注设备位号和名称，如图 1-8 所示

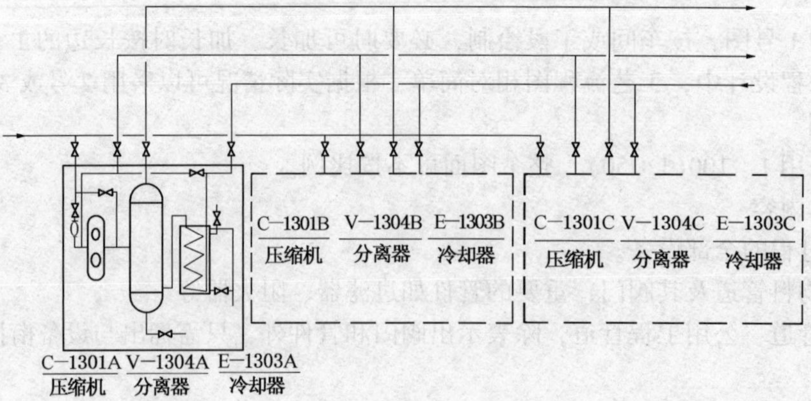

图 1-8　工艺设备图示例

⑦ 需保温、保冷的设备，应在设备旁标注保温、保冷符号，如图 1-9 所示。

(6) 工艺管道的标注

工艺管道用管道号标注，管道号由介质代号、管道材质代号、管道规格组成。

① 管道标注见图 1-9A。

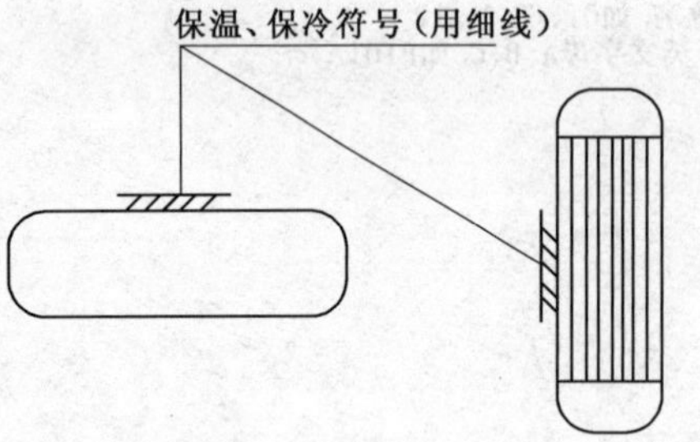

图 1-9　需保温、保冷设备图示例

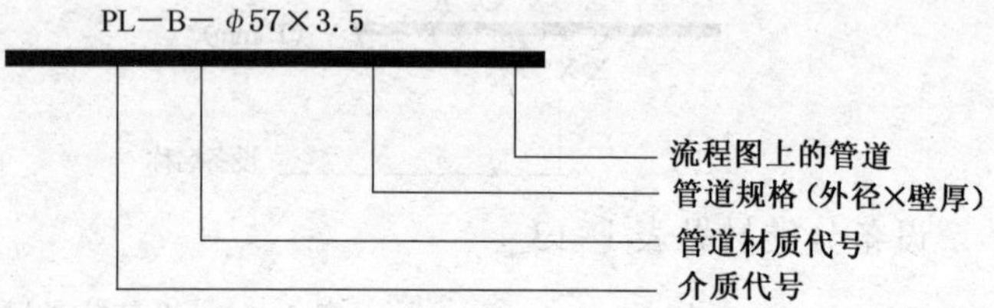

图 1-9A　工艺管道标注示例

② 常用介质代号见表 1-14。

表 1-14　常用介质代号表

物料代号	物料名称	物料代号	物料名称	物料代号	物料名称
A	空气	BRS	盐水上水	LS	低压蒸汽
PL	工艺液体	BRR	盐水回水	MS	中压蒸汽
PG	工艺气体	CWS	冷却水上水	IA	仪表空气
PM	工艺物料	CWR	冷却水回水	TS	伴热蒸汽
PA	工艺空气	SW	软水	VE	真空
PW	工艺水	CS	化学污水	VT	放空

③ 常用管道选用。

无缝钢管 $\phi18\times3$、$\phi25\times3$、$\phi32\times3$、$\phi38\times3$、$\phi45\times3$、$\phi57\times3.5$、$\phi76\times4$、$\phi89\times4$、$\phi108\times4$、$\phi133\times4$、$\phi159\times4.5$、$\phi219\times6$、$\phi273\times8$、$\phi356\times10$、$\phi456\times12$、$\phi508\times12$、$\phi559\times14$、$\phi610\times14$。

④ 管道材质表示。

A——铸铁　　B——碳钢

C——普通低合金　　D——合金

E——不锈钢　　F——有色金属

G——非金属　　H——衬里及防腐

⑤ 管道标注应标注在管道上侧或左侧，并在适当的位置画出箭头以表示流向。如下图：

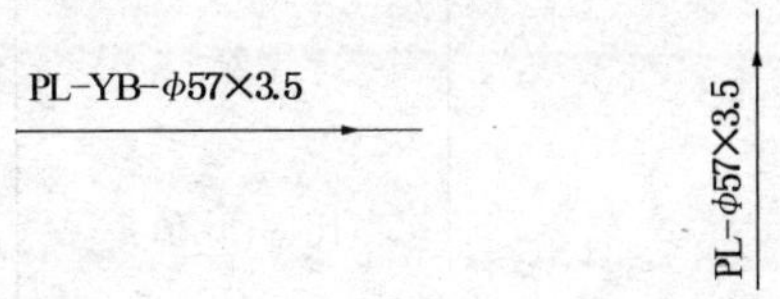

⑥ 对于 1 根管道上有 1~2 根简单支管允许只编写一个管道号(图 1-10)。

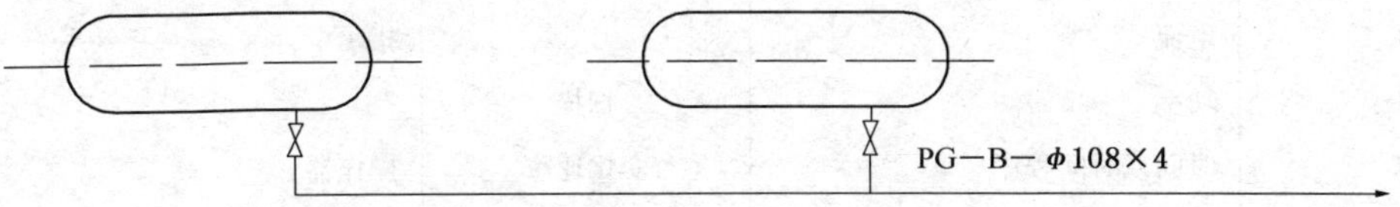

图 1-10　管道号标注示例图

⑦ 异径管标注：以大端公称直径×小端公称直径。如：

⑧ 工艺流程图上对辅助管道和公用工程只画出与设备相连的一小段，但此管道上有与工艺过程有关的调节系统和联锁系统则必须画出并标注管道号(方法同工艺管道)。

⑨ 同一工段或车间的各流程图间相衔接，用下列方法表示。

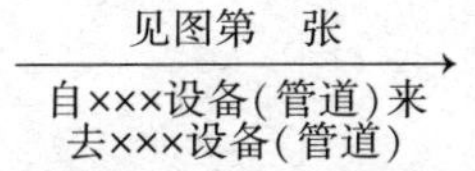

⑩ 工段或车间各流程图间相衔接，或由界区外送入或送出界区的管道，用下列方法表示：

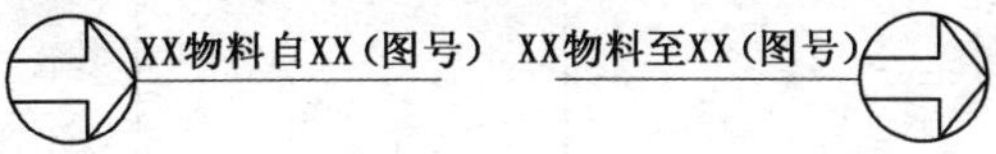

⑪ 取样点的标注如下。

⑫ 管道旁的伴管必须全部用粗虚线绘出，夹套管只要绘出一小段即可。

⑬ 自控仪表的表示。

就地仪表和检测控制仪表应全部在图上标出。具体见例图。

自控仪表表示被测变量和仪表功能的字母代号见表 1-15。

⑭ 地坪、露面、操作平台等标高尺寸以 m 为单位。

⑮ 按图例绘出保温、保冷管道符号，并在所需管道上标注。

⑯ 设备一览表不标在流程图上，另附设备一览表。

⑰ 在流程图第一张右上方需将各种图例代号加以说明(首页图)，也可单独出一张 2 号图，编在流程图之前。

表 1-15 自控仪表表示被测变量和仪表功能的字母代号表

字母	第一字母		后继字母
	被测变量或初始变量	修饰词	功能
A	分析		报警
B	喷嘴火焰		供选用
C	电导率		控制
D	密度	差	
E	电压		检测元件
F	流量	比率(比值)	
G	毒性气体或可燃气体		视镜、观察
H	手动		高
I	电流		指示
J	功率	扫描	
K	时间或时间程序	变化速率	操作器
L	物位		指示灯
M	水分或湿度		
N	供选用		供选用
O	供选用		节流孔
P	压力或真空		连接或测试点
Q	数量	积分、计算	积分、计算
R	核辐射		记录或 PCS 趋势记录
S	速度或频率	安全	开关或联锁
T	温度		传送(变送)
U	多变量		多功能
V	振动、机械监视		阀、百叶窗、风门
W	重量或力		套管
X	为分类		为分类
Y	事件、状态		继动器(继电器)、计算器、转换器
Z	位置、尺寸		驱动器、执行机构

1.4.3 物料流程图的绘制

物料流程图主要反映物料衡算、热量衡算及设备计算的结果，所以不必像带控制点工艺流程图那样详细。

(1) 图面

一般采用 1 号图面，在上方画图，下方画表。

(2) 比例

设备可不按比例，只需表示相对高度。

(3) 工艺设备表示和标注

以图例为基准进行绘制。若有两台(两组)相同设备，只需绘出一台(一组)，但在标注位号与名称时，必须全部标注清楚。位号与名称必须与带控制点工艺流程图完全一致。

标注要求：除了标注设备位号与名称外，还需标注其他内容，如图 1-11 所示。

V-1101	E-1101	T-1105
××储槽	××换热器	××塔
$V=10m^3$	$Q=1\times10^6$KJ/h	（板式、填料塔）
$\phi\times L=1800\times6200$	$F=12m^2$	$\phi\times h=600\times10000$
P-1112	R-1114	C-1116
××泵	××反应器	××压缩机
（型号）	（型式）	（型号）
$Q=3.6m^3/h$	$\phi\times L=$（其中列管 $\phi\times$）	$Q=6m^3$ H$=8$m/h

图 1-11　工工艺设备表示和标注示例

（4）其他要求

① 工艺管道上不必绘出阀门、控制仪表、伴管、套管、保温等符号。

② 在管线上，需标注温度、压力，如图 1-12 所示。

③ 辅助管道与公用工程管道只需绘出与设备相连的一小段。

④ 物料数据表。

⑤ 带控制点工艺流程图与数据表也可在一张图上绘出。

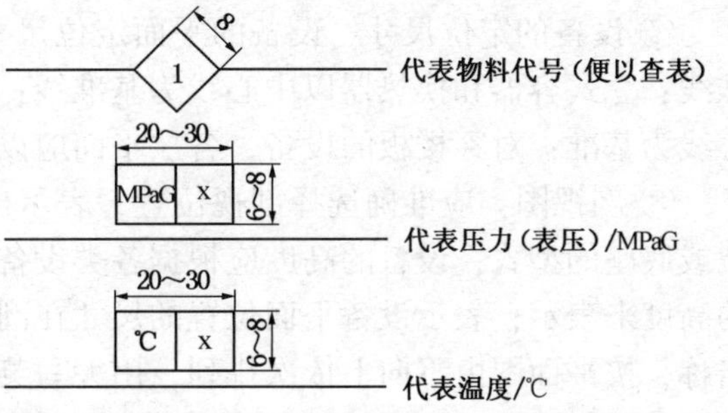

图 1-12　物料代号、温度、压力标注示例

1.4.4　设备布置图的绘制

（1）图面

一般采用 1 号、2 号图面，按车间或工段绘制。

（2）比例

一般采用 1：100，特殊情况采用 1：200 或 1：50。

（3）尺寸单位

图中标注的尺寸一律以毫米（mm）为单位，只注数字，不注单位。若采用其他单位标注尺寸，应注明。

（4）图名

分平面图和剖视图两种。标题栏内分两行填写，上行写“×××设备平面布置图”，下行写“±0.000m 平面”、“+×××平面”或“X—X 剖视”。

（5）绘制设备布置的依据

① 带控制点工艺流程图；

② 设备一览表；

③ 有关定型设备的样本。

（6）平面图

一般以工段或车间为一单元绘制，若装置较大，在一张平面图上难以全部表示出时，可分开绘制，但必须在每张图上画一张总体图并标明该图在总体图上的位置（用影条线表示）。

① 多层建筑或构筑物，应依次分层绘制各层的平面图。如在同一张图上有几层平面时，应从最底层平面开始，图纸按由上至下，或从左至右依层次顺序排列，并在图纸下注明±0.000M 平面或+×××平面。

② 一般情况下，每一层只画一个平面图，当有局部操作平台时，可以只画操作台下的设备，操作台上的设备另画局部平面图，如不影响图面清晰时也可用一个平面图来表示，操作台下的设备画虚线。

③ 在平面图的右上角应画一个方向标。

④ 按土建表示方法，画出建筑轴线，标注轴线号及分、总尺寸，并亦需画出建筑物的墙、门、柱、楼梯、操纵台、栏杆、安装孔、吊装梁等。

⑤ 生活部分应写出各室名称。

⑥ 非定型设备可适当简化，只需画出其外形、支架、基础和传动装置等；动设备可只画出基础；对于室外设备，如和厂房不连接，允许只表示在底层平面上。

⑦ 设备的定位尺寸：设备的平面定位尺寸尽量以建、构筑物的轴线、柱的中心线为基准线；立式容器和换热器以中心线为基准线；泵、压缩机、鼓风机应以中心线或法兰出口中心线为基准；对穿楼板的设备，各层平面应以同一建筑基准线标注定位尺寸。

⑧ 剖视图：应准确选择剖视位置，表示出设备和建筑物的情况；剖视图应表示设备支架或底座的型式；设备的高度应根据各类设备的要求，可以分别用基础、支架、设备中心线的高度来表示；表示设备平面位置的尺寸在剖视图上不标注，但建筑轴线要标注；剖视图的名称，按平面图由下向上依次排列，用大写英文字母 A—A、B—B 表示。

⑨ 平面图、剖视图上所有的设备均应标注位号和名称，且必须与带控制点工艺流程图上的一致。

1.5 典型单元设备的控制流程设计

1.5.1 输送设备的控制流程设计

1.5.1.1 离心泵

离心泵流程设计一般包括：

① 泵的入口和出口均需设置切断阀，一般采用闸阀，此阀适用于各种介质的切断，流体流经阀门时，不改变介质流向，阻力小。设此阀的目的是为了保证维修和开车。

② 在泵出口与第一个切断阀之间应安装止回阀，防止停泵时物料倒流，在靠近出口处安装。

③ 在泵吸入侧、入口切断阀后入泵前设一个 Y 型过滤器，防止杂物进入泵体。

④ 泵体和泵的切断阀前后的管线应设置放净阀。

⑤ 在切断阀与泵之间安装压力表，离泵愈近愈好，压力表供泵开车观察和调节出口压力用。

⑥ 根据具体和特殊情况应补加辅助管线，如密封、冲洗、冷却、平衡、保温、防凝等管线。

离心泵流量控制的目的是将泵的排出量恒定于某一给定的数值上。流量控制在化工厂是常见的，例如，进入化学反应器的原料量需要维持恒定，精馏塔的进料量或回流量需要维持恒定等。离心泵流量控制大体可采用直接节流法、旁路调节法和改变泵的转速调节法。直接节流法是在泵的出口管线上设置调节阀，利用阀的开度变化而调节流量，如图 1-13 所示。这种方法简单、易行，得到普遍采用，但不适宜于介质正常流量低于泵的额定流量的 30% 以下的场合。

旁路调节法是将泵的部分排出量重新送回到吸入管路，用改变旁路阀开启度的方法来控制泵的实际排出量，如图 1-14 所示。但这种方法会使泵的总机械效率降低，它的优点是调节阀直径较小，可用于介质流量偏低的场合。

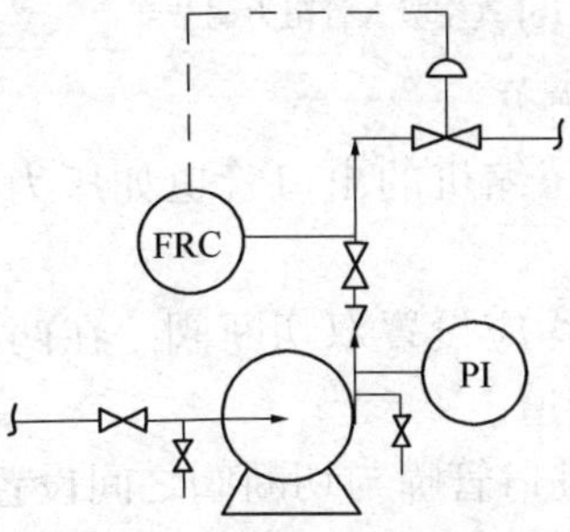

图 1-13　离心泵的直接节流法

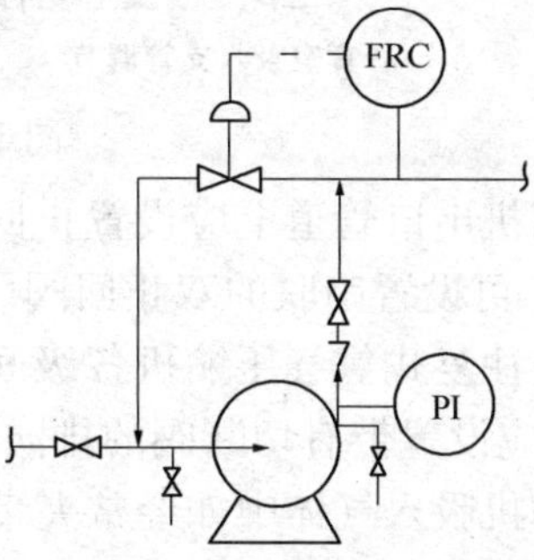

图 1-14　离心泵的旁路调节法

改变泵的转速调节法是指当泵的转速改变时，泵的流量特性曲线会发生改变，从而达到调节流量的目的。这种方法的优点是节约能量，但驱动机械及其调速设施的投资较高，一般只适用于较大功率的机泵。

1.5.1.2　往复泵

往复泵多用于流量较小、压头要求较高的场合。用蒸汽机带动的往复泵可通过改变原动机的转速，控制泵的出口旁路，改变冲程来实现流量调节。改变电动机的转速可借助于改变蒸汽流量的方法方便地控制转速，进而控制往复泵的出口流量，如图 1-15 所示。控制泵出口旁路是用改变旁路阀开度的方法来控制实际排出量，如图 1-16 所示。

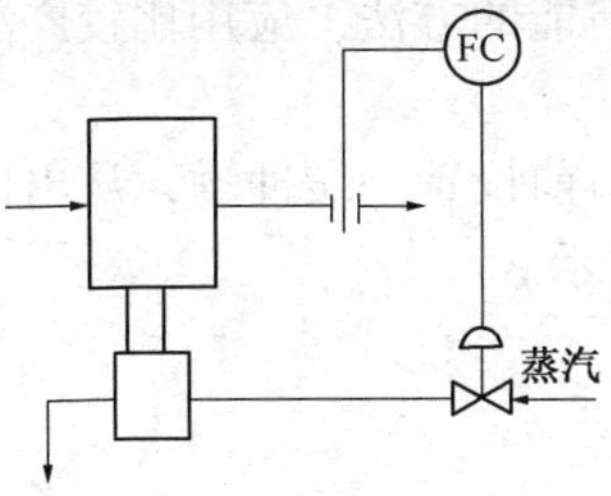

图 1-15　改变电动机转速控制往复泵的出口流量

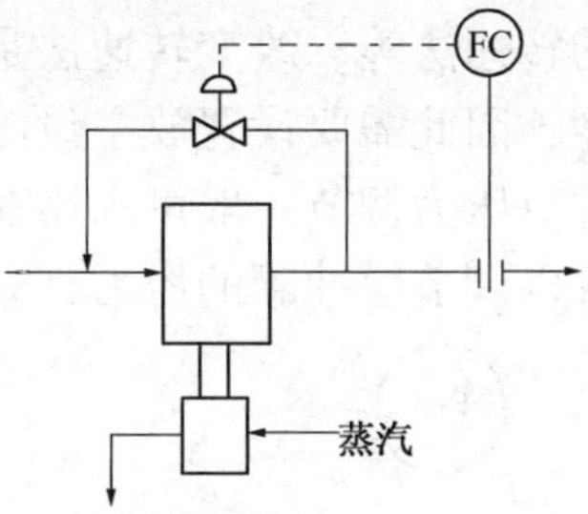

图 1-16　控制出口旁路来调节往复泵的出口流量

1.5.1.3　真空泵

真空泵可采用吸入支管调节和吸入管阻力调节的方案，如图 1-17(a) 和图 1-17(b) 所示。蒸汽喷射泵的真空度可以用调节蒸汽的方法来调节，如图 1-18 所示。

1.5.1.4　离心压缩机

① 压缩机的进、出口管道上均应设置切断阀，但自大气抽吸空气的往复式空气压缩机的吸入管道上可不设切断阀。

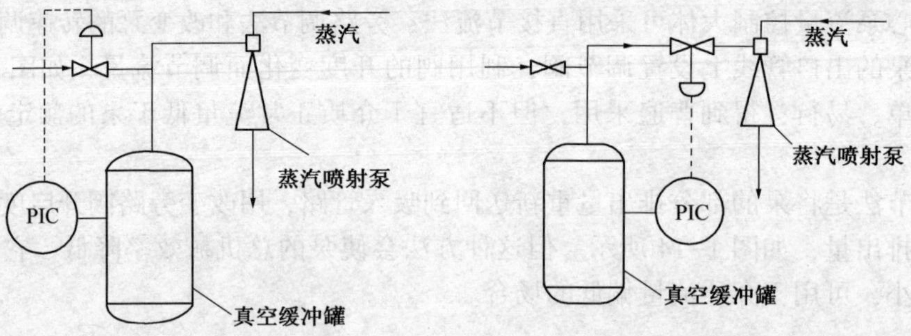

(a) 真空吸入支管调节　　(b) 真空吸入管阻力调节

图 1-17　真空泵的流量调节

② 压缩机出口管道上应设置止回阀。离心式氢气压缩机的出口管道如压力等级大于或等于 4MPa，可设置串联的双止回阀。

③ 多级往复式氢气压缩机各级间进、出口管道上均应设置双切断阀。在两个切断阀之间的管段上应设置带有切断阀的排向火炬系统的放空管道。

④ 压缩机吸入气体中如经常夹带机械杂质，应在进口管嘴与切断阀之间设置过滤器。

⑤ 往复式压缩机各级吸入端均应设置气、液分离罐；当凝液为可燃或有害物质时，凝液应排入相应的密闭系统。

⑥ 离心式压缩机应设置反飞动放空管线。空气压缩机的反飞动线可接至安全处排入大气，有毒、有腐蚀性、可燃气体压缩机的反飞动线应接至工艺流程中设置的冷却器或专门设置的循环冷却器，将压缩气体冷却后返回压缩机入口切断阀上游的管道中。

⑦ 可燃、易爆或有毒介质的压缩机应设置带三阀组盲板的惰性气体置换管道，三阀组应尽量靠近管道成 8 字形的连接点处，置换气应排入火炬系统或其他相应系统。

为了使离心式压缩机正常稳定操作，防止喘振现象的产生，单级叶轮压缩机的流量一般不能小于其额定流量的 50%，多级叶轮(例如 7~8 级)的高压压缩机的流量不能小于其额定流量的 75%~80%。常用的流量调节方法有入口流量调节旁路法，改变进口导向叶片的角度和改变压缩机的转速法等。改变转速法是一种最为节能的方法，应用比较广泛。由于调节转速有一定的限度，因此需要设置放空设施。

压缩机的进口压力调节一般可采用在压缩机进口前设置一缓冲罐，从出口端引出一部分介质返回缓冲罐以调节缓冲罐的压力，如图 1-19 所示。

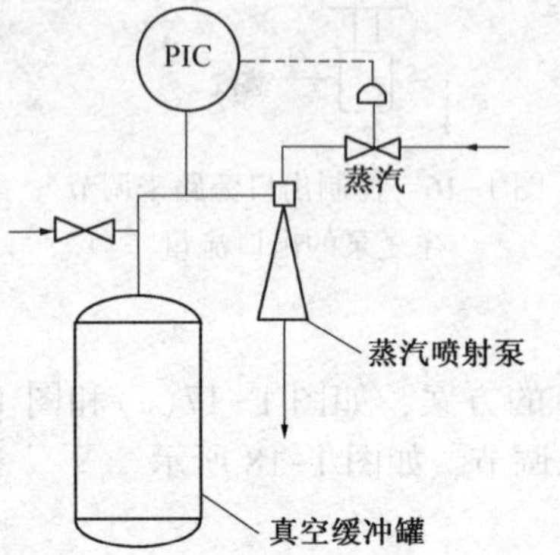

图 1-18　蒸汽喷射泵的蒸汽调节图

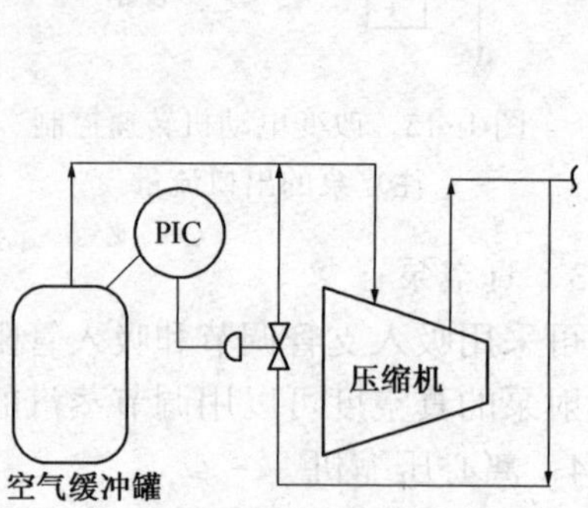

图 1-19　压缩机进口压力调节的原理图

1.5.2 传热设备的控制流程设计

化工生产常用的传热设备主要有换热器、冷凝器、再沸器及加热炉等，由于传热的目的不同，被控变量也不完全一样，多数情况下，被控变量是温度。

1.5.2.1 两侧均无相变的情况

当换热器两侧流体均无相变时，可以通过改变换热器的热负荷来保证工艺介质温度在换热器出口处恒定在给定值上。可采用调节载热体的流量、调节载热体旁路流量、调节被加热流体自身流量及调节被加热流体自身流量的旁路几种方法来实现。

(1) 调节载热体的流量

通过调节载热体的流量稳定被加热介质出口温度的方法如图 1-20 所示，适用于载热体流量的变化对温度影响敏感的场合。若载热体本身的压力不稳定，可另设稳压系统，或者采用以温度为主变量、流量为副变量的串级控制系统，如图 1-21 所示。

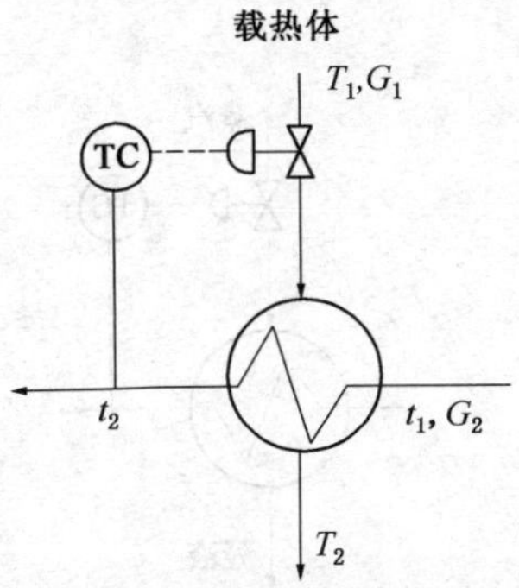

图 1-20 改变载热体流量控制温度

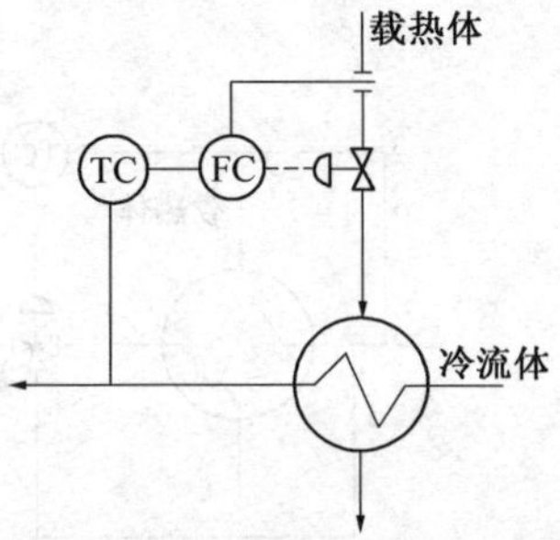

图 1-21 换热器串级控制系统

(2) 调节载热体旁路流量

若载热体为工艺流体，其流量需保持恒定，可采用如图 1-22 所示的控制方法。此方法采用三通控制阀来改变进入换热器的载热体流量与旁路流量的比例。此法既可以改变进入换热器的载热体流量，又可以保证载热体总流量不受影响。

(3) 调节被加热流体自身流量

若工艺介质的流量允许变化，调节阀可安装在被加热流体进入换热器的管道上，如图 1-23所示。

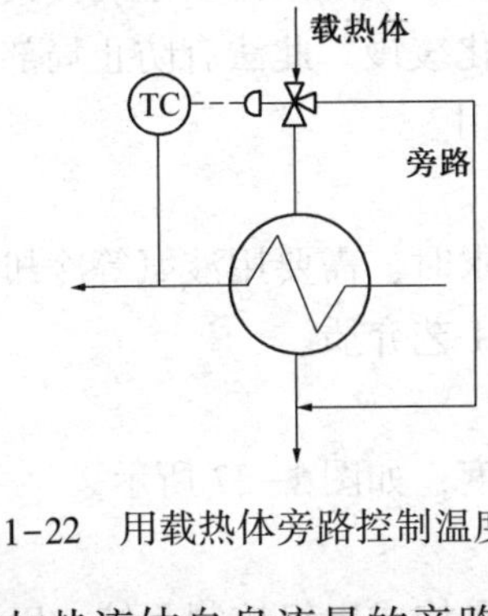

图 1-22 用载热体旁路控制温度

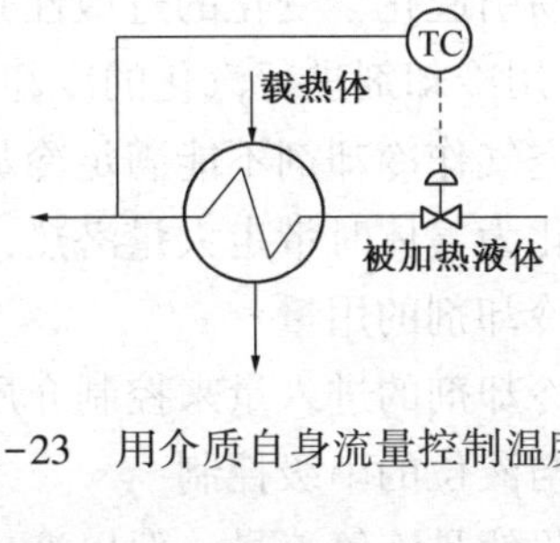

图 1-23 用介质自身流量控制温度

(4) 调节被加热流体自身流量的旁路

若被加热流体的总流量不允许改变，而换热器的传热面积有余量时，可让一小部分被加热的流体由旁路直接流到出口处，使冷热物料混合来控制温度，如图 1-24 所示。运用此法过程中，载热体一直处于最大流量，且需传热面积有较大裕量。因此，在通过换热器的被加热介质流量较小时，运用此法不太经济。

1.5.2.2 载热体进行冷凝的加热器自动控制

用蒸汽冷凝来加热介质，蒸汽由气相变为液相，放出热量加热工艺介质。此种传热过程不同于两侧均无相变的传热，蒸汽在整个冷凝过程中温度不变。传热过程分为两个阶段，先冷凝后降温。若被加热介质出口温度为被控变量，可采用以下两种方法。

(1) 控制蒸汽流量

当蒸汽压力较稳定时，采用如图 1-25 所示的方法控制加热器出口温度较为简单，可通过改变加热蒸汽量来稳定被加热介质的出口温度。当阀前蒸汽压力有波动时，可对蒸汽总管加设压力定值控制，或者采用温度与蒸汽量串级控制，通过加设压力定值控制较为方便。

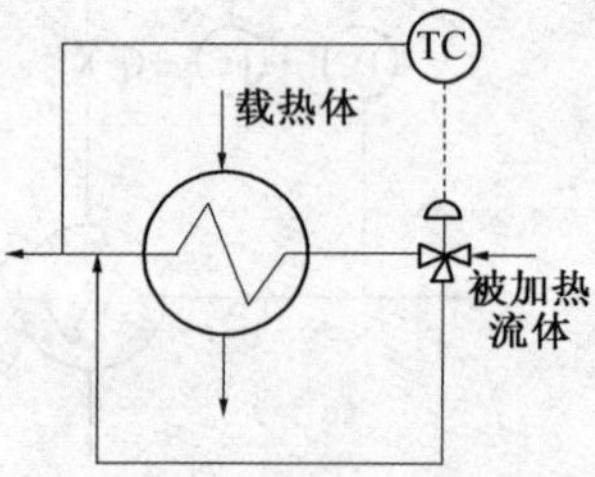

图 1-24 用介质旁路控制温度

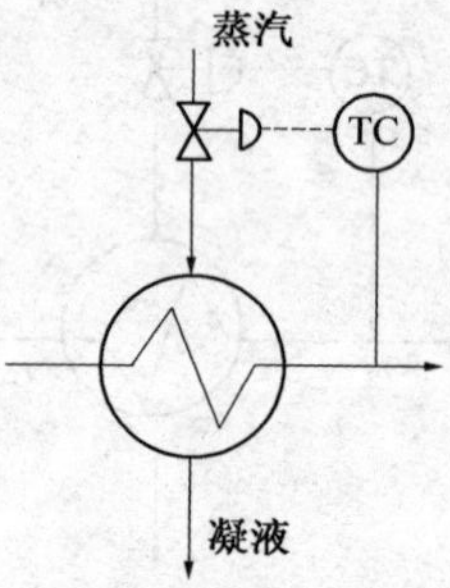

图 1-25 用蒸汽流量控制温度

(2) 改变换热器的有效传热面积

此法是通过改变传热面积以控制被加热介质的出口温度。若被加热介质出口温度高于给定值，说明传热量过大，可将凝液控制阀关小，凝液就会积聚起来，减少了有效蒸汽冷凝面积，使传热量减小，出口温度就会降低；反之，若被加热介质出口温度低于给定值，可开大凝液控制阀，增大有效传热面积，使传热量相应增加，如图 1-26 所示。

以上两种方案各有优缺点，控制蒸汽流量的方法简单易行，过渡过程短，控制迅速。缺点是需选用较大的蒸汽阀门，传热量变化比较剧烈。控制凝液排出量的方案控制通道长，变化迟缓，且需要有较大的传热面积裕量。正由于变化缓慢，此法有防止局部过热的优点，对一些过热后容易引起化学变化的过敏性介质比较适用。

1.5.2.3 用冷却剂进行汽化的冷却器

当用水或空气作冷却剂不能满足冷却温度的要求时，需要用液氨等冷却剂。液体冷却剂在冷却器中汽化为气体时带走大量潜热，从而冷却工艺介质。

(1) 控制冷却剂的用量

通过改变冷却剂的进入量来控制介质的出口温度，如图 1-27 所示。

(2) 温度与液位的串级控制

操纵变量仍然是液氨流量，但以液位作为主变量构成串级控制系统。用此方案对冷却剂的液位上限值应加以控制，保证有足够的蒸发空间，如图 1-28 所示。

(3) 控制汽化压力

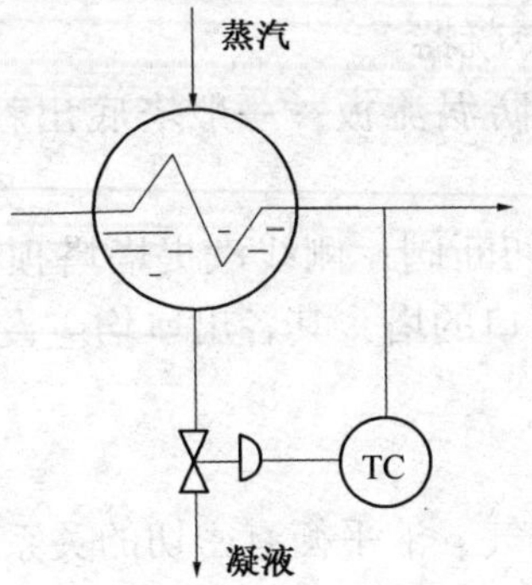

图 1-26　用凝液排出量控制温度

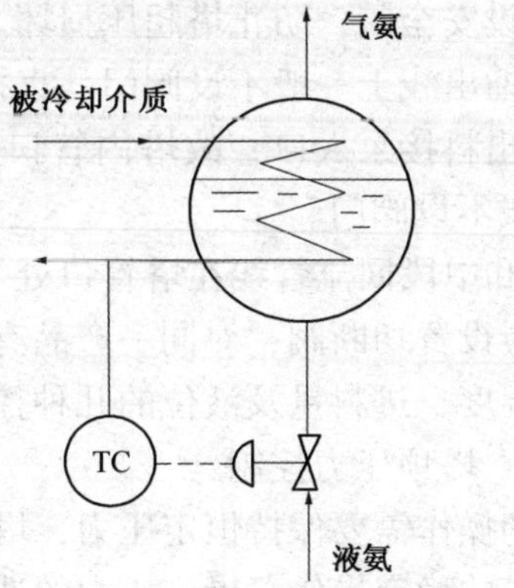

图 1-27　用冷却剂流量控制温度

由于氨的汽化温度与压力有关，可将控制阀装在气氨出口管道上，如图 1-29 所示。此方法控制作用迅速，只要汽化压力稍有变化，就能很快影响汽化温度，达到控制工艺介质出口温度的目的。但由于控制阀安装在气氨出口管道上，故要求氨冷却器要耐压，当氨气压力由于整个制冷系统的统一要求不能随意加以控制时，这个方法就不能采用了。

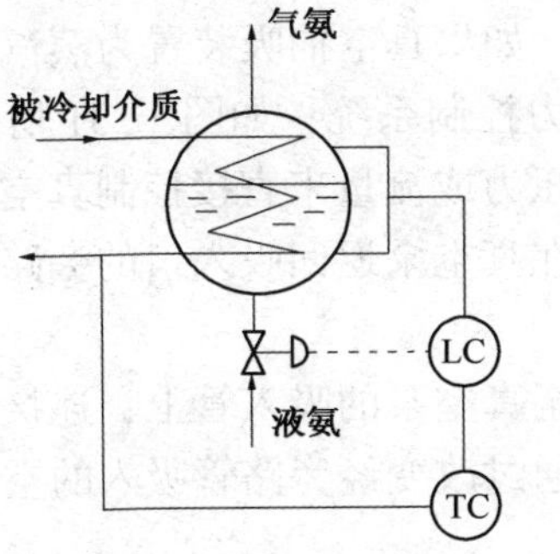

图 1-28　温度-液位串级控制

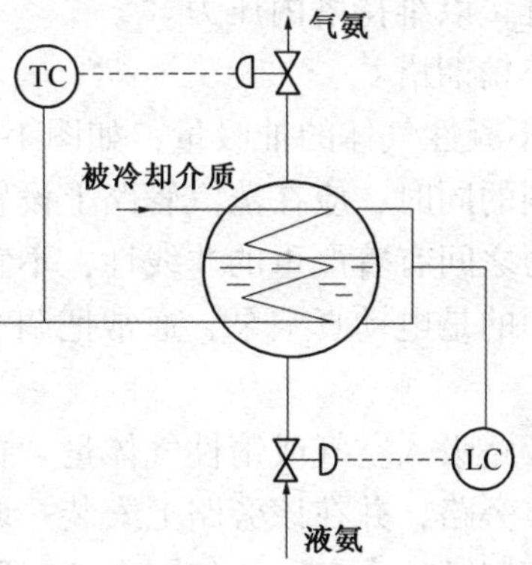

图 1-29　用汽化压力控制温度

1.5.3　精馏塔的控制流程

精馏过程是现代化工生产中应用极为广泛的传质过程，其目的是利用混合液中各组分挥发度的不同将各组分进行分离，并达到规定的纯度要求。

精馏塔是精馏过程的关键设备，在精馏操作中，被控变量多，可选用的操纵变量也多，它们之间又可以有各种不同组合，所以控制方案繁多。由于精馏塔对象的通道很多，反应缓慢，内在机理复杂，变量之间相互关联，加之控制要求又较高，因此必须深入分析工艺特性，总结实践性经验，结合具体情况，才能设计出合理的控制方案。精馏塔自控流程中应注意的问题如下：

① 塔的进料量由进料罐液控制。

② 塔的回流量由回流罐液控制。

③ 塔底液面控制塔底出料泵的调节阀。

④ 由蒸汽流量和塔的温度控制再沸器的加热蒸汽流量，并在进入再沸器的蒸汽管道上

设置压力计，在蒸汽进入再沸器前设置疏水器。

⑤ 塔顶设安全阀，防止塔超压损坏。

⑥ 塔顶馏出线上一般不设阀门，直接接塔顶冷凝器。

⑦ 塔底出料接泵入口，故塔内管口附近设有防涡流板；一般塔底出料泵靠近塔布置，塔底出料管线不设阀门。

⑧ 塔顶和中段回流管线在塔管口处不宜设置切断阀；侧线汽提塔塔顶气体返回分馏塔的管线上不应设置切断阀；对同一产品有多个抽出口的塔，其各出口均应设置切断阀。以下介绍压力、温度、进料量及液位的几种控制方法。

1.5.3.1 塔顶压力控制

精馏塔的操作需要保持恒定压力，塔顶压力与气、液平衡有密切的关系，压力的任何波动都将影响塔的稳定操作。操作压力的选择要根据工艺物料性质及经济比较来确定，精馏塔根据选择压力的不同可分为常压精馏、减压精馏、加压精馏，以下分三种情况分别讨论。

（1）常压精馏塔

在对精馏操作压力恒定要求不高的情况下，常压精馏不需要任何压力调节系统，仅需要蒸馏设备上设置一个通大气的管道来平衡压力，以保证塔内压力接近大气压。此种情况下，塔内压力将随大气压的变化而变化。如果常压精馏对精馏操作压力稳定性要求高时，应设置压力调节系统，以维持塔内压力。

（2）真空精馏塔

① 改变不凝性气体的抽吸量，如图 1-30 所示。如果真空抽吸装置为蒸汽喷射泵，那么在真空度控制的同时，应在蒸汽管路上设置蒸汽压力控制系统，如图 1-31 所示，由于真空度与蒸汽压力之间有着严重的非线性，不宜用蒸汽压力或流量来直接控制真空度。如果真空抽吸装置采用的是电动真空泵，通常把调节阀安装在真空泵返回吸入口的旁路管线上，如图 1-32 所示。

②改变旁路吸入空气或惰性气体量。在回流罐至真空泵的吸入管上，连接一根通大气或某种惰性气体旁路，并在该旁路上安装一调节阀，通过改变经旁路管吸入的空气量或惰性气体量，即可控制塔的真空度，如图 1-33 所示。

精馏操作中通常采用产生真空的方法是用蒸汽喷射泵和电动真空泵。蒸汽喷射泵因其结构简单、工作可靠、维护容易而被广泛采用。

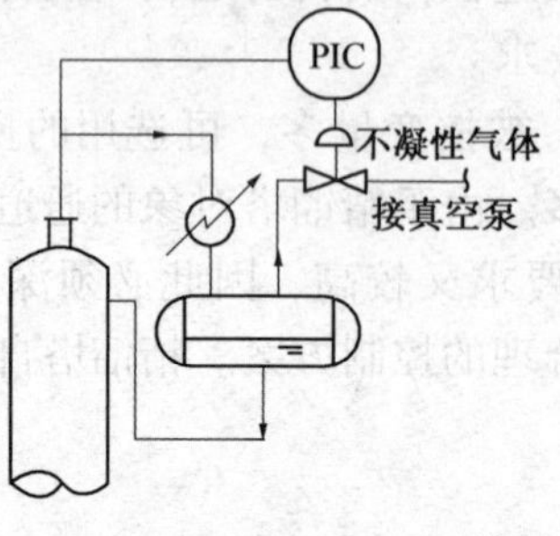

图 1-30 改变不凝性气体的抽吸量来控制塔压

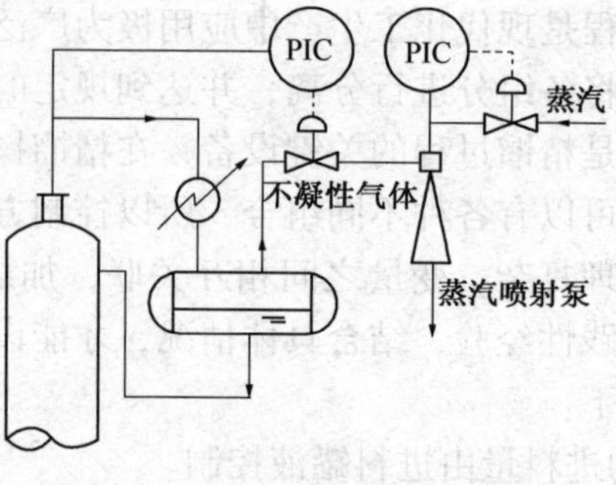

图 1-31 用蒸汽喷射泵控制真空的塔压控制

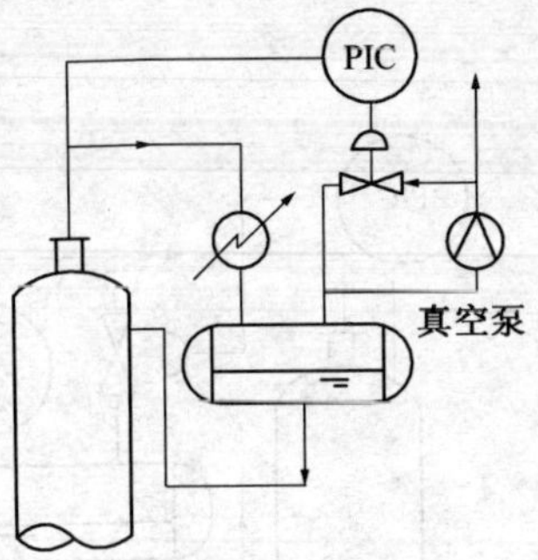

图 1-32 用电动真空泵控制真空的塔压控制

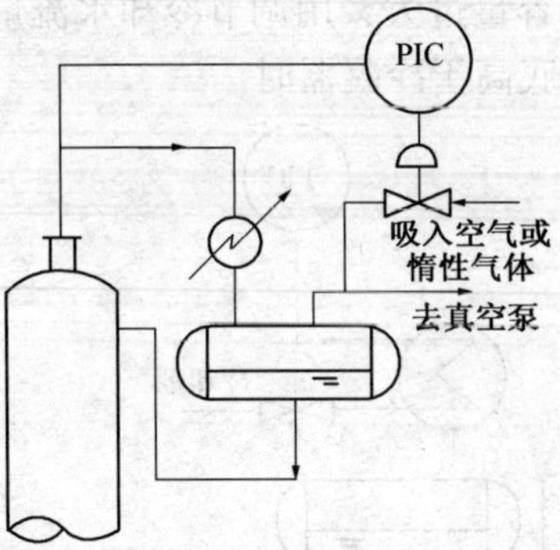

图 1-33 改变旁路吸入空气或惰性气体量来控制塔压

(3) 加压精馏塔

加压精馏塔是指操作压力大于大气压的情况，压力控制对产品质量安全生产影响巨大。

加压精馏塔压力调节方案的确定与馏出物的状态及馏出物中不凝性气体组成密切相关，分几种情况加以讨论：

① 塔顶气相馏出物不冷凝。此种流程工业上很少采用，压力调节阀可设置在塔顶气相管线上，如图 1-34 所示。

② 塔顶馏出物部分冷凝。通常采用压力调节器调节气相馏出物，气相流量变化对压力影响敏感效果较好，如图 1-35 所示。

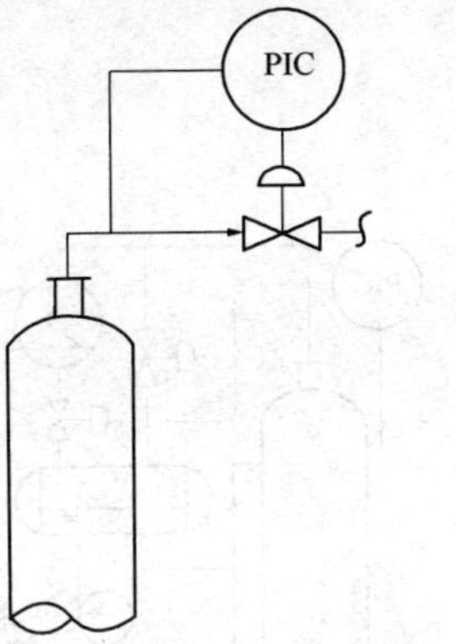

图 1-34 塔顶气相馏出物不冷凝的塔顶压力调节

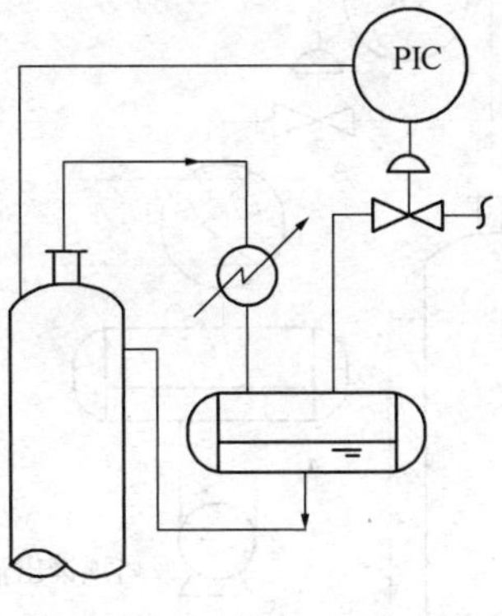

图 1-35 塔顶馏出物部分冷凝的塔顶压力调节

③ 塔顶馏出物含微量不凝性气体。

a. 调节冷却水流量。调节冷却水量以改变气体在冷凝器中冷凝的速度从而调节塔压，如图 1-36 所示。该方案的优点是操作费用低，调节阀可不考虑介质腐蚀。缺点是塔顶温度过高时，可能使冷凝器水出口温度过高而加速冷凝器的腐蚀和结垢。

b. 热气体旁通法控制塔压。如图 1-37 所示，此法优点是调节系统滞后小，调节阀尺寸小，便于维修。此法缺点是冷却水的耗量大。

下列情况下可采用此法调节塔压：

(a) 塔顶气体温度过高，不能采用调节冷却水量来调节压力时；

(b) 塔设备容量过大，用调节冷却水流量法过渡时间太长时；

(c) 回流罐底高于冷凝器时。

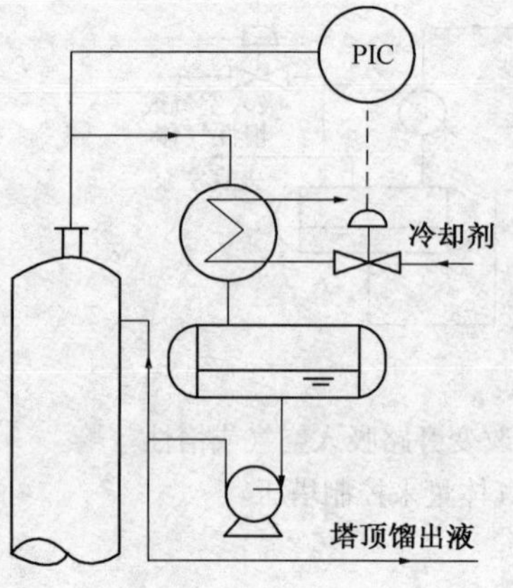

图 1-36　用冷却剂流量控制塔压的方案

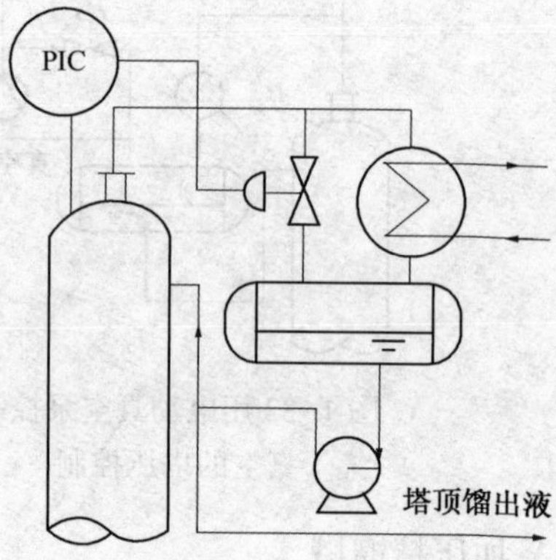

图 1-37　用热气体旁路法控制塔压的方案

c. 调节塔顶气相流量控制塔压。压力调节系统的调节阀直接装在冷凝管线上，以调节冷凝面积，如图 1-38 所示。

d. 用冷凝器排液量调节与热旁路相结合的方案控制塔压，如图 1-39 所示。这时压力调节器的输出控制两只调节阀而构成分程控制，这样可以扩大调节阀的可调范围。该方法的缺点是需采用两个调节阀，增加了投资。

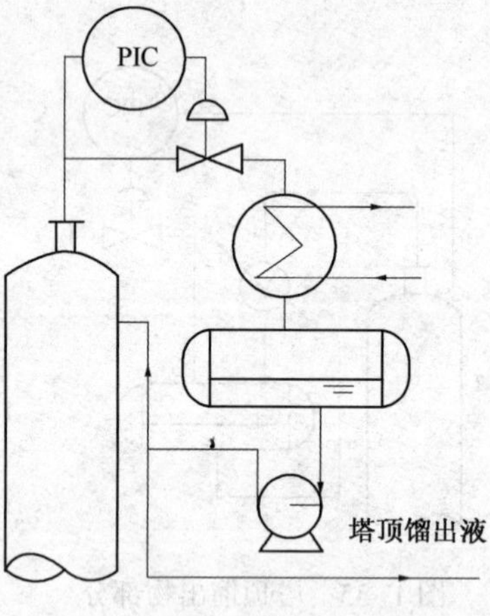

图 1-38　用塔顶气相流量控制塔压的方案

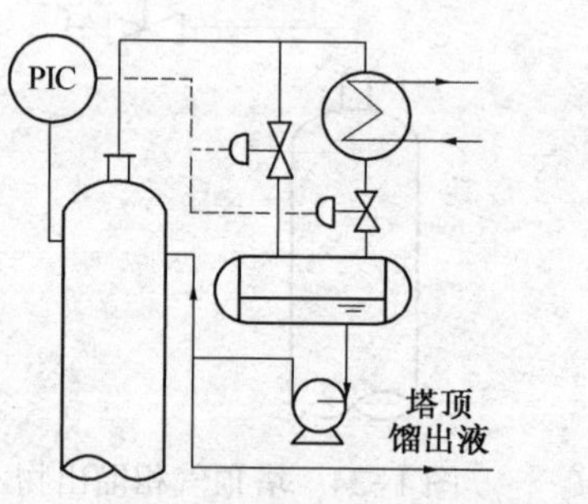

图 1-39　冷凝器排液量调节与热气气体旁路相结合来控制塔压的方案

e. 当冷凝器位于回流罐下方时，可采用浸没式冷凝器塔压控制方案，如图 1-40 所示。这时调节阀安装在通回流罐的气相管路上。这种控制方法一般希望进入冷凝器的冷却剂量大，保持过冷，用改变压差的方法使传热面积发生变化，以改变气相的冷凝量，达到控制塔压的目的。

④ 塔顶馏出物中含少量不凝性气体。当塔顶气相中不凝性气体的含量小于塔顶气相总量的 2%时，或在塔的操作中预计只在部分时间里产生不凝性气体时，就不能采用将不凝性气体放空的方法控制塔压。因为这样做损失太大，会有大量未被冷凝下来的产品被排放掉。

此时可采用图1-41所示的分程控制方案对塔压进行控制。首先用冷却水调节阀控制塔压，若冷却水阀全开塔压还降不下来时，再打开放空阀，以维持塔压的恒定。

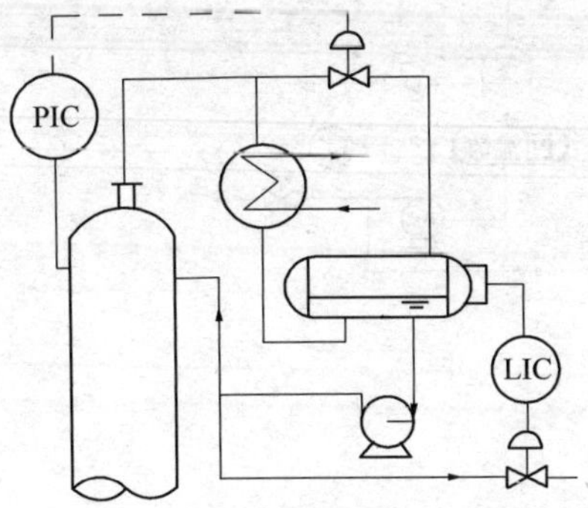

图1-40 浸没式冷凝器塔压控制方案

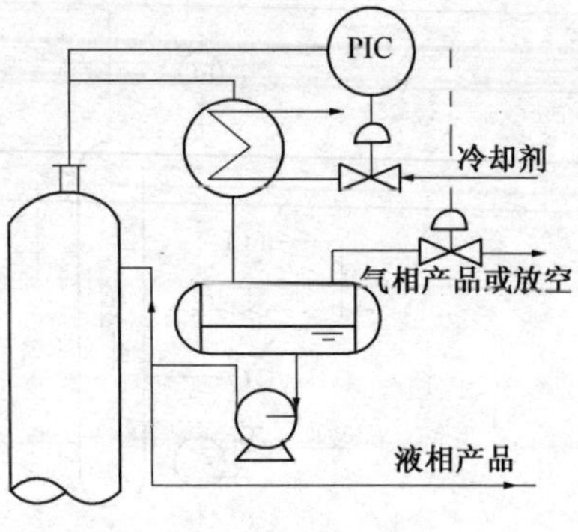

图1-41 用分程控制方案来控制塔压

⑤ 馏出物中有较多不凝性气体。当塔顶馏出物中含有不凝性气体比较多时，塔压控制可以通过改变回流罐的气相排放量来实现，如图1-42所示。该方案适用于进料流量、组分、塔釜加热蒸汽压力波动不大，且塔顶蒸汽经冷凝器的阻力变化也不大的条件。因为只有这样，回流罐上的压力才可以代替塔顶的压力。如果冷凝器阻力变化值可能接近或超过塔压波动的最大值，此时回流罐上的压力就不能代表塔顶压力。

1.5.3.2 精馏塔的温度控制

(1) 精馏塔提馏段的温度控制

如图1-43所示是常见提馏段温度控制的一种方案。该主要控制系统是以提馏段塔板温度为被控变量，加热蒸汽量为操纵变量。

采用提馏段温度控制的场合：

① 由于采用了提馏段温度作为间接质量指标，因此，它能较直接反映提馏段产品情况。将提馏段温度保持恒定后，就能较好地保证塔底产量和质量达到规定值。所以在以塔底产品为主要产品，对塔釜成分要求比馏出物高时，常采用提馏段温度控制方法。

② 全部为液相进料时。由于液相进料比气相进料或气、液进料带入的热量较少，塔操作必须由再沸器供给较大的热量，进料量或进料成分的变化首先要影响塔底的成分，故用提馏段温度控制就能比较及时，动态过程也比较快。

③ 当塔顶或精馏段塔盘上的温度不能很好地反应组成变化时。即当组成变化时，精馏段塔盘上温度变化不显著；或者由于进料中含有比塔顶产品更轻的杂质组分，而这些杂质会影响温度与组成的关系。

④ 当实际回流比较最小回流比大好几倍时，回流量的较小变化对操作影响很不显著，而较大变化又反而会对稳定操作造成干扰，用精馏段温度控制得不到好的效果，应考虑采用提馏段温度调节。

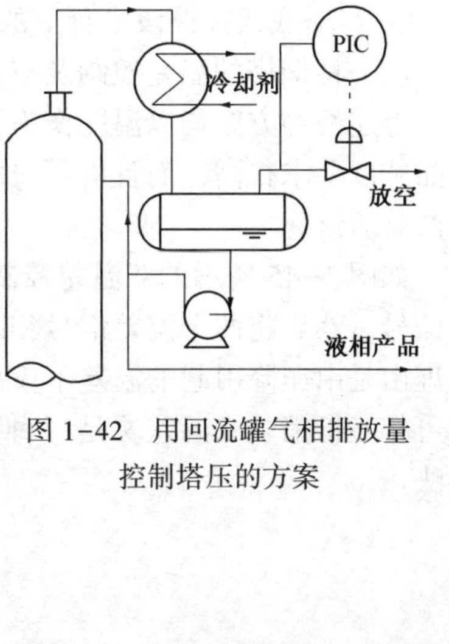

图1-42 用回流罐气相排放量控制塔压的方案

(2) 精馏段的温度控制

如图1-44是常见的精馏段温度控制的一种方案，它的主要控制系统是以精馏段塔板温度为被控变量，而以回流量为操纵变量。

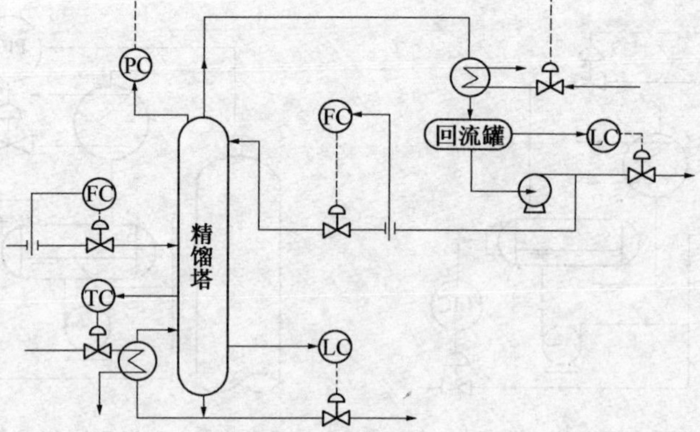

图 1-43 提馏段温度控制的控制方案示意图

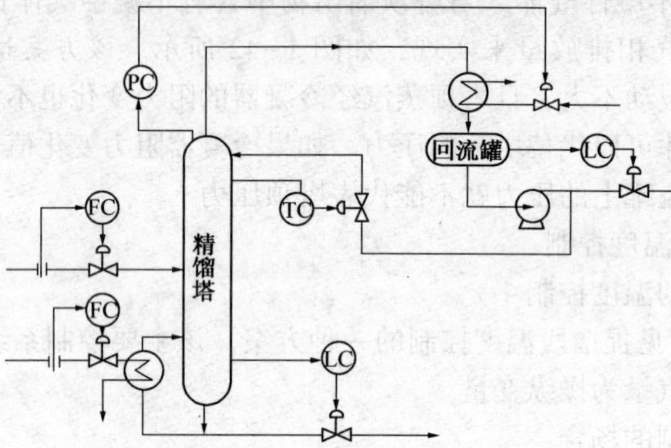

图 1-44 精馏段温度控制的控制方案示意图

精馏段温度控制的主要特点与适用场合为：

① 由于采用了精馏段温度作为间接质量指标，因此，它能较直接地反映精馏段的产品情况，当塔顶产品纯度要求比塔底严格时，一般采用精馏段温度控制方案。

② 当全部为气相进料时，由于进料量的变化首先影响塔顶的成分，采用精馏段控制就比较合理。

③ 当塔底或提馏段塔盘上的温度不能很好地反映组成变化时。

(3) 精馏塔的温差控制及双温差控制

上述两种方案均以温度作为被控变量，对一般的精馏操作是可行的，但在精密精馏时，产品纯度要求很高，而且塔顶、塔底产品的沸点差又不大时，应采用温差控制，以进一步提高产品质量。

如图 1-45 所示的双温差控制的系统图，双温差控制是分别在精馏段与提馏段上选取温差信号，然后将两个温差信号相减，作为控制器的测量信号。从工艺角度来理解选取双温差的理由是由压降引起的温差不仅出现在塔顶，也出现在塔底，这种因负荷引起的温差相减后就可相互抵消。双温差法是一种控制精馏塔进料板附近的组成分布，使其产品质量合格的办法。

1.5.3.3　精馏塔的流量控制

精馏操作中进料量的波动直接影响分离效果，最终影响到产品的质量。然而进料量的波动通常是难以避免的，多数情况下精馏塔的处理量是由上一工序所决定，为了缓和上、下工序之间的冲突，上一工序可以采用液位均匀调节系统来出料，以使进塔流量的变动不至于过于剧烈。若塔的进料来自一个很大的中间储槽或原料罐，可以设置流量定值调节系统来恒定进料流量。采用的调节方案可根据所选用泵的类型决定。

回流量的调节可根据使用的泵的形式决定。采用重力回流时，调节方法如图 1-46 所示。

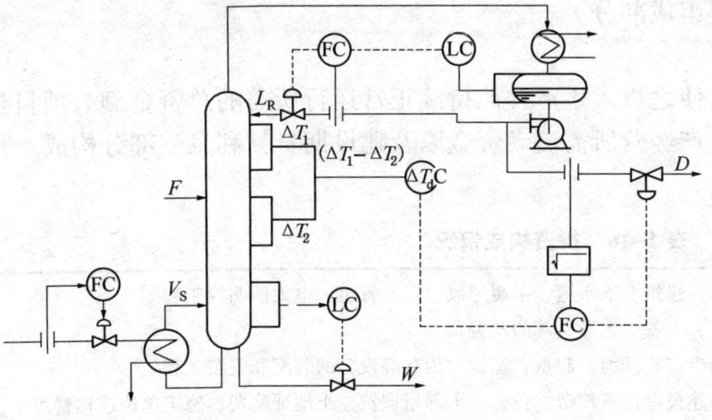

图 1-45　双温差控制方案

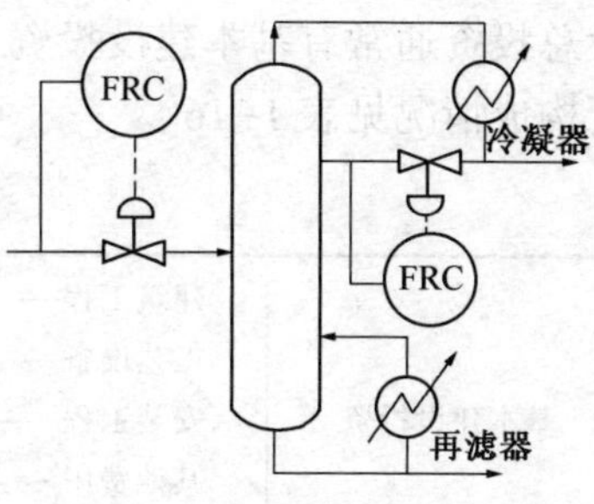

图 1-46　全凝器的回流量控制

1.6　化工过程技术经济评价的基本概念

在化学和制药、轻工食品工业中，为达到同一工程的目的，可以采取多种方案和手段。不同的技术方案往往各具独特的技术、经济或其他特性。为了从这些可供选择的众多工艺方案中选取技术上先进合理、经济上有充分的市场条件、具有旺盛竞争生命力的方案，就需要把这些方案进行技术上和经济上的综合研究、分析、比较，即进行技术经济评价。

技术经济评价是化工规划、设计、施工和生产管理中的重要手段和方法，经过反复修改和多次重新评价，最终可确定最佳的方案，达到化工过程最优化的目的。

1.6.1　技术评价指标

评价一个化工过程技术的可行性、先进性和可靠性主要根据如下几项指标：

① 产品的质量和销路；

② 原料的质量、价格、加工难易、运输性能及供应的可靠性；

③ 原料的消耗定额(产品的回收率)；

④ 能量消耗定额和品位；

⑤ 过程设备的总数目和总质量，工艺过程在技术上的复杂性，操作控制的难易程度等；

⑥ 劳动生产率；

⑦ 环境保护及生产的安全性。

1.6.2　经济评价指标

所谓经济评价，是指在开发投资项目的技术方案中，用技术经济观点和方法来评价技术方案的优劣，它是技术评价的继续和确认。一般经济评价包括如下项目：

① 基本建设投资额；

② 化工产品的成本；

③ 投资的回收期或还本期；

④ 经济效益——利润和利润率；

⑤ 其他经济学指标。

建设投资和产品成本是进行设计方案经济分析、评价与优化的重点和基础。化工过程优化方案在经济方面的目标函数不外是基建投资、生产成本或由这二者确定的利润额。投资与成本估算也是设计工作的一个重要组成部分。

1.6.3 工程项目投资估算

投资是指建设一套生产装置、使之投入生产并能持续正常运行所需的总资金额。项目建设总投资通常有基本建设投资、生产经营所需流动资金以及建设期贷款利息三部分构成。投资构成情况见表 1-16。

表 1-16 投资构成情况

基本建设投资	建筑工程——厂房、建筑上下水道、采暖通风、工业管道、电力照明等工程 工艺设备——机器、设备、工器具等的购置费 安装工程——包括生产、动力、起重、运输、传动等设备的装配和安装工程 其他费用——包括建设单位管理费、税金、干部培训费、土地征购费、施工单位迁移费等 不可预见费——费用合计的 3%~5%
流动资金	企业进行生产和经营活动所必需的资金，包括储备资金，生产资金，成品资金和结算及货币资金四部分
贷款利息	建设投资的贷款在建设期的利息计入成本，以资金化利息进入总投资

(1) 基本建设投资的估算

国内基本建设投资的计算，根据设计阶段的不同分为估算(初步设计前的阶段可行性研究的依据)、概算(初步设计阶段，国家投资最高限额)和预算(施工图阶段)。国家计委要求投资估算和概算的出入不大于 10%，因此估算数据要比较精确。

投资的估算有多种方法。目前国内外最常用的有化工投资因子法、化工范围内组织试行的设计概算法(逐项估算法)、比例法及生产规模指数法等。下面简要介绍前两种估算法。

① 化工投资因子估算法。该法是以工艺流程中所有设备的购置费总和为基础，根据化工厂的加工类型，从表 1-17 中选取适当的 Lang 乘数因子，快速估算出固定投资或企业的总投资。

表 1-17 Lang 乘数因子

化工加工类型	因子数值	
	基本建设投资(固定资金)	总投资
固体物料	3. 9	4. 6
固体与流体	4. 1	4. 9
流体物料	4. 8	5. 7

用因子法估算投资的步骤是：

a. 按照已确定的工艺流程图，根据工艺计算，确定所有过程设备的类型、尺寸、材质、操作温度与压力等参数，列出设备清单；

b. 利用设备价目图表或估算式子求取每台设备的购置费，综合求出整个生产装置设备的总费用；

c. 由表 1-17 查取合适的 Lang 因子数值，便可算出投资额。

② 设计概算法(逐项估算法)。原中国化学工业部规划部门于 1988 专门制定了《化工项目可行性研究投资估算暂行办法》(以下简称暂行办法)。此办法规定：项目建设总投资是指拟建项目从筹建起到建筑、安装工程完成及试车投产的全过程。它是由单项工程综合估算和工程建设其他费用项目估算和预备费三部分构成。

单项工程综合估算是指把工程分解为若干个单项工程进行估算，汇总所有单项工程估算所得到的结果，它包括主要生产项目、辅助生产项目、公用工程项目、服务性工程项目、生活福利设施及厂外工程项目等。

工程项目其他费用是指未包括在单项工程项目估算内，但与整个建设项目有关，并且按国家规定可在建设项目投资支出的费用。其中包括土地购置及租赁费、迁移及赔偿费、建设单位管理费、交通工具购置费、临时工程设施费等。

预备费是指一切不能预见的有关工程费用。

对于化工厂、石油炼制厂或石油化工厂，投资项目的估算内容见表 1-18。使用这种投资估算法不但过程十分清晰，而且便于分析整个基本建设的主要开支项目，从而对新建一个化工企业在投资方面建立一个完整的概念和轮廓。但需注意各个部分的比例可随投资项目类型、规模、时间和地区而作调整。

应当指出，不管采用哪种估算法，都是以所有生产设备的购置费为基础，这就需要根据生产流程准确无误地列出所有设备清单，并求出每台设备的购置费。单台设备的购置费最好从设备价目图表查得，在缺乏可靠价目时，可用有关公式(如装置或设备指数法)作近似估算，读者可参阅有关资料或专著。

新建一个化工厂的大概投资分配见表 1-19。

表 1-18　化工厂投资项目逐项估算表

序　号	项　目	材　料　费[①]	劳　务　费
1	储槽、储罐类	A	A 的 10%
2	各种塔器(现场制造)	B	B 的 30%~35%
3	各种塔器(订货、外加工)	C	C 的 10%~15%
4	热交换器	D	D 的 10%
5	泵、压缩机及其他机器	E	E 的 10%
6	仪器仪表	F	F 的 10%
7	关键设备(A 至 F 的总和)	G	
8	保温、隔热工程	$H=(0.05\sim0.1)G$	H 的 150%
9	输送物料设施	$I=(0.40\sim0.50)G$	I 的 100%
10	基础工程	$J=(0.03\sim0.05)G$	J 的 150%
11	建筑物	$K=0.04G$	K 的 70%

续表

序　号	项　　目	材料费[①]	劳务费
12	结构物(框架等)	$L=0.04G$	L 的 20%
13	防火设施	$M=(0.005\sim0.01)G$	M 的 500%~800%
14	供配电	$N=(0.03\sim0.06)G$	N 的 150%
15	防腐、防锈、清洗	$O=(0.005\sim0.01)G$	O 的 500%~800%
16	材料费和劳务费两项总和(安装费)		P
17	特殊设备的安装费[②]		Q
18	P 和 Q 的两项总和(过程设备安装费)		R
19	经常管理费		R 的 30%
20	总的安装费[③]		R 的 130%
21	工程费		R 的 13%
22	不可预见费(预备费)		R 的 13%
23	界区内总投资[④]	$R=(2.4\sim2.78)G$	R 的 156%

注：① 对于化工设备，材料费即购置费。

② 特殊设备即不常用的设备或机械(如球磨机等)。

③ 安装费中包括了设备购置费。

④ “界区”是指按生产流程划分的工艺界区范围，并不包括一些辅助工程(如公共罐区、工厂围墙、产品发运设施等)、公共服务及福利设施的投资。

表 1-19　新建一个化工厂的投资分配

投资分配	占总投资的分数/%		占生产设备的分数/%
	范围	平均值	
生产设备	30~50	35	100
公用工程	10~25	20	57
辅助工程	30~45	35	100
建筑物	5~20	10	29
合　计		100	286

(2) 流动资金的估算

企业的流动资金一般分为储备资金(原料库存备品、备件等)、生产资金(工艺过程所需催化剂、制品及半成品所需资金)、成品资金(库存成品、待售半成品)三部分。

另外尚有非定额流动资金，包括结算资金和货币资金。

在缺乏足够数据时，可采用扩大指标估算，即流动资金额约为固定资金额的 10%~20%，或者为企业年销售收入的 25%。

汇总基本建设投资、流动资金和建设期贷款利息即为工程建设项目总投资。

1.6.4　化工产品的成本估算

(1) 成本的构成

化工产品的成本是产品生产过程中各项费用的总和。在经济可行性研究中，生产成本是决策过程中重要依据之一。根据估算范围，产品成本可分为车间成本、工厂成本、经营成本和销售成本。成本的构成如图 1-47 所示。

(2) 成本的估算

化工产品成本的估算内容和方法可参考表 1-20。

需要说明，表 1-20 中有关比例数字会随着时间及产品种类有一定的变化或调整。

在化工生产过程中，往往在生产某一产品的同时，还在生产一定数量的副产品，这部分副产品应按规定的价格计算其产值，并从上述工厂成本中扣除。

此外，有时还有营业外的损益，即非生产性的费用支出或收入，如停工损失、三废污染超标赔偿、科技服务收入、产品价格补贴等，都应计入成本或从成本中扣除。

(3) 固定成本和可变成本

产品的总成本可划分为固定成本和可变成本两部分。

可变成本是指随产量而变化的那部分费用，如原料费，计件工资制的工人的工资、动力费、运输费等。总趋势是产量增加，可变费用加大，而单位产品成本则保持不变。

固定成本是指在产品总成本中，不随产量变化而变化的那部分费用，如在一定生产能力范围内，设备的折旧费、车间经费、属计时工的工人工资等。但在单位产品成本中却随产量的变化而变化。

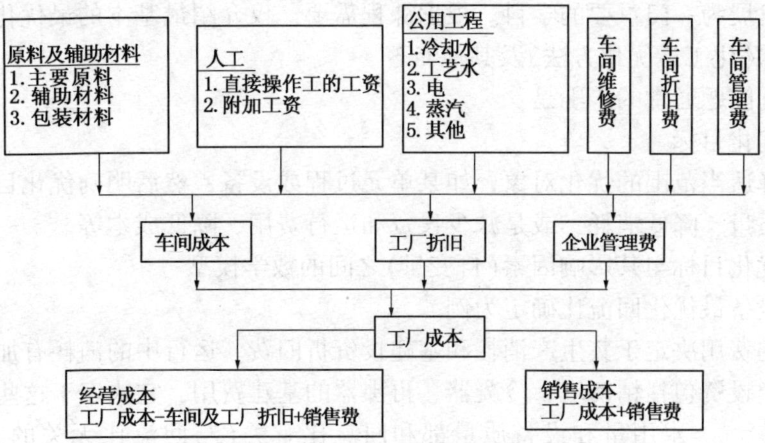

图 1-47 国内可行性研究中成本的构成

表 1-20 化工产品成本估算

序号	项目	计算方法	备注
1	原料、辅助材料	每 t 产品消耗×单价×年产量(t)	总的直接生产成本
2	劳动力费用 (1) 直接生产工人工资 (2) 辅助工资 (3) 奖金	 平均月工资×每班人数×班数×12 工资总额的 11% 直接生产工人工资的 11%	
3	公用工程(水、电、蒸汽、制冷等)	每 t 产品消耗×单价×年产量(t)	
4	车间费用	总劳动力费用的 80%	
5	税金和保险费	固定投资的 2%	
6	车间成本	上述各项之和	
7	企业管理费	年销售额的 5%	
8	销售费	年销售额的 5%	
9	折旧费	固定投资的 10%	
10	流动资金	总投资额的 10%	
11	工厂成本	第 6、7、9、10 项之和	
12	经营成本	第 6、7、8、10 项之和	
13	销售成本	第 6、7、8、9、10 项之和	

1.6.5 利润和利润率

年销售收入扣除销售成本即为企业的年利润。

年利润与基建投资之比为资金利润率。

单位产品的利润与销售成本之比为成本利润率。

基建投资总额与年利润之比为投资回收期或还本期(年)。

1.7 化工设备设计的最优化

化工设备设计中，某些设计参数，如设备直径、高度、操作条件(温度、压力、流量、组成、搅拌速度等)对其生产效果，如产量、质量、消耗、操作费用等有重大影响。设计人员应寻求这些参数的最佳值，以获得最好的生产效果，这就是设计的最优化。

最优化已发展为一门重要的学科。根据课程需要，仅介绍最基本的最优化概念，更深入的内容见后续课《化工最优化方法》及其他专著。

解决最优化问题通常的步骤是:

(1) 确定优化目标

首先要选择适当范围的优化对象，如某单元过程或设备，然后明确优化目标。目标可以是提高产量、质量，降低消耗，或是减少投资和运行费用，降低成本等。

(2) 建立优化目标与其影响因素(自变量)之间的数学模型

现以精馏设备最优化回流比确定为例。

精馏加工的费用决定于其生产消耗和基建投资折旧费。运行中的消耗有加热蒸汽和冷却水的费用。基建投资包括精馏塔、冷凝器、再沸器的基建费用，它决定于这些设备的总重。

我们知道，汽、水用量和设备质量都和回流比有关(与回流比无关的人工费等暂不考虑)。

基建投资折旧费 $E_1=(W_{塔}C_{u塔}+W_{冷}C_{u冷}+W_{沸}C_{u沸})\times$折旧率

折旧率一般取10%。

操作动力费用 $C=(R+1)Da_1C_{u汽}+(R+1)Da_2C_{u水}$

精馏加工费用 $S=E_1+C$

式中 W——设备质量，t;

C_u——设备、物料单价，元/t;

R——回流比;

D——馏出液量，kg/h;

a_1、a_2——计算系数。

精馏塔直径、高度、质量，冷凝器、再沸器传热面积、质量都是 R 的函数，可按化工原理课程中所述方法计算，最后可归纳为: $S=f(R)$。

这就是精馏加工费用和回流比的数学模型。这是个单自变量的问题，还有多自变量问题，即: $S=f(x_1、x_2、\cdots、x_n)$

其中 x_1、x_2、…、x_n 为影响 S 的若干自变量。

除以上述关系之外，各变量之间有时还受某种函数关系的约束。例如，各组分组成之和100%，气、液平衡体系中温度、压力、组成必须遵从一定的关系等，所以数学模型又可分为有约束问题与无约束问题两类。

总之，用化工基本规律和技术经济指标可以针对某一优化目标，建立最优化的基础——数学模型。

(3) 求解数学模型

即用数学方法(最优化方法)计算出使优化目标达极小(或极大)值的自变量值，即最优参数值。如数学模型具有较简单的函数关系，可用解析法(即求得目标函数的导数，令该导数为零，然后求得自变量值)。在许多情况下优化数学模型较复杂，有时甚至不能得出明确的数学模型，为此又发展了一系列的方法，关于这些方法，可参看有关教材和专著。

1.8　计算机在化工设计中的应用

随着计算机的发展，化工设备中包括方案构思、比较与选择，工程计算与优化，图纸的绘制与说明，施工规划，成本核算和技术经济评价等一系列工作，都可以靠计算机及其配套设施来完成，这就是计算机辅助设计——CAD(Computer Aided Design)。CAD 是计算机硬件与软件的综合，它提供给设计者进行基础设计、详细设计、修改设计以及储存、调用设计资料的各种手段。

典型的 CAD 硬件系统包括中央处理机(计算机)、磁盘机、绘图终端、输出系统(打印机、绘图机等)、数值化仪、鼠标器以及其他图形输入装置等。

无论工程设计、计算还是绘图都离不开软件，CAD 软件可分 3 类。

(1) 工艺设计软件

目前国内外已开发的软件很多，有粗略快速的物料、热量衡算软件，也有完全的工艺过程模拟和设计系统。

通用过程模拟软件：它可以模拟各种化工生产装置或整个化工厂的工艺过程，包括多种化合物的物性数据库、热力学方法和物性计算关联式，各种化工单元过程模块，循环物流收敛方法与监控、调度和其他辅助运算部分，有的还有工程概算和技术经济评价模块。目前我国已引进的有 ASPEN，PRO Ⅱ 等系统。

专用过程软件：它针对特定的单一工艺过程或单项工程而编制。

(2) 绘图软件

一般绘图系统中生产厂家都提供专用的绘图程序和命令，对某些专业还有各种图形库，供设计者直接调用。

在化工设计中，计算机辅助设计绘图不但可以画工艺流程图、设备总装图、零件图，还可画设备布置图、工艺管线配管图，甚至可以画设备管线的三维图像和任一角度的投影。画图快速，图形工整、清晰，线条尺寸误差在 0.3 mm 以内。

(3) 智能 CAD 与专家系统

CAD 不但能代替设计者的手工计算和绘图，而且计算速度快，精确度高，图纸质量好，代替了大量人工劳动，能够完成人工所不能达到的复杂运算，而且某些软件能“辅导”一般设计人员进行分析、判断、决策，这就是智能 CAD。

专家系统是将设计专家的知识、经验加以分类，形成规则(软件)，存入计算机，因此可以用计算机模拟设计专家的推理、判断、决策过程来解决设计问题。

目前，CAD 在化工设计中的应用日趋广泛，计算机绘图的应用也日益普遍，这就要求设计者了解计算机原理、计算机语言、程序设计方法和技巧，并熟悉有关机种和软件的使用方法。

由于本设计课程的任务主要是对化学工程与工艺及相关专业学生进行化工单元过程及设备的设计训练，因此，除了要求学生了解计算机在化工设计中应用的一般情况外，还要求在工艺计算及设备计算中，根据化工过程的数学模型，自己编制基本的计算程序(如物料衡算及热量衡算，设备的主要尺寸计算等)，上机操作，调试程序，得出运算结果，并在设计中尽量选择最优参数。对于一项复杂的计算，也可以运用已有程序或调用现成的软件，并鼓励学生在力所能及的范围内编制某些应用软件。

近几年，江苏工业学院化工原理教研室运用现代化知识和技术创新设计手段，利用可视化语言 Visual Basic 6.0 和多媒体制作软件成功开发了集精馏塔设计、吸收塔设计和换热器设计为一体的“化工原理课程设计 CAD 课件 Design2004”，在此基础上将进一步开发化工原理课程设计多媒体授课和网络教学系统，将开发的精馏塔、吸收塔、蒸发器、干燥器和换热器等课件与多媒体授课系统一起组装成化工原理课程设计立体化教学包，体现课程的时代性、应用性和实践性。

化工原理课程设计立体化教学包将从知识、能力、素质三个方面提出课程设计教学目标。

知识方面：通过化工原理课程优化设计教学环节，使学生进一步强化传热、蒸发、吸收、精馏和干燥等单元操作的基础理论知识；掌握工程最优化设计技术、计算机辅助设计技术，结合工程经济观点进行化工单元操作的优化设计的理论与方法。

能力方面：培养学生根据生产工艺要求正确合理选择单元过程和设备并进行过程的工艺计算和设备优化设计计算的能力。通过优化设计，使学生掌握化工单元优化设计的基本程序和方法，训练和培养学生查阅资料，通过自学获取新知识的能力。树立工程与经济的观点，培养学生综合运用所学知识解决工程实际问题的能力、数学建模的能力和计算机应用能力。

素质方面：通过课程优化设计，着重培养学生具备以下两方面的良好素质。一是针对生产过程单元操作的优化设计问题，能够善于综合运用所学各门基本理论知识建立合理的优化设计数学模型、应用最优化技术和计算机辅助设计技术完成设计任务；二是培养利用工程经济观点分析化工单元操作问题的能力，培养利用现代化设计方法与手段解决工程设计问题的能力。

1.9 物性数据

化工设计计算中的物性数据应尽可能使用实验测量值，此类数据可从有关手册和文献中查取。混合物的平均摩尔质量、平均密度、黏度、比热容、导热系数、汽化潜热、蒸气压和表面张力均可以用纯组分的数据按照公式计算求取，在后面的设计实例中再做介绍。

物性数据可从下列文献中查取：

① 化学工程手册编委会．化学工程手册(第一篇)：物性数据．北京：化学业出版社，1989

② 上海医药设计院．化学工艺设计手册．北京：化学工业出版社，1989

③ 刘光启等 . 化工物性算图手册 . 北京：化学工业出版社，2002

④ 童景山等 . 流体的热物理性质 . 北京：中国石化出版社，1996

⑤ 卢焕章等 . 石油化工基础数据手册 . 北京：化学工业出版社，1982

⑥ 马沛生等 . 石油化工基础数据手册(续编). 北京：化学工业出版社，1993

⑦ 王松汉等 . 石油化工设计手册(第 1 卷)：石油化工基础数据 . 北京：化学工业出版社，2002

化工物性数据总量浩繁，非有限的卷帙所能包容，为此我国已于 20 世纪 70 年代中期开始建立化工物性数据库。例如，1978 年完成的“化工物性数据库”，是化学工业部组织有关设计、科研、高校等单位开发合成氨和乙烯分离两个流程模拟软件时由化工部化工设计公司完成的。20 世纪 90 年代后，化工物性数据库有了很大发展，设计单位对基础物性数据的需要和重视程度也与日俱增。现在可以利用的化工物性数据库不少，由于篇幅所限，这里只介绍两个有代表性的数据库。

(1) ECSS(Engineering Chemistry Simulation System)工程化学模拟系统数据库及物性推算包

ECSS 工程化学模拟系统是青岛化工学院计算机与化工研究所于 1987 年 5 月推出的规模较大、功能较全的在 PC 机上运行的组合型化工软件包，到 1995 年 5 月已升级为 V3.10 版。目前已有石油化工设计、科研、生产企业、高校等共 50 多个单位在使用。

(2) 天津市化工物性数据库和烃类实验物性数据库

天津市化工物性数据库是天津市化工设计院、南开大学于 1988 年完成的检索化工物性数据库，它由数据检索、物性估算、气液相平衡计算、数据回归 4 个系统组成。该数据库具有数据可靠、操作简便、运行效率高以及兼备中英文操作语言等特点，并附带文献源库。

第2章　换热器设计

本章符号说明

英文字母：

B——折流板间距，m；
C——系数，无量纲；
d——管径，m；
D——换热器外壳内径，m；
f——摩擦系数；
F——系数；
h——圆缺高度，m；
K——总传热系数，W/(m² · ℃)；
L——管长，m；
m——程数；
n——指数、管数、程数；
N——管数、程数；
N_B——折流板数；
Nu——努塞尔特准数；
P——压力，Pa；
因数；
Pr——普兰特准数；
q——热通量，W/m²；
Q——传热速率，W；
r——半径，m；
汽化潜热，kJ/kg；
R——热阻，m² · ℃/W；
因数；
Re——雷诺准数；
S(或 A)——传热面积，m²；
t——冷流体温度，℃；
a(或 t)——管心距，m；
T——热流体温度，℃；
u——流速，m/s；
W(或 q_m)——质量流量，kg/s；
V(或 q_V)——体积流量，m³/s。

希腊字母：

α——对流传热系数，W/(m² · ℃)；
Δ——有限差值；
λ——导热系数，W/(m · ℃)；
μ——黏度，Pa · s；
ρ——密度，kg/m³；
ψ——校正系数。

下标：

c(或 2)——冷流体；
h(或 1)——热流体；
i——管内；
m——平均；
o——管外；
s——污垢。

2.1　概　　述

在不同温度的流体间传递热能的装置称为热交换器，简称为换热器。在换热器中至少要有两种温度不同的流体，一种流体温度较高，放出热量；另一种流体则温度较低，吸收热量。在工程实践中有时也会存在两种以上流体参加换热的换热器，但它的基本原理与前一种情形并无本质上的差别。

在化工、石油、动力、制冷、食品等行业中广泛使用各种换热器，且它们是上述这些行业的通用设备，并占有十分重要的地位。在化工厂，换热器的费用约占总费用的10%～20%，在炼油厂约占总费用的35%～40%。随着我国工业的不断发展，对能源利用、开发和节约的要求不断提高，因而对换热器的要求也日益加强。换热器的设计、制造、结构改进及传热机理的研究十分活跃，一些新型高效换热器相继问世。

随着换热器在工业生产中的地位和作用不同，换热器的类型也多种多样，不同类型的换热器各有优缺点，性能各异。在换热器设计中，首先应根据工艺要求选择适用的类型，然后计算换热所需传热面积，并确定换热器的结构尺寸。

换热器按用途不同可分为加热器、冷却器、冷凝器、蒸发器、再沸器、深冷器、过热器等。

换热器按传热方式的不同可分为混合式、蓄热式和间壁式，其中间壁式换热器应用最广泛。按照传热面的形状和结构特点又可分为管壳式换热器、板面式换热器和扩展表面式换热器(板翅式、管翅式等)，见表2-1。

表2-1　传热器的结构分类

类型					特点
间壁式	管壳式	列管式	固定管板式	刚性结构	用于管壳温差较小的情况(一般≤50℃)，管间不能清洗
				带膨胀节	有一定的温度补偿能力，壳程只能承受低压力
			浮头式		管内外均能承受高压，可用于高温高压场合
			U形管式		管内外均能承受高压，管内清洗及检修困难
			填料函式	外填料函	管间容易泄漏，不宜处理易挥发、易爆炸及压力较高的介质
				内填料函	密封性能差，只能用于压差较小的场合
			釜式		壳体上部有个蒸发空间用于再沸、蒸煮
			双套管式		结构比较复杂，主要用于高温高压场合和固定床反应器中
		套管式			能逆流操作，用于传热面较小的冷却器、冷凝器或预热器
		螺旋管式	沉浸式		用于管内流体的冷却、冷凝或管外流体的加热
			喷淋式		只用于管内流体的冷却或冷凝
	板面式	板式			拆洗方便，传热面能调整，主要用于黏性较大的液体间换热
		螺旋板式			可进行严格的逆流操作，有自洁的作用，可用作回收低温热能
		平板式			结构紧凑，拆洗方便，通道较小、易堵，要求流体干净
		板壳式			板束类似于管束，可抽出清洗检修，压力不能太高
混合式					适用于允许换热流体之间直接接触
蓄热式					换热过程分阶段交替进行，适用于从高温炉气中回收热能的场合

完善的换热器在设计或选型时应满足以下各项基本要求。

(1) 合理地实现所规定的工艺条件

传热量、流体的热力学参数(温度、压力、流量、相态等)与物理化学性质(密度、黏度、腐蚀性等)是工艺过程所规定的条件。设计者应根据这些条件进行热力学和流体力学的计算，经过反复比较，使所设计的换热器具有尽可能小的传热面积，在单位时间内传递尽可能多的热量。其具体做法如下。

① 增大传热系数。在综合考虑流体阻力及不发生流体诱发振动的前提下，尽量选择高的流速。

② 提高平均温差。对于无相变的流体，尽量采用接近逆流的传热方式。因为这样不仅

可提高平均温差，还有助于减少结构中的温差应力。在允许的条件时，可提高热流体的进口温度或降低冷流体的进口温度。

③ 妥善布置传热面。例如，在管壳式换热器中，采用合适的管间距或排列方式，不仅可以加大单位空间内的传热面积，还可以改善流体的流动特性。错列管束的传热方式比并列管束的好。如果换热器中的一侧有相变，另一侧流体为气相，可在气相一侧的传热面上加翅片以增大传热面积，更有利于热量的传递。

(2) 安全可靠

换热器是压力容器，在进行强度、刚度、温差应力以及疲劳寿命计算时，应遵照我国《钢制石油化工压力容器设计规定》与《钢制管壳式换热器设计规定》等有关规定与标准。这对保证设备的安全可靠起着重要的作用。

(3) 有利于安装、操作与维修

直立设备的安装费往往低于水平或倾斜的设备。设备与部件应便于运输与装拆，在厂房移动时不会受到楼梯、梁、柱的妨碍，根据需要可添置气、液排放口，检查孔与敷设保温层。

(4) 经济合理

评价换热器的最终指标是：在一定的时间内(通常为 1 年)固定费用(设备的购置费、安装费等)与操作费(动力费、清洗费、维修费等)的总和为最小。在设计或选型时，如果有几种换热器都能完成生产任务的需要，这一指标尤为重要。

动力消耗与流速的平方成正比，而流速的提高又有利于传热，因此存在一最适宜的流速。

传热面上垢层的产生和增厚，使传热系数不断降低，传热量随之减少，故有必要停止操作进行清洗。在清洗时不仅无法传递热量，还要支付清洗费，这部分费用必须从清洗后传热条件的改善得到补偿，因此存在一最适宜的运行周期。

严格地讲，如果孤立地仅从换热器本身来进行经济核算以确定适宜的操作条件与适宜的尺寸是不够全面的，应以整个系统中全部设备为对象进行经济核算或设备的优化。但要解决这样的问题难度很大，当影响换热器的各项因素改变后对整个系统的效益关系影响不大时，按照上述观点单独地对换热器进行经济核算仍然是可行的。

2.2 列管式换热器的设计

列管式换热器的应用已有很悠久的历史。现在，它被当作一种传统的标准换热设备在很多工业部门中大量使用，尤其在化工、石油、能源设备等部门所使用的换热设备中，列管式换热器仍处于主导地位。同时板式换热器也已成为高效、紧凑的换热设备，大量地应用于工业中。为此本章对这两类换热器的工艺设计进行介绍。

列管式换热器的设计资料较完善，已有系列化标准。目前我国列管式换热器的设计、制造、检验、验收按 GB/T 151—2014《热交换器》标准执行。

列管式换热器的设计和分析包括热力设计、流动设计、结构设计以及强度设计。其中以热力设计最为重要。不仅在设计一台新的换热器时需要进行热力设计，而且对于已生产出来的，甚至已投入使用的换热器在检验它是否满足使用要求对，均需进行这方面的工作。

热力设计指的是根据使用单位提出的基本要求，合理地选择运行参数，并根据传热学的知识进行传热计算。

流动设计主要是计算压降，其目的就是为换热器的辅助设备——例如，泵的选择做准备。当然，热力设计和流动设计两者是密切关联的，特别是进行热力计算时常需从流动设计中获取某些参数。

结构设计指的是根据传热面积的大小计算其主要零部件的尺寸，例如，管子的直径、长度、根数、壳体的直径、折流板的长度和数目、隔板的数目及布置以及连接管的尺寸等。

在某些情况下还需对换热器的主要零部件——特别是受压部件做应力计算，并校核其强度。对于在高温、高压下工作的换热器，更不能忽视这方面的工作，这是保证安全生产的前提。在做强度计算时，应尽量采用国产的标准材料和部件，根据我国压力容器安全技术规定进行计算或校核(该部分内容属设备计算，此处从略)。

列管式换热器的工艺设计主要包括以下内容：

① 根据换热任务和有关要求确定设计方案；

② 初步确定换热器的结构和尺寸；

③ 核算换热器的传热面积和流体阻力；

④ 确定换热器的工艺结构。

2.2.1 设计方案的确定

2.2.1.1 换热器类型的选择

(1) 固定管板式换热器

这类换热器如图2-1(a)所示。固定管板式换热器的两端和壳体连为一体，管子则固定于管板上，它的结构简单；在相同的壳体直径内，排管最多，比较紧凑；由于这种结构使壳侧清洗困难，所以壳程宜用不易结垢和清洁的流体。当管子和壳体的壁温差大于50℃时，应在壳体上设置温差补偿——膨胀节，依靠膨胀节的弹性变形可以减少温差应力。膨胀节的形式较多，常见的有U形、平板形和Ω形等几种。由于U形膨胀节的挠性与强度都比较好，所以使用得最为普遍。当管子和壳体的壁温差大于60℃和壳程压强超过0.6MPa时，由于补偿圈过厚，难以伸缩，失去温差补偿的作用，就应考虑其他结构。由此可见，这种换热器比较适合用于温差不大或温差较大但壳程压力不高的场合。

(2) 浮头式换热器

浮头式换热器针对固定管板式的缺陷做了结构上的改进。两端管板只有一端与壳体完全固定，另一端则可相对于壳体作某些移动，该端称之为浮头，如图2-1(b)所示。换热器管束膨胀不受壳体约束，所以壳体与管束之间不会由于膨胀量的不同而产生热应力。而且在清洗和检修时，仅需将管束从壳体中抽出即可，所以能适用于管壳壁间温差较大，或易于腐蚀和易于结垢的场合。但该类换热器结构复杂、笨重，造价约比固定管板式高20%左右，材料消耗量大，而且由于浮头的端盖在操作中无法检查，所以在制造和安装时要特别注意其密封，以免发生内漏，管束和壳体的间隙较大，在设计时要避免短路。至于壳程的压力也受滑动接触面的密封限制。

(3) 填料函式换热器

此类换热器的管板也仅有一端与壳体固定，另一端采用填料函密封，如图2-1(c)所示。它的管束也可自由膨胀，所以管壳之间不会产生热应力，且管程和壳程都能清洗，结构较浮头式简单，造价较低，加工制造方便，材料消耗较少。但由于填料密封处易于泄漏，故壳程压力不能过高，也不宜用于易挥发、易燃、易爆、有毒的场合。

(4) U形管式换热器

U形管式换热器仅有一个管板，管子两端均固定于同一管板上，如图2-1(d)所示。这类换热器的特点是：管束可以自由伸缩，不会因管壳之间的温差而产生热应力，热补偿性能好；管程为双管程，流程较长，流速较高，传热性能较好；承压能力强；管束可从壳体内抽出，便于检修和清洗，且结构简单，造价便宜。但管内清洗不便，管束中间部分的管子难以更换，又因最内层管子弯曲半径不能太小，在管板中心部分布管不紧凑，所以管子数不能太多，且管束中心部分存在间隙，使壳程流体易于短路而影响壳程换热。此外，为了弥补弯管后管壁的减薄，直管部分必须用壁较厚的管子。这就影响了它的使用场合，仅宜用于管壳壁温相差较大，或壳程介质易结垢而管程介质不易结垢，高温、高压、腐蚀性强的情形，价格比固定管板式高 10%。

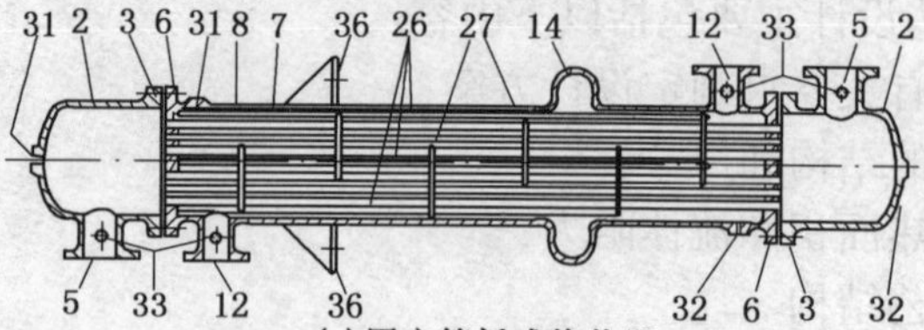

(a) 固定管板式换热器

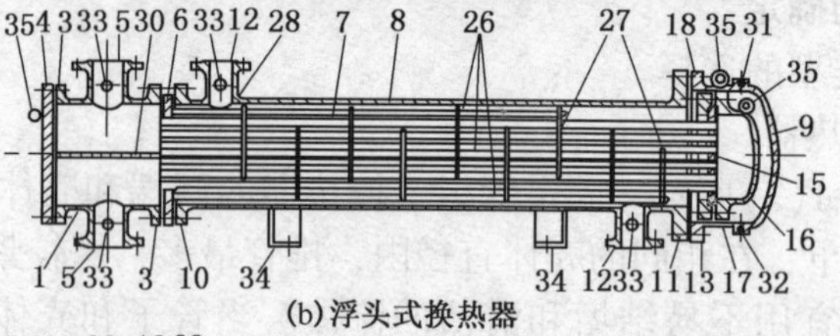

(b) 浮头式换热器

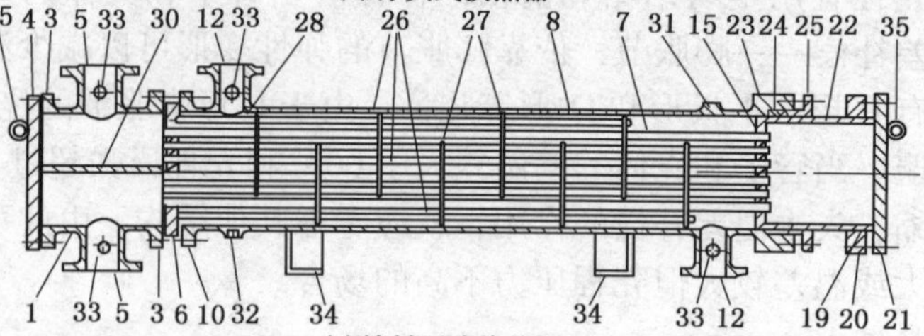

(c) 填料函式换热器

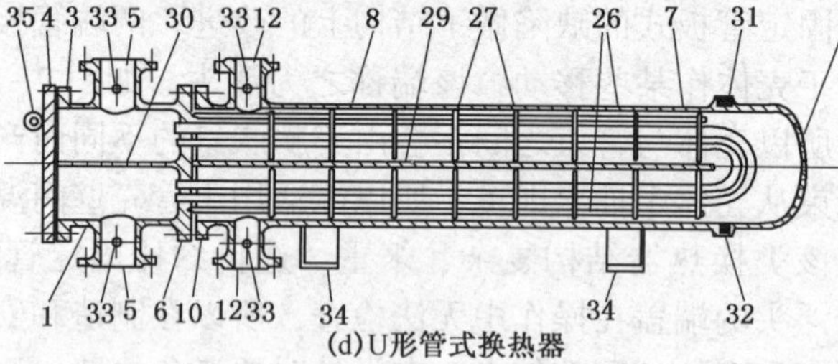

(d) U形管式换热器

图 2-1　几种列管式换热器的结构

1—管箱；2—封头；3—管箱或封头；4—管箱盖板；5—封头接管；6—固定管板；7—管子；8—壳体；9—壳盖；10—壳体法兰(固定端)；11—壳体法兰(后盖端)；12—壳体接管；13—壳盖法兰；14—膨胀节；15—浮动管板；16—浮头盖；17—浮头法兰；18—浮头衬托构件；19—部分剪切环；20—活套靠背法兰；21—浮头盖(外部)；22—浮动管板套；23—填料函法兰；24—填料；25—填料压盖；26—拉杆和定距管；27—横向折流板或支撑板；28—缓冲挡板；29—纵向折流板；30—分程隔板；31—排气接口；32—排液接口；33—仪表接口；34—鞍式支座；35—吊环；36—悬挂式支座

2.2.1.2　流动空间的选择

在管壳式换热器的计算中，首先需决定何种流体走管程，何种流体走壳程，这需遵循一些一般原则。

① 应尽量提高两侧传热系数较小的一个，使传热面两侧的传热系数接近。

② 在运行温度较高的换热器中，应尽量减少热量损失，而对于一些制冷装置，应尽量减少其冷量损失。

③ 管、壳程的决定应做到便于清洗除垢和修理，以保证运行的可靠性。

④ 应减小管子和壳体因受热不同而产生的热应力。从这个角度来说，顺流式就优于逆流式，因为顺流式进出口端的温度比较平均，不像逆流式那样，热、冷流体的高温部分均集中于一端，低温部分集中于另一端，易于因两端胀缩不同而产生热应力。

⑤ 对于有毒的介质或气相介质，必使其不泄漏，应特别注意其密封，密封不仅要可靠，而且还应要求方便及简单。

⑥ 应尽量避免采用贵金属，以降低成本。

以上这些原则有些是相互矛盾的，所以在具体设计时应综合考虑，决定哪一种流体走管程，哪一种流体走壳程。

（1）宜于通入管内空间的流体

① 不清洁的流体。因为在管内空间得到较高的流速并不困难，而流速高，悬浮物不易沉积，且管内空间也便于清洗。

② 体积小的流体。因为管内空间的流动截面往往比管外空间的截面小，流体易于获得必要的理想流速，而且也便于做成多程流动。

③ 有压力的流体。因为管子承压能力强，而且还简化了壳体密封的要求。

④ 腐蚀性强的流体。因为只有管子及管箱才需用耐腐蚀材料，而壳体及管外空间的所有零件均可用普通材料制造，所以造价可以降低。此外，在管内空间装设保护用的衬里或覆盖层也比较方便，并容易检查。

⑤ 与外界温差大的流体。因为可以减少热量的逸散。

⑥ 泄漏后危险性大的流体：可以减少泄漏机会，以保安全。

（2）宜于通入管外空间的流体

① 当两流体温度相差较大时，α 值大的流体走管间，这样可以减少管壁与壳壁间的温度差，因而也减少了管束与壳体间的相对伸长，故温差应力可以降低。

② 若两流体给热性能相差较大时，α 值小的流体走管间，此时可以用翅片管来平衡传热面两侧的给热条件，使之相互接近。

③ 饱和蒸汽：对流速和清理无甚要求，并易于排除冷凝液。

④ 黏度大的流体：管间的流动截面和方向都在不断变化，在低雷诺准数下，管外给热系数比管内的大。

此外，易析出结晶、沉渣、淤泥以及其他沉淀物的流体，最好通入比较更容易进行机械清洗的空间。在管壳式换热器中，一般易清洗的是管内空间。但在 U 形管、浮头式换热器中易清洗的都是管外空间。

2.2.1.3　流速的确定

当流体不发生相变时，介质的流速高，换热强度大，从而可使换热面积减少、结构紧凑。成本降低，一般也可抑止污垢的产生。但流速大也会带来一些不利的影响，诸如压降ΔP 增加，泵功率增大，且加剧了对传热面的冲刷。

换热器常用流速的范围见表 2-2 和表 2-3。

表 2-2　换热器常用流速的范围

流速 / 介质	循环水	新鲜水	一般液体	易结垢液体	低黏度油	高黏度油	气体
管程流速/(m/s)	1.0~2.0	0.8~1.5	0.5~3	>1.0	0.8~1.8	0.5~1.5	5~30
壳程流速/(m/s)	0.5~1.5	0.5~1.5	0.2~1.5	>0.5	0.4~1.0	0.3~0.8	2~15

表 2-3　列管式换热器易燃、易爆液体和气体允许的安全流速

液体名称	乙醚、二氧化碳、苯	甲醇、乙醇、汽油	丙酮	氢气
安全流速/(m/s)	<1	<2~3	<10	≤8

2.2.1.4　加热剂、冷却剂的选择

物料在换热器内加热和冷却时，除采用两股工艺流体进行热交换外，常要用另一种流体来给出或带走热量，此流体就称为载热体。起加热作用的载热体叫做加热剂，起冷却或冷凝作用的载热体称为冷却剂。载热体质量的多少和本身的价格，涉及投资费用的问题，所以选用一种适当的载热体，也是传热过程中的一个重要问题。在选择时应考虑以下几个原则：

① 载热体能满足工艺上的要求达到的加热(冷却)温度；

② 载热体的温度易于调节；

③ 载热体的饱和蒸气压小，加热过程不会分解；

④ 载热体的毒性小，对设备的腐蚀性小；

⑤ 载热体不易爆炸；

⑥ 载热体的价格低廉，来源充分。

常用加热剂有饱和水蒸气、烟道气、导热油等。水和空气是最常用的冷却剂，冷却水温度一般为 10~25℃。如需冷却到较低温度，则需采用低温介质，如冷冻盐水、氟利昂等。

工业上常用的载热体及其适用场合列于表 2-4，供选用时参考。

2.2.1.5　流体出口温度的确定

换热终温有时是由工艺过程的需要决定的。当换热终温可以选择时，由于该温度影响到热强度和换热效率，因此对换热器操作的经济合理性有影响。在冷流体的出口温度与热流体的进口温度相等的极限情况下，换热效率虽然很大，但热强度很小，需要的传热面积为最大。另外，在决定换热终温时，一般不希望冷流体的出口温度高于热流体的出口温度，否则会出现反传热现象，当遇到这种情况时，可采用几个换热器串联的方法解决。为了合理地规定换热终温，可参考下述数据。

① 热端的温差≤20℃。

② 冷端的温差分三种情况考虑：

a. 两种工艺流体换热时，在一般情况下，冷端温差≥20℃；

b. 两种工艺流体换热时，若热流体尚需进一步加热，则冷端温差≥15℃；

表2-4　载热体的种类及适用范围

	载热体名称	温度范围/℃	优　点	缺　点
加热剂	热水	40~100	可利用工业废水和冷凝水废热作为回收	只能用于低温，传热情况不好，本身易冷却，温度不易调节
	饱和蒸汽	100~180	易于调节，冷凝潜热大，热利用率高	温度升高，压力也高，设备有困难。180℃时对应的压力为10MPa
高温载热体	联苯混合物	液体：15~255 蒸汽：255~380	加热均匀，热稳定性好，温度范围宽，易于调节，高温时的蒸气压很低，热焓值与水蒸气接近，对普通金属不腐蚀	价昂，易渗透软性石棉填料，蒸气易燃烧，但不爆炸，会刺激人的鼻黏膜
	水银蒸气	400~800	热稳定性好，沸点高，加热温度范围大，蒸气压低	剧毒，设备操作困难
	氯化铝-溴化铝共熔混合物蒸气	200~300	500℃以下，混合物蒸气是热稳定的，不含空气时对黑色金属无腐蚀，不燃烧，不爆炸，无毒，价廉，来源较方便	蒸气压较大，300℃为1.22MPa
	矿物油	≤250	不需高压加热，温度较高	黏度大，传热系数小，热稳定性差，超过250℃时易分解，易着火，用节困难
	甘油	200~250	无毒，不爆炸，价廉，来源方便，加热均匀	极易吸水，且吸水后沸点急剧下降
	四氯联苯	100~300	400℃以下有较好的热稳定性，蒸气压低，对铁、钢、不锈钢、青铜等均不腐蚀	蒸气可使人体肝脏发生疾病
	熔盐	142~530	常压下温度高	比热容变小
	烟道气	≥1000	温度高	传热差，比热容小，易局部过热
	电热法	可达3000	温度范围大，可得特高温度，易调节	成本高
冷却剂	水	0~80	价廉，来源方便	
	空气	>30	价廉，在缺水地区尤为适宜	
	盐水	−15~0	用于低温冷却	
	氨蒸气	<−15	用于冷冻工业	

c. 采用水或其他冷却剂冷却时，冷端温差≥5℃。如果超出上述数据，应通过技术经济比较来决定换热终温。

③ 冷却水的出口温度不宜太高，否则会加快水垢的生成。对于经过良好净化的新鲜水，出口温度可达到45℃或稍高一些；对于净化较差的冷却水，出口温度建议不要超过40℃。

2.2.1.6　材质的选择

在进行换热器设计时，换热器各种零、部件的材料，应根据设备的操作压力、操作温度。流体的腐蚀性能以及对材料的制造工艺性能等的要求来选取。当然，最后还要考虑材料的经济合理性。一般为了满足设备的操作压力和操作温度，即从设备的强度或刚度的角度来考虑，是比较容易达到的，但材料的耐腐蚀性能有时往往成为一个复杂的问题。在这方面考虑不周，选材不妥，不仅会影响换热器的使用寿命，而且也大大提高设备的成本。至于材料的制造工艺性能，是与换热器的具体结构有着密切关系。

一般换热器常用的材料，有碳钢和不锈钢。

(1) 碳钢

价格低，强度较高，对碱性介质的化学腐蚀比较稳定，很容易被酸腐蚀，在无耐腐蚀性要求的环境中应用是合理的。如一般换热器用的普通无缝钢管，其常用的材料为10号和20号碳钢。

(2) 不锈钢

奥氏体系不锈钢以1Crl8Ni9Ti为代表，它是标准的18-8奥氏体不锈钢，有稳定的奥氏体组织，具有良好的耐腐蚀性和冷加工性能。

2.2.2　列管式换热器的结构

2.2.2.1　管程结构

介质流经传热管内的通道部分称为管程。

(1) 换热管布置和排列间距

常用换热管规格有 ϕ19mm×2 mm、ϕ25mm×2 mm(1Crl8Ni9Ti)、ϕ25mm×2.5 mm(碳钢10)。小直径的管子可以承受更大的压力，而且管壁较薄；同时，对于相同的壳径，可排列较多的管子。因此，单位体积的传热面积更大，单位传热面积的金属耗量更少。所以，在管程结垢不很严重以及允许压力降较高的情况下，采用 ϕ19mm×2mm 直径的管子更为合理。如果管程走的是易结垢的流体，则应采用较大直径的管子，有时采用 ϕ38mm×2.5mm 或更大直径的管子。

标准管子的长度常用的有1500mm、2000mm、3000mm、6000mm等。当选用其他尺寸的管长时，应根据管长的规格合理裁用，避免材料的浪费。

换热管管板上的排列方式有正方形直列、正方形错列、三角形直列、三角形错列和同心圆排列，如图2-2所示。

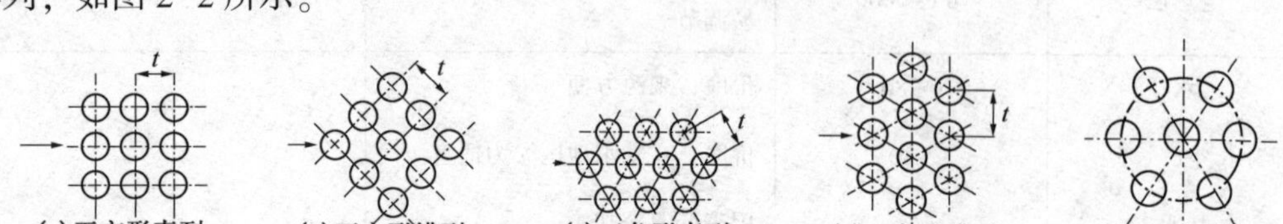

(a)正方形直列　(b)正方形错列　(c)三角形直列　(d)三角形错列　(e)同心圆排列

图2-2　管子布置方式

正三角形排列结构紧凑，正方形排列便于机械清洗，同心圆排列用于小壳径换热器，外圆管布管均匀，结构更为紧凑。我国换热器系列中，固定管板式多采用正三角形排列；浮头式则以正方形错列排列居多，也有正三角形排列。

对于多管程换热器，常采用组合排列方式。每程内都采用正三角形排列，而在各程之间为了便于安装隔板，采用正方形排列方式。

管板上两管子中心的距离 a 称为管心距(或管间距)。管心距取决于管板的强度、清洗管子外表面时所需的空隙、管子在管板上的固定方法等。当管子采用焊接方法固定时，相邻两根管的焊缝太近，会相互受到影响，使焊接质量不易保证。而采用胀接法固定时，过小的管心距会造成管板在胀接时由于挤压力的作用发生变形，失去管子与管板之间的连接力。

根据生产实际经验，当管子外径为 d_0时，管心距 t 一般采用：

焊接法 $t = 1.25\ d_0$；

胀接法 $t = (1.30 \sim 1.50)\ d_0$；

小直径的管子 $t \geqslant d_0 + 10\text{mm}$；

最外层管中心至壳体内表面的距离≥ $1/2d_0+10\text{mm}$。

管子材料常用碳钢、低合金钢、不锈钢、铜、铜镍合金、铝合金等。应根据工作压力、温度和介质腐蚀性等条件决定。此外还有一些非金属材料，如石墨、陶瓷、聚四氟乙烯等亦有采用。在设计和制造换热器时，正确选用材料很重要。既要满足工艺条件的要求，又要经济。对化工设备而言，由于各部分可采用不同材料，应注意由于不同种类的金属接触而产生的电化学腐蚀作用。

(2) 管板

管板的作用是将受热管束连接在一起，并将管程和壳程的流体分隔开来。

管板与管子的连接可胀接或焊接。胀接法是利用胀管器将管子扩张，产生显著的塑性变形，靠管子与管板间的挤压力达到密封紧固的目的。胀接法一般用在管子为碳素钢、管板为碳素钢或低合金钢、设计压力不超过 4MPa、设计温度不超过 350℃的场合。

焊接法在高温、高压条件下更能保证接头的严密性。

管板与壳体的连接有可拆连接和不可拆连接两种。固定管板常采用不可拆连接。两端管板直接焊在外壳上并兼作法兰，拆下顶盖可检修胀口或清洗管内。浮头式、U 形管式等为使壳体清洗方便，常将管板夹在壳体法兰和顶盖法兰之间构成可拆连接。

(3) 封头和管箱

封头和管箱位于壳体两端，其作用是控制及分配管程流体。

①封头。当壳体直径较小时常采用封头。接管和封头可用法兰或螺纹连接，封头与壳体之间用螺纹连接，以便卸下封头，检查和清洗管子。

②管箱。换热器管内流体进、出口的空间称为管箱，壳径较大的换热器大多采用管箱结构。由于清洗、检修管子时需拆下管箱，因此管箱结构应便于装拆。如图 2-3(a)所示的管箱结构，在清洗时必须拆下外部管道；若改为图 2-3(b)的管箱结构，由于为侧向接管，则不必拆下外部管道就可以将管箱拆下；图 2-3(c)所示结构是将管箱上盖做成可拆的，清洗或检修时只需拆卸盖子即可，不必拆管箱，但需要增加一对法兰连接。

③ 分程隔板。当需要的换热面很大时，可采用多管程换热器。对于多管程换热器，在管箱内应设分程隔板，将管束分为顺次串接的若干组，各组管子数目大致相等。这样可提高介质流速，增强传热。管程多者可达 16 程，常用的有 2、4、6 程，其布置方案见表 2-5。

在布置时应尽量使管程流体与壳程流体成逆流布置，以增强传热，同时应严防分程隔板的泄漏，以防止流体的短路。

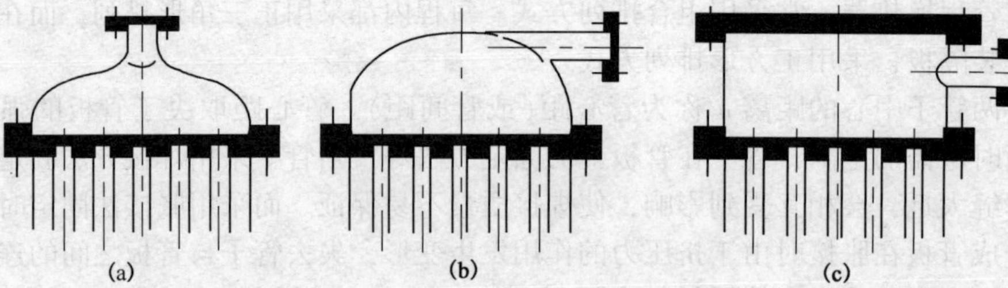

图 2-3　管箱的结构

表 2-5　平行与 T 形的管程分程表

程　数	1	2	4		6		
流动顺序		1 2	1 2 3 4	1 2 3 4	1 2 3 4	1 2 3 5 4 6	2 1 3 4 6 5
管箱隔板							
介质返回侧隔板							

2.2.2.2　壳程结构

介质流经传热管外面的通道部分称为壳程。

壳程内的结构，主要由折流板、支承板、纵向隔板、旁路挡板及缓冲板等元件组成。由于各种换热器的工艺性能、使用的场合不同，壳程内对各种元件的设置形式亦不同，以此来满足设计的要求。各元件在壳程的设置，按其不同的作用可分为两类：一类是为了壳侧介质对传热管最有效的流动，来提高换热设备的传热效果而设置的各种挡板，如折流板、纵向挡板、旁路挡板等；另一类是为了管束的安装及保护列管而设置的支承板、管束的导轨以及缓冲板等。

(1) 壳体

壳体是一个圆筒形的容器，壳壁上焊有接管，供壳程流体进入和排出之用。直径小于400mm 的壳体通常用钢管制成，大于400mm 的可用钢板卷焊而成。壳体材料根据工作温度选择，有防腐要求时，大多考虑使用复合金属板。

介质在壳程的流动方式有多种形式，单壳程形式应用最为普遍。如壳侧传热膜系数远小于管侧，则可用纵向挡板分隔成双壳程形式。用两个换热器串联也可得到同样的效果。为降低壳程压降，可采用分流或错流等形式。

壳体内径 D 取决于传热管数 N、排列方式和管心距 a。计算式如下：

单管程：

$$D = a(n_c - 1) + (2 \sim 3)d_0 \qquad (2-1)$$

式中　a——管心距，mm；

d_0——换热管外径，mm；

n_c——横过管束中心线的管数，该值与管子排列方式有关。

正三角形排列：$$n_c = 1.1\sqrt{N} \tag{2-2}$$

正方形排列：$$n_c = 1.19\sqrt{N} \tag{2-3}$$

多管程：$$D = 1.05a\sqrt{N/\eta} \tag{2-4}$$

式中　N——排列管子数目；

η——管板利用率。

正三角形排列：2 管程　$\eta = 0.7 \sim 0.85$

>4 管程　$\eta = 0.6 \sim 0.8$

正方形排列：2 管程　$\eta = 0.55 \sim 0.7$

>4 管程　$\eta = 0.45 \sim 0.65$

壳体内径 D 的计算值最终应圆整到标准值。

(2) 折流板

在壳程管束中，一般都装有横向折流板，用以引导流体横向流过管束，增加流体速度，以增强传热；同时起支撑管束、防止管束振动和管子弯曲的作用。

折流板的形式有圆缺形、环盘形和孔流形等。

圆缺形折流板又称弓形折流板，是常用的折流板，有水平圆缺和垂直圆缺两种，如图 2-4(a)、图 2-4(b)所示。切缺率(切掉圆弧的高度与壳内径之比)通常为 20%~50%。垂直圆缺用于水平冷凝器、水平再沸器和含有悬浮固体粒子流体用的水平热交换器等。垂直圆缺时，不凝气不能在折流板顶部积存，而在冷凝器中，排水也不能在折流板底部积存。弓形折流板有单弓形和双弓形，如图 2-5 所示，双弓形折流板多用于大直径的换热器中。

环盘形折流板如图 2-4(c)所示，是由圆板和环形板组成的，压降较小，但传热也差些。在环形板背后有堆积不凝气或污垢，所以不多用。

孔流形折流板使流体穿过折流板孔和管子之间的缝隙流动，压降大，仅适用于清洁流体，其应用更少。

折流板的间隔大小，在允许的压力损失范围内希望尽可能小。挡板间距一般为壳体内径的 0.2~1.0 倍，推荐折流板间隔最小值为壳内径的 1/5 或者不小于 50 mm，最大值决定于支持管所必要的最大间隔。我国系列标准中采用的挡板间距：固定管板式有 100mm、150mm、200mm、300mm、450mm、600mm 和 700mm。

(3) 缓冲板

在壳程进口接管处常装有防冲挡板，或称缓冲板。它可防止进口流体直接冲击管束而造成管子的侵蚀和管束振动，还有使流体沿管束均匀分布的作用。也有在管束两端放置导流筒，不仅起防冲板的作用，还可改善两端流体的分布，提高传热效率。

(4) 其他主要附件

① 旁通挡板。如果壳体和管束之间间隙过大，则流体不通过管束而通过这个间隙旁通，为了防止这种情形，往往采用旁通挡板。

② 假管。为减少管程分程所引起的中间穿流的影响，可设置假管。假管的表面形状为两端堵死的管子，安置于分程隔板槽背面两管板之间但不穿过管板，可与折流板焊接以便固定。假管通常是每隔 3~4 排换热管安置一根。

③ 拉杆和定距管。为了使折流板能牢靠地保持在一定位置上，通常采用拉杆和定距管。

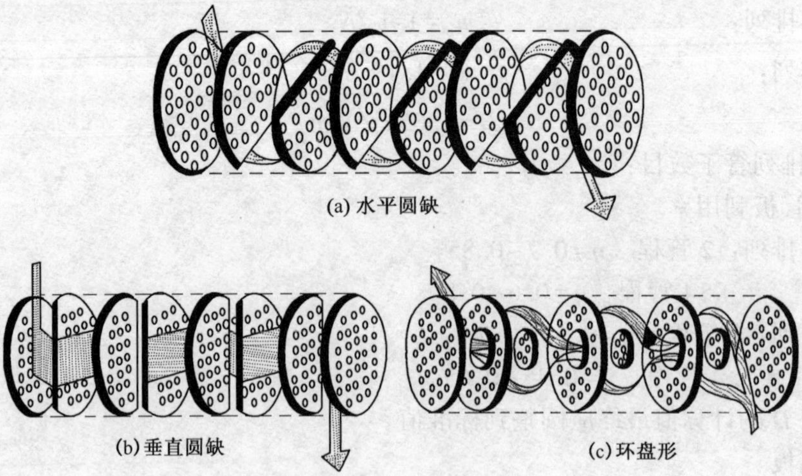

图 2-4 折流板形式

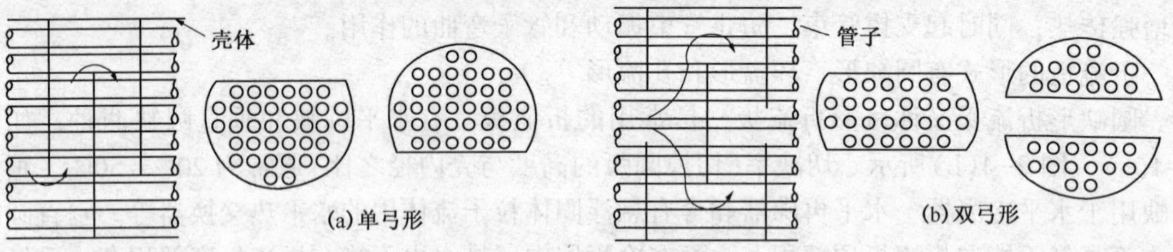

图 2-5 弓形折流板形式

(5) 壳程接管

壳程流体进、出口的设计直接影响换热器的传热效率和换热管的寿命。当加热蒸汽或高速流体流入壳程时，对换热管会造成很大的冲刷，所以常将壳程接管在入口处加以扩大，即将接管做成喇叭形，以起缓冲的作用，如图 2-6 所示；或者在换热器进口处设置挡板，其结构如图 2-7 至图 2-9 所示。

图 2-7 左图的结构为筒形，常称为导流筒，它可将加热蒸汽或流体导致靠近管板处才进入管束间，更充分地利用换热面积，目前常用这种结构来提高换热器的换热能力。通常采用的挡板还有圆形和方形，图 2-8 为圆形挡板，为了减少流动阻力，挡板与换热器壳壁的距离 e 不小于 30mm，至少应保持此处的通道截面积不小于流体进口接管的截面积。若距离太大会妨碍管子的排列，减少传热面积。当需要加大流道时，可在挡板上开些圆孔。图 2-9 是方形挡板，上面开了小孔以增大流体通过的截面积。

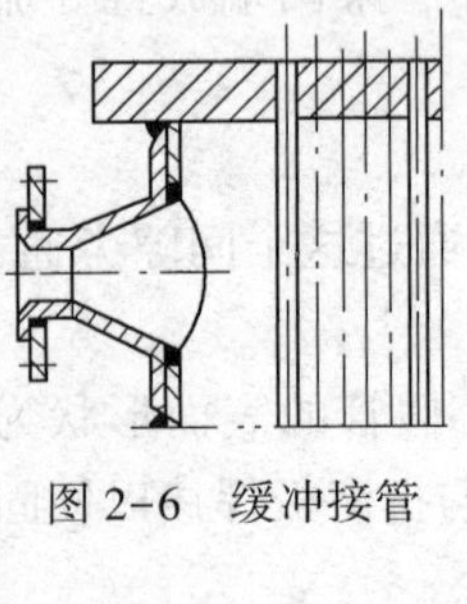

图 2-6 缓冲接管

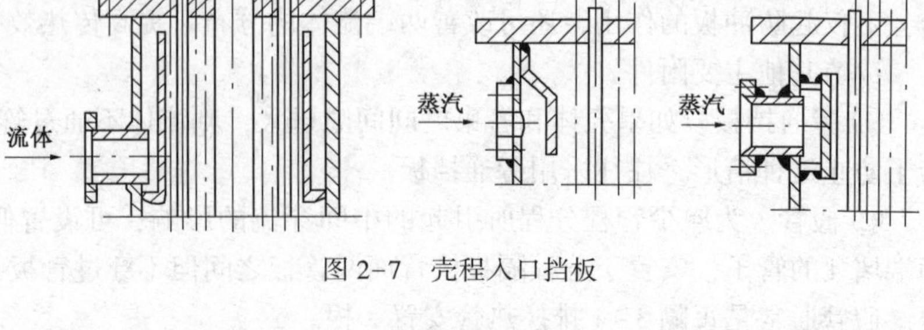

图 2-7 壳程入口挡板

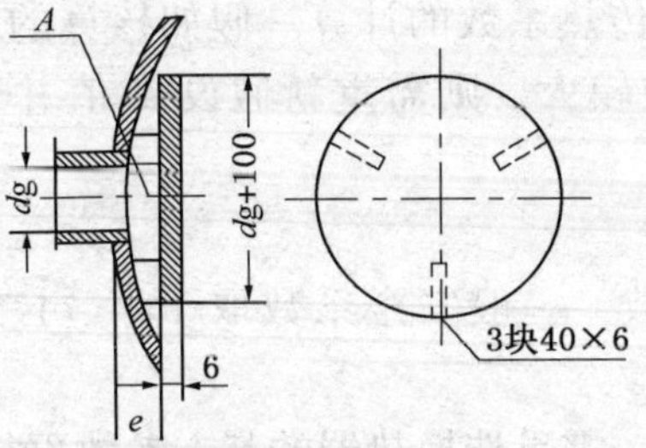

图 2-8　圆形挡板

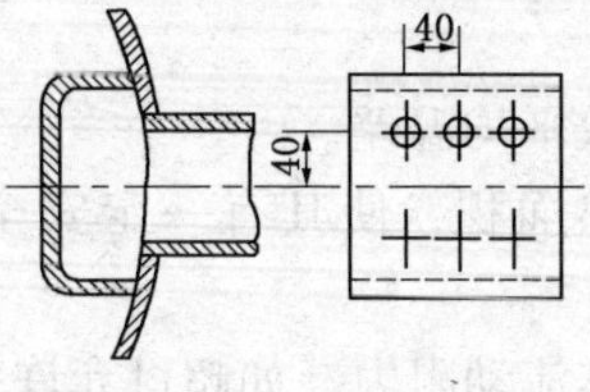

图 2-9　方形挡板

2.2.3　列管式换热器的设计计算

2.2.3.1　设计步骤

目前，我国已制订了管壳式换热器系列标准，设计中应尽可能选用系列化的标准产品，这样可简化设计和加工。但是实际生产条件千变万化，当系列化产品不能满足需要时，仍应根据生产的具体要求自行设计非系列标准的换热器。此处将扼要介绍这两者设计计算的基本步骤。

(1) 非系列标准换热器的一般设计步骤

① 了解换热流体的物理化学性质和腐蚀性能。

② 由热平衡计算传热量的大小，并确定第二种换热流体的用量。

③ 决定流体通入的空间。

④ 计算流体的定性温度，以确定流体的物性数据。

⑤ 初算有效平均温差。一般先按逆流计算，然后再校核。

⑥ 选取管径和管内流速。

⑦ 计算传热系数 K 值，包括管程对流传热系数和壳程对流传热系数的计算。由于壳程对流传热系数与壳径、管束等结构有关，因此一般先假定一个壳程对流传热系数，以计算 K 值，然后再作校核。

⑧ 初估传热面积。考虑安全系数和初估性质，常取实际传热面积是计算值的 1.15～1.25 倍。

⑨ 选择管长 L。

⑩ 计算管数 N。

⑪ 校核管内流速，确定管程数。

⑫ 画出排管图，确定壳径 D 和壳程挡板形式及数量等。

⑬ 校核壳程对流传热系数。

⑭ 校核有效平均温差。

⑮ 校核传热面积，应有一定安全系数，否则需重新设计。

⑯ 计算流体流动阻力。如阻力超过允许范围，需调整设计，直至满意为止。

(2) 系列标准换热器选用的设计步骤

①～⑤步与(1)中的①～⑤步相同。

⑥ 选取经验的传热系数 K 值。

⑦ 计算传热面积。

⑧ 由系列标准选取换热器的基本参数。

⑨ 校核传热系数，包括管程、壳程对流传热系数的计算。假如核算的 K 值与原选的经验值相差不大，就不再进行校核；如果相差较大，则需重新假设 K 值并重复上述③以下步骤。

⑩ 校核有效平均温差。

⑪ 校核传热面积，使其有一定安全系数，一般安全系数取 1.1 ~1.25，否则需重行设计。

⑫ 计算流体流动阻力，如超过允许范围，需重选换热器的基本参数再行计算。

从上述步骤来看，换热器的传热设计是一个反复试算的过程，有时要反复试算 2~3 次。所以，换热器设计计算实际上带有试差的性质。

2.2.3.2 传热计算的主要公式

传热速率方程式：

$$Q = KS\Delta t_m \tag{2-5}$$

式中 Q——传热速率(热负荷)，W；

K——总传热系数，W/(m^2 · ℃)；

S——与 K 值对应的传热面积，m^2；

Δt_m——平均温度差，℃。

(1) 传热速率(热负荷)Q

① 传热的冷、热流体均没有相变化，且忽略热损失，则：

$$Q = q_{mh}c_{ph}(T_1 - T_2) = q_{mc}c_{pc}(t_2 - t_1) \tag{2-6}$$

式中 q_m——流体的质量流量，kg/h 或 kg/s；

c_p——流体的平均定压比热容，kJ/(kg · ℃)；

T——热流体的温度，℃；

t——冷流体的温度，℃。

下标 h 和 c 分别表示热流体和冷流体，下标 1 和 2 分别表示换热器的进口和出口。

② 流体有相变化，如饱和蒸汽冷凝，且冷凝液在饱和温度下排出，则：

$$Q = q_{mh}r = q_{mc}c_{pc}(t_2 - t_1) \tag{2-7}$$

式中 q_{mh}——饱和蒸汽的冷凝速率，kg/h 或 kg/s；

r——饱和蒸汽的汽化热，kJ/kg。

(2) 平均温度差 Δt_m

① 恒温传热时的平均温度差。

$$\Delta t_m = T - t \tag{2-8}$$

② 变温传热时的平均温度差。

逆流和并流：

$$\frac{t_2}{t_1} > 2 \quad \Delta t_m = \frac{\Delta t_2 - \Delta t_1}{\ln \dfrac{\Delta t_2}{\Delta t_1}} \tag{2-9}$$

$$\frac{t_2}{t_1} \leqslant 2 \quad \Delta t_m = \frac{\Delta t_2 + \Delta t_1}{2} \tag{2-10}$$

式中　Δt_1、Δt_2——换热器两端热、冷流体的温差,℃。

错流和折流：

$$\Delta t_m = \varphi_{\Delta t} \Delta t'_m \tag{2-11}$$

式中　$\Delta t'_m$——按逆流计算的平均温差,℃；

$\varphi_{\Delta t}$——温差校正系数，无量纲，$\varphi_{\Delta t}=f(P, R)$

$$P = \frac{t_2 - t_1}{T_1 - t_1} = \frac{\text{冷流体的温升}}{\text{两流体的最初温差}} \tag{2-12}$$

$$R = \frac{T_1 - T_2}{t_2 - t_1} = \frac{\text{热流体的温降}}{\text{冷流体的温升}} \tag{2-13}$$

温差校正系数 $\varphi_{\Delta t}$ 根据比值 P 和 R，通过图 2-10～图 2-13 查出。该值实际上表示特定流动形式在给定工况下接近逆流的程度。在设计中，除非出于必须降低壁温的目的，否则总要求 $\varphi_{\Delta t} \geqslant 0.8$，如果达不到上述要求，则应改选其他流动形式。

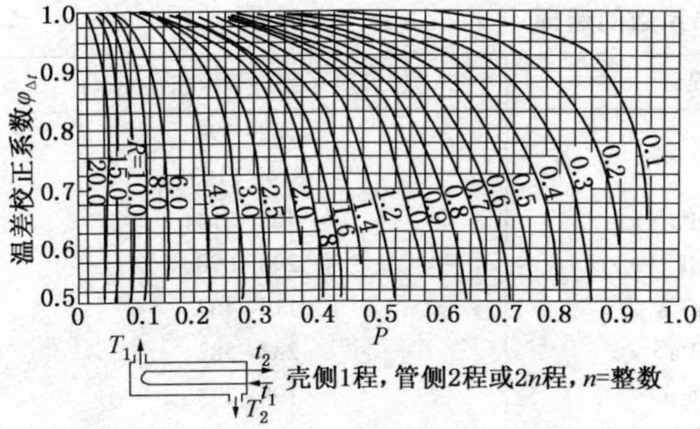

图 2-10　对数平均温差校正系数 $\varphi_{\Delta t}(1)$

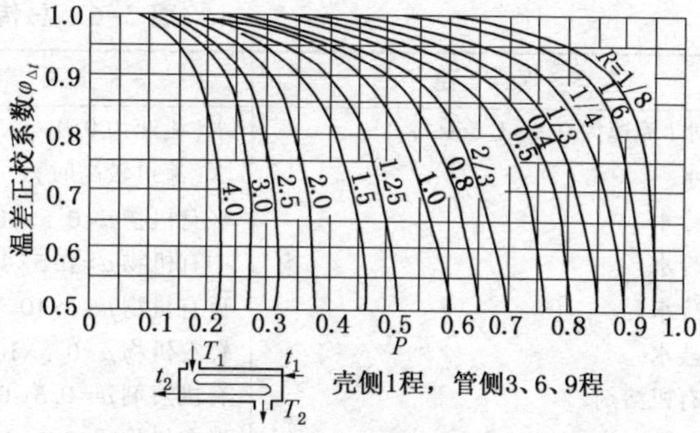

图 2-11　对数平均温差校正系数 $\varphi_{\Delta t}(2)$

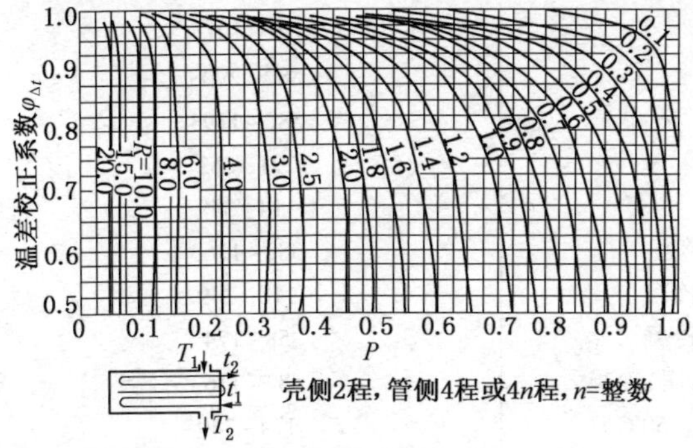

图 2-12　对数平均温差校正系数 $\varphi_{\Delta t}(3)$

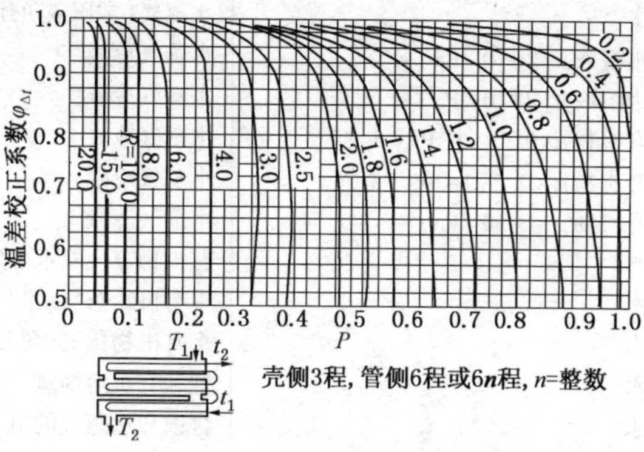

图 2-13　对数平均温差校正系数 $\varphi_{\Delta t}(4)$

(3) 总传热系数 K(以外表面积为基准)

注意在通常的操作过程中，传热系数是个变量，由于污垢热阻是变化的，因此设计中选择污垢热阻时，应结合清洗周期来考虑。若污垢热阻选得太小，清洗周期会很短，所需传热面积会较小；反之，所需传热面积会较大，所以应该全面衡量，做出选择。总传热系数的计算公式为：

$$K = \frac{1}{\frac{d_o}{\alpha_i d_i} + R_{si} \cdot \frac{d_o}{d_i} + \frac{b}{\lambda}\frac{d_o}{d_m} + R_{so} + \frac{1}{\alpha_o}} \tag{2-14}$$

式中 K——总传热系数，W/(m²·℃)；

α_i、α_o——传热管内、外侧流体的对流传热系数，W/(m²·℃)；

R_{si}、R_{so}——传热管内、外侧表面上的污垢热阻，m²·℃/W；

d_i、d_o、d_m——传热管内径、外径及平均直径，m；

λ——传热管壁导热系数，W/(m·℃)；

b——传热管壁厚，m。

总传热系数的经验值见表2-6，有关手册中也列有其他情况下的总传热系数经验值，可供设计时参考。选择时，除要考虑流体物性和操作条件外，还应考虑换热器的类型。

表2-6 总传热系数的选择

管 程	壳 程	总传热系数/[W/(m²·K)]
水(流速为0.9~1.5m/s)	水(流速为0.9~1.5m/s)	582~698
水	水(流过较高时)	814~1163
冷水	轻有机物 $\mu<0.5\times10^{-3}$Pa·s	467~814
冷水	中有机物 $\mu=0.5\sim1\times10^{-3}$Pa·s	290~698
冷水	重有机物 $\mu>1\times10^{-3}$Pa·s	116~467
盐水	轻有机物 $\mu<0.5\times10^{-3}$Pa·s	233~582
有机溶剂	有机溶剂 $\mu=0.3\sim0.55$ m/s	198~233
轻有机物 $\mu<0.5\times10^{-3}$Pa·s	轻有机物 $\mu<0.5\times10^{-3}$Pa·s	233~465
中有机物 $\mu=0.5\sim1\times10^{-3}$Pa·s	中有机物 $\mu=0.5\sim1\times10^{-3}$Pa·s	116~349
重有机物 $\mu>1\times10^{-3}$Pa·s	重有机物 $\mu>1\times10^{-3}$Pa·s	58~233
水(流速为1m/s)	水蒸气(有压力)冷凝	2326~4652
水	水蒸气(常压或负压)冷凝	1745~3489
水溶液 $\mu<2\times10^{-3}$Pa·s	水蒸气冷凝	1163~1071
水溶液 $\mu>2\times10^{-3}$Pa·s	水蒸气冷凝	582~2908
有机物 $\mu<0.5\times10^{-3}$Pa·s	水蒸气冷凝	582~1193
有机物 $\mu=0.5\sim1\times10^{-3}$Pa·s	水蒸气冷凝	291~582
有机物 $\mu>1\times10^{-3}$Pa·s	水蒸气冷凝	114~349
水	有机物蒸气及水蒸气冷凝	582~1163
水	重有机物蒸气(常压)冷凝	116~349
水	重有机物蒸气(负压)冷凝	58~174
水	饱和有机溶剂蒸气(常压)冷凝	582~1163
水	含饱和水蒸气的氯气(<50℃)	174~349
水	SO_2 冷凝	814~1163
水	NH_3 冷凝	698~930
水	氟里昂冷凝	756

(4) 对流传热系数

传热膜系数的关联式与传热过程是否存在相变、换热器的结构及流动状态等因素有关。关于传热膜系数的关联式很多，在选用时应注意其适用的范围。具体形式见表2-7及表2-8。

表 2-7 流体无相变时的对流传热系数

流动状态		关联式	适用条件
强制对流		$\alpha = a\frac{\lambda}{D}\left(\frac{d^2 n\rho}{\mu}\right)^m\left(\frac{c_p\mu}{\lambda}\right)^{1/3}\left(\frac{\mu}{\mu_w}\right)^{0.14}$ 有夹套的槽 $m=0.67$ 有盘管的槽 $m=0.62$	装有搅拌器的圆槽 定性温度：取槽内液体的平均温度 $Re=d^2n\rho/\mu$，$Nu=\alpha D/\lambda$ D：容器(搅拌器)直径 d：搅拌器浆叶直径

搅拌器 / 换热器	涡流	桨式	推进式	锚式
夹套的 a	0.62	0.36	0.54	0.46
蛇管的 a	1.5	0.87	0.83	

流动状态		关联式	适用条件
管内强制对流	圆直管内湍流	$Nu=0.023Re^{0.8}Pr^n$ $\alpha=0.023\frac{\lambda}{d_i}\left(\frac{d_i\mu p}{\mu}\right)^{0.8}\left(\frac{c_p\mu}{\lambda}\right)^n$	低黏度流体； 流体被加热 $n=0.4$，被冷却 $n=0.3$； $Re>10000$，$0.7<Pr<120$，$L/d_i>60$ $L/d_i<60$，$\alpha\times(1+d_i/L)^{0.7}$ 弯管、蛇管 $\alpha\times(1+1.77d_i/R)$
		$Nu=0.027Re^{0.8}Pr^{1/3}(\frac{\mu}{\mu_w})^{0.14}$ $\alpha=0.027\frac{\lambda}{d_i}\left(\frac{d_iu\rho}{\mu}\right)^{0.8}\left(\frac{c_p\mu}{\lambda}\right)^{1/3}\left(\frac{\mu}{\mu_w}\right)^{0.14}$	高黏度流体； $Re>10000$，$0.7<Pr<120$，$L/d_i>60$ 定性温度：流体进出口温度的算术平均值(μ_w 取壁温)
	圆直管内滞流	$Nu=1.86Re^{1/3}Pr^{1/3}\left(\frac{d_i}{L}\right)^{1/3}\left(\frac{\mu}{\mu_w}\right)^{0.14}$ $\alpha=1.86\frac{\lambda}{d_i}\left(\frac{d_iu\rho}{\mu}\right)^{1/3}\left(\frac{c_p\mu}{\lambda}\right)^{1/3}\left(\frac{d_i}{L}\right)^{1/3}\left(\frac{\mu}{\mu_w}\right)^{0.14}$	管径较小，流体与壁面温度差较小，μ/ρ 较大；$Re<2300$，$0.6<Pr<6700$，$(RePrL/d_i)>100$；特征尺寸：d_i 定性温度： 流体进出口温度的算术平均值(μ_w 取壁温)
	圆直管内过渡流	$Nu=0.023Re^{0.8}Pr^n$ $\alpha'=0.023\frac{\lambda}{d_i}\left(\frac{d_iu\rho}{\mu}\right)^{0.8}\left(\frac{c_p\mu}{\lambda}\right)^n$ $\alpha=\alpha'\left(1-\frac{6\times10^5}{Re^{1.8}}\right)$	$2300<Re<10000$ 流体被加热 $n=0.4$，被冷却 $n=0.3$
管外强制对流	管束外垂直	$Nu=0.26Re^{0.6}Pr^{0.33}$ $\alpha=0.26\frac{\lambda}{d_o}\left(\frac{d_ou\rho}{\mu}\right)^{0.6}\left(\frac{c_p\mu}{\lambda}\right)^{0.33}$	直列、错列管束，管束排数 = 10，$Re>3000$ 特征尺寸：管外径 d_o 流速取通道最狭窄处
	管间流动	$Nu=0.36Re^{0.55}Pr^{1/3}\left(\frac{\mu}{\mu_w}\right)^{0.14}$ $\alpha=0.36\frac{\lambda}{d_e}\left(\frac{d_eu\rho}{\mu}\right)^{0.55}\left(\frac{c_p\mu}{\lambda}\right)^{1/3}\left(\frac{\mu}{\mu_w}\right)^{0.14}$	壳方流体圆缺挡板(25%)，$Re=2\times10^3\sim1\times10^6$ 特征尺寸：当量直径 d_e 定性温度：流体进出口温度的算术平均值(μ_w 取壁温)
		用前面的管内强制湍流或层流公式计算 但要用当量直径 d_e 代替 d_o	无折流挡板
		$\alpha=1.72\frac{\lambda}{d_e^{0.4}}\left(\frac{d_eu\rho}{\mu}\right)^{0.6}\left(\frac{c_p\mu}{\lambda}\right)^{1/3}\left(\frac{\mu}{\mu_w}\right)^{0.14}$	圆缺形折流挡板 $Re=10^2\sim6\times10^4$ 特征尺寸：当量直径 d_e 定性温度：流体进出口温度的算术平均值(μ_w 取壁温)

续表

流动状态		关联式	适用条件
管外强制对流	管间流动	$\alpha=2.08\dfrac{\lambda}{d_e^{0.4}}\left(\dfrac{d_e u\rho}{\mu}\right)^{0.6}\left(\dfrac{c_p\mu}{\lambda}\right)^{1/3}\left(\dfrac{\mu}{\mu_w}\right)^{0.14}$	盘环形折流挡板 $Re=3\times10^2\sim2\times10^4$ 特征尺寸：当量直径 d_e 定性温度：流体进出口温度的算术平均值(μ_w 取壁温)

表 2-8　流体相变对流传热系数

流动状态	关联式	适用条件
蒸汽冷凝	$\alpha=1.13\left(\dfrac{r\rho^2 g\lambda^3}{\mu l\Delta t}\right)^{1/4}$	垂直管外膜滞流 特征尺寸：垂直管的高度 定性温度：$t_m=(t_w+t_s)/2$
	$\alpha=0.725\left(\dfrac{r\rho^2 g\lambda^3}{n^{2/3}\mu d_o\Delta t}\right)^{1/4}$	水平管束外冷凝 n 为水平管束在垂直列上的管数，膜滞流特征尺寸：管外径 d_o

(5) 污垢热阻

在设计换热器时，必须采用正确的污垢系数，否则热交换器的设计误差很大。因此，污垢系数是换热器设计中非常重要的参数。污垢热阻因流体种类、操作温度和流速等不同而各异。常见流体的污垢热阻参见表 2-9 和表 2-10。

表 2-9　液相流体的污垢热阻

加热流体温度/℃	<115		115~205	
水的温度/℃	<25		>25	
水的流速/(m/s)	<1.0	>1.0	<1.0	>1.0
污垢热阻/(m² · ℃/W)				
海水	0.8598×10^{-4}		1.7197×10^{-4}	
自来水、井水、锅炉软水	1.7197×10^{-4}		3.4394×10^{-4}	
蒸馏水	0.8598×10^{-4}		0.8598×10^{-4}	
硬水	5.1590×10^{-4}		8.5980×10^{-4}	
河水	5.1590×10^{-4}	3.4394×10^{-4}	6.8788×10^{-4}	5.1590×10^{-4}

表 2-10　一些流体的污垢热阻

流体名称	污垢热阻/(m² · ℃/W)	流体名称	污垢热阻/(m² · ℃/W)	流体名称	污垢热阻/(m² · ℃/W)
有机物蒸气	0.8598×10^{-4}	有机物	1.7197×10^{-4}	石脑油	1.7197×10^{-4}
溶剂蒸气	1.7197×10^{-4}	盐水	1.7197×10^{-4}	煤油	1.7197×10^{-4}
天然气	1.7197×10^{-4}	熔盐	0.8598×10^{-4}	汽油	1.7197×10^{-4}
焦炉气	1.7197×10^{-4}	植物油	5.1590×10^{-4}	重油	8.5980×10^{-4}
水蒸气	0.8598×10^{-4}	原油	$(3.4394\sim12.098)\times10^{-4}$	沥青油	1.7197×10^{-3}
空气	3.4394×10^{-4}	柴油	$(3.4394\sim5.1590)\times10^{-4}$		

2.2.3.3　流体流动阻力计算主要公式

流体流经列管式换热器时由于流动阻力而产生一定的压力降，所以换热器的设计必须满足工艺要求的压力降。一般合理压力降的范围见表 2-11。

表 2-11　合理压力降的选取

操作情况	操作压力 p/MPa	合理的压力降 Δp/MPa	操作情况	操作压力 p/MPa	合理的压力降 Δp/MPa
减压	0~0.1(绝压)	$P/10$	中压	1~3(表压)	0.035~0.18
低压	0~0.07(表压)	$P/2$	较高压	3~8(表压)	0.07~0.25
	0.07~1(表压)	0.035			

(1) 管程压力降

多管程列管换热器，管程压力降 $\sum \Delta p_i$：

$$\Delta p_i = (\Delta p_1 + \Delta p_2) F_t N_s N_p \qquad (2-15)$$

式中　Δp_1——直管中因摩擦阻力引起的压力降，Pa；

Δp_2——回弯管中因摩擦阻力引起的压力降，Pa；可由经验公式 $\Delta p_2 = 3(\rho u^2/2)$ 估算；

F_t——结垢校正系数，无因次，ϕ25mm×2.5mm 的换热管取 1.4；ϕ19mm×2mm 的换热管取 1.5；

N_s——串联的壳程数；

N_p——管程数。

(2) 壳程压力降

① 壳程无折流挡板。壳程压力降按流体沿直管流动的压力降计算，以壳方的当量直径 d_e 代替直管内径 d_i。

② 壳程有折流挡板。计算方法有 Bell 法、Kern 法、Esso 法等。Bell 法计算结果与实际数据一致性较好，但计算比较麻烦，而且对换热器的结构尺寸要求较详细。工程计算中常采用 Esso 法，该法计算公式如下：

$$\sum \Delta p_o = (\Delta p'_1 + \Delta p'_2) F_t N_s \qquad (2-16)$$

式中　$\Delta p'_1$——流体横过管束的压力降，Pa；

$\Delta p'_2$——流体流过折流挡板缺口的压力降，Pa；

F_t——结垢校正系数，无因次，对液体 $F_t = 1.15$、对气体 $F_t = 1.0$；

$$\Delta p'_1 = F f_o n_c (N_B + 1) \frac{\rho u_o^2}{2} \qquad (2-17)$$

$$\Delta p'_2 = N_B \left(3.5 - \frac{2B}{D}\right) \frac{\rho u_o^2}{2} \qquad (2-18)$$

式中　F——管子排列方式对压力降的校正系数：三角形排列 $F = 0.5$，正方形直列 $F = 0.3$，正方形错列 $F = 0.4$；

f_o——壳程流体的摩擦系数，$f_o = 5.0 \times Re_o^{-0.228}$ ($Re > 500$)；

n_c——横过管束中心线的管数，可按式(3-2)及式(3-3)计算；

B——折流板间距，m；

D——壳体直径，m；

N_B——折流板数目；

u_o——按壳程流通截面积 S_o [$S_o = h(D - n_c d_o)$] 计算的流速，m/s。

2.2.3.4　壳体直径及厚度的计算

(1) 壳体直径计算

壳体的内径应等于或大于(在浮头式换热器中)管板的直径。所以，从管板直径的计算可以决定壳体的内径。通过按下式确定壳径：

$$D=a(b-l)+2e \tag{2-19}$$

式中 D——壳体内径，mm；

a——管心距，mm；

b——横过管束中心线的管数，管子按正三角形排列：$b=1.1\sqrt{n}$；管子按正方形排列：$b=1.19\sqrt{n}$，n 为换热器的总管数；

e——管束中心线上最外层管中心到壳体内壁的距离，一般取 $e=(1\sim1.5)d_o$。

壳径的计算值应圆整到最接近部颁标准尺寸，见表 2-12。

表 2-12 标准尺寸

<table>
<tr><td>壳体内径/mm</td><td>325</td><td>400</td><td>500</td><td>600</td><td>700</td><td>800</td><td>900</td><td>1000</td><td>1100</td><td>1200</td></tr>
<tr><td>最小壁厚/mm</td><td>8</td><td colspan="4">10</td><td colspan="3">12</td><td colspan="2">14</td></tr>
</table>

(2) 体壁厚度的计算

当换热器受内压时，壳体壁厚度可用下式计算

$$S=\frac{pD}{2[\sigma]\phi-p}+C \tag{2-20}$$

式中 S——外壳壁厚，cm；

p——操作时的内压力(表压)，1×10^4Pa；

$[\sigma]$——材料许用应力，1×10^4Pa；

ϕ——焊缝系数，单面焊缝 $\phi=0.65$，双面焊缝 $\phi=0.85$；

C——腐蚀裕度，其范围在 0.1~0.8cm 之间，根据流体的腐蚀性而定；

D——壳体内径，cm。

根据上式计算出的壳体留厚后，还应适当考虑安全系数，以及开孔的强度补偿措施，一般都应大于表 2-12 中的最小壁厚。

若壳体受外压时，其计算方法参见有关文献。

2.3 换热器的优化设计

对于完成某一任务的换热器，往往有多个选择，任何确定最佳的换热器，是换热器的优化设计问题，即采用优化方法使设计的换热器满足最优的目标函数和约束条件。与其他的一般设备的设计相同，在换热器设计中，最优目标函数是指包括设备费用和操作费用在内的总费用为最小。由于影响换热过程的因素复杂，属于有多个约束条件的多变量优化问题，求解比较困难，加上换热器的种类繁多，结构各异，研究者大多针对某一类型的换热器进行分析研究。因此可以说，换热器的优化设计目前仍处于发展阶段。本节仅讨论冷却器冷却水出口温度的优化问题，对于列管换热器的优化设计方法可参阅文献。

以水作为冷却介质，水的进口温度一定，由传热速率方程可知，冷却水的出口温度将影响传热温差，从而影响换热器的传热面积和投资费用。若冷却水出口温度较低，所需的传热面积可较小，即换热器的费用减少；但此时所需的冷却水的量必较大，所需操作费用增加，

所以存在使设备费用和操作费用之和为最小的最优冷却水出口温度。

换热器的年固定费用 $=K_F C_A A$

换热器的年操作费用 $=3600C_u q_{mc} H_y$

则换热器年总费用 C_T 为：

$$C_T = K_F C_A A + 3600 C_u q_{mc} H_y \tag{2-21}$$

式中 C_A——换热器单位传热面积的投资费用(包括维修等费用)，元/m²；

C_u——单位质量冷却水费用(包括动力费用)，元/kg；

K_F——换热器的年折旧率，1/a；

H_y——年工作小时，h/a；

q_{mc}——冷却水流量，kg/s；

A——换热器的传热面积，m²。

对于两相逆流传热：

$$A = \frac{Q}{K\Delta t_m} = \frac{Q}{K} \frac{\ln \dfrac{T_2 - t_1}{T_1 - t_2}}{[(T_2 - t_1) - (T_1 - t_2)]} \tag{2-22}$$

$$q_{mc} = \frac{Q}{c_{pc}(t_2 - t_1)} \tag{2-23}$$

所以：

$$C_T = C_A K_F \frac{Q}{K} \frac{\ln \dfrac{T_2 - t_1}{T_1 - t_2}}{[(T_2 - t_1) - (T_1 - t_2)]} + 3600 C_u H_y \frac{Q}{c_{pc}(t_2 - t_1)} \tag{2-24}$$

对于换热器的设计，上式中的 Q、T_1、T_2、t_1 及 H_y，均为定值；水的比热容 C_{pc} 变化不大，可取为常数；C_A、C_u 和 K_F，可根据有关资料查得；若总传热系数 K 也可由经验确定，则 C_T 仅为 t_2 的函数。当 C_T 取得最小值时，相应的 t_2 即为最优冷却水出口温度，进而可由式(2-24)和式(2-25)计算得到所需的冷却水流量和最优的传热面积。单变量的优化问题比较成熟，除解析方法外，通常可利用黄金分割法或函数逼近法等数值方法得到满意的结果。对于上述问题，这里采用解析法进行分析。

由极值存在的必要条件：目标函数的一阶导数等于零，即 $dC_T/dt_2=0$，得：

$$C_A K_F \frac{Q}{K} \frac{\dfrac{1}{T_1 - t_2}[(T_2 - t_1) - (T_1 - t_2)] - \ln \dfrac{T_2 - t_1}{T_1 - t_2}}{[(T_2 - t_1) - (T_1 - t_2)]^2} + 3600 C_u H_y \frac{Q}{c_{pc}(t_2 - t_1)^2} = 0 \tag{2-25}$$

因为 $T_2 - t_1 = \Delta t_1$，$T_1 - t_2 = \Delta t_2$，所以上式可变为：

$$\left(\ln \frac{\Delta t_2}{\Delta t_1} - 1 + \frac{\Delta t_1}{\Delta t_2}\right)\left(1 + \frac{T_1 - T_2}{\Delta t_1 - \Delta t_2}\right)^2 = \frac{3600 K C_u H_y}{c_{pc}} \tag{2-26}$$

利用试差法可解得最优的 Δt_2，然后求出最优的冷却水出口温度 t_2。

2.4 无相变化列管换热器设计示例

某生产过程中，需将 6000 kg/h 的油从 140℃冷却至 40℃，压力为 0.3MPa；冷却介质采用循环水，循环冷却水的压力为 0.4MPa，循环水入口温度 30℃，出口温度为 40℃。试设计一台列管式换热器，完成该生产任务。

2.4.1　确定设计方案

(1) 选择换热器的类型

两流体温度变化情况：热流体进口温度 140℃，出口温度 40℃。冷流体(循环水)进口温度 30℃，出口温度 40℃。该换热器用循环冷却水冷却，冬季操作时进口温度会降低，考虑到这一因素，估计该换热器的管壁温和壳体壁温之差较大，因此，初步确定选用带膨胀节的固定管板式换热器。

(2) 流动空间及流速的确定

由于循环冷却水较易结垢，为便于水垢清洗，应使循环水走管程，油品走壳程。选用 $\phi 25\text{mm}\times 2.5\text{mm}$ 的碳钢管，管内流速取 $u_i=0.5\text{m/s}$。

2.4.2　确定物性数据

定性温度：可取流体进口温度的平均值。

壳程油的定性温度为 $T=\dfrac{140+40}{2}=90(℃)$

管程流体的定性温度为 $t=\dfrac{30+40}{2}=35(℃)$

根据定性温度，分别查取壳程和管程流体的有关物性数据。

油在 90℃下的有关物性数据如下：

密度　$\rho_o=825\ \text{kg/m}^3$

比定压热容　$c_{po}=2.22\ \text{kJ/(kg·℃)}$

导热系数　$\lambda_o=0.140\ \text{W/(m·℃)}$

黏度　$\mu_o=0.000715\ \text{Pa·s}$

循环冷却水在 35℃下的物性数据：

密度　$\rho_i=994\ \text{kg/m}^3$

比定压热容　$c_{pi}=4.08\ \text{kJ/(kg·℃)}$

导热系数　$\lambda_i=0.626\ \text{W/(m·℃)}$

黏度　$\mu_i=0.000725\ \text{Pa·s}$

2.4.3　计算总传热系数

(1) 热流量

$$Q_o=q_{mo}c_{po}\Delta t_o=6000\times 2.22\times(140-40)=1.32\times 10^6\text{kJ/h}=366.7(\text{kW})$$

(2) 平均传热温差

$$\Delta t'_m=\frac{\Delta t_1-\Delta t_2}{\ln\dfrac{\Delta t_1}{\Delta t_2}}=\frac{(140-40)-(40-30)}{\ln\dfrac{140-40}{40-30}}=39(℃)$$

(3) 冷却水用量

$$q_{mi}=\frac{Q_o}{c_{pi}\Delta t_i}=\frac{1320000}{4.08\times(40-30)}=32353(\text{kg/h})$$

(4) 总传热系数 K

管程传热系数：

$$Re=\frac{d_i u_i \rho_i}{\mu_i}=\frac{0.02\times0.5\times994}{0.000725}=13710$$

$$\alpha_i=0.023\,\frac{\lambda_i}{d_i}\left(\frac{d_i u_i \rho_i}{\mu_i}\right)^{0.8}\left(\frac{c_p u_i}{\lambda_i}\right)^{0.4}$$

$$=0.023\times\frac{0.626}{0.020}\times13710^{0.8}\times\left(\frac{4.08\times10^3\times0.000725}{0.626}\right)^{0.4}=2731[\text{W}/(\text{m}\cdot℃)]$$

壳程传热系数：

假设壳程的传热系数 $\alpha_o=290\text{W}/(\text{m}^2\cdot℃)$

污垢热阻 $R_{si}=0.000344\text{m}^2\cdot℃/\text{W}$，$R_{so}=0.000172\text{m}^2\cdot℃/\text{W}$

管壁的导热系数 $\lambda=45\ \text{W}/(\text{m}\cdot℃)$

$$K=\frac{1}{\frac{d_o}{\alpha_i d_i}+R_{si}\frac{d_o}{d_i}+\frac{bd_o}{\lambda d_m}+R_{so}+\frac{1}{\alpha_o}}$$

$$=\frac{1}{\frac{0.025}{2733\times0.020}+0.000344\times\frac{0.025}{0.020}+\frac{0.0025\times0.025}{45\times0.0225}+0.000172+\frac{1}{290}}$$

$$=219.5[\text{W}/(\text{m}\cdot℃)]$$

2.4.4　计算传热面积

$$S'=\frac{Q}{K\Delta t_m}=\frac{366.7\times10^3}{219.5\times39}=42.8\text{m}^2$$

考虑 15%的面积裕度，$S=1.15\times S'=1.15\times42.8=49.2(\text{m}^2)$。

2.4.5　工艺结构尺寸的计算

(1) 管径和管内流速

选用 $\phi25\times2.5$ 传热管(碳钢)，取管内流速 $u_i=0.5\text{m/s}$。

(2) 管程数和传热管数

依据传热管内径和流速确定单程传热管数。

$$n_s=\frac{V}{\frac{\pi}{4}d_i^2 u}=\frac{32353/(994\times3600)}{0.785\times0.02^2\times0.5}=57.6\approx58(\text{根})$$

按单程管计算，所需的传热管长度为 $L=\frac{S}{\pi d_0 n_s}=\frac{49.2}{3.14\times0.025\times58}=10.8(\text{m})$

按单管程设计，传热管过长，宜采用多管程结构。现取传热管长 $L=6\text{m}$，则该换热器管程数为 $N_P=\frac{L}{l}=\frac{10.8}{6}\approx2$(管程)

传热管总根数 $N=58\times2=116$(根)

(3) 平均传热温差校正及壳程数

平均传热温差校正系数：

$$R=\frac{140-40}{40-30}=10$$

$$P=\frac{40-30}{140-30}=0.091$$

按单壳程，双管程结构，温差校正系数应查有关图表。但 $R=10$ 的点在图上难以读出，因而相应以 $1/R$ 代替 R，PR 代替 P，查同一图线，可得 $\varphi_{\Delta t}=0.82$。

平均传热温差 $\Delta t_m=\varphi_{\Delta t}\Delta' t_m=0.82\times39=32(℃)$

(4) 传热管排列和分程方法

采用组合排列法，即每程内均按正三角形排列，隔板两侧采用正方形排列。取管心距 $a=1.25d_o$，则：

$$a=1.25\times25=31.25\approx32(\text{mm})$$

横过管束中心线的管数 $n_c=1.19\sqrt{N}=1.19\sqrt{116}=13$(根)

(5) 壳体内径

采用多管程结构，取管板利用率 $\eta=0.7$，则壳体内径为：

$$D=1.05a\sqrt{N/\eta}=1.05\times32\sqrt{116/0.7}=432.5(\text{mm})$$

圆整可取 $D=450\text{mm}$

(6) 折流板

采用弓形折流板，取弓形折流板圆缺高度为壳体内径的 25%，则切去的圆缺高度为 $h=0.25\times450=112.5(\text{mm})$，故可取 $h=110\text{mm}$。

取折流板间距 $B=0.3D$，则 $B=0.3\times450=135(\text{mm})$，可取 B 为 150。

折流板数 N_B = 传热管长/折流板间距 $-1=6000/150-1=39$(块)

折流板圆缺面水平装配。

(7) 接管

壳程流体进、出口接管：取接管内油品流速为 $u=1.0\text{m/s}$，则接管内径为：

$$d=\sqrt{\frac{4V}{\pi u}}=\sqrt{\frac{4\times6000/(3600\times825)}{3.14\times1.0}}=0.051(\text{m})$$

取标准管径为 $\phi57\text{mm}\times3.5\text{mm}$。

管程流体进出口接管：取接管内循环水流速 $u=1.5\text{m/s}$，则接管内径为：

$$d=\sqrt{\frac{4\times32353/(3600\times994)}{3.14\times1.5}}=0.088(\text{m})$$

取标准管径为 $\phi88\text{mm}\times3\text{mm}$。

2.4.6 换热器核算

(1) 热量核算

① 壳程对流传热系数。对圆缺形折流板，可采用凯恩公式：

$$\alpha_o=0.36\frac{\lambda}{d_e}Re_o^{0.55}Pr^{1/3}\left(\frac{\mu}{\mu_w}\right)^{0.14}$$

当量直径，由正三角形排列得：

$$d_e=\frac{4\left(\frac{\sqrt{3}}{2}a^2-\frac{\pi}{4}d_o^2\right)}{\pi d_o}=\frac{4\left(\frac{\sqrt{3}}{2}\times0.032^2-\frac{\pi}{4}\times0.025^2\right)}{3.14\times0.025}=0.020(\text{m})$$

壳程流通截面积：

$$S_o=BD(1-\frac{d_o}{a})=0.15\times0.45\times(1-\frac{0.025}{0.032})=0.01476(\text{m})$$

壳程流体流速及其雷诺数分别为：

$$u_o=\frac{6000/(3600\times825)}{0.01476}=0.137(\text{m/s})$$

$$Re_o=\frac{0.02\times0.137\times825}{0.000715}=3161$$

普兰特准数:

$$Pr=\frac{2.22\times10^3\times715\times10^{-6}}{0.140}=11.34$$

黏度校正$\left(\frac{\mu}{\mu_w}\right)^{0.14}\approx1$

$$\alpha_o=0.36\times\frac{0.140}{0.02}\times3161^{0.55}\times11.34^{1/3}=476\text{W/(m}^2\cdot℃)$$

② 管程对流传热系数

$$\alpha_i=0.023\frac{\lambda_i}{d_i}Re^{0.8}Pr^{0.4}$$

管程流通截面积 $S_i=0.785\times0.02^2\times116/2=0.0182(\text{m}^2)$

管程流体流速:

$$u_i=\frac{32353/(3600\times994)}{0.0182}=0.497(\text{m/s})$$

$$Re_i=\frac{0.02\times0.497\times994}{0.725\times10^{-3}}=13628$$

普兰特准数 $Pr=\frac{4.08\times10^3\times0.725\times10^{-3}}{0.626}=4.73$

$$\alpha_i=0.023\times\frac{0.626}{0.02}\times13628^{0.8}\times4.73^{0.4}=2721[\text{W/(m}^2\cdot℃)]$$

③ 传热系数 K。

$$K=\frac{1}{\frac{d_o}{\alpha_i d_i}+R_{si}\frac{d_o}{d_i}+\frac{bd_o}{\lambda d_m}+R_{so}+\frac{1}{\alpha_o}}$$

$$=\frac{1}{\frac{0.025}{2721\times0.020}+0.000344\times\frac{0.025}{0.020}+\frac{0.0025\times0.025}{45\times0.0225}+0.000172+\frac{1}{476}}$$

$$=310.2[\text{W/(m}\cdot℃)]$$

④ 传热面积 S。

$$S=\frac{Q}{K\Delta t_m}=\frac{366.7\times10^3}{310.2\times32}=36.9(\text{m}^2)$$

该换热器的实际传热面积 S_p:

$$S_p=\pi d_o lN=3.14\times0.025\times(6-0.06)\times(116-13)=48.0(\text{m}^2)$$

该换热器的面积裕度为:

$$H=\frac{S_p-S}{S}\times100\%=\frac{48.0-36.9}{36.9}\times100\%=30.1\%$$

传热面积裕度合适，该换热器能够完成生产任务。

（2）换热器内流体的流动阻力

① 管程流动阻力。

$$\sum \Delta p_i = (\Delta p_1 + \Delta p_2) F_t N_s N_p$$

$$N_s = 1, \ N_p = 2, \quad F_t = 1.5$$

$$\Delta p_1 = \lambda_i \frac{l}{d} \frac{\rho u^2}{2}, \ \Delta p_2 = \zeta \frac{\rho u^2}{2}$$

由 $Re=13628$，传热管相对粗糙度 $0.01/20=0.005$，查莫狄图得 $\lambda_i=0.037$，流速 $u_i=0.497\text{m/s}$，$\rho=994\text{kg/m}^3$，所以：

$$\Delta p_1 = 0.037 \times \frac{6}{0.02} \times \frac{994 \times 0.497^2}{2} = 1362.7(\text{Pa})$$

$$\Delta p_2 = \zeta \frac{\rho u^2}{2} = 3 \times \frac{994 \times 0.497^2}{2} = 368.3(\text{Pa})$$

$$\sum \Delta p_i = (1362.7 + 368.3) \times 1.5 \times 2$$
$$= 5193(\text{Pa}) < 10(\text{kPa})$$

管程流动阻力在允许范围之内。

② 壳程阻力。

$$\sum \Delta p_o = (\Delta p'_1 + \Delta p'_2) F_t N_s$$

$$N_s = 1、F_t = 1.15$$

流体流经管束的阻力：

$$\Delta p'_1 = F f_o n_c (N_B + 1) \frac{\rho u_o^2}{2}$$

$$F = 0.5$$

$$f_o = 5 \times 3161^{-0.228} = 0.7962$$

$$n_c = 13、N_B = 39、u_o = 0.137$$

$$\Delta p'_1 = 0.5 \times 0.7962 \times 13 \times (39+1) \frac{825 \times 0.137^2}{2}$$
$$= 1202(\text{Pa})$$

流体流过折流板缺口的阻力：

$$\Delta p'_2 = N_B \left(3.5 - \frac{2B}{D}\right) \frac{\rho u_o^2}{2}$$

$$B = 0.15(\text{m})、D = 0.45(\text{m})$$

$$\Delta p'_2 = 39 \times \left(3.5 - \frac{2 \times 0.15}{0.45}\right) \times \frac{825 \times 0.137^2}{2}$$
$$= 636.2(\text{Pa})$$

总阻力 $\sum \Delta p_o = (1202 + 636.2) \times 1.15 \times 1$

$= 2114\text{Pa} < 10 \text{ kPa}$

壳程流动阻力也比较适宜。

③ 换热器主要结构尺寸和计算结果。换热器主要结构尺寸和计算结果见表 2-13。

表 2-13　换热器主要结构尺寸和计算结果

换热器形式：固定管板式					
换热面积/m^2	48				
工艺参数					
名称	管程			壳程	
物料名称	循环水			油	
操作压力/MPa	0.4			0.3	
操作温度/℃	29/39			140/40	
流量/(kg/h)	32353			6000	
流体密度/(kg/m^3)	994			825	
流速/(m/s)	0.497			0.137	
传热量/kW	366.7				
总传热系数/(W/m^2·K)	310.2				
传热系数/(W/m^2·K)	2721			476	
污垢系数/(m^2·K/W)	0.000344			0.000172	
阻力降/MPa	0.00173			0.00184	
程数	2			1	
推荐使用材料	碳钢			碳钢	
管子规格	ϕ25×2.5	管数 116		管长 6000mm	
管间距/mm	32	排列方式		正三角形	
折流板形式	上下	间距/mm	150	切口高度 25%	
壳体内径/mm	450	保温层厚度/mm			

管　口　表

符号	尺寸	用途	连接形式
a	*DN*80	循环水入口	平面
b	*DN*80	循环水出口	平面
c	*DN*50	油品入口	凹凸面
d	*DN*50	油品出口	凹凸面
e	*DN*20	排气口	凹凸面
f	*DN*20	放净口	凹凸面

附图

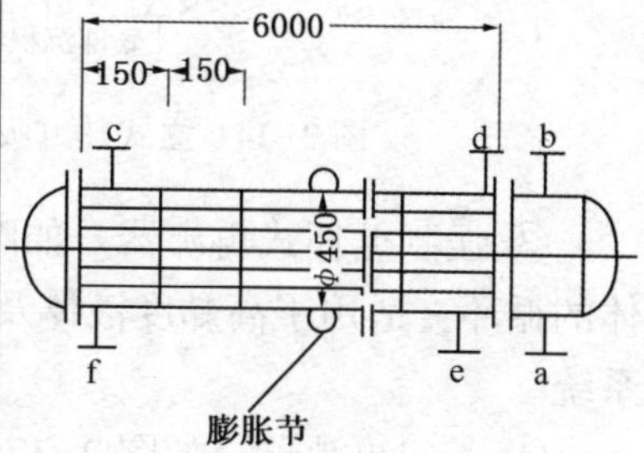

2.5　再沸器工艺设计及设计示例

2.5.1　再沸器基础知识

再沸器是精馏装置的重要附属设备，其作用是使塔底釜液部分汽化，从而实现精馏塔内气、液两相间的热量及质量传递。

（1）再沸器种类及选用

再沸器的种类较多，其主要形式有下列几种。

① 立式热虹吸再沸器。如图 2-14 所示，立式热虹吸再沸器是利用塔底单相釜液与换热器传热管内气、液混合物的密度差形成循环推动力，构成工艺物流在精馏塔底与再沸器间的流动循环。这种再沸器具有传热系数高、结构紧凑、安装方便、釜液在加热段的停留时间短、不易结垢、调节方便、占地面积小、设备及运行费用低等显著优点。但由于结构上的原因，壳程不能采用机械方法洗涤，因此，不适宜用于高黏度或较脏的加热介质。同时由于是立式安装，增加了塔的裙座高度。

② 卧式热虹吸再沸器。如图 2-15 所示，卧式热虹吸再沸器也是利用塔底单相釜液与再沸器中气、液混合物的密度差维持循环。卧式热虹吸再沸器的传热系数和釜液在加热段的停留时间均为中等，维护和清理方便，适用于传热面积大的情况，对塔釜液面高度和流体在各部位的压降要求不高，可适于真空操作，出塔釜液缓冲容积大，故流动稳定。缺点是占地面积大。

立式及卧式热虹吸再沸器本身没有气、液分离空间和缓冲区，这些均由塔釜提供。

立式再沸器：工艺物流测在管程，传热系数高，投资低，裙座高度高，汽化率为 3%~35%。

卧式再沸器：工艺物流测在壳程，传热系数中偏高，投资适中，占地面积大，裙座高度低，汽化率为 3%~35%。

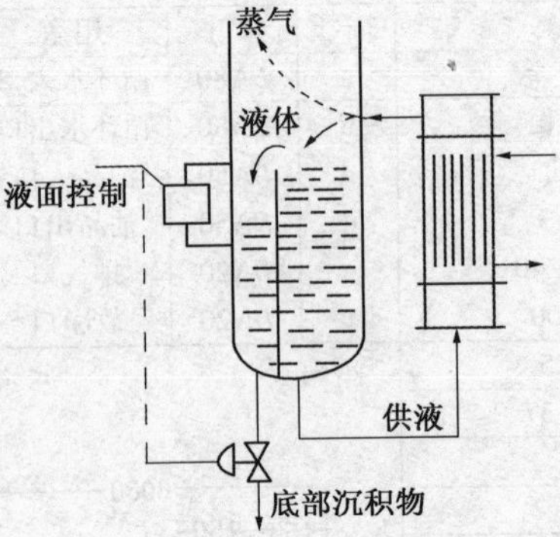

图 2-14　立式热虹吸再沸器

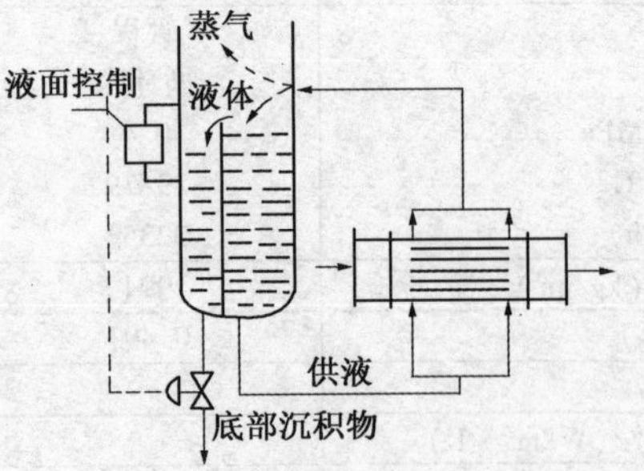

图 2-15　卧式热虹吸再沸器

③ 强制循环式再沸器。如图 2-16 所示，强制循环式再沸器是依靠泵输入机械功进行流体的循环，适用于高黏度液体及热敏性物料、固体悬浮液以及长显热段和低蒸发比的高阻力系统。

④ 釜式再沸器。如图 2-17 所示，釜式再沸器由一个带有气、液分离空间的壳体和一个可抽出的管束组成，管束末端有溢流堰，以保证管束能有效地浸没在液体中。溢流堰外侧空间作为出料液体的缓冲区。再沸器内液体的装填系数，对于不易起泡沫的物系为 80%，对于易起泡沫的物系则不超过 65%。釜式再沸器的优点是对流体力学参数不敏感，可靠性高，可在高真空下操作，维护与清理方便；缺点是传热系数小，壳体容积大，占地面积大，造价高，塔釜液在加热段停留时间长，易结垢。

⑤ 内置式再沸器。如图 2-18 所示，内置式再沸器是将再沸器的管束直接置于塔釜内而成，其结构简单，造价比釜式再沸器低；缺点是由于塔釜空间容积有限，传热面积不能太大，传热效果不够理想。

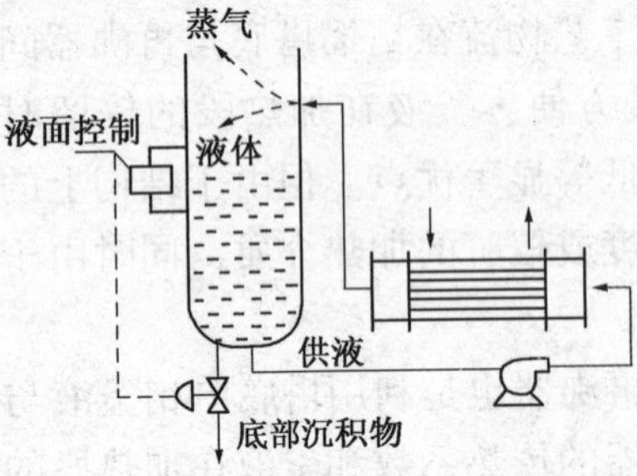

图 2-16　强制循环式再沸器

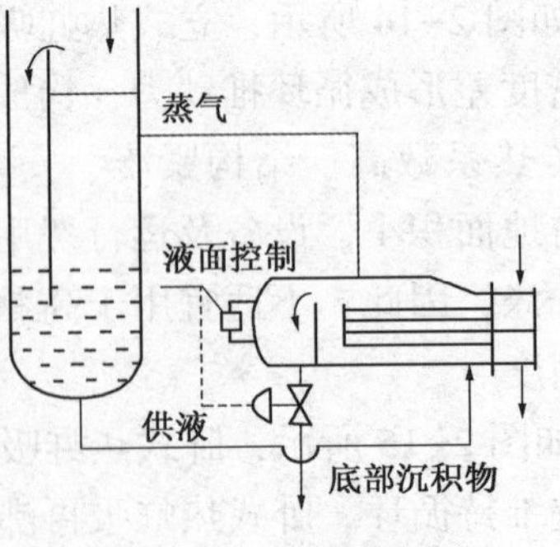

图 2-17　釜式再沸器

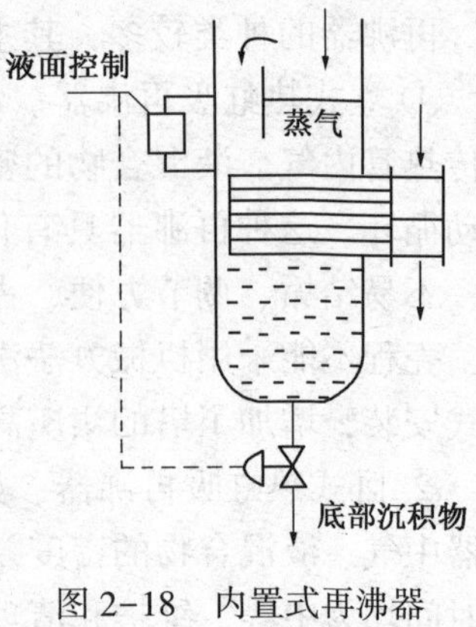

图 2-18　内置式再沸器

(2) 再沸器选用

工程上对再沸器的基本要求是操作稳定、调节方便、结构简单、加工制造容易、安装检修方便、使用周期长、运转安全可靠，同时也应考虑其占地面积和安装空间高度要合适。一般说来，同时满足上述各项要求是困难的，故在设计上应进行全面分析、综合考虑，找出主要的、起决定性作用的要求，然后兼顾一般，选择一种比较合理的再沸器形式。

一般在满足工艺要求的前提下，应该先考虑选用立式热虹吸再沸器，因为它具有上述一系列的突出优点和优良性能。

(3) 再沸器设计

再沸器采用管壳式热交换器时，其工艺设计与前面介绍的方法大同小异，主要差别在于换热器热负荷采用相变热计算方法，管壳内、外传热膜系数采用有相变时的计算方法。另外，再沸器结构形式不同会导致工艺设计方法有些差异。

2.5.2　釜式再沸器设计

2.5.2.1　工艺结构

釜式再沸器的工艺设计步骤与无相变换热器的设计步骤基本相同，即先假设一传热系数，估算传热面积，进行工艺结构设计，然后进行热流量核算。

$$A_p = \frac{Q}{K\Delta t_m} \tag{2-27}$$

选取适宜的传热系数，计算对数平均传热温差，依据热流量估算传热面积 A_p。取适宜传热管规格、管心距 a、排列方式、管长 l 后，即可按下式计算总传热管数 N_T

$$N_T = \frac{A_p}{\pi d_o l} \tag{2-28}$$

需注意，对 U 形管来说，l 是指传热管直管段长度，N_T 为总传热管数。若管板上传热管按正三角形排列，则管束直径 D_b 为：

$$D_b = a(b-1) \tag{2-29}$$

式中，D_b 为管束直径，mm；a 为管心距，mm；b 为最大正六边形对角线上管子数目，其值可用式(2-29)求得。

管束和壳体的布置如图 2-19 所示。壳体直径是由管束直径和堰上空间蒸气的水平流速决定的。为了防止过多的雾沫夹带和过高的压降，规定了堰上空间允许蒸气的最大水平流速 u_{max} 为：

$$u_{max} = \left(\frac{116}{\rho_V}\right)^{0.5} \tag{2-30}$$

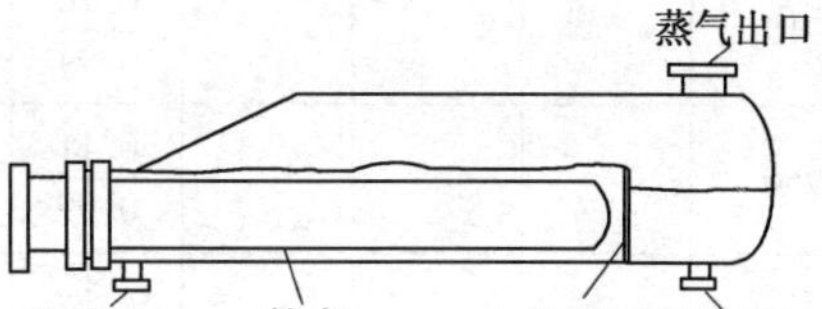

图 2-19　釜式再沸器管束和壳体结构

式中，u_{max} 为堰上空间允许蒸气的最大水平流速，m/s；ρ_V 为蒸气密度，kg/m^3。

由 u_{max} 值可计算出堰上空间允许的最小流通面积 $(A_{堰})_{min}$ 为：

$$(A_{堰})_{min} = \frac{q_{Vs}}{u_{max}} \tag{2-31}$$

式中，$(A_{堰})_{min}$ 为堰上空间允许的最小流通截面积，m^2；q_{Vs} 为汽化体积流量，m^3/s。由管束直径 D_b 和 $(A_{堰})_{min}$ 从表 2-14 中可查出壳体直径 D_o。表中给出了不同壳体尺寸下每米管长的缓冲区的标准缓冲能力(m^3/m)。标准缓冲能力等于每一米管长的缓冲时间与出料体积流量之积，所谓缓冲时间是指按出料体积流量，抽空再沸器缓冲区内液体所需的时间。若再沸器的出料直接去储罐，则需要有 1min 的缓冲时间；若其出料是作为另一塔的进料，则要求有 5min 的缓冲时间。

表 2-14 釜式再沸器参数[堰上面积(m^2)/缓冲能力(m^3/m)]

管束直径/mm	壳径/mm											
	800	950	1100	1250	1400	1550	1700	1850	2000	2150	2300	2450
300	0.23/1.17	1.41/0.19	1.61/0.21	0.86/0.23	1.15/0.24	0.48/0.26	2.25/0.29					
380	0.18/0.23	0.33/0.26	0.54/0.29	0.78/0.31	1.06/0.33	1.37/0.35	1.74/0.38	2.13/0.39	2.56/0.41			
460	0.12/0.29	0.27/0.33	0.46/0.36	0.69/0.40	0.96/0.43	1.27/0.46	1.61/0.49	2.01/0.51	2.43/0.54	2.90/0.56		
510	0.09/0.32	0.22/0.37	0.40/0.42	0.62/0.46	0.89/0.50	1.20/0.53	1.54/0.56	1.92/0.59	2.34/0.62	2.80/0.65	3.30/0.68	
560		0.18/0.42	0.34/0.47	0.57/0.52	0.82/0.57	1.11/0.61	1.46/0.64	1.83/0.68	2.25/0.71	2.70/0.75	3.20/0.78	3.73/0.80
610		0.13/0.46	0.30/0.53	0.50/0.58	0.75/0.63	1.04/0.68	1.37/0.73	1.75/0.76	2.16/0.80	2.60/0.84	3.09/0.88	3.61/0.91
660		0.09/0.51	0.24/0.58	0.44/0.64	0.68/0.70	0.97/0.76	1.29/0.81	1.65/0.85	2.06/0.99	2.50/0.94	2.98/0.98	3.50/1.02
710			0.20/0.63	0.38/0.71	0.61/0.77	0.89/0.83	1.21/0.89	1.56/1.94	1.96/0.99	2.40/1.04	2.87/1.09	3.39/1.13
760			0.15/0.68	0.33/0.77	0.55/0.84	0.81/0.91	1.12/0.97	1.47/1.03	1.86/1.09	2.99/1.15	2.77/1.20	3.27/1.24
810			0.10/0.73	0.29/0.83	0.47/0.91	0.73/0.99	1.03/1.06	1.37/1.13	1.77/1.19	2.18/1.25	2.65/1.31	3.16/1.36
860				0.21/0.88	0.41/0.98	0.66/1.06	0.95/1.15	1.28/1.22	1.66/1.29	2.08/1.35	2.54/1.42	3.04/1.48
910				0.16/0.94	0.34/1.05	0.59/1.14	0.86/1.23	1.19/1.31	1.56/1.39	1.97/1.46	2.42/1.53	2.92/1.60
960				0.11/0.99	0.29/1.11	0.51/1.22	0.78/1.31	1.10/1.40	1.46/1.49	1.87/1.57	2.30/1.65	2.80/1.72
1020					0.22/1.17	0.44/1.29	0.70/1.40	1.01/1.50	1.36/1.59	1.76/1.68	2.19/1.76	2.67/1.84
1170						0.24/1.50	0.46/1.64	0.74/1.77	1.06/1.89	1.43/2.00	1.85/2.11	2.29/2.21
1220						0.18/1.56	0.39/1.72	0.65/1.86	0.97/1.99	1.33/2.11	1.73/2.22	2.17/2.33

注：(1) 堰上横截面积，m^2。

(2) 堰高=管束公称直径+65mm。

(3) 不考虑堰上液头。

(4) 缓冲能力为当液体高度等于管束公称直径及为 1m 管长时所要求的体积(m^3)，所以单位为 m^3/m 管长。

(5) 其中不包括液头所需的体积(为满足泵送的液头)。

2.5.2.2 热流量核算

(1) 管内表面传热系数

釜式再沸器的传热管内若为蒸汽冷凝传热，气速对冷凝液所产生的剪切力有减薄液膜的作用，因而能促进传热。Akers 充分考虑了这一影响因素，提出了下列计算方法。

当 $Re>5\times10^4$ 时：

$$\alpha_i = 0.023\frac{\lambda_i}{d_i}Re^{0.8}Pr^{1/3} \tag{2-32}$$

当 $1000<Re<5\times10^4$ 时：

$$\alpha_i = 5.03\frac{\lambda_i}{d_i}Re^{1/3}Pr^{1/3} \tag{2-33}$$

其中：

$$Re = \frac{d_i G_e}{\mu_i} \tag{2-34}$$

$$Pr = \frac{c_{pi}\mu_i}{\lambda_i} \tag{2-35}$$

$$G_e = \bar{G}_L + \bar{G}_V\left(\frac{\rho_L}{\rho_V}\right)^{0.5} \tag{2-36}$$

$$\bar{G}_L = \frac{G_{L1}+G_{L2}}{2} \tag{2-37}$$

$$\bar{G}_V = \frac{G_{V1}+G_{V2}}{2} \tag{2-38}$$

式中，G_e 为当量质量流速，kg/(m² · s)；$\bar{G}_L$、$\bar{G}_V$ 分别为凝液和气体平均质量流速，kg/(m² · s)；下标 L、V 分别表示凝液和气体；下标 1、2 分别表示进口和出口；μ_i 为膜温下凝液黏度，Pa · s；λ_i 为膜温下凝液热导率，W/(m · K)；c_{pi} 为膜温下凝液比定压热容，kJ/ (kg · K)；ρ_L 为膜温下凝液密度，kg/m³；ρ_V 为定性温度下气相密度，kg/m³；d_i 为传热管内径，m。

(2) 管外沸腾表面传热系数

如前所述管外沸腾表面传热系数与沸腾状态有关，因而应先确定沸腾状态。

① 沸腾状态。液体沸腾状态由沸腾侧传热温差与临界传热温差决定，若 $\Delta t<(\Delta t)_c$，则为核状沸腾，否则为膜状沸腾。

a. 沸腾侧传热温差。沸腾侧传热温差取决于传热热阻的分布情况，计算如下。

管内传热热阻、污垢热阻与管壁热阻以及管外污垢热阻之和 $\frac{1}{K'}$ 为：

$$\frac{1}{K'} = \frac{d_o}{\alpha_i d_i} + R_{si}\frac{d_o}{d_i} + R_{so} + \frac{b}{\lambda}\frac{d_o}{d_m} \tag{2-39}$$

式中 $\frac{1}{K'}$——以管外表面积计算的总热阻，m² · K/ W；

α_i、α_o——传热管内、外侧流体的对流传热系数，W/(m² · K)；

R_{si}，R_{so}——传热管内、外侧表面上的污垢热阻，m² · K/W；

d_i，d_o，d_m——传热管内径、外径及平均直径，m。

与 $\frac{1}{K'}$ 相应的传热温度差 $\Delta t'_m$ 为：

$$\Delta t'_{\mathrm{m}}=\frac{Q}{K'A} \tag{2-40}$$

所以，沸腾侧传热温度差 Δt 为：

$$\Delta t=\Delta t_{\mathrm{m}}-\Delta t'_{\mathrm{m}} \tag{2-41}$$

b. 临界传热温差。临界传热温差取决于对比压力 p_{r}，对比压力按下式计算：

$$p_{\mathrm{r}}=p/p_{\mathrm{c}} \tag{2-42}$$

式中，p_{r} 为对比压力；p 为系统绝压，Pa；p_{c}为临界压力，Pa。

由 p_{r} 值，查图 2-20 得临界温差$(\Delta t)_{\mathrm{c}}$。

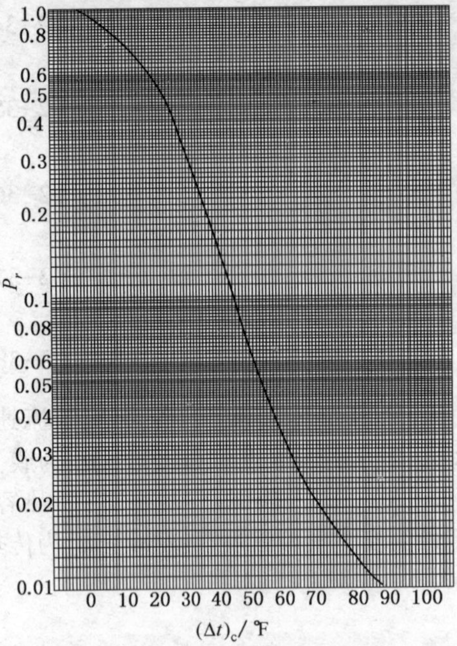

图 2-20 釜式再沸器临界温差

$t/℃=\frac{5}{9}(t/℉-32)$

实际设计时，应使 Δt 小于$(\Delta t)_{\mathrm{c}}$，以保证沸腾处于核状沸腾状态。

② 表面传热系数。

a. 管外核状沸腾表面传热系数用莫斯廷斯基(Mostinski)式计算，即：

$$\alpha_{\mathrm{o}}=0.0953p_{\mathrm{o}}^{0.69}\left(\frac{Q}{A_{\mathrm{P}}}\right)^{0.7}(1.8p_{\mathrm{r}}^{0.17}+4p_{\mathrm{r}}^{1.2}+10p_{\mathrm{r}}^{10}) \tag{2-43}$$

式中，α_{o} 为泡核沸腾表面传热系数，kcal/($\mathrm{m^2}$·h·K)(1kcal = 4.186kJ)；$\frac{Q}{A_{\mathrm{P}}}$为热流密度，kcal/($\mathrm{m^2}$·h)。

b. 管外膜状沸腾表面传热系数。若管外处于膜状沸腾状态，则表面传热系数为：

$$\alpha_{\mathrm{o}}=77\times[r_{\mathrm{b}}\lambda_{\mathrm{V}}^{3}\rho_{\mathrm{V}}(\rho_{\mathrm{L}}-\rho_{\mathrm{V}})/(d_{\mathrm{o}}\mu_{\mathrm{V}}\Delta t)] \tag{2-44}$$

式中，α_{o} 为管外膜状沸腾表面传热系数，kcal/($\mathrm{m^2}$·h·K)[1kcal/($\mathrm{m^2}$·h·K)= 1.163W/($\mathrm{m^2}$·K)]；r_{b} 为汽化热，kcal/kg(1kcal/kg =4.187kJ/kg)；λ_{V} 为蒸气热导率，kcal/(m·h·K)[1kcal/(m·h·K)= 1.163W/(m·K)]；ρ_{V} 为蒸气密度，kg/$\mathrm{m^3}$；ρ_{L} 为液相密度，kg/$\mathrm{m^3}$；d_{o} 为传热管外径，m；μ_{V} 为蒸气黏度，cP(厘泊)(1cP = 10^{-3} Pa·s)；Δt 为沸腾传热温差，K。

(3) 面积裕度核算

求得传热系数后，计算需要的传热面积，然后计算面积裕度。一般面积裕度可取 30%左右。若所得裕度过小，则要从假定 K 值开始，重复以上各有关计算步骤，直至满足上述条件为止。

(4) 核算热流密度

热流密度与热通量参数有关，热通量参数 ϕ(热流密度参数)可按下式计算。

$$\phi=\frac{A}{144D_{\mathrm{b}}l} \tag{2-45}$$

式中，ϕ 为热流密度参数，ft^2/in^2（$=144m^2/m^2$）；A 为实际传热面积，m^2；D_b 为管束直径，m；l 为管长，m。

根据热通量参数 ϕ 值，可由图2-21查出临界热流密度$(Q/A)_c$之值。若$Q/A<(Q/A)_c$，则所设计的再沸器是适宜的，否则需要调整有关参数，重新计算。

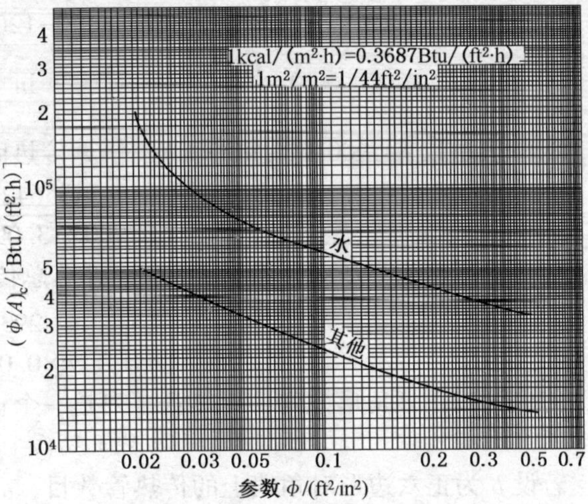

图 2-21　临界热流密度参数

1Btu = 1055.056J；1ft = 0.3048m

2.5.3　釜式再沸器设计示例

2.5.3.1　设计任务和条件

现设计一台釜式再沸器，以乙二醇和醛类混合蒸气冷凝为热源，加热塔底釜液水使其沸腾，已知混合蒸气质量流量为13470kg/h，其中全部醛类和部分乙二醇气体引出，其质量流量为383.2kg/h。

（1）设计条件

	壳程	管程
温度/℃	120	140～128
压力(绝压)/MPa	0.2	0.0133～0.0120
冷凝量/(kg/h)	13086.8	
蒸发量/(kg/h)	5641.3	

（2）物性数据

壳程流体 120℃下的有关物性数据：

临界压力	$p_c = 22.1706$ MPa
汽化热	$r_b = 2205.2$ kJ/kg
蒸气导热系数	$\lambda_V = 0.02442$ W/(m·K)
蒸气密度	$\rho_V = 1.119$ kg/m³
蒸气黏度	$\mu_V = 0.0131$mPa·s
液相密度	$\rho_L = 943.1$ kg/m³

管程流体在 134℃下的物性数据：

潜热	$r_i = 950.6$ kJ/kg
凝液密度	$\rho_i = 991.42$ kg/m³
凝液黏度	$\mu_i = 0.7608$mPa·s
凝液导热系数	$\lambda_i = 0.27224$ W/(m·K)
凝液比定压热容	$c_{pi} = 2.8954$ kJ/(kg·℃)
气相密度	$\rho_{iV} = 0.259$ kg/m³

2.5.3.2　估算设备尺寸

热流量 $Q = 13086.8 \times 950.6 \times 10^3 / 3600 = 3455642.7$(W)

本题为混合蒸气冷凝，平均温度差：

$$\Delta t_m=\frac{(T_d-t_b)-(T_b-t_b)}{\ln\frac{T_d-t_b}{T_b-t_b}}=\frac{(140-120)-(128-120)}{\ln\frac{140-120}{128-120}}=13.096(\text{K})$$

取传热系数 $K=900\ \text{W}/(\text{m}^2\cdot\text{K})$，估算传热面积：

$$A_p=\frac{Q}{K\Delta t_m}=\frac{3455642}{900\times13.096}=293.2(\text{m}^2)$$

传热管规格为 $\phi25\times2$、管长 $l=6\text{m}$，计算总传热管数 N_T：

$$N_T=\frac{A_p}{\pi d_o l}=\frac{293.2}{\pi\times0.025\times6}=623$$

传热管按正三角形排列，传热管排列是一个正六边形，排在正六边形内的传热管数为：

$$N_T=3a(a+1)+1$$

若设 b 为正六边形对角线上的传热管数目，a 为正六边形的边长，$b=2a+1$

算出 $a=14\quad b=29$

管心距 $t=1.25d_o$　取 32mm

$$D_b=t(b-1)=32\times(29-1)=896(\text{mm})$$

$$u_{max}=\left(\frac{116}{\rho_V}\right)^{0.5}=\left(\frac{116}{1.119}\right)^{0.5}=10.2(\text{m/s})$$

壳程水汽化体积流量：

$$q_{Vs}=\frac{Q}{1000\times r_b\times\rho_V}=\frac{3455642}{1000\times2205.2\times1.119}=1.4(\text{m}^3/\text{s})$$

$$(A_{堰})_{min}=\frac{q_{Vs}}{u_{max}}=\frac{1.4}{10.2}=0.14(\text{m}^2)$$

$D_b=896\text{mm}$ 和 $(A_{堰})_{min}=0.14\text{m}^2$，查表 2-14 可得壳体直径为 $D=1250\text{mm}$。

2.5.3.3　传热系数的校核

(1) 管内表面传热系数

$$G_{L1}=0$$

$$G_{L2}=\frac{13086.8}{3600\times0.785\times0.021^2\times623}=16.85[\text{kg}/(\text{m}^2\cdot\text{s})]$$

$$\bar{G}_L=\frac{G_{L1}+G_{L2}}{2}=8.425[\text{kg}/(\text{m}^2\cdot\text{s})]$$

$$G_{V1}=\frac{13470}{3600\times0.785\times0.021^2\times623}=17.34[\text{kg}/(\text{m}^2\cdot\text{s})]$$

$$G_{V2}=\frac{383.2}{3600\times0.785\times0.021^2\times623}=0.4933[\text{kg}/(\text{m}^2\cdot\text{s})]$$

$$\bar{G}_V=\frac{G_{V1}+G_{V2}}{2}=8.917[\text{kg}/(\text{m}^2\cdot\text{s})]$$

$$G_e=\bar{G}_L+\bar{G}_V\left(\frac{\rho_L}{\rho_V}\right)^{0.5}=8.425+8.917\times\left(\frac{991.42}{0.259}\right)^{0.5}=560.12[\text{kg}/(\text{m}^2\cdot\text{s})]$$

$$Re=\frac{d_iG_e}{\mu_i}=\frac{0.021\times560.12}{0.7608\times10^{-3}}=15461\qquad Pr=\frac{c_{pi}\mu_i}{\lambda_i}=\frac{2.8954\times10^3\times0.7608\times10^{-3}}{0.27224}=8.0915$$

由于 $1000<Re<5\times10^4$，所以由式(2-33)计算 α_i：

$$\alpha_i=5.03\frac{\lambda_i}{d_i}Re^{1/3}Pr^{1/3}=5.03\times\frac{0.27224}{0.021}\times15461^{1/3}\times8.0915^{1/3}=3261.3[\mathrm{W/(m^2\cdot K)}]$$

(2) 沸腾状态的确定

管内、外污垢热阻：

$R_{si}=0.00005\mathrm{m^2\cdot K/W}$　$R_{so}=4.299\times10^{-5}\mathrm{m^2\cdot K/W}$

$$\frac{1}{K'}=\frac{d_o}{\alpha_i d_i}+R_{si}\frac{d_o}{d_i}+R_{so}+\frac{b}{\lambda}\frac{d_o}{d_m}=\frac{25}{3261.3\times21}+0.00005\times\frac{25}{21}+\frac{0.002}{46.52}\times\frac{25}{23}+0.00015$$

$$=6.2128\times10^{-4}(\mathrm{m^2\cdot K/W})$$

$$\Delta t'_m=\frac{Q}{K'A}=\frac{3455642\times6.2128\times10^{-4}}{293.2}=7.32(℃)$$

沸腾侧传热温度差 $\Delta t=13.096-7.32=5.776(℃)$

$$p_r=p/p_c=0.2/22.17=9.021\times10^{-3}$$

查图 2-20 得临界温差 $(\Delta t)_c=90℉=32.2(℃)$

$\Delta t<(\Delta t)_c$，核状沸腾状态。

(3) 管外核状沸腾表面传热系数

$p_c=22.17\mathrm{MPa}=226.069\ \mathrm{kgf/cm^2}$

$$\frac{Q}{A_P}=\frac{3455642\times3600}{1000\times4.187\times293.2}=10133.6[\mathrm{kcal/(m^2\cdot h)}]$$

$$\alpha_o=0.0953p_c^{0.69}\left(\frac{Q}{A_P}\right)^{0.7}(1.8Pr^{0.17}+4Pr^{1.2}+10Pr^{10})$$

$$=0.0953\times(226)^{0.69}\times(10133.6)^{0.7}\times[(1.8\times9.021\times10^{-3})^{0.17}+4\times(9.021\times10^{-3})^{1.2}+10\times(9.021\times10^{-3})^{10}]$$

$$=2102[\mathrm{kcal/(m^2\cdot h\cdot ℃)}]=2445[\mathrm{W/(m^2\cdot K)}]$$

(4) 总传热系数 K

$$K=\frac{1}{\frac{d_o}{\alpha_i d_i}+R_{si}\frac{d_o}{d_i}+R_{so}+\frac{b}{\lambda}\frac{d_o}{d_m}}$$

$$=\frac{1}{\frac{25}{3261.3\times21}+0.00005\times\frac{25}{21}+\frac{0.002}{46.52}\times\frac{25}{23}+0.00015+\frac{1}{2445}}$$

$$=971[\mathrm{W/(m^2\cdot K)}]$$

(5) 传热面积裕度 H

$$A_C=\frac{3455642}{971\times13.096}=271.75(\mathrm{m^2})$$

传热面积裕度 $H=\frac{293.2-271.75}{271.75}=0.08$

(6) 热流密度核算

$$\phi=\frac{A}{144D_b l}=\frac{293.2}{144\times0.896\times6}=0.379$$

根据热通量参数 ϕ 值，可由图 2-21 查出临界热流密度$(Q/A)_c$之值。

$$(Q/A)_c = 3.5\times10^4 \text{Btu}/(\text{ft}^2\cdot\text{h}) = 94928\ [\text{kcal}/(\text{m}^2\cdot\text{h})] = 110407\ (\text{W/m}^2)$$

而 $Q/A=\dfrac{3455642}{293.2}=11786(\text{W/m}^2)<(Q/A)_c$，所设计的再沸器是适宜的。

2.6 冷凝器工艺设计及设计示例

2.6.1 冷凝器基础知识

冷凝器是将工艺蒸汽冷凝为液体的设备，在冷凝过程中将热量传递给循环水等冷凝冷却剂。列管式冷凝器中所用的换热表面可以是简单的光管、带翅片的扩展表面或经开槽、波纹或其他特殊方式处理过的强化表面。

(1) 冷凝器类型

管壳式冷凝器有卧式与立式两种类型，被冷凝的工艺蒸汽可以走壳程，也可以走管程。其中卧式壳程冷凝和立式管程冷凝是最常用的形式。

① 卧式壳程冷凝器。如图 2-22 卧式壳程冷凝器。壳程上除设有物流进、出口接管外，还设有冷凝液排出口和不凝气排出口。壳程蒸汽入口装有防冲板，以减少蒸汽对管束的直接冲击。但防冲板周围应留有足够的空隙，以减少阻力。通常，其流通截面积应与蒸汽入口管截面积相同，而且其动压 ρu^2 为 2200 kg/(m · s²)。壳程中的横向弓形折流板和支承板圆缺面可以水平或垂直安装。对于水平安装的折流板，为了防止流体短路，切去的圆缺高度不应大于壳体内径 35%，折流板间最小间距为壳体内径的 35%，最大间距不宜大于壳体内径的 2 倍。为了便于排出冷凝液，折流板的下缘开有槽口。这种水平安装方式可以造成流体的强烈扰动，传热效果好。对于垂直安装的折流板，为了便于排出冷凝液，应切去的圆缺高度为壳体内径的 50%，且左右排列。不论弓形折流板的圆缺面是水平还是垂直安装，当被冷凝工艺蒸汽中含有不凝气时，折流板间距应随蒸汽冷凝而减小，以增强传热效果。当冷凝表面传热系数小时，管外可以使用低翅管，翅高 1~2mm。若要使冷凝液过冷，可以采用阻液形折流板。卧式壳程冷凝器的优点是压降小，冷凝液走管程便于清洗；缺点是蒸汽与冷凝液产生分离，难于全凝宽沸程范围的混合物。

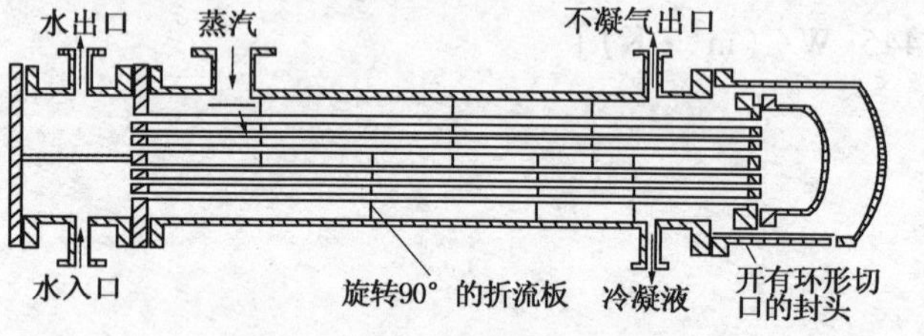

图 2-22 卧式壳程冷凝器

② 卧式管程冷凝器。这种管程冷凝器的管程多是单程或双程。其中传热管长度和直径大小，以及传热管的排列式取决于管程和壳程的传热需要。管程采用双程时，冷凝液可以在管程之间引出，这样可减小液相的覆盖面积，也可以减小压降，同时，用减小第二程管数的方法使其保持质量流不变。在这种冷凝器中，蒸汽与冷凝液的接触不好，因此对宽沸程蒸汽的完全冷凝是不适宜的。此外，由于冷凝液只是局部注满管道，因此过冷度较低。

③ 立式壳程冷凝器。如图 2-23 所示为立式壳程冷凝器，壳程设置折流板或支承板，蒸汽流过防冲板后自上而下流动，冷凝液由下端排出。冷却水以降膜的形式在管内向下流动，因而冷却水侧要求的压力低；由于水的传热系数大，故耗水量少，但水的分配不易均匀，可

在管口安装水分配器，如图2-23所示。

④ 管内向下流动的立式管程冷凝器。图2-24所示为一管内蒸汽及其冷凝液均向下流动的立式管程冷凝器，是一带有外部封头和分离端盖的管壳式换热器。若壳程不需要清洗或可用化学方法清洗，则可用固定管板式结构。蒸汽是通过径向接管注入顶部，在管内向下流动，在管壁上以环状薄膜的形式冷凝，冷凝液在底部排出。为使出口排气中携带的冷凝液量最少，下面的分离端盖可设计成挡板式或漏斗式。冷凝液液位应低于挡板或漏斗。传热管径多为19~25mm，在低压时，为减小压降，可用50mm直径的管子。

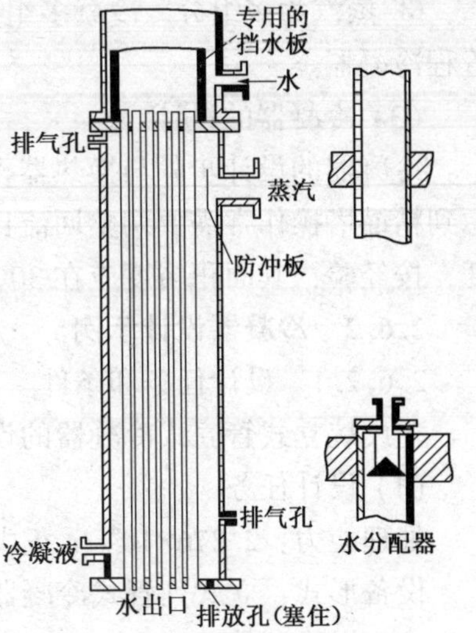

图2-23 立式壳程冷凝器和水分配器

⑤ 向上流动的立式管程冷凝器。如图2-25所示为一管程蒸汽和壳层冷凝介质均向上流动的立式管程冷凝器。这种冷凝器通常直接安装在蒸馏塔的顶部，以利于利用冷凝液回流来汽提少量低沸点组分。为了确保有热的冷凝液或防止低沸点组分被冷凝，可采用冷凝介质向上流动的流程。蒸汽经由径向接管注入其底部冷凝器。冷凝器的传热管长度为2~3m，其直径多大于0.025m。管束下端延伸到管板外，并且成60°~75°的倾角，以便于排液。

当蒸汽向上流动的流速阻碍冷凝液自由回流时，便会产生液泛，将冷凝液从冷凝器顶部吹出。

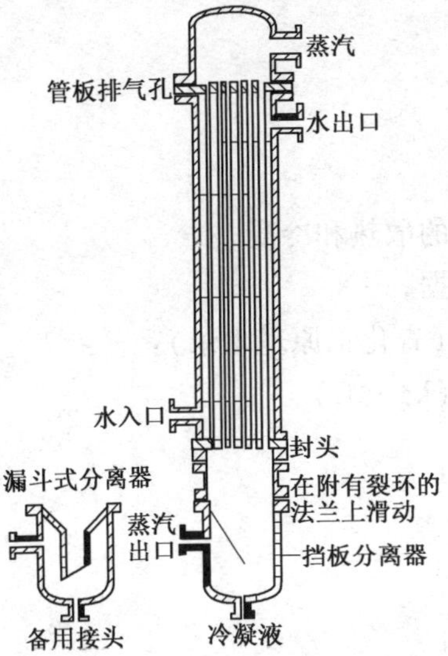

图2-24 向下流动的立式壳程冷凝器

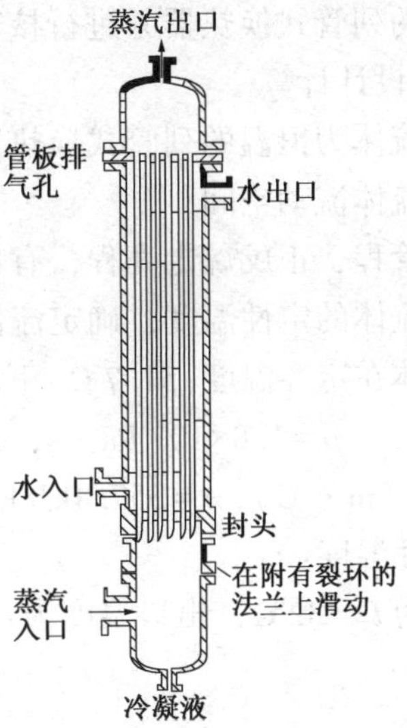

图2-25 向上流动的立式壳程冷凝器

(2) 冷凝器的选用

冷凝器选型时应考虑如下因素。

① 蒸汽压力。对于低压蒸汽，为减小压降，宜在壳程冷凝；对于高压蒸汽，为减少设备投资，宜在管程冷凝。

② 冻结与污垢。若冷凝液可能冻结，为使堵物影响小些则宜在壳程冷凝；若蒸汽含垢

或有聚合作用，为便于清洗宜在管程冷凝。

③ 蒸汽为多组分。冷凝多组分蒸汽或在汽提时能够防止低沸点组分冷凝，宜采用立式管程冷凝器。

（3）冷凝器的设计

冷凝器的设计步骤与换热器设计步骤相同，但须注意，由于冷凝器常用于精馏过程，考虑到精馏塔操作常需要调整回流比，同时还可能兼有调节塔压的作用，应适当加大其面积裕度，按经验，其面积裕度应在30%左右。

2.6.2 冷凝器设计示例

2.6.2.1 设计任务和条件

正戊烷立式管壳式冷凝器的设计(标准系列)

(1) 设计任务

处理能力：2.376×10^4t/a 正戊烷；

设备形式：立式列管式冷凝器。

(2) 操作条件

正戊烷：冷凝温度 51.7℃，冷凝液于饱和温度下离开冷凝器；

冷却介质：为井水，流量 70000kg/h，入口温度 32℃；

允许压降：不大于 10^5Pa；

每年按 330 天，每天按 24h 连续运行。

(3) 设计要求

选择适宜的列管式换热器并进行核算。

2.6.2.2 设计计算

此为一侧流体为恒温的列管式换热器的设计。

(1) 确定流体流动空间

冷却水走管程，正戊烷走壳程，有利于正戊烷的散热和冷凝。

(2) 计算流体的定性温度，确定流体的物性数据

正戊烷液体在定性温度(51.7℃)下的物性数据(查化工原理附录)：

$\rho=596\text{kg/m}^3$，$\mu=1.8\times10^{-4}\text{Pa}\cdot\text{s}$，$c_p=2.34\text{kJ/(kg}\cdot\text{℃)}$

$\lambda=0.13\text{W/(m}\cdot\text{℃)}$，$r=357.4\text{kJ/kg}$。

井水的定性温度：

入口温度为 $t_1=32$℃，出口温度为：

$$t_2=\frac{q_{m1}r}{q_{m2}c_{p2}}+t_1$$

式中 $q_{m1}=2.376\times10^4\times10^3/330\times24=3000\text{kg/h}=0.833(\text{kg/s})$

$$t_2=\frac{3000\times357.4}{70000\times4.174}+32=35.67(\text{℃})$$

井水的定性温度为 $t_m=(32+35.67)/2=33.84(\text{℃})$

两流体的温差 $T_m-t_m=51.7-33.84=17.86\text{℃}<50\text{℃}$，故选固定管板式换热器。

两流体在定性温度下的物性数据见表 2-15。

表 2-15　正戊烷和井水物性数据

名称＼物性	温度/℃	密度/(kg/m³)	黏度/mPa·s	比热容/[kJ/(kg·℃)]	导热系数/[W/(m·℃)]
正戊烷	51.7	596	0.18	2.34	0.13
井　水	35.67	993.7	0.717	4.174	0.627

(3) 计算热负荷

$$Q=q_{m1}r=0.833\times357.4=297.7(\text{kW})$$

(4) 计算有效平均温度差

$$\text{逆流温差}\ \Delta t_{m,逆}=\frac{(51.7-32)-(51.7-35.67)}{\ln[(51.7-32)/(51.7-35.67)]}=17.8(℃)$$

(5) 选取经验传热系数 K 值

根据管程走井水，壳程走正戊烷，总传热系数 $K=470\sim815\text{W}/(\text{m}^2\cdot℃)$，现暂取 $K=600\text{W}/(\text{m}^2\cdot℃)$。

(6) 估算换热面积

$$A=\frac{Q}{K\Delta t_{m,逆}}=\frac{297.7\times10^3}{500\times17.8}=33.45(\text{m}^2)$$

(7) 初选换热器规格

立式固定管板式换热器的规格如下：

公称直径 D	500mm
公称换热面积 A	40m²
管程数 N_p	2
管数 n	172
管长 L	3.0m
管子直径	ϕ25mm×2.5mm
管子排列方式	正三角形

换热器的实际换热面积 $A_o=n\pi d_0(L-0.1)=172\times3.14\times0.025(3-0.1)=39.16(\text{m}^2)$

该换热器所要求的总传热系数 $K_o=\dfrac{Q}{A_o\Delta t_{m,逆}}=\dfrac{297.7\times10^3}{39.16\times17.8}=427.1\text{W}/(\text{m}^2\cdot℃)$

(8) 核算总传热系数 K_o

① 计算管程对流传热系数 α_i

$$q_{Vi}=q_{mi}/\rho_i=\frac{70000}{3600}/993.7=19.44/993.7=0.0196(\text{m}^3/\text{s})$$

$$A_i=\left(\frac{n}{N_p}\right)\left(\frac{\pi}{4}d_i^2\right)=\frac{172}{2}\times0.785\times0.020^2=0.027(\text{m}^2)$$

$$u_i=\frac{q_{Vi}}{A_i}=\frac{0.0196}{0.027}=0.726(\text{m/s})$$

$$Re_i=\frac{d_iu_i\rho_i}{\mu_i}=\frac{0.020\times0.726\times993.7}{0.000717}=20123>10000(\text{湍流})$$

$$Pr_i=\frac{c_{pi}\mu_i}{\lambda_i}=\frac{4.174\times10^3\times0.717\times10^{-3}}{0.627}=4.773$$

故 $\alpha_i = 0.023\dfrac{\lambda_i}{d_i}Re^{0.8}Pr^{0.4} = 0.023\times\dfrac{0.627}{0.020}\times(20123)^{0.8}(4.773)^{0.4} = 3736\ [\mathrm{W/(m^2\cdot ^\circ C)}]$

② 计算壳程对流传热系数 α_o。因为立式管壳式换热器，壳程为正戊烷饱和蒸汽冷凝为饱和液体后离开换热器，故可按蒸汽在垂直管外冷凝的计算公式计算 α_o。

$$\alpha_o = 1.13\left(\frac{g\rho^2\lambda^3 r}{\mu L\Delta t}\right)^{1/4}$$

现假设管外壁温 $t_w = 40^\circ C$，则冷凝液膜的平均温度为：$0.5\ (t_s+t_w) = 0.5\ (51.7+40) = 45.85^\circ C$，这与其饱和温度很接近，故在平均膜温 45.85℃下的物性可沿用饱和温度 51.7℃下的数据，在层流下：

$$\alpha_o = 1.13\left(\frac{g\rho^2\lambda^3 r}{\mu L\Delta t}\right)^{1/4} = 1.13\left[\frac{9.81\times596^2\times0.13^3\times357.4\times10^3}{0.00018\times3\times(51.7-40)}\right]^{1/4} = 916.7\ (\mathrm{W/m^2\cdot ^\circ C})$$

③ 确定污垢热阻。

$R_{so} = 1.72\times10^{-4}\mathrm{m^2\cdot ^\circ C/W}$（有机液体），$R_{si} = 2.0\times10^{-4}\mathrm{m^2\cdot ^\circ C/W}$（井水）

④ 总传热系数 K_o。

$$\frac{1}{K_o} = \frac{1}{\alpha_o}+R_{so}+\frac{b}{\lambda_w}\frac{d_o}{d_m}+R_{si}\frac{d_o}{d_i}+\frac{1}{\alpha_i}\frac{d_o}{d_i}$$

$$= \frac{1}{916.7}+0.000172+\frac{0.0025}{45}\times\frac{25}{22.5}+0.0002\times\frac{25}{20}+\frac{1}{3736}\times\frac{25}{20}$$

$$= 0.001091+0.000172+0.000062+0.000250+0.000335$$

$$= 0.00191$$

$K_o = 565\mathrm{W/(m^2\cdot ^\circ C)} > 427\mathrm{W/(m^2\cdot ^\circ C)}$

所选换热器的安全系数为 $[(523-427)/427]\times100\% = 22.5\%$。

表明该换热器的传热面积裕度符合要求。

⑤ 核算壁温与冷凝液流型。核算壁温时，一般忽略管壁热阻，按以下近似计算公式计算：

$$\frac{T-t_w}{\dfrac{1}{\alpha_o}+R_{so}} = \frac{t-t_w}{\dfrac{1}{\alpha_i}+R_{si}} \Rightarrow \frac{51.7-t_w}{\dfrac{1}{1051}+0.000172} = \frac{t_w-35.67}{\dfrac{1}{3736}+0.0002}$$

$t_w = 40.0^\circ C$，这与假设相符。

核算流型：

冷凝负荷 $M = \dfrac{q_m}{b} = \dfrac{0.833}{3.14\times0.025\times172} = 0.0617\ [\mathrm{kg/(m\cdot s)}]$

$Re = \dfrac{4M}{\mu} = \dfrac{4\times0.0617}{0.00018} = 1371 < 1800$（符合层流假设）

(9) 计算压强降

① 计算管程压降。

$\sum \Delta p_i = (\Delta p_1 + \Delta p_2)\ F_t N_p N_s$（$F_t$结垢校正系数，$N_p$管程数，$N_s$壳程数）

取碳钢的管壁粗糙度为 0.1mm，则 $\varepsilon/d = 0.005$，而 $Re_i = 20123$，于是：

$$\lambda=0.1\left(\frac{\varepsilon}{d}+\frac{68}{Re}\right)^{0.23}=0.1\left(\frac{0.1}{20}+\frac{68}{Re}\right)^{0.23}=0.033$$

$$\Delta p_1=\lambda\frac{L}{d_i}\frac{\rho u_i^2}{2}=0.033\times\frac{3}{0.020}\times\frac{993.7\times0.726^2}{2}=1296(\mathrm{Pa})$$

$$\Delta p_2=3\times\frac{\rho u_i^2}{2}=3\times\frac{993.7\times0.726^2}{2}=786(\mathrm{Pa})$$

对 ϕ25mm×2.5mm 的管子有 $F_t=1.4$，且 $N_p=2$、$N_s=1$

$$\sum\Delta p_i=(\Delta p_1+\Delta p_2)F_tN_pN_s=(1296+786)\times1.4\times2\times1=5830(\mathrm{Pa})$$

② 计算壳程压力降。壳程为恒温恒压蒸汽冷凝，可忽略压降。由此可知，所选换热器是合适的。

2.7　换热器设计任务书

2.7.1　煤油冷却器的设计任务书

(1) 设计题目

煤油冷却器的设计。

工程背景：在石油化工生产过程中，常常需要将各种石油产品(如汽油、煤油、柴油等)进行冷却，本设计以某炼油厂冷却煤油产品为例，让学生熟悉列管式换热器的设计过程。

设计的目的：

通过对煤油产品冷却的列管式换热器设计，达到让学生了解该换热器的结构特点，并能根据工艺要求选择适当的类型，同时还能根据传热的基本原理，选择流程，确定换热器的基本尺寸，计算传热面积以及计算流体阻力。

(2) 设计任务及操作条件

① 处理能力

(1.6，2.0，2.2，2.5，2.7)×10^4t/a 煤油

② 设备型式

列管式换热器。

③ 操作条件

a. 煤油：入口温度：140℃、120℃、100℃，出口温度：40℃。

b. 冷却介质：自来水，入口温度：30℃，出口温度：50℃。

c. 允许压强降：不大于 10^5Pa。

d. 每年按 330 天计，每天 24h 连续运行。

④ 设计项目

a. 设计方案简介：对确定的工艺流程及换热器型式进行简要论述。

b. 换热器的工艺计算：确定换热器的传热面积。

c. 换热器的主要结构尺寸设计。

d. 主要辅助设备选型。

e. 绘制换热器总装配图。

(3) 设计说明书的内容

① 目录；

② 设计题目及原始数据(任务书)；

③ 论述换热器总体结构(换热器型式、主要结构)的选择；

④ 换热器加热过程有关计算(物料衡算、热量衡算、传热面积、换热管型号、壳体直径等)；

⑤ 设计结果概要(主要设备尺寸、衡算结果等)；

⑥ 主体设备设计计算及说明；

⑦ 主要零件的强度计算(选做)；

⑧ 附属设备的选择(选做)；

⑨ 参考文献；

⑩ 后记及其他。

(4) 设计图要求

用594mm×841mm图纸绘制换热器一张：一主视图，一俯视图，一剖面图，两个局部放大图。

(5) 设计思考题

① 设计列管式换热器时，通常都应选用标准型号的换热器，为什么？

② 为什么在化工厂使用列管式换热最广泛？

③ 在列管式换热器中，壳程有挡板和没有挡板时，其对流传热系数的计算方法有何不同？

④ 说明列管式换热器的选型计算步骤？

⑤ 在换热过程中，冷却剂的进出口温度是按什么原则确定的？

⑥ 说明常用换热管的标准规格(批管径和管长)。

⑦ 列管式换热器中，两流体的流动方向是如何确定的？比较其优缺点？

(6) 部分设计问题指导

① 列管式换热器基本型式的选择；

② 冷却剂的进出口温度的确定原则；

③ 流体流向的选择；

④ 流体流速的选择；

⑤ 管子的规格及排列方法；

⑥ 管程数和壳程数的确定；

⑦ 挡板的型式。

2.7.2 乙醇-水精馏塔顶产品冷凝器的设计任务书

(1) 设计题目

乙醇-水精馏塔顶产品全凝器的设计。

设计一冷凝器，冷凝乙醇-水系统精馏塔顶部的馏出产品。产品中乙醇的浓度为95%，处理量为$(5\sim8)\times10^4$t/a，要求全部冷凝。冷凝器操作压力为常压，冷却介质为水，其压力为0.3MPa，进口温度为30℃，出口温度为40℃。

工程背景：采用薯类与谷类原料进行发酵。发酵法制乙醇是一个很复杂的生化过程，发酵在密封的发酵罐中进行产生的CO_2的纯度达99%~99.5%以上，其余为气态杂质，组分(以CO_2质量为基准)为：乙醇0.4%~0.8%，脂类0.03%~0.4%，酸类0.08%~0.09%。成熟发酵醪中的乙醇必须经过初馏、精馏和除杂才能得到合格的乙醇。本课程设计即为粗乙醇(初馏塔出来的乙醇-水溶液)，在进行精馏获得合格产品的过程中，精馏塔顶冷凝器的设计。发酵法制乙醇的工艺也可以参考有关书籍或文献资料。

设计的目的：

通过对乙醇-水系统精馏塔顶产品全凝器的设计，使学生了解和掌握化工单元操作设备设计的步骤、方法及基本技能，熟悉文献资料及物性参数的查阅和收集方法，懂得如何论证优化设计方案，合理科学地应用公式及数据。在设计中提高学生的分析能力和解决问题的能力。

(2) 设计任务及操作条件

① 处理量：(5、6、7、8)×10^4t/a

② 产品浓度：含乙醇95%；

③ 冷却介质：P为0.3MPa，入口温度30℃，出口温度40℃；

④ 操作压力：常压；

⑤ 允许压降：不大于10^5Pa；

⑥ 每年按330天计，每天24h连续运行；

⑦ 设计项目：

a. 设计方案简介：对确定的工艺流程及换热器型式进行简要论述。

b. 换热器的工艺计算：确定换热器的传热面积。

c. 换热器的主要结构尺寸设计。

d. 主要辅助设备选型。

e. 绘制换热器总装配图。

(3) 设计说明书的内容

① 目录；

② 设计题目及原始数据(任务书)；

③ 论述换热器总体结构(换热器型式、主要结构)的选择；

④ 换热器加热过程有关计算(物料衡算、热量衡算、传热面积、换热管型号、壳体直径等)；

⑤ 设计结果概要(主要设备尺寸、衡算结果等)；

⑥ 主体设备设计计算及说明；

⑦ 主要零件的强度计算(选做)；

⑧ 附属设备的选择(选做)；

⑨ 参考文献；

⑩ 后记及其他。

(4) 设计图要求

附工艺流程图及冷凝器装配图一张。

(5) 设计思考题

① 换热器及工作原理？

② 影响传热的主要因素有哪些？

③ 何为冷凝器，冷凝器的主要型式及结构？

④ 选择走管程或壳程的介质应考虑什么原则？

⑤ 循环冷却水的进出口温度确定原则？

⑥ 设计冷凝器的主要步骤。

⑦ 对冷凝器的设计你进行了哪些优化？

(6) 部分设计问题指导

学生在接受设计任务后，首先应明确设计的步骤、方向、如何查阅有关数据和收集资料，并确定设计方案。本设计应在以下几个方面的加以指导：

① 物性数据的查阅

在设计中涉及水，乙醇等的多种物理参数，如密度、黏度、比热容、汽化潜热、导热系数等等，如何正确查阅数据是化工技术人员的基本功，因此在这方面应加以指导。

② 经验公式的正确应用

在设计中要用到某些经验公式，如果选择不当的则会使设计发生误差。如壳程换热系数计算时，如果采用单管公式显然不对。因为工业换热器的气体冷凝比单管要复杂得多，从上排管外流下的冷凝液在下排管会产生一定的撞击和飞溅，从而使下一排管外的冷凝膜并不像单管叠加时那么厚，同时附加的扰动又会加速传热，在缺乏可靠数据可采用经验公式估算。

③ 初选冷凝器

根据计算出的传热面积 A_o，从国家颁布的换热器标准系列中初选冷凝器，既不能选得太大浪费，又要满足传热需要。此外，标准设备的管数与计算值不一致时如何考虑等，都需要加以引导。

④ 结构设计

指导学生对关键部位进行设计并提出优化设想，如提高传热效果、降低成本等。

2.7.3 正戊烷冷凝器的设计任务书

(1) 设计题目

正戊烷冷凝器的设计。

设计课题工程背景：

炼油厂精馏塔塔顶冷凝器蒸气主要是正戊烷，以此为原料设计一正戊烷冷凝器。

(2) 设计任务及操作条件

① 处理量：(2.0、2.2、2.5、2.8)$\times10^4$t/a；

② 正戊烷冷凝温度为51.7℃，冷凝液于饱和液体下离开冷凝器；

③ 冷却介质：地下水，流量为7000kg/h，入口温度：20℃、25℃、30℃；

④ 允许压强降：不大于10^5Pa；

⑤ 每年按330天计，每天24h连续运行；

⑥ 设备型式：立式列管冷凝器；

⑦ 设计项目：

a. 设计方案简介：对确定的工艺流程及换热器型式进行简要论述；

b. 换热器的工艺计算：确定换热器的传热面积；

c. 选择合适的立式列管冷凝器并进行较核计算；

d. 对冷凝器的附件进行设计，包括结构设计；
e. 绘制换热器总装配图。
⑧ 设计要求：
a. 说明书采用统一封面和纸张；
b. 方案和流程的选择要阐明理由；
c. 设计过程思路清晰，内容完全；
d. 设计、计算中，所采用的公式、数据、图表等注明出处，有些需说明理由；
e. 一律用钢笔填写，要排列整齐，字体端正，书面整洁；
f. 计算过程均应写出；
g. 设备图以制图要求为准；
h. 集中做设计，独立完成。
(3) 设计说明书的内容
① 课程名称、首页、目录及页码；
② 前言；
③ 简述设计内容，自己设计的特点，引用的标准等；
④ 热量衡算及初步估算换热面积；
⑤ 冷凝器的选型及流动空间的选择；
⑥ 工艺流程图；
⑦ 冷凝器的校核计算；
⑧ 结构及附件设计计算；
⑨ 冷凝器的主要数据一览表；
⑩ 设计结果评价；
⑪ 附立式列管冷凝器总装图。
(4) 设计图要求
附工艺流程图及冷凝器装配图一张。
(5) 设计思考题
① 冷却水出口温度如何确定？
② 流体流动空间的选择原则是什么？
③ 在 K 计算公式中各项含义是什么？在不同情况下说明提高 K 值的途径及采取的措施？
④ 管壳式换热器中，采用多管程的目的是什么？在壳程加挡板的目的又是什么？
⑤ 在什么情况下，固定板换热器要设计膨胀节？
⑥ 列管式冷凝器的蒸汽入口处是否需设计缓冲挡板？
⑦ 列管式冷凝器的换热管的排列方式有几种，如何选用？
⑧ 立式列管式冷凝器是否要设计支座，选用什么标准确定支座的尺寸？
⑨ 列管式冷凝器的接管的设计依据是什么？
⑩ 如何判断你所设计的换热器性能及经济上的适用性的优劣？
(6) 部分设计问题指导
① 自定冷却水的出口温度，并由热量衡算确定其用量。
② 估计 K 值大小，应首先估计对流传热系数较小一侧的对流传热系数。

③ 设计换热设备既要考虑操作费用，又要考虑设备费用，也就是既要使阻力降不能太高，也不能使传热面积较大，使管程的冷却水有一个合适的流速。

(7) 设计答辩指导

① 弄清整个设计过程脉络，关键步骤；

② 基本概念正确，各计算方法有依据，准确；

③ 选型的依据，选择管程、壳程流体，流向或某一值的考虑；

④ 如何改进设计？有何可修改的地方？如何修改？

⑤ 分析、评判所做设计是否可操作，经济性如何？

⑥ 图面布置是否符合制图标准？

⑦ 各部分结构在图上是否正确体现？

⑧ 设计说明是否清晰，文字有何错误？

第 3 章　板式塔设计

本章符号说明

英文字母：

A_a——塔板开孔区面积，m^2；

A_f——降液管截面积，m^2；

A_0——筛孔总面积，m^2；

A_T——塔截面积，m^2；

c_0——流量系数，无因次；

C——计算 u_{max} 时的负荷系数，m/s；

C_s——气相负荷因子，m/s；

d_0——筛孔直径，m；

D——塔径，m；

e_v——液沫夹带量，kg(液)/kg(气)；

E——液流收缩系数，无因次；

E_T——总板效率，无因次；

F——气相动能因子，$kg^{1/2}/(s \cdot m^{1/2})$；

F_0——筛孔气相动能因子，$kg^{1/2}/(s \cdot m^{1/2})$；

h_1——进口堰与降液管间的水平距离，m；

h_c——与干板压降相当的液柱高度，m 液柱；

h_d——与液体流过降液管的压降相当的液柱高度，m：

h_f——塔板上鼓泡层高度，m；

h_l——与板上液层阻力相当的液柱高度，m；

h_L——板上清液层高度，m；

h_0——降液管的底隙高度，m；

h_{ow}——堰上液层高度，m；

h_w——出口堰高度，m；

h'_w——进口堰高度，m；

h_σ——与克服 σ 的压降相当的液柱高度，m；

H——板式塔高度，m；

H_B——塔底空间高度，m；

H_d——降液管内清液层高度，m；

H_D——塔顶空间高度，m；

H_F——进料板处塔板间距，m ；

H_P——人孔处塔板间距，m；

H_T——塔板间距，m；

H_1——封头高度，m；

H_2——裙座高度，m；

K——稳定系数，无因次；

l_w——堰长，m；

L_h——液体体积流量，m^3/h；

L_S——液体体积流量，m^3/s；

n——筛孔数目；

N_T——理论板层数；

P——操作压力，Pa；

ΔP——压力降，Pa；

ΔP_p——气体通过每层筛板的压降，Pa；

r——鼓泡区半径，m；

t——筛孔的中心距，m；

u——空塔气速，m/s；

u_F——泛点气速，m/s；

u_0——气体通过筛孔的速度，m/s；

$u_{0,min}$——漏液点气速，m/s；

u'_0——液体通过降液管底隙的速度，m/s；

V_h——气体体积流量，m^3/h；

V_S——气体体积流量，m^3/s；

W_L——液体质量流量，kg/s；

W_V——气体质量流量，kg/s；

W_c——边缘无效区宽度，m；

W_d——弓形降液管宽度，m；

W_s——破沫区宽度，m；

W'_s——溢流堰前安定区宽度，m；

Z——板式塔的有效高度，m；

希腊字母：

β——充气系数，无因次；

δ——筛板厚度，m；

θ——液体在降液管内停留时间，s；

μ——黏度，Pa·s；

ρ——密度，kg/m^3；

σ——表面张力，N/m；

φ——开孔率或孔流系数，无因次；

ψ——液体密度校正系数，无因次。

下标：

max——最大的；min——最小的；

L——液相的；

V——气相的。

3.1 概　　述

3.1.1 塔设备的类型

塔设备是化工、石油化工、生物化工、制药等生产过程中广泛采用的气、液传质设备。根据塔内气、液接触构件的结构形式，可分为板式塔和填料塔两大类。

板式塔内设置一定数量的塔板，气体以鼓泡或喷射形式穿过板上的液层，进行传质与传热。在正常操作下，气相为分散相，液相为连续相，气相组成呈阶梯变化，属逐级接触逆流操作过程。

填料塔内装有一定高度的填料层，液体自塔顶沿填料表面下流，气体逆流向上(有时也采用并流向下)流动，气、液两相密切接触进行传质与传热。在正常操作下，气相为连续相，液相为分散相，气相组成呈连续变化，属微分接触逆流操作过程。

3.1.2 板式塔与填料塔的比较及选型

3.1.2.1　板式塔与填料塔的比较

工业上，评价塔设备的性能指标主要有以下几个方面：①生产能力；②分离效率；③塔压降；④操作弹性；⑤结构、制造及造价等。现就板式塔与填料塔的性能比较如下：

(1) 生产能力

板式塔与填料塔的液体流动和传质机理不同。板式塔的传质是通过上升气体穿过板上的液层来实现，塔板的开孔率一般占塔截面积的7%~10%；而填料塔的传质是通过上升气体和靠重力沿填料表面下降的液流接触实现。填料塔内件的开孔率通常在50%以上，而填料层的空隙率则超过90%，一般液泛点较高，故单位塔截面积上，填料塔的生产能力一般均高于板式塔。

(2) 分离效率

一般情况下，填料塔具有较高的分离效率。工业上常用填料塔每米理论级为2~8级。而常用的板式塔，每米理论级最多不超过2级。研究表明，在减压、常压和低压(压力小于0.3 MPa)操作下，填料塔的分离效率明显优于板式塔，在高压操作下，板式塔的分离效率略优于填料塔。

(3) 压降

填料塔由于空隙率高，故其压降远小于板式塔。一般情况下，板式塔的每个理论级压降约为0.4~1.1kPa，填料塔约为0.01~0.27 kPa，通常，板式塔压降高于填料塔5倍左右。压降低不仅能降低操作费用，节约能耗，对于精馏过程，可使塔釜温度降低，有利于热敏性物系的分离。

(4) 操作弹性

一般来说，填料本身对气、液负荷变化的适应性很大，故填料塔的操作弹性取决于塔内件的设计，特别是液体分布器的设计，因而可根据实际需要确定填料塔的操作弹性；而板式塔的操作弹性则受到塔板液泛、液沫夹带及降液管能力的限制，一般操作弹性较小。

(5) 结构、制造及造价等

一般来说，填料塔的结构较板式塔简单，制造、维修也较为方便，但填料塔的造价通常高于板式塔。

应当指出，填料塔的持液量小于板式塔，持液量大，可使塔的操作平稳，不易引起产品的迅速变化，故板式塔较填料塔更易于操作。板式塔容易实现测线进料和出料，而填料塔对侧线进料和出料等复杂情况不太适合。对于比表面积较大的高性能填料，填料层容易堵塞，故填料塔不宜直接处理有悬浮物或容易聚合的物料。

3.1.2.2 塔设备的选型

工业上，塔设备主要用于蒸馏和吸收传质单元操作过程。传统的设计中，蒸馏过程多选用板式塔，而吸收过程多选用填料塔。近年来，随着塔设备设计水平的提高及新型塔构件的出现，上述传统已逐渐打破。在蒸馏过程中采用填料塔及在吸收过程中采用板式塔已有不少应用范例，尤其是填料塔在精馏过程中的应用已非常普遍。

对于一个具体的分离过程，设计中选择何种塔型，应根据生产能力、分离效率、塔压降、操作弹性等要求，并结合制造、维修、造价等因素综合考虑。例如，对于热敏性物系的分离，要求塔压降尽可能低，选用填料塔较为适宜；对于有侧线进料和出料的工艺过程，选用板式塔较为适宜；对于有悬浮物或容易聚合物系的分离，为防止堵塞，宜选用板式塔；对于液体喷淋密度极小的工艺过程，若采用填料塔，填料层得不到充分润湿，使其分离效率明显下降，故宜选用板式塔；对于易发泡物系的分离，因填料层具有破碎泡沫的作用，宜选用填料塔。

3.2 板式塔的设计

板式塔的类型很多，但其设计原则基本相同。一般来说，板式塔的设计步骤大致如下：

① 根据设计任务和工艺要求，确定设计方案；

② 根据设计任务和工艺要求，选择塔板类型；

③ 确定塔径、塔高等工艺尺寸；

④ 进行塔板的设计，包括溢流装置的设计、塔板的布置、升气道(泡罩、筛孔或浮阀等)的设计及排列；

⑤ 进行流体力学验算；

⑥ 绘制塔板的负荷性能图；

⑦ 根据负荷性能图，对设计进行分析，若设计不够理想，可对某些参数进行调整，重复上述设计过程，一直到满意为止。

3.2.1 设计方案的确定

3.2.1.1 装置流程的确定

蒸馏装置包括精馏塔、原料预热器、蒸馏釜(再沸器)、冷凝器、釜液冷却器和产品冷却器等设备。蒸馏过程按操作方式的不同，分为连续蒸馏和间歇蒸馏两种流程。连续蒸馏具有生产能力大，产品质量稳定等优点，工业生产中以连续蒸馏为主。间歇蒸馏具有操作灵活，适应性强等优点，适合于小规模、多品种或多组分物系的初步分离。

蒸馏是通过物料在塔内的多次部分汽化与多次部分冷凝实现分离的，热量自塔釜输入，由冷凝器和冷却器中的冷却介质将余热带走。在此过程中，热能利用率很低，为此，在确定装置流程时应考虑余热的利用。譬如，用原料作为塔顶产品(或釜液产品)冷却器的冷却介质，既可将原料预热，又可节约冷却介质。另外，为保持塔的操作稳定性，流程中除用泵直接送入塔原料外也可采用高位槽送料，以免受泵操作波动的影响。

塔顶冷凝装置可采用全凝器、分凝器-全凝器两种不同的设置。工业上以采用全凝器为主，以便于准确地控制回流比。塔顶分凝器对上升蒸气有一定的增浓作用，若后继装置使用气态物料，则宜用分凝器。

总之，确定流程时要较全面、合理地兼顾设备、操作费用、操作控制及安全诸因素。

3.2.1.2 操作压力的选择

蒸馏过程按操作压力不同，分为常压蒸馏、减压蒸馏和加压蒸馏。一般除热敏性物系外，凡通过常压蒸馏能够实现分离要求，并能用江河水或循环水将馏出物冷凝下来的物系，都应采用常压蒸馏；对热敏性物系或者混合物泡点过高的物系，则宜采用减压蒸馏；对常压下馏出物的冷凝温度过低的物系，需提高塔压或者采用深井水、冷冻盐水作为冷却剂；而常压下呈气态的物系必须采用加压蒸馏。例如，苯乙烯常压沸点为145.2℃，而将其加热到102℃以上就会发生聚合，故苯乙烯应采用减压蒸馏；脱丙烷塔操作压力提高到1765 kPa时，冷凝温度约为50℃，便可用江河水或者循环水进行冷却，则运转费用减少；石油气常压呈气态必须采用加压蒸馏。

3.2.1.3 进料热状况的选择

蒸馏操作有五种进料热状况，进料热状况不同，影响塔内各层塔板的气、液相负荷。工业上多采用接近泡点的液体进料和饱和液体(泡点)进料，通常用釜残液预热原料。若工艺要求减少塔釜的加热量，以避免釜温过高，料液产生聚合或结焦，则应采用气态进料。

3.2.1.4 加热方式的选择

蒸馏大多采用间接蒸汽加热，设置再沸器，有时也可采用直接蒸汽加热。例如，蒸馏釜残液中的主要组分是水，且在低浓度下轻组分的相对挥发度较大时(如乙醇与水混合液)宜用直接蒸汽加热，其优点是可以利用压力较低的加热蒸汽以节省操作费用，并省掉间接加热设备，但由于直接蒸汽的加入，对釜内溶液起一定的稀释作用，在进料条件和产品纯度、轻组分收率一定的前提下，釜液浓度相应降低，故需要在提馏段增加塔板以达到生产要求。

3.2.1.5 回流比的选择

回流比是精馏操作的重要工艺条件，其选择的原则是使设备费和操作费用之和最低。设计时，应根据实际需要选定回流比，也可参考同类生产的经验值选定。必要时可选用若干个R值，利用吉利兰图(简捷法)求出对应理论板数N，作出N-R曲线，从中找出适宜操作回流比R，也可作出R对精馏操作费用的关系线，从中确定适宜回流比R。

3.2.2 塔板的类型与选择

塔板是板式塔的主要构件，分为错流式塔板和逆流式塔板两类，工业应用以错流式塔板为主，常用的错流式塔板主要有下列几种。

3.2.2.1　泡罩塔板

泡罩塔板是工业上应用最早的塔板，其主要元件为升气管及泡罩。泡罩安装在升气管的顶部，分圆形和条形两种，国内应用较多的是圆形泡罩。泡罩尺寸分为ϕ80mm、ϕ100mm、ϕ150mm三种，可根据塔径的大小选择。通常塔径小于1000mm，选用ϕ80mm的泡罩；塔径大于2000mm，选用ϕ150mm的泡罩。

泡罩塔板的主要优点是操作弹性较大，液气比范围大，不易堵塞，适于处理各种物料，操作稳定可靠。其缺点是结构复杂，造价高；板上液层厚，塔板压降大，生产能力及板效率较低。近年来，泡罩塔板已逐渐被筛板、浮阀塔板所取代。在设计中除特殊需要（如分离黏度大、易结焦等物系）外一般不宜选用。

3.2.2.2　筛孔塔板

筛孔塔板简称筛板，结构特点为塔板上开有许多均匀的小孔。根据孔径的大小，分为小孔径筛板（孔径为3~8mm）和大孔径筛板（孔径为10~25mm）两类。工业应用中以小孔径筛板为主，大孔径筛板多用于某些特殊场合（如分离黏度大、易结焦的物系）。

筛板塔是1932年开发的。当时，由于对筛板塔的流体力学研究很少，认为其易漏液、弹性小、操作不易掌握，而没有被广泛应用。但是，筛板结构简单，造价低廉，又使它具有很大的吸引力。20世纪50年代以来，由于工业生产发展的需要，人们对筛板塔作了大量的研究，并经过长期的工业生产实践，形成了完善的设计方法。实践证明，设计良好的筛板塔是一种效率高、生产能力大的塔板。

1970年有关文献介绍，在日本筛板塔占塔类设备总数的25%，在欧美各国占塔类设备总数的60%。筛板塔的主要特点是：

① 结构简单，易于加工，因此造价低，约为泡罩塔的60%，浮阀塔的80%左右；

② 处理能力大，比同直径泡罩塔增加20%~40%；

③ 塔板效率高，比泡罩塔高15%左右；

④ 板压降低，比泡罩塔低30%左右；

⑤ 安装容易，清理检修方便。

应当指出，尽管筛板传质效率高，但若设计和操作不当，易产生漏液，使得操作弹性减小，传质效率下降，故过去工业上应用较为谨慎。近年来，由于设计和控制水平的不断提高，可使筛板的操作非常精确，弥补了上述不足，故应用日趋广泛。在确保精确设计和采用先进控制手段的前提下，设计中可大胆选用。

3.2.2.3　浮阀塔板

浮阀塔是近30年来新发展的一种新型气、液传质设备，浮阀塔板是在泡罩塔板和筛孔塔板的基础上发展起来的，它吸收了两种塔板的优点。主要的改革措施是取消了泡罩塔的升气管，并以浮动的盖板——浮阀代替泡罩。浮阀可自由升降，根据气体的流量自行调节开度，可使气体在缝隙中的速度稳定在某一数值。这样，在气量小时可避免过多的漏液，而气量大时又不致压降太大，使浮阀塔板具有优良的操作性能。浮阀的类型很多，见表3-1所示，国内常用的有F1型（相当于国外的V-1型，已确定为部颁标准JB 1118，见图3-1）、V

-4 型及 T 型等，其中以 F1 型浮阀应用最为普遍。F1 型浮阀基本参数见表 3-2。

表 3-1 浮阀型式

型 式	F1 型(V-1 型)	V-4 型	V-6 型
	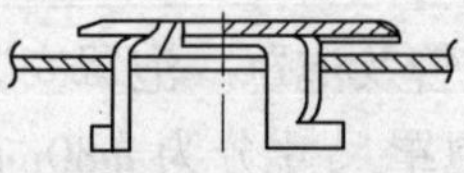	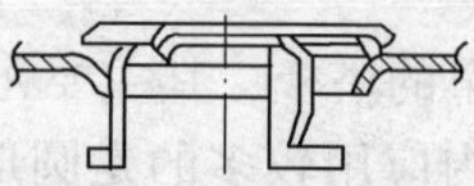	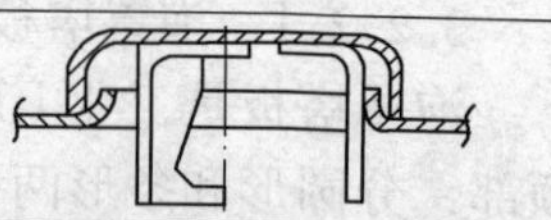
特 点	(1) 结构简单，制作方便，省材料 (2) 有轻阀(25g)，重阀(33g)两种，我国已有标准(JB 1118)	(1) 阀孔为文丘里型，阻力小，适于减压系统 (2) 只有一种轻阀(25g)	(1) 操作弹性范围很大，适于中型试验装置和多种作业的塔 (2) 结构复杂，质量大(52g)
型 式	十字架型	A 型	V-0 型
	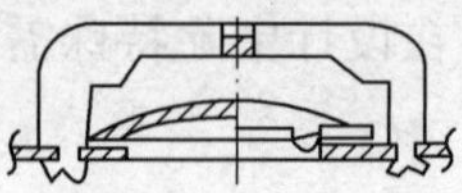	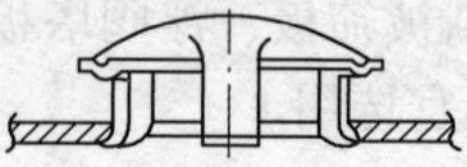	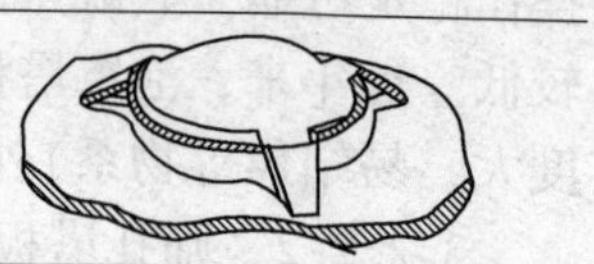
特 点	(1) 性能与 V-1 型无显著区别 (2) 对于处理污垢或易聚合物料，可能较好 (3) 制造与安装较复杂	(1) 性能及用途同 V-1，但结构较复杂 (2) 国外有做成多层型的	塔板本身冲制而成，节省材料

F1 型浮阀分轻阀(代表符号 Q)和重阀(代表符号 Z)两种。一般重阀应用较多，轻阀泄漏量较大，只有在要求板压降小的时候(如减压蒸馏)才采用。

表 3-2 F1 型浮阀基本参数

序 号	型式代号	阀片厚度 δ/mm	阀重/g	适用于塔板厚度 S/mm	H/mm	L/mm
1	F1Q-4A	1.5	24.9			
2	F1Z-4A	2	33.1	4	12.5	16.5
3	F1Q-4B	1.5	24.6			
4	F1Z-4B	2	32.7			
5	F1Q-3A	1.5	24.7			
6	F1Z-3A	2	32.8			
7	F1Q-3B	1.5	24.3			
8	F1Z-3B	2	32.4			
9	F1Q-3C	1.5	24.8	3	11.5	15.5
10	F1Z-3C	2	33			
11	F1Q-3D	1.5	25			
12	F1Z-3D	2	33.2			
13	F1Q-2C	1.5	24.6			
14	F1Z-2C	2	32.7			
15	F1Q-2D	1.5	24.7	2	10.5	14.5
16	F1Z-2D	2	32.9			

浮阀的最小开度为 2.5mm，最大开度($H-S$)为 8.5mm。浮阀可选用 A(碳钢 Q235-A)、B(不锈钢 1Cr13)、C(耐酸钢 1Cr18Ni9)和 D(耐酸钢 1Cr18Ni12Mo2Ti)四种材料制造。

浮阀塔的主要特点是：

① 操作弹性大，在较宽的气、液负荷变化范围内均可保持高的板效率。其弹性范围为 5~9，比筛板塔和泡罩塔的弹性范围都大；

② 处理能力大，比泡罩塔大 20%~40%，但比筛板塔略小；

③ 气体为水平方向吹出，气、液接触良好，雾沫夹带量小，塔板效率高，一般比泡罩塔高 15%左右；

④ 干板压降比泡罩塔小，但比筛板塔大；

⑤ 结构简单、安装方便，制造费用约为泡罩塔的 60%~80%，为筛板塔的 120%~130%；

⑥ 国内使用结果证明，对于黏度稍大及有一般聚合现象的系统，浮阀塔板也能正常操作。

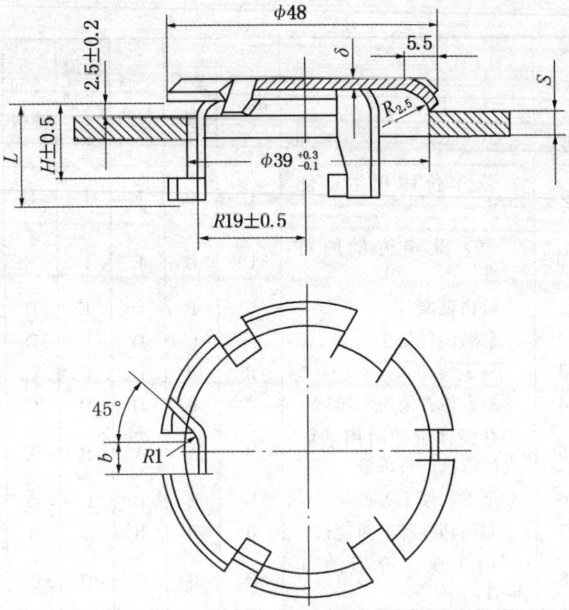

图 3-1 F1 型浮阀

应当指出，以上介绍的仅是几种较为典型的浮阀形式。由于浮阀具有生产能力大、操作弹性大及塔板效率高等优点，且加工方便，故有关浮阀塔板的研究开发远较其他型式的塔板广泛，是目前新型塔板研究开发的主要方向。近年来研究开发出的新型浮阀有船型浮阀、管型浮阀、梯型浮阀、双层浮阀、V-V 浮阀、混合浮阀等，其共同的特点是加强了流体的导向作用和气体的分散作用，使气、液两相的流动更趋于合理，操作弹性和塔板效率得到进一步提高。但应指出，在工业应用中，目前还多采用 F1 型浮阀，其原因是 F1 型浮阀已有系列化标准，各种设计数据完善，便于设计和对比；而采用新型浮阀，设计数据不够完善，给设计带来一定的困难，但随着新型浮阀性能测定数据的不断发表及工业应用的增加，其设计数据会逐步完善，在有较完善的性能数据下，设计中可选用新型浮阀。

3.2.2.4 板式塔型式的选取

不同类型的板式塔，例如，泡罩塔、筛板塔、浮阀塔、喷射型塔、多降液管塔、无溢流塔等，均有自身的特点，各有各的适用场合。因此，设计者只能根据精馏物系的性质和工艺要求，结合实际，通过几项主要指标的分析比较，选取一种相对适宜的塔型。表 3-3 列出的各种塔型可作为选型时的参考。

表 3-3 板式塔的选取

序号	内容	泡罩	条形泡罩	S 形泡罩	溢流式筛板	导向筛板	圆形浮阀	条形浮阀	栅板	穿流式筛板	穿流式管排	波纹筛板	异孔径筛板	条孔网状塔板	舌形塔板	文丘里式塔板
1	高气、液相流量	C	B	D	E	E	E	E	E	E	E	E	E	E	E	F
2	低气、液相流量	D	D	D	C	D	F	F	C	D	C	D	D	E	D	B
3	操作弹性大	E	B	E	D	F	E	F	B	B	B	C	D	E	D	D
4	阻力降小	A	A	A	D	C	D	C	E	D	E	D	D	E	C	E
5	雾沫夹带量小	B	B	C	D	D	D	E	E	E	E	E	E	E	E	F
6	板上滞液量小	A	A	A	D	E	D	D	E	D	E	C	D	E	F	F
7	板间距小	D	C	D	E	F	E	F	F	F	E	E	F	F	E	E
8	效率高	E	D	E	E	F	F	E	E	E	D	E	E	E	D	E

续表

序号	内容	泡罩	条形泡罩	S形泡罩	溢流式筛板	导向筛板	圆形浮阀	条形浮阀	栅板	穿流式筛板	穿流式管排	波纹筛板	异孔径筛板	条孔网状塔板	舌形塔板	文丘里式塔板
9	塔单位体积生产能力大	C	B	E	E	E	E	E	E	E	E	E	E	E	E	F
10	气、液相流量的可变性	D	C	E	D	E	F	F	B	B	A	C	C	D	D	D
11	价格低廉	C	B	D	E	D	E	D	D	F	C	D	E	E	E	E
12	金属消耗量少	C	C	D	E	D	E	F	F	F	C	E	F	E	F	F
13	易于装卸	B	B	D	E	C	B	F	F	F	C	D	F	F	E	E
14	易于检查清洗和维修	C	B	D	D	C	D	F	F	E	E	E	E	D	D	D
15	有固体沉积时用液体进行清洗的可能性	B	A	A	B	A	B	E	E	D	F	E	E	E	C	C
16	开工和停工方便	E	E	E	C	D	E	C	C	D	C	D	D	D	D	D
17	加热和冷却的可能性	B	B	B	D	A	C	D	D	D	F	D	C	C	A	A
18	用于腐蚀介质的可能性	B	B	C	D	C	C	E	E	E	D	C	D	D	C	C

注：A—不合适；B—尚可；C—合适；D—较满意；E—很好；F—最好。

3.2.3 板式塔的塔体工艺尺寸计算

板式塔的塔体工艺尺寸包括塔体的有效高度和塔径。

3.2.3.1 塔的有效高度计算

(1) 基本计算公式

板式塔的有效高度是指安装塔板部分的高度，可按下式计算：

$$Z=\left(\frac{N_T-1}{E_T}\right)H_T \tag{3-1}$$

式中 Z——板式塔的有效高度，m；

N_T——塔内所需的理论板层数；

E_T——总板效率；

H_T——塔板间距，m。

(2) 理论板层数的计算

对给定设计任务，当分离要求和操作条件确定后，所需理论板层数可采用逐板计算法或图解法求得，有关内容在《化工传质与分离过程》教材的蒸馏一章中已详尽讨论，此处不再赘述。

应当指出，近年来，随着模拟计算技术和计算机技术的发展，已开发出许多用于精馏过程模拟计算的软件，设计中常用的有 ASPEN、PRO/II 等。这些模拟软件虽有各自的特点，但其模拟计算的原理基本相同，即采用不同的数学方法，联立求解物料衡算方程(M 方程)、相平衡方程(E 方程)、热量衡算方程(H 方程)及组成加和方程(S 方程)，简称 MEHS 方程组。在 ASPEN、PRO/II 等软件包中，存储了大多数物系的物性参数及气、液平衡数据，对缺乏数据的物系，可通过软件包内的计算模块，通过一定的算法，求出相关的参数。设计中，给定相应的设计参数，通过模拟计算，即可获得所需的理论板层数，进料板位置，各层理论板的气、液相负荷，气、液相密度，气、液相黏度，各层理论板的温度与压力等，计算快捷准确。

(3) 塔板间距的确定

塔板间距 H_T 的选取与塔高、塔径、物系性质、分离效率、操作弹性以及塔的安装、检修等因素有关。设计时通常根据塔径的大小，由表 3-4 列出的塔板间距的经验数值选取。

表 3-4 塔板间距与塔径的关系

塔径	D/m	0.3~0.5	0.5~0.8	0.8~1.6	1.6~2.0	2.0~2.4	>2.4
板间距	H_T/mm	200~300	300~350	350~450	450~600	500~800	≥800

选取塔板间距时，还要考虑实际情况。例如，塔板层数很多时，宜选用较小的板间距，适当加大塔径以降低塔的高度；塔内各段负荷差别较大时，也可采用不同的板间距以保持塔径的一致；对易发泡的物系，板间距应取大些，以保证塔的分离效果；对生产负荷波动较大的场合，也需加大板间距以提高操作弹性。在设计中，有时需反复调整，选定适宜的板间距。

塔板间距的数值应按系列标准选取，常用的塔板间距(mm)有：300、350、400、450、500、600、800 等几种系列标准。应当指出，板间距的确定除考虑上述因素外，还应考虑安装、检修的需要。例如，在塔体的人孔处，应采用较大的板间距，一般不低于 600mm。

3.2.3.2 塔径的计算

板式塔的塔径依据流量公式计算，即：

$$D=\sqrt{\frac{4V_s}{\pi u}} \tag{3-2}$$

式中 D——塔径，m；

V_S——气体体积流量，m^3/s；

u——空塔气速，m/s。

由式(3-2)可知，计算塔径的关键是计算空塔气速 u。设计中，空塔气速 u 的计算方法是先求得最大空塔气速 u_{max}，然后根据设计经验，乘以一定的安全系数，即：

$$u=(0.6\sim0.8)u_{max} \tag{3-3}$$

安全系数的选取与分离物系的发泡程度密切相关。对不易发泡的物系，可取较高的安全系数，对易发泡的物系，应取较低的安全系数。

最大空塔气速 u_{max} 可依据悬浮液滴沉降原理导出，其结果为：

$$u_{max}=C\sqrt{\frac{\rho_L-\rho_V}{\rho_V}} \tag{3-4}$$

式中 ρ_L——液相密度，kg/m^3；

ρ_V——气相密度，kg/m^3；

C——负荷因子，m/s。

负荷因子 C 值与气液负荷、物性及塔板结构有关，一般由实验确定。史密斯(Smith)等人汇集了若干泡罩、筛板和浮阀塔的数据，整理成负荷因子与诸影响因素间的关系曲线，如图 3-2 所示。

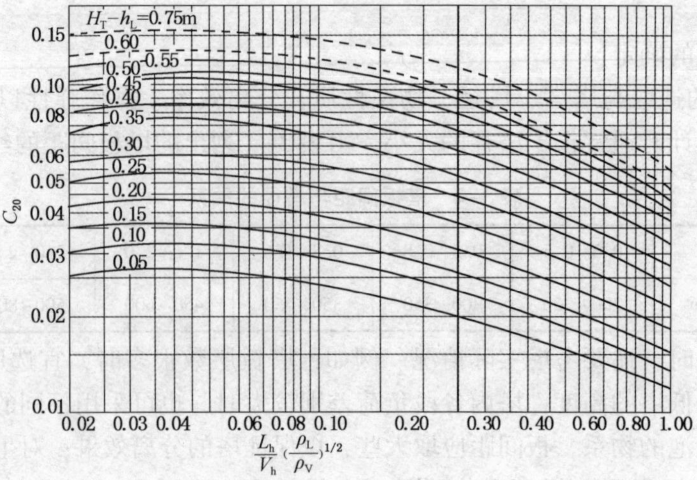

图 3-2 史密斯关联图

V_h、L_h——塔内气、液两相的体积流量，m^3/h；ρ_V、ρ_L——塔内气、液两相的密度，kg/m^3；H_T——塔板间距，m；h_L——塔上液层高度，m。

图中横坐标$(L_h/V_h)(\rho_L/\rho_V)^{1/2}$为无因次比值，称为气、液动能参数，它反映气、液两相的负荷与密度对负荷因子的影响；纵坐标 C_{20} 为物系表面张力为 20mN/m 的负荷系数；参数 H_T-h_L 反映液滴沉降空间高度对负荷因子的影响。

设计中，板上液层高度 h_L 由设计者选定。对常压塔一般取为 0.05~0.08m；对减压塔一般取为 0.025~0.03m。

图 3-2 是按液体表面张力 $\sigma_L=20mN/m$ 的物系绘制的，当所处理的物系表面张力为其他值，应按下式进行校正，即：

$$C=C_{20}\left(\frac{\sigma_L}{20}\right)^{0.2} \tag{3-5}$$

式中 C——操作物系的负荷因子，m/s；

σ_L——操作物系的液体表面张力，mN/m。

应当指出，由式(3-2)计算出塔径 D 后，还应按塔径系列标准进行圆整。常用的标准塔径(mm)为：400、500、600、700、800、1000、1200、1400、1600、2000、2200 等。

还应指出，以上算出的塔径只是初估值，还要根据流体力学原则进行验算。另外，对于精馏过程，精馏段和提馏段的气、液相负荷及物性数据是不同的，故设计中两段的塔径应分别计算，若二者相差不大，应取较大者作为塔径，若二者相差较大，应采用变径塔。

3.2.4 板式塔的塔板工艺尺寸计算

3.2.4.1 溢流装置的设计

板式塔的溢流装置包括溢流堰、降液管和受液盘等几部分，其结构和尺寸对塔的性能有着重要的影响。

(1) 降液管的类型与溢流方式

① 降液管的类型。降液管是塔板间流体流动的通道，也是使溢流液中所夹带气体得以分离的场所。降液管有圆形与弓形两类，如图 3-3 所示。通常，圆形降液管一般只用于小直径塔，对于直径较大的塔，常用弓形降液管。

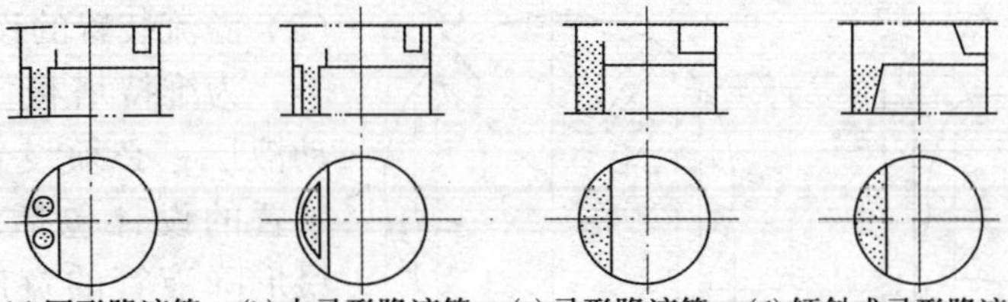

图 3-3　降液管的类型

② 溢流方式。溢流方式与降液管的布置有关。常用的降液管布置方式有 U 形流、单溢流、双溢流及阶梯式双溢流等，如图 3-4 所示。

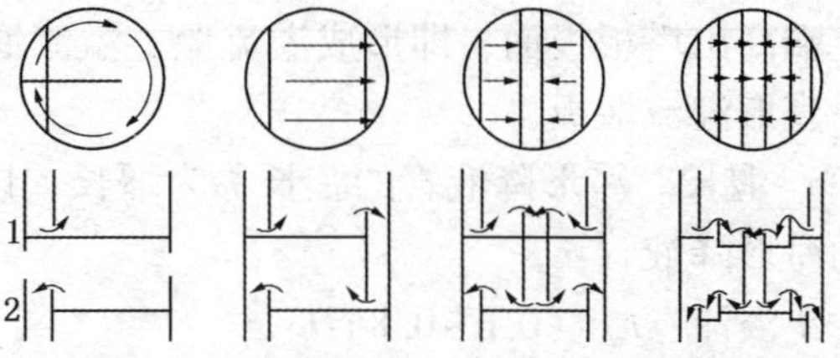

图 3-4　塔板溢流类型

U 形流也称回转流。其结构是将弓形降液管用挡板隔成两半，一半作受液盘，另一半作降液管，降液和受液装置安排在同一侧。此种溢流方式液体流径长，可以提高板效率，其板面利用率也高，但它的液面落差大，只适用于小塔及液体流量小的场合。

单溢流又称直径流。液体自受液盘横向流过塔板至溢流堰。此种溢流方式液体流径较长，塔板效率较高，塔板结构简单，加工方便，在直径小于 2.2m 的塔中被广泛使用。

双溢流又称半径流。其结构是降液管交替设在塔截面的中部和两侧，来自上层塔板的液体分别从两侧的降液管进入塔板，横过半块塔板而进入中部降液管，到下层塔板则液体由中央向两侧流动。此种溢流方式的优点是液体流动的路程短，可降低液面落差，但塔板结构复杂，板面利用率低，一般用于直径大于 2m 的塔中。

阶梯式双溢流的塔板做成阶梯形式，每一阶梯均有溢流。此种溢流方式可在不缩短液体流径的情况下减小液面落差。这种塔板结构最为复杂，只适用于塔径很大、液流量很大的特殊场合。

溢流类型与液体负荷及塔径有关。表 3-5 列出了溢流类型与液体负荷及塔径的经验关系，可供设计时参考。

表 3-5　溢流类型与液体流量及塔径的关系

塔径 D/mm	液体流量 $L_s/(m^3/h)$			
	U 形流	单溢流	双溢流	阶梯式双溢流
600	<5	5~25	—	—
900	<7	7~50	—	—
1000	<7	<45	—	—
1400	<9	<70	—	—
2000	<11	<90	90~160	—
3000	<11	<110	110~200	200~300
4000	<11	<110	110~230	230~350
5000	<11	<110	110~250	250~400
6000	<11	<110	110~250	250~450
应用场合	用于较低液、气比	一般场合	用于高液、气比或大型塔板	用于极高液、气比或超大型塔板

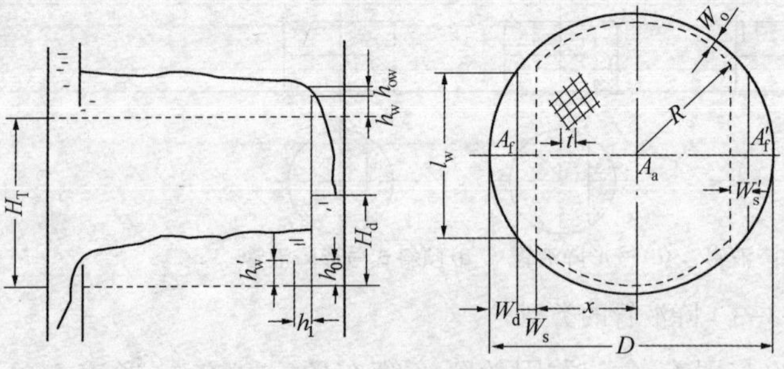

图 3-5　塔板的结构参数

(2) 溢流装置的设计计算

为维持塔板上有一定高度的流动液层，必须设置溢流装置。溢流装置的设计包括堰长 l_w、堰高 h_w，弓形降液管的宽度 W_d、截面积 A_f，降液管底隙高度 h_0，进口堰的高度 h'_w 与降液管间的水平距离 h_1 等，如图 3-5 所示。

① 溢流堰(出口堰)。将降液管的上端高出塔板板面，即形成溢流堰。溢流堰板的形状有平直形与齿形两种，设计中一般采用平直形溢流堰板。

a. 堰长。弓形降液管的弦长称为堰长，以 l_w 表示。堰长 l_w 一般根据经验确定，对于常用的弓形降液管：

单溢流：$l_w=(0.6\sim0.8)D$

双溢流：$l_w=(0.6\sim0.8)D$

式中　D——塔内径，m。

b. 堰高。降液管端面高出塔板板面的距离称为堰高，以 h_w 表示。堰高与板上清液层高度及堰上液层高度的关系为：

$$h_L=h_w+h_{ow} \tag{3-6}$$

式中　h_L——板上清液层高度，m；

h_{ow}——堰上液层高度，m。

设计时，一般应保持塔板上清液层高度在 50~100mm，于是，堰高 h_w 可由板上清液层高度及堰上液层高度而定。堰上液层高度对塔板的操作性能有很大的影响。堰上液层高度太小，会造成液体在堰上分布不均，影响传质效果，设计时应使堰上液层高度大于 6mm，若小于此值须采用齿形堰；堰上液层高度太大，会增大塔板压降及液沫夹带量。一般设计时 h_{ow} 不宜大于 60~70mm，超过此值时可改用双溢流型式。

对于平直堰，堰上液层高度 h_{ow} 可用弗兰西斯(Francis)公式计算，即：

$$h_{ow}=\frac{2.84}{1000}E\left(\frac{L_h}{l_w}\right)^{2/3} \tag{3-7}$$

式中　L_h——塔内液体流量，m^3/h；

E——液流收缩系数，由图 3-6 查得。

根据设计经验，取 $E=1$ 时所引起的误差能满足工程设计要求。当 $E=1$ 时，由式(3-7)可看出，h_{ow} 仅与 L_h 及 l_w 有关，于是可用图 3-7 所示的列线图求出 h_{ow}。

求出 h_{ow} 后，即可按下式范围确定 h_w：

$$(0.05-h_{ow})\leqslant h_w\leqslant(0.1-h_{ow}) \tag{3-8}$$

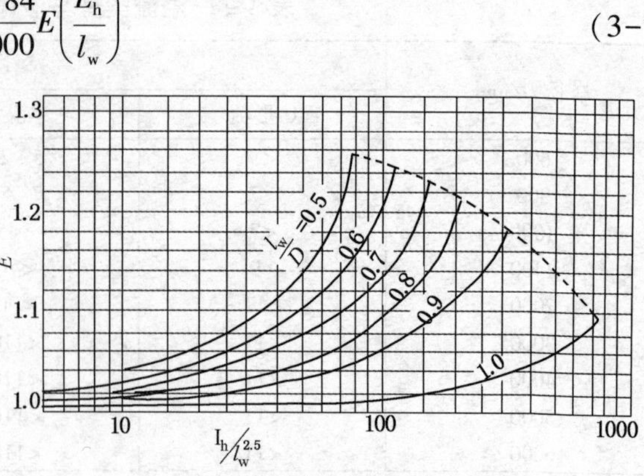

图 3-6　液流收缩系数计算图

在工业塔中，堰高 h_w 一般为 0.04～0.05m，减压塔为 0.015～0.025m，加压塔为 0.04～0.08m，一般不宜超过 0.1m。

对于齿形堰，齿形堰的齿深 h_n 一般宜在 15min 以下。液流高度(由齿底算起)计算方法如下。

如图 3-8(a)，当溢流层不超过齿顶时：

$$h_{ow}=1.17\left(\frac{Lh_h}{l_w}\right)^{2/5} \quad (3-9)$$

如图 3-8(b)，当溢流层超过齿顶时：

$$L=0.735\frac{L_w}{h_n}\left[h_{ow}^{2.5}-(h_{ow}-h_n)^{2.5}\right] \quad (3-10)$$

也可由图 3-9 求取。

式中　h_{ow}——堰上液流高度，m；

L——液流量，m^3/h；

h_n——齿深，m；

l_w——堰长，m。

由式(3-10)求时 h_{ow}，需用试差法。

圆形溢流管，对于没有设溢流堰的圆形溢流管，当 $h_{ow}<0.2d$ 时，h_{ow} 可按下式计算：

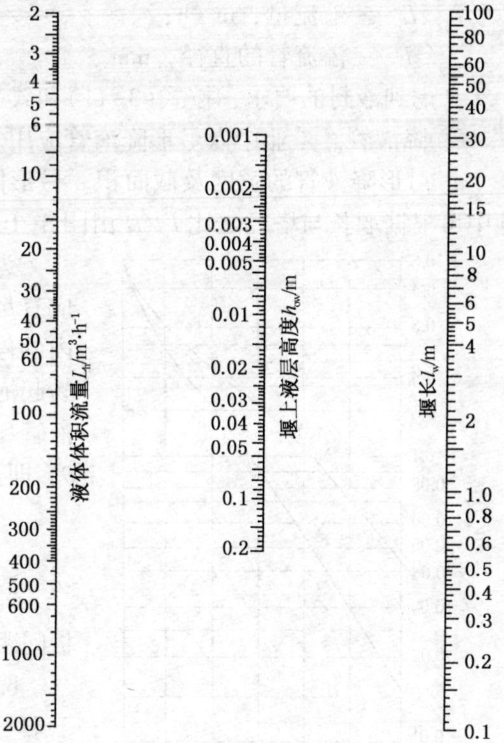

图 3-7　求 h_{ow} 的列线图

$$h_{ow}=0.14\left(\frac{L}{d}\right)^{0.704} \quad (3-11)$$

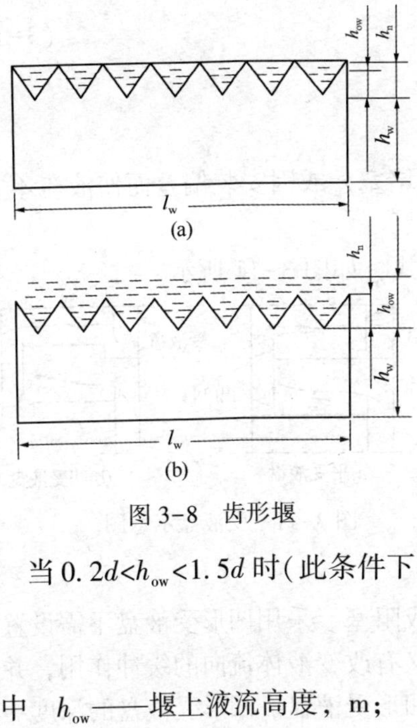

图 3-8　齿形堰

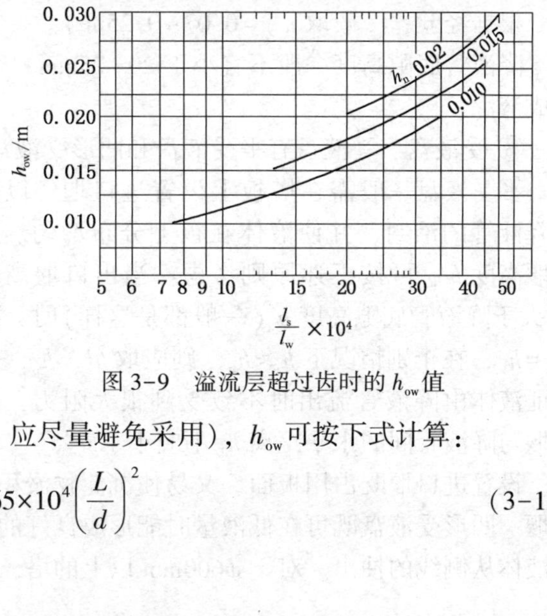

图 3-9　溢流层超过齿时的 h_{ow} 值

当 $0.2d<h_{ow}<1.5d$ 时(此条件下易液泛，应尽量避免采用)，h_{ow} 可按下式计算：

$$h_{ow}=2.65\times10^4\left(\frac{L}{d}\right)^2 \quad (3-12)$$

式中　h_{ow}——堰上液流高度，m；

L——液流量，m^3/h；

l——溢流管的直径，mm。

考虑到液封的要求，按式(3-11)和式(3-12)算得的 h_{ow} 还应满足 $d \geqslant 6h_{ow}$。

② 降液管。工业中以弓形降液管应用为主，故此处只讨论弓形降液管的设计。

a. 弓形降液管的宽度及截面积。弓形降液管的宽度以 W_d 表示，截面积以 A_f 表示，设计中可根据堰长与塔径之比 l_w/D 由图 3-10 查得。

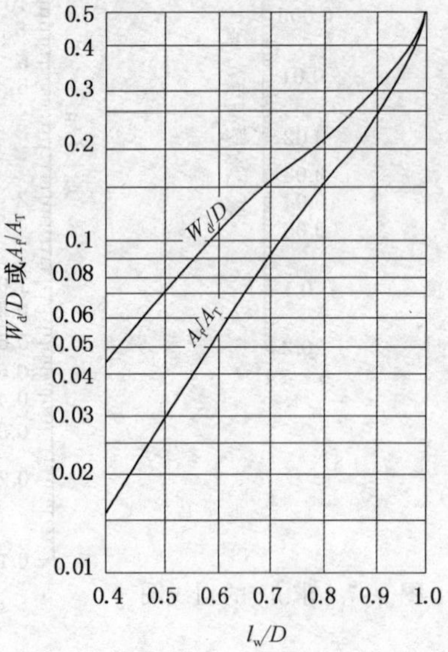

图 3-10 弓形降液管的参数

为使液体中夹带的气泡得以分离，液体在降液管内应有足够的停留时间。由实践经验可知，液体在降液管内的停留时间不应小于 3~5s，对于高压下操作的塔及易起泡的物系，停留时间应更长一些。为此，在确定降液管尺寸后，应按下式验算降液管内液体的停留时间 θ，即：

$$\theta = \frac{3600 A_f H_T}{L_h} \geqslant 3\sim5 \tag{3-13}$$

若不能满足式(3-13)要求，应调整降液管尺寸或板间距，直至满足要求为止。

b. 降液管底隙高度。降液管底隙高度是指降液管下端与塔板间的距离，以 h_o 表示。降液管底隙高度 h_0 应低于出口堰高度 h_w，才能保证降液管底端有良好的液封，一般不应低于 6mm，即：

$$h_o = h_w - 0.006 \tag{3-14}$$

h_o 也可按下式计算：

$$h_o = \frac{L_h}{3600 l_w u'_o} \tag{3-15}$$

式中 u'_o——液体通过底隙时的流速，m/s。

根据经验，一般取 $u'_o = 0.07\sim0.25$ m/s。

降液管底隙高度一般不宜小于 20~25mm，否则易于堵塞，或因安装偏差而使液流不畅，造成液泛。

③ 受液盘。受液盘有平受液盘和凹形受液盘两种形式，如图 3-11 所示。

平受液盘一般需在塔板上设置进口堰，以保证降液管的液封，并使液体在板上分布均匀。进口堰高度 h'_w 可按下述原则考虑：当出口堰高度 h_w 大于降液管底隙高度 h_o(一般都是这样)时，取 $h'_w = h_w$，在个别情况下 $h_w < h_o$，则应取 $h'_w > h_o$，以保证液体由降液管流出时不致受到很大阻力，进口堰与降液管间的水平距离 h_1 不应小于 h_o。

图 3-11 受液盘示意图

设置进口堰既占用板面，又易使沉淀物淤积此处造成阻塞。采用凹形受液盘不需设置进口堰。凹形受液盘既可在低液量时能形成良好的液封，又有改变液体流向的缓冲作用，并便于液体从侧线的抽出。对于 ϕ600mm 以上的塔，多采用凹形受液盘。凹形受液盘的深度一般在 50mm 以上，有侧线采出时宜取深些。凹形受液盘不适于易聚合及有悬浮固体的情况，因易造成死角而堵塞。

3.2.4.2　塔板设计

塔板具有不同的类型，不同类型塔板的设计原则虽基本相同，但又各自有不同的特点，现对筛板和浮阀塔板的设计方法进行讨论。

(1) 塔板布置

塔板板面根据所起作用不同分为四个区域，如图 3-5 所示。

① 开孔区。图 3-5 中虚线以内的区域为布置筛孔的有效传质区，亦称鼓泡区。开孔区面积以 A_a 表示，对单溢流型塔板，开孔区面积可用下式计算，即：

$$A_a=2\left(x\sqrt{R^2-x^2}+\frac{\pi R^2}{180}\sin^{-1}\frac{x}{R}\right) \tag{3-16}$$

式中　$x=\frac{D}{2}-(W_d+W_s)$，m；

$R=\frac{D}{2}-W_c$，m；

$\sin^{-1}\frac{x}{R}$为以角度表示的反正弦函数。

② 溢流区。溢流区为降液管及受液盘所占的区域，其中降液管所占面积以 A_f 表示，受液盘所占面积以 A'_f 表示。

③ 安定区。开孔区与溢流区之间的不开孔区域称为安定区，也称为破沫区。溢流堰前的安定区宽度为 W_s，其作用是在液体进入降液管之前有一段不鼓泡的安定地带，以免液体大量夹带气泡进入降液管；进口堰后的安全区宽度为 W'_s，其作用是在液体入口处，由于板上液面落差，液层较厚，有一段不开孔的安全地带，可减少漏液量。安定区的宽度可按下述范围选取，即

溢流堰前的安定区宽度：$W_s=70\sim100$mm

进口堰后的安定区宽度：$W'_s=50\sim100$mm

对小直径的塔($D<1$m)，因塔板面积小，安定区要相应减小。

④ 无效区。在靠近塔壁的一圈边缘区域供支持塔板的边梁之用，称为无效区，也称边缘区。其宽度 W_c 视塔板的支承需要而定，小塔一般为 30～50mm，大塔一般为 50～70mm。为防止液体经无效区流过而产生短路现象，可在塔板上沿塔壁设置挡板。

应当指出，为便于设计及加工，塔板的结构参数已逐渐系列化。设计时应参考塔板结构参数的系列化标准。

(2) 筛板塔筛孔的计算及其排列

① 筛孔直径。筛孔直径 d_0 的选取与塔的操作性能要求、物系性质、塔板厚度、加工要求等有关，是影响气相分散和气、液接触的重要工艺尺寸。按设计经验，表面张力为正系统的物系，可采用 d_0为 3～8mm(常用 4～5mm)的小孔径筛板；表面张力为负系统的物系或易堵塞物系，可采用 d_0为 10～25mm 的大孔径筛板。近年来，随着设计水平的提高和操作经验的积累，采用大孔径筛板逐渐增多，因大孔径筛板加工简单、造价低，且不易堵塞，只要设计合理，操作得当，仍可获得满意的分离效果。

② 筛板厚度。筛孔的加工一般采用冲压法，故确定筛板厚度应根据筛孔直径的大小，

考虑加工的可能性。

对于碳钢塔板，板厚δ为3~4mm，孔径d_0应不小于板厚δ；对于不锈钢塔板，板厚δ为2~2.5mm，d_0应不小于(1.5~2)δ。

③ 孔中心距。相邻两筛孔中心的距离称为孔中心距，以t表示。孔中心距t一般为(2.5~5)d_0，t/d_0过小易使气流相互干扰，过大则鼓泡不均匀，都会影响传质效率。设计推荐值为$t/d_0=3\sim4$。

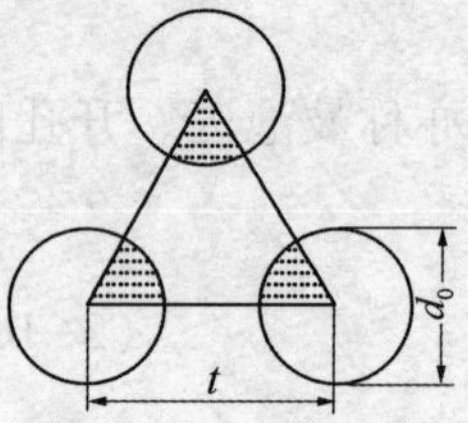

图3-12 筛孔的正三角形排列

④ 筛孔的排列与筛孔数。设计时，筛孔按正三角形排列，如图3-12所示。

当采用正三角形排列时，筛孔的数目n可按下式计算，即：

$$n=\frac{1.155A_a}{t^2} \tag{3-17}$$

式中 A_a——鼓泡区面积，m^2；

t——筛孔的中心距，m。

⑤ 开孔率。筛板上筛孔总面积A_0与开孔区面积A_a的比值称为开孔率ϕ，即：

$$\phi=\frac{A_0}{A_a}\times100\% \tag{3-18}$$

筛孔按正三角形排列时，可以导出：

$$\phi=\frac{A_0}{A_a}=0.907\left(\frac{d_0}{t}\right)^2 \tag{3-19}$$

应当指出，按上述方法求出筛孔的直径d_0、筛孔数目n后，还需通过流体力学验算，检验是否合理，若不合理需进行调整。

(3) 浮阀塔的阀孔数及其排列

① 阀孔直径。阀孔直径由所选浮阀的型号决定，如常用的F1型浮阀的阀孔直径为39mm。

② 阀孔数。阀孔数n取决于操作时的阀孔气速u_0，而u_0由阀孔动能因数F_0决定。

$$u_0=\frac{F_0}{\sqrt{\rho_V}} \tag{3-20}$$

式中 u_0——孔速，m/s；

ρ_V——气相密度，kg/m^3；

F_0——阀孔的动能因子，一般取8~11(苯-甲苯体系取9~13)，对于不同的工艺条件，也可适当调整。

阀孔数n由下式算出：

$$n=\frac{V}{\frac{\pi}{4}d_0^2u_0} \tag{3-21}$$

式中 n——阀孔数；

V——气相流量，m^3/s；

d_0——阀孔孔径，m；

u_0——阀孔气速，m/s。

应注意的是，当塔中各板或各段气相流量不同时，设计时往往改变各板或各段的阀数。

③ 阀孔的排列。阀孔的排列方式有正三角形排列和等腰三角形排列。正三角形排列又有顺排和叉排两种方式(见图 3-13)。采用叉排时，相邻两阀吹出的气流搅动液层的作用比顺排明显，而且相邻两阀容易被吹开，液面梯度较小，鼓泡均匀，所以采用叉排更好。

在整块式塔板中，阀孔一般按正三角形排列，其孔心距 t 有 75mm、100mm、125mm、150mm 等几种。

在分块式塔板中，阀孔也可按等腰三角形排列(见图 3-13)，三角形的底边 t' 固定为 75mm，三角形高 h 有 65mm、70mm、80mm、90mm、100mm、110mm 几种，必要时还可以调整。塔板上阀孔的开孔率一般为 4%~15%，最好为 6%~9%。

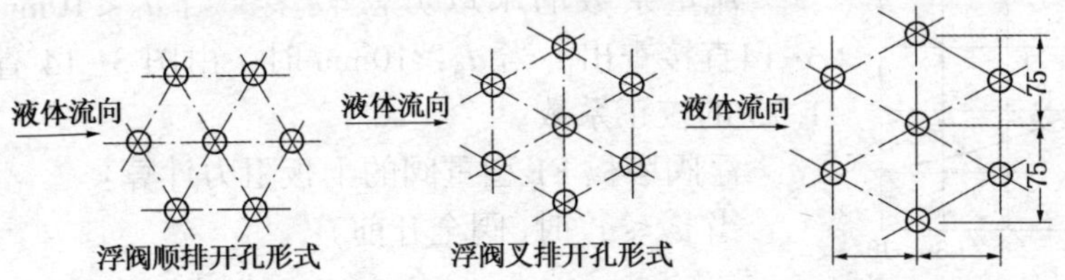

图 3-13　浮阀塔盘系列塔盘板开孔形式

按等腰三角形排列时：

$$h=\frac{A_p/n}{t'}=\frac{A_p/n}{0.075} \tag{3-22}$$

按正三角形排列时：

$$t=d_0\sqrt{\frac{0.907}{A_0/A_p}} \tag{3-23}$$

式中　h——等腰三角形的高，m；

A_p——开孔鼓泡区面积，m^2；

t'——等腰三角形的底边长，m，一般取为 0.075m；

A_0——阀孔总面积，m^2；

t——正三角形的孔心距，m。

3.2.5　塔板的流体力学计算

塔板流体力学验算的目的在于检验初步设计的塔板计算是否合理，塔板能否正常操作。验算内容有以下几项：塔板压力降、液面落差、液沫夹带、漏液及液泛等。

3.2.5.1　塔板压降

气体通过塔板时，需克服塔板本身的干板阻力，板上充气、液层的阻力及液体表面张力造成的阻力，这些阻力即形成了塔板的压降。气体通过塔板的压降 Δp_p 可由下式计算：

$$\Delta p_p=h_p\rho_L g \tag{3-24}$$

式(3-16)中的液柱高度 h_P。可按下式计算，即：

$$h_P=h_c+h_1+h_\sigma \tag{3-25}$$

式中　h_c——与气体通过塔板的干板压降相当的液柱高度，m 液柱；

h_1——与气体通过板上液层的压降相当的液柱高度，m 液柱；

h_σ——与克服液体表面张力的压降相当的液柱高度，m 液柱。

（1）干板阻力

干板阻力 h_c 可按以下经验公式估算，即：

$$h_c = 0.051\left(\frac{u_0}{c_0}\right)^2\left(\frac{\rho_V}{\rho_L}\right)\left[1-\left(\frac{A_0}{A_a}\right)^2\right] \tag{3-26}$$

式中 u_0——气体通过筛孔的速度，m/s；

c_0——流量系数。

通常，筛板的开孔率 $\phi \leqslant 15\%$，故式(3-26)可简化为：

$$h_c = 0.051\left(\frac{u_0}{c_0}\right)^2\left(\frac{\rho_V}{\rho_L}\right) \tag{3-27}$$

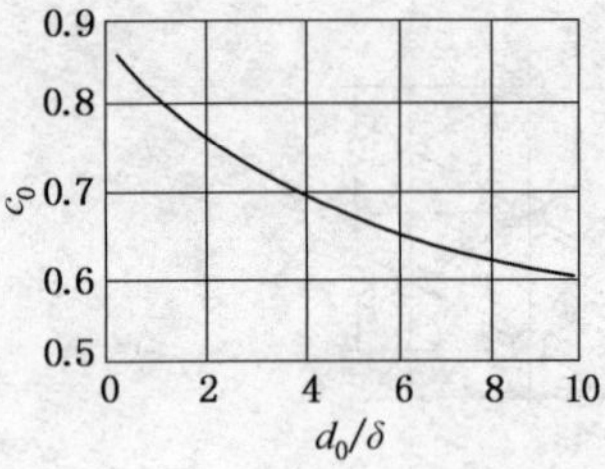

图 3-14 干筛孔的流量系数

流量系数的求取方法较多，当 $d_0 < 10$mm，其值可由图3-14直接查出。当 $d_0 \geqslant 10$mm 时，由图 3-14 查得 c_0 后再乘以1.15 的校正系数。

浮阀塔板 F1 型重阀的干板阻力计算：

当 $u_o \leqslant u_{oc}$ 时(阀全开前)

$$h_c = 19.9 u_o^{0.175}/\rho_L \tag{3-28}$$

当 $u_o \geqslant u_{oc}$ 时(阀全开后)

$$h_c = 5.34\rho_V u_o^2/(2\rho_L g) \tag{3-29}$$

计算，将上二式联立而解出 u_{oc}，令：

$$19.9\frac{u_{oc}^{0.175}}{\rho_L} = 5.34\frac{\rho_V u_{oc}^2}{2\rho_L g}$$

将 $g=9.81\text{m/s}^2$ 代入，解得：

$$u_{oc} = \sqrt[1.825]{\frac{73.1}{\rho_V}} \tag{3-30}$$

（2）气体通过液层的阻力

气体通过液层的阻力 h_1 与板上清液层的高度 h_L 及气泡的状况等许多因素有关，其计算方法很多，对于筛板塔，设计中常采用下式估算：

$$h_1 = \beta h_L = \beta(h_w + h_{ow}) \tag{3-31}$$

式中 β——充气系数，反映板上液层的充气程度，其值从图 3-15 查取，通常可取 $\beta=0.5\sim0.6$。图 3-15 中 F_0 为气相动能因子，其定义式为：

$$F_0 = u_a\sqrt{\rho_V} \tag{3-32}$$

$$u_a = \frac{V_s}{A_T - A_f}\text{(单溢流板)} \tag{3-33}$$

式中 F_0——气体动能因子，$\text{kg}^{1/2}/(\text{s}\cdot\text{m}^{1/2})$；

u_a——通过有效传质区的气速，m/s；

A_T——塔截面积，m^2。

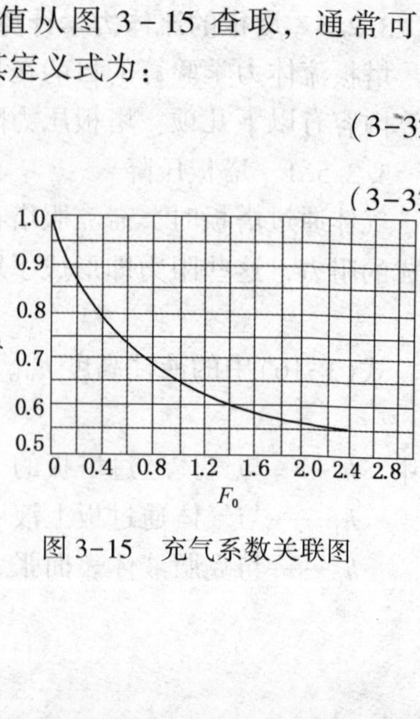

图 3-15 充气系数关联图

（3）液体表面张力的阻力

液体表面张力的阻力 h_σ 可由下式估算，即：

$$h_\sigma = \frac{4\sigma_L}{\rho_L g d_0} \tag{3-34}$$

式中　σ_L——液体的表面张力，N/m。

由以上各式分别求出 h_c、h_l 及 h_σ 后，即可计算出气体通过筛板的压降 Δp_p，该计算值应低于设计允许值。

对于浮阀塔：

$$h_l=\beta(h_w+h_{ow}) \tag{3-35}$$

3.2.5.2　液面落差

当液体横向流过塔板时，为克服板上的摩擦阻力和板上构件的局部阻力，需要一定的液位差，此即液面落差。筛板上由于没有突起的气、液接触构件，故液面落差较小。在正常的液体流量范围内，对于 $D\leqslant1600$mm 的筛板，液面落差可忽略不计。对于液体流量很大及 $D\geqslant2000$mm 的筛板，需要考虑液面落差的影响。液面落差的计算方法参考有关书籍。浮阀塔液面落差可忽略不计。

3.2.5.3　液沫夹带

液沫夹带造成液相在塔板间的返混，严重的液沫夹带会使塔板效率急剧下降，为保证塔板效率的基本稳定，通常将液沫夹带量限制在一定范围内，设计中规定液沫夹带量 $e_v<0.1$kg 液体/kg 气体。

(1) 筛孔塔板的雾沫夹带量

计算液沫夹带量的方法很多，设计中常采用亨特关联图，如图 3-16 所示。图中直线部分可回归成下式：

$$e_v=\frac{5.7\times10^{-6}}{\sigma}\left(\frac{u_a}{H_T-h_f}\right)^{3.2} \tag{3-36}$$

式中　e_v——液沫夹带量，kg 液体/kg 气体；

h_f——塔板上鼓泡层高度，m。根据设计经验，一般取 $h_f=2.5h_L$。

σ——液体的表面张力，N/m；

H_T——板间距，m；

u_a——气速，m/s；

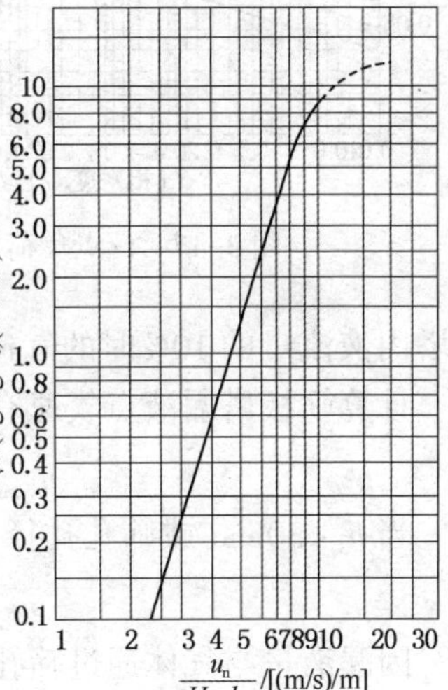

图 3-16　亨特的液沫夹带关联图

(2) 浮阀塔板的雾沫夹带量

目前多采用验算泛点率的概念，作为间接判断雾沫夹带量的方法。泛点率的意义是指设计负荷与泛点负荷之比，是一种统计的关联值，是广义地指塔内液面的泛滥而导致的效率剧降之点。泛点率由下列两式求出，采用计算结果中较大的数值。

泛点率 F 可按下面的经验公式计算，即：

$$F=\frac{V\sqrt{\dfrac{\rho_V}{\rho_L-\rho_V}}+1.36LZ}{KC_FA_b} \tag{3-37}$$

式中　F——泛点率

V、L——塔内气、液负荷，m^3/s；

ρ_V、ρ_L——塔内气、液密度，kg/m^3；

Z——板上液体流经长度，m。对单溢流塔板，$Z=D-2W_d$，其中 D 为塔径，W_d 为弓形降液管宽度；

A_b——板上液流面积，m^2。对单溢流塔板，$A_b=A_T-2A_f$，其中 A_T 为塔截面积，A_f 为弓形降液管截面积；

C_F——泛点负荷系数，查图 3-17

K——物性系数，其值见表 3-6。

表 3-6　物性系数 K

系　　统	物性系数	系　　统	物性系数
无泡沫，正常系统	1.0	多泡沫系统（如胺及乙二胺吸收塔）	0.73
氟化物（如 BF_3，氟里昂）	0.9	严重发泡系统（如甲乙酮装置）	0.60
中等发泡系统（如油吸收塔）	0.85	形成稳定泡沫的系统（如碱再生塔）	0.30

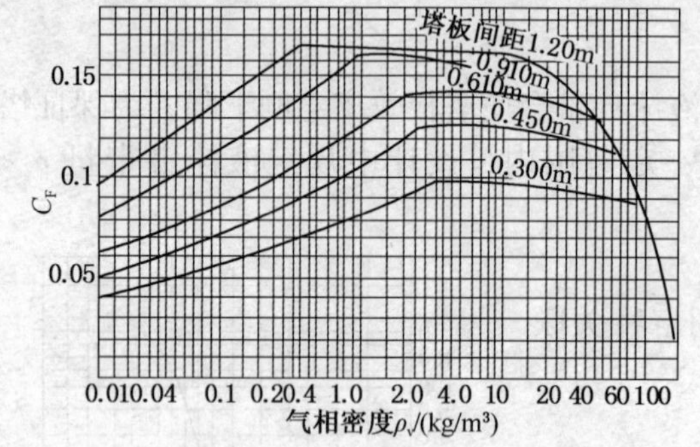

图 3-17　泛点负荷因数

为了控制雾沫夹带量 $e_v<0.1$，泛点率 F 必须在下列范围内：

对于一般的大塔 $F<80\%$；

对于负压操作的塔 $F<75\%$；

对于直径小于 900mm 的塔 $F<65\%$。

3.2.5.4　漏液

当气体通过筛孔或阀孔的流速较小，气体的动能不足以阻止液体向下流动时，便会发生漏液现象。根据经验，当漏液量小于塔内液流量的 10%时对塔板效率影响不大。故漏液量等于塔内液流量的 10%时的气速称为漏液点气速，它是塔板操作气速的下限，以 $u_{0,\min}$ 表示。

计算筛板塔漏液点气速有不同的方法。设计中可采用下式计算，即：

$$u_{0,\min}=4.4c_0\sqrt{(0.0056+0.13h_L-h_\sigma)\rho_L/\rho_V} \tag{3-38}$$

当 $h_L<30$mm 或筛孔孔径 $d_0<3$mm 时，用下式计算较适宜：

$$u_{0,\min}=4.4c_0\sqrt{(0.01+0.13h_L-h_\sigma)\rho_L/\rho_V} \tag{3-39}$$

因漏液量与气体通过筛孔的动能因子有关，故亦可采用动能因子计算漏液点气速，即：

$$u_{0,\min}=\frac{F_{0,\min}}{\sqrt{\rho_V}} \tag{3-40}$$

式中　$F_{0,\min}$——漏液点动能因子，$F_{0,\min}$ 值的适宜范围为 8~10。

气体通过筛孔的实际速度 u_0 与漏液点气速 $u_{0,\min}$ 之比，称为稳定系数，即：

$$K=\frac{u_0}{u_{0,\min}} \tag{3-41}$$

式中　K——稳定系数，无因次。一般应使 K 值大于 1.5~2。

对于浮阀塔板，泄漏是随阀重的增加、孔速的增大、开度的减小及板上液层高度的降低而减小，其中以阀重的影响较大。对于 F1 型重阀，可取阀孔动能因素 $F_0=5\sim6$ 作为负荷下限，此时漏液点由下式计算

$$u_{0,\min}=\frac{F_0}{\sqrt{\rho_V}} \tag{3-42}$$

式中　F_0——阀孔动能因子。

3.2.5.5　液泛

液泛分为降液管液泛和液沫夹带液泛两种情况。因设计中已对液沫夹带量进行了验算，故在筛板的流体力学验算中通常只对降液管液泛进行验算。

为使液体能由上层塔板稳定地流入下层塔板，降液管内须维持一定的液层高度 H_d。降液管内液层高度用来克服相邻两层塔板间的压降、板上清液层阻力和液体流过降液管的阻力，因此，可用下式计算 H_d，即：

$$H_d = h_P + h_L + h_d \tag{3-43}$$

式中　H_d——降液管中清液层高度，m 液柱；

h_d——与液体流过降液管的压降相当的液柱高度，m 液柱。

h_d 主要是由降液管底隙处的局部阻力造成，可按下面经验公式估算：

塔板上不设置进口堰：

$$h_d = 0.153\left(\frac{L_s}{l_w h_0}\right)^2 = 0.153(u'_0)^2 \tag{3-44}$$

塔板上设置进口堰：

$$h_d = 0.2\left(\frac{L_s}{l_w h_0}\right)^2 = 0.2(u'_0)^2 \tag{3-45}$$

式中　u'_0——流体通过降液管底隙时的流速，m/s。

按式(3-43)可算出降液管中清液层高度 H_d，而降液管中液体和泡沫的实际高度大于此值。为了防止液泛，应保证降液管中泡沫液体总高度不能超过上层塔板的出口堰，即：

$$H_d \leqslant \phi(H_T + h_w) \tag{3-46}$$

式中　ϕ——安全系数。对易发泡物系，$\phi=0.3\sim0.5$；不易发泡物系，$\phi=0.6\sim0.7$。

3.2.6　塔板的负荷性能图

按上述方法进行流体力学验算后，还应绘出塔板的负荷性能图，以检验设计的合理性。塔板的负荷性能图的绘制方法见精馏塔设计示例。

3.2.7　板式塔的结构与附属设备

3.2.7.1　塔体结构

(1) 塔顶空间

指塔内最上层塔板与塔顶的间距。为利于出塔气体夹带的液滴沉降，其高度应大于板间距，设计中通常取塔顶间距为$(1.5\sim2.0)H_T$。若需要安装除沫器时，要根据除沫器的安装要求确定塔顶间距。

(2) 塔底空间

指塔内最下层塔板到塔底间距。其值由如下因素决定：

① 塔底储液空间依储存液量停留 3~8min(易结焦物料可缩短停留时间)而定；

② 再沸器的安装方式及安装高度；

③ 塔底液面至最下层塔板之间要留有 1~2m 的间距。

(3) 人孔

对于 $D\geqslant1000$mm 的板式塔，为安装、检修的需要，一般每隔 6~8 层塔板设一人孔。人孔直径一般为 450~600mm，其伸出塔体的筒体长为 200~250mm，人孔中心距操作平台约

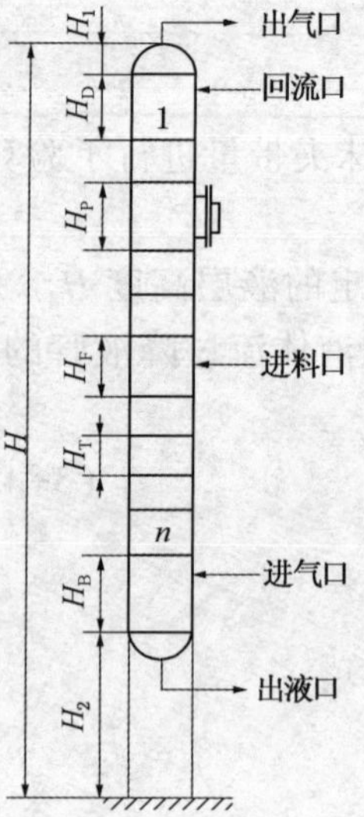

图 3-18 板式塔塔高示意图

800~1200mm。设人孔处的板间距应等于或大于 600mm。

(4) 塔高

板式塔的塔高如图 3-18 所示。可按下式计算，即：

$$H=(n-n_F-n_P-1)H_T+n_FH_F+n_PH_P+H_D+H_B+H_1+H_2 \tag{3-47}$$

式中 H——塔高，m；

n——实际塔板数；

n_F——进料板数；

H_F——进料板处板间距，m；

n_p——人孔数；

H_B——塔底空间高度，m；

H_P——没人孔处的板间距，m；

H_D——塔顶空间高度，m；

H_1——封头高度，m；

H_2——裙座高度 m。

3.2.7.2 塔板结构

塔板按结构特点，大致可分为整块式和分块式两类塔板。塔径小于 800mm 时，一般采用整块式；当直径大于 900mm 时，人已能在塔内进行装拆，常用分块式塔板。由于刚度、安装、检修等要求，多将塔板分成数块通过人孔送入塔内。当塔径在 800~900mm 之间时，两种形式均可采用，视具体情况而定。塔径超过 800mm 时，对于单溢流型塔板，塔板分块数见表 3-7，其常用的分块方法如图 3-19 所示。

(1) 整块式塔板

小直径塔的塔板常做成整块式的。而整个塔体分成若干塔节，塔节之间用法兰连接。塔节长度与塔径有关，当塔径为 300~500mm 时，只能伸入手臂安装，塔节长度以 800~1000mm 为宜；塔径为 500~800mm 时，人可勉强进入塔节内安装，塔节长度可适当加长，但一般也不宜超过 2000~2500mm，每个塔节内塔板数不希望超过 5~6 块，否则会使安装困难。

塔板与塔板之间用管子支承，以保持一定的板间距，有定距管式和重叠式两种形式。关于整块式塔板的详细介绍请参考文献。

(2) 分块式塔板

当塔径大于 800mm 时，人已经可以进入塔内进行拆装和检修。塔板也可拆分成若干块通过人孔送入塔内。因此，大直径塔常用分块式塔板结构，此时塔体也不必分成若干节。塔板的分块数与塔径关系见表 3-7。靠近塔壁这两块是弓形板，其余的是矩形板。板块的分块宽度由人孔、塔板结构强度、开孔排列的均匀对称性等因素决定，其最大宽度以能通过人孔为宜。单溢流型塔板分块板示意图见图3-19所示。

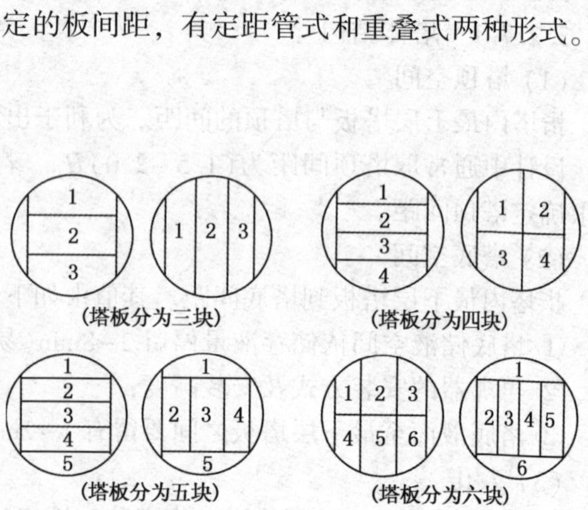

图 3-19 单溢流型塔板分块板示意图

在浮阀系列中，当塔径为 800~2000mm 时，自身梁式单流塔板采用可调节堰、可拆降液板的塔盘，可用于料液易堵塞、聚合的场合。见图 3-20 所示。

表 3-7 塔板分块数

塔径/mm	800~1200	1400~1600	1800~2000	2200~2400
塔板分块数	3	4	5	6

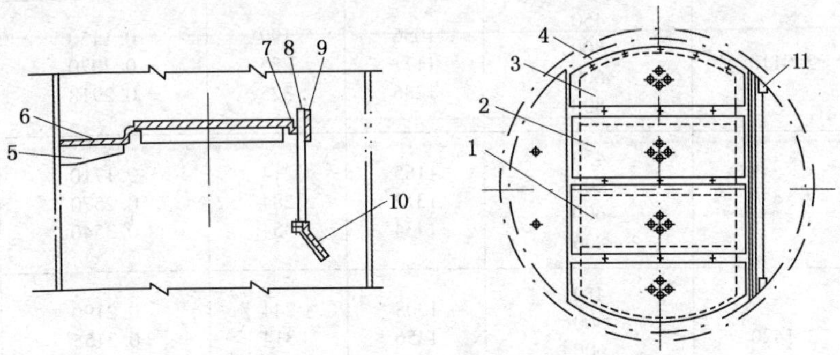

图 3-20 可调节堰、可拆降液板自身梁式塔盘

1—通道板；2—矩形板；3—弓形板；4—支承圈；5—筋板；6—受液盘；7—支持板；8—降液板；9—可调堰板；10—可拆降液；11—连接板

(3) 塔板结构参数系列化

为了便于设备设计与制造，在满足工艺生产要求的条件下，将塔板的一些参数系列化是有利的，现摘录一部分列于表 3-8~表 3-10，供选用参考。

表 3-8 单流型塔板系列参数(分块式)

塔径 D/mm	塔截面积 A_T/m^2	塔板间距 H_T/mm	弓形降液管		降液管面积 A_f/m^2	A_f/A_T	l_w/D
			堰长 l_w/mm	管宽 W_d/mm			
600	0. 2610	300 350 450	406 428 440	77 90 103	0. 0188 0. 0138 0. 0289	7. 2 9. 1 11. 02	0. 677 0. 714 0. 734
700	0. 3590	300 350 450	466 500 525	87 105 120	0. 0248 0. 0325 0. 0395	6. 9 9. 06 11. 0	0. 666 0. 714 0. 750
800	0. 5027	350 450 500 600	529 581 640	100 125 160	0. 0363 0. 0502 0. 0717	7. 22 10. 0 14. 2	0. 661 0. 726 0. 800
1000	0. 7854	350 450 500 600	650 714 800	120 150 200	0. 0534 0. 0770 0. 1120	6. 8 9. 8 14. 2	0. 650 0. 714 0. 880
1200	1. 1310	350 450 500 600 800	794 876 960	150 190 240	0. 0816 0. 15 0. 1610	7. 22 10. 2 14. 2	0. 661 0. 730 0. 800

续表

塔径 D/mm	塔截面积 A_T/m^2	塔板间距 H_T/mm	弓形降液管		降液管面积 A_f/m^2	A_f/A_T	l_w/D
			堰长 l_w/mm	管宽 W_d/mm			
1400	1.5390	350 450 500 600 800	903 1029 1104	165 225 270	0.1020 0.1610 0.2065	6.63 10.45 13.4	0.645 0.735 0.790
1600	2.0110	450 500 600 800	1056 1171 1286	199 255 325	0.1450 0.2070 0.2918	7.21 10.3 14.5	0.660 0.732 0.805
1800	2.5450	450 500 600 800	1165 1312 1434	214 284 354	0.1710 0.2570 0.3540	6.74 10.1 13.9	0.647 0.730 0.797
2000	3.1420	450 500 600 800	1308 1456 1599	244 314 399	0.2190 0.3155 0.4457	7.0 10.0 14.2	0.654 0.727 0.799
2200	3.8010	450 500 600 800	1598 1686 1750	344 394 434	0.3800 0.4600 0.5320	10.0 12.1 14.0	0.726 0.766 0.795
2400	4.5240	450 500 600 800	1742 1830 1916	374 424 479	0.4524 0.5430 0.6430	10.0 12.0 14.2	0.726 0.763 0.798

注：对 ϕ600mm 及 ϕ700mm 二种塔径是整块式塔盘，降液管为嵌入式，弓弧部分比塔的内径小一圈，表中的 l_w 及 W_d 为实际值。

表 3-9　双流型塔板系列参数(分块式)

塔径 D/mm	塔截面积 A_T/m^2	塔板间距 H_T/mm	弓形降液管			降液管面积 A_f/m^2	A_f/A_T	l_w/D
			堰长 l_w/mm	管宽 W_d/mm	管宽 W_d/mm			
2200	3.8010	450 500 600 800	1287 1368 1462	208 238 278	200 200 240	0.3801 0.4561 0.5398	10.15 11.8 14.7	0.585 0.621 0.665
2400	4.5230	450 500 600 800	1434 1486 1582	238 258 298	200 240 280	0.4524 0.5429 0.6424	10.1 11.6 14.2	0.597 0.620 0.660
2600	5.3090	450 500 600 800	1526 1606 1702	248 278 318	200 240 320	0.5309 0.6371 0.7539	9.7 11.4 14.0	0.587 0.617 0.655
2800	6.1580	450 500 600 800	1619 1752 1824	258 308 338	240 280 320	0.6158 0.7389 0.8744	9.3 12.0 13.75	0.577 0.626 0.652
3000	7.0690	450 500 600 800	1768 1896 1968	288 338 368	240 280 360	0.7069 0.8482 1.0037	9.8 12.4 14.0	0.589 0.632 0.655

续表

塔径 D/mm	塔截面积 A_T/m^2	塔板间距 H_T/mm	弓形降液管			降液管面积 A_f/m^2	A_f/A_T	l_w/D
			堰长 l_w/mm	管宽 W_d/mm	管宽 W_d/mm			
3200	8.0430	600 800	1882 1987 2108	306 346 396	280 320 360	0.8043 0.9651 1.1420	9.75 11.65 14.2	0.588 0.620 0.660
3400	9.0790	600 800	2002 2157 2252	326 386 426	280 320 400	0.9079 1.0895 1.2893	9.8 12.5 14.5	0.594 0.634 0.661
3600	10.1740	600 800	2148 2227 2372	356 386 446	280 360 400	1.0179 1.2215 1.4454	10.2 11.5 14.2	0.597 0.620 0.659
3800	11.3410	600 800 2242 2374 2516	366 416 476	320 360 440	1.1340 1.3609 1.6104	9.94 11.9 14.5	0.590 0.624 0.662	
4200	13.8500	600 800	2482 2613 2781	406 456 526	360 400 480	9.88 11.7 14.1	9.88 11.7 14.1	0.584 0.622 0.662

表 3-10　小直径塔参数表(整块式)

D/mm	D_1/mm	A_T/m^2	l_w/mm	W_d/mm	l_w/D	降液管面积 A_f/m^2	A_f/A_T
300	274	0.0706	164.4 178.1 191.8 205.5 219.2	21.4 26.9 33.2 40.4 48.8	0.60 0.65 0.70 0.75 0.80	20.9 29.2 39.7 52.8 69.3	0.0296 0.0413 0.0562 0.0747 0.0980
350	324	0.0960	194.4 210.6 226.8 243.0 259.2	26.4 32.9 40.3 48.8 58.8	0.60 0.65 0.70 0.75 0.80	31.1 43.0 57.9 76.4 100.0	0.0323 0.0477 0.0602 0.0794 0.1039
400	374	0.1253	224.2 243.1 261.8 280.5 299.2	31.4 38.9 47.5 57.3 68.8	0.60 0.65 0.70 0.75 0.80	43.4 59.6 79.8 104.7 136.3	0.0345 0.0474 0.0635 0.0833 0.1085
450	424	0.1590	254.4 275.6 296.8 318.0 339.2	36.4 44.9 54.6 65.8 78.8	0.60 0.65 0.70 0.75 0.80	57.7 78.8 104.7 137.3 178.1	0.0363 0.0495 0.0658 0.0863 0.1120
500	475	0.1960	284.4 308.1 331.8 355.5 379.2	41.4 50.9 61.8 74.2 88.8	0.60 0.65 0.70 0.75 0.80	74.3 100.6 133.4 174.0 225.5	0.0378 0.0512 0.0679 0.0886 0.1148
600	568	0.282	340.8 369.2 397.6 426 454.4	50.8 62.2 75.2 90.1 107.6	0.60 0.65 0.70 0.75 0.80	110.7 148.8 196.4 255.4 329.7	0.0392 0.0526 0.0695 0.0903 0.1166

续表

D/mm	D_1/mm	A_T/m^2	l_w/mm	W_d/mm	l_w/D	降液管面积 A_f/m^2	A_f/A_T
700	668	0. 384	400. 8 434. 2 467 6 501 53404	60. 8 74. 2 89. 5 107 127. 6	0. 60 0. 65 0. 70 0. 75 0. 80	157. 5 210. 9 276. 8 358. 9 462. 4	0. 0409 0. 0548 0. 0719 0. 0933 0. 1202
800	768	0. 503	460. 8 499. 2 537. 6 576 614. 4	70. 8 86. 2 102. 8 124 147. 6	0. 60 0. 65 0. 70 0. 75 0. 80	212. 3 283. 2 371. 2 480. 3 617. 2	0. 0422 0. 0563 0. 0738 0. 0956 0. 1228

注：① 塔径小于500mm，则板间距(mm)均为200、250、300、350。

② 塔径600~800mm，则板间距(mm)为300、350、450。

3.2.7.3 精馏塔的附属设备

精馏塔的附属设备包括蒸气冷凝器、产品冷却器、再沸器(蒸馏釜)、原料预热器等，可根据有关教材或化工手册进行选型与设计。以下着重介绍再沸器(蒸馏釜)和冷凝器的型式和特点，具体设计计算过程从略。

(1) 再沸器(蒸馏釜)

该装置的作用是加热塔底料液使之部分汽化，以提供精馏塔内的上升气流。工业上常用的再沸器(蒸馏釜)有：内置式再沸器、釜式(罐式)再沸器、热虹吸式再沸器、强制循环式再沸器等几种，详见第2章换热器设计部分。

应当指出，再沸器的传热面积是决定塔操作弹性的主要因素之一，故估算其传热面积时安全系数要选大一些，以防塔底蒸发量不足影响操作。

(2) 塔顶回流冷凝器

塔顶回流冷凝器通常采用管壳式换热器，有卧式、立式、管内或管外冷凝等形式。按冷凝器与塔的相对位置区分，有以下几类。

① 整体式及自流式。将冷凝器直接安置于塔顶，冷凝液借重力回流入塔，此即整体式冷凝器，又称内回流式，如图3-21(a)、图3-21(b)所示。其优点是蒸气压降较小，节省安装面积，可借改变升气管或塔板位置调节位差以保证回流与采出所需的压头。缺点是塔顶结构复杂，维修不便，且回流比难以精确控制。该方式常用于以下几种情况：a. 传热面较小(例如50m^2以下)；b. 冷凝液难以用泵输送或泵送有危险的场合；c. 减压蒸馏过程。

图3-21(c)所示为自流式冷凝器，即将冷凝器置于塔顶附近的台架上，靠改变台架高度获得回流和采出所需的位差。

② 强制循环式。当塔的处理量很大或塔板数很多时，若回流冷凝器置于塔顶将造成安装、检修等诸多不便，且造价高，可将冷凝器置于塔下部适当位置，用泵向塔顶输送回流，在冷凝器和泵之间需设回流罐，即为强制循环式。图3-21(d)所示为冷凝器置于回流罐之上，回流罐的位置应保证其中液面与泵入口间之位差大于泵的汽蚀余量，若罐内液温接近沸点时，应使罐内液面比泵入口高出3m以上。图3-21(e)所示为将回流罐置于冷凝器的上部，冷凝器置于地面，冷凝液藉压差流入回流罐中，这样可减少台架，且便于维修，主要用于常压或加压蒸馏。

回流冷凝器的工艺计算步骤如下：

① 按工艺要求决定冷凝器的热负荷 Q_R，选择冷却剂、冷却剂进出口温度并计算冷却剂用量；

② 初估设备尺寸，由平均温度 Δt_m 和总传热系数 K 的经验数据，计算所需的传热面积 A，并由此选择标准型号的冷凝器，或自行设计；

③ 复核传热面积，对已选型号或自行设计的设备，核算实际上的总传热系数 K 和实际所需的传热面积；

④ 决定安装尺寸，估计各管线长度及阻力损失，以决定冷凝器底部与回流液入口之间的高度差 H_R。

需要注意的是由于冷凝器常用于精馏过程，考虑到精馏塔操作常需要调整回流比，同时还可能兼有调节塔压的作用，故应适当加大其传热面积的裕度。按经验，其面积裕度应在30%左右。

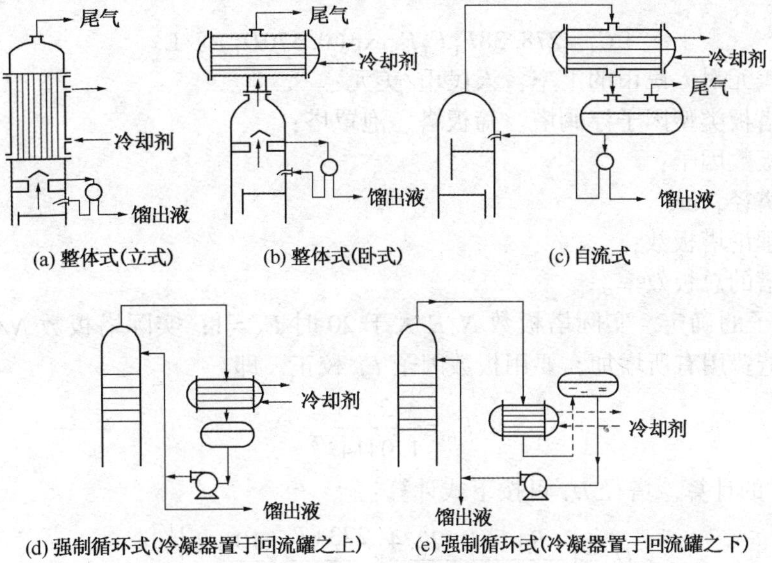

(a) 整体式(立式)　(b) 整体式(卧式)　(c) 自流式

(d) 强制循环式(冷凝器置于回流罐之上)　(e) 强制循环式(冷凝器置于回流罐之下)

图 3-21　塔顶回流冷凝器

3.3　精馏塔优化设计

精馏是分离液体混合物最常用的一种操作，在化工、炼油等工业中广泛应用。精馏所需费用在生产装置的总投资及操作费用中占相当大的比例，因而精馏塔的优化设计对节省投资、降低能耗具有重要的意义。对精馏塔的设计问题，教材上介绍取回流比 R 为最小回流比 R_{min} 的 1.1 ~2.0 倍，这种设计方法实际上是一种经验设计法，难免会造成设备投资和能量的无谓浪费，现在我们介绍精馏塔的优化设计问题。

3.3.1　精馏塔优化设计的目标函数

以精馏塔系统(包括精馏塔塔顶冷凝器和塔底再沸器)的年总费用为目标函数可以表示为：

$$J=J_1+J_2+J_3 \tag{3-48}$$

式中　J——精馏塔系统的总费用，元/a；

J_1——精馏塔塔体的折旧费用及维修费用，元/a；

J_2——冷凝器的折旧费用及操作费用，元/a；

J_3——再沸器的折旧费用及操作费用，元/a。

3.3.1.1 J_1 的数学模型

精馏塔塔体的折旧费用及维修费用采用如下模型，该模型由塔体设备年折旧费用和维修费用组成，维修费一般可取设备价格的6%，即：

$$J_1=(F_c+0.06)(C_T+C_H) \tag{3-49}$$

式中 F_c——塔设备年折旧率，a^{-1}；

C_T——塔板的费用，元；

C_H——塔体的费用，元。

（1）塔板费用的计算

若塔体材料为碳钢，在塔径0.6～4.8m范围内，塔板的价格（人民币，元）可按下式计算：

$$C_T=278.38F_LF_TF_N\exp(0.570D_T)N/E \tag{3-50}$$

式中 F_L——美元对人民币的汇率，人民币/美元；

F_T——塔板类型因子浮阀塔、筛板塔、泡罩塔；

F_N——板数因子；

D_T——塔径，m；

N——理论塔板数；

E——塔的总板效率。

① 板数因子的确定。实际塔板数 N/E 大于20时 $F_N=1$；实际塔板数 N/E 小于20时，每块塔板的制造费用有所增加，要用板数因子 F_N 校正，即：

$$F_N=\frac{2.25}{1.0414^{N/E}} \tag{3-51}$$

② 塔径 D_T 的计算。塔径 D_T 可按下式计算：

$$D_T=\left[\frac{(R+1)D\times 22.4}{3600\times 0.785u}\times\frac{273+T_D}{273}\times\frac{101.3}{p}\right]^{1/2} \tag{3-52}$$

式中 R——精馏塔的回流比；

D——塔顶馏出液的流率，kmol/h；

U——空塔气速，m/s；

T_D——塔顶蒸汽的露点温度，℃；

p——塔的平均操作压力，kPa。

空塔气速：$u=7.61/\sqrt{p}$。

③ 塔板效率 E 的估算。塔板效率与物系性质、塔板结构及操作条件等都有密切的关系。由于影响因素多且复杂，只能通过实验测定获取可靠的全塔效率数据。设计中可取与条件相近的生产或中试实验数据，必要时也可采用适当的关联方法计算，下面介绍O′connell法。O′connell将全塔效率关联成 $\alpha\mu_L$ 的函数，是较好的简易方法。该图也可用下式表达：

$$E=0.49(\alpha\mu_L)^{-0.245} \tag{3-53}$$

$$\mu_L=\sum x_i\mu_i \tag{3-54}$$

式中　α——塔顶、塔底平均温度下的相对挥发度；

μ_L——液体平均黏度，mPa·s；

x_i——进料中某组分的摩尔分数；

μ_i——进料中某组分的黏度按塔顶与塔底平均温度下的液体计，mPa·s；

O′connell 关联法主要是根据泡罩塔数据作出的。对筛板塔和浮阀塔按式(3-53)求出值后应再乘 1.1(筛板塔)或 1.1~1.2(浮阀塔)加以校正。

塔板费用 C_T 还与理论板数 N 有关。

(2) 塔体费用的计算

塔体费用 C_H 按下式计算：

$$C_H=F_L\exp\left[6.95+0.1808\ln W_s+0.02468(\ln W_s)^2+0.0158\frac{H}{D_T}\right] \tag{3-55}$$

$$H=H_T\frac{N}{E}+H_D+H_B \tag{3-56}$$

$$W_s=\pi D_T(H+0.8115D_T)b\rho \tag{3-57}$$

式中　W_s——塔体的质量，kg；

H——塔筒体长度加两端封头直边部分长度，m；

H_T——塔板间距，m；

H_D——塔顶空间的高度，m，一般 H_D 取 1.0~1.5m，塔径大时可适当增大；

H_B——塔底空间的高度，m，可按塔釜料液量和塔径计算，对于塔底产量大的塔，有时取 3~5min 的储量

b——塔壁厚，m；

ρ——塔壁材料密度，kg/m^3。

给定回流比 R，由式(3-52)可求出塔径 D_T。从式(3-50)可看出 C_T 与理论板数 N 有关，从式(3-55)可看出 C_H 与 H 和 W_s 有关，由式(3-57)可知 W_s 又与 H 有关，再由式(3-56)可知 H 与 N 有关，故 C_H 与 N 有关。根据式(3-49)，J_1 是 C_T 和 C_H 的函数，结合上面的分析可知 J_1 也是 N 的函数。N 与众多设计变量有关，在给定相平衡关系、进料组成、进料热状况、分离要求等条件后，N 只与回流比 R 有关，故 J_1 是 R 的单变量函数，可写成

$$J_1=J_1(R) \tag{3-58}$$

3.3.1.2　J_2 的数学模型

塔顶冷凝器的年费用 J_2 由冷却水的年费用与设备折旧费用组成。为了简化模型以便求解，计算冷凝器的费用的模型如下：

$$G=1.3f_1f_2aA_D^b \tag{3-59}$$

式中　G——冷凝器的费用，元；

A_D——冷凝器的传热面积，m^2；

f_1、f_2——冷凝器的压力和材质校正系数；

a、b——冷凝器的回归系数；

J_2 可以表达为：

$$J_2=C_WW\theta+F_cG=C_WW\theta+1.3F_cf_1f_2aA_D^b \tag{3-60}$$

式中　C_W——冷却水的价格，元/kg；

W——冷却水的流率，kg/h；

θ——操作时间，h/a；

F_c——设备折旧率，a^{-1}；

由冷凝器的热量衡算式和传热速率方程可得：

$$Q_D=\frac{(R+1)Dr_D}{3600}=\frac{Wc_p(t_2-t_1)}{3600}=K_DA_D\frac{t_2-t_1}{\ln\frac{T_D-t_1}{T_D-t_2}} \tag{3-61}$$

式中 Q_D——冷凝器的传热速率，kW；

R——回流比；

r_D——塔顶馏出物汽化潜热，kJ/kmol；

D——塔顶馏出液的流率，kmol/h；

W——冷却水的流率，kg/h；

c_p——冷却水的比热容，kJ/(kg·℃)；

t_1、t_2——冷却水的进、出口温度，℃；

T_D——塔顶蒸汽的露点温度，℃；

K_D——冷凝器的总传热系数，kW/(m²·℃)；

A_D——冷凝器的传热面积，m²。

从式(3-61)可解得 W 和 A_D 的计算式分别为：

$$W=\frac{(R+1)Dr_D}{c_p(t_2-t_1)} \tag{3-62}$$

$$A_D=\frac{(R+1)Dr_D}{3600K_D(t_2-t_1)}\times\ln\frac{T_D-t_1}{T_D-t_2} \tag{3-63}$$

将以上两式代入式(3-60)得到：

$$J_2=\frac{C_W\theta(R+1)Dr_D}{c_p(t_2-t_1)}+1.3F_cf_1f_2a\left[\frac{(R+1)Dr_D}{3600K_D(t_2-t_1)}\times\ln\frac{T_D-t_1}{T_D-t_2}\right]^b \tag{3-64}$$

从式(3-64)可看出，R 和 t_2 是设计变量，从而 J_2 可写为：

$$J_2=J_2(R,\ t_2) \tag{3-65}$$

3.3.1.3 J_3 的数学模型

间接蒸汽加热时，塔底再沸器的年费用由加热蒸汽的年费用和设备的年折旧费用组成。再沸器的价格也可用式(3-59)计算，仅式中的 f_1、f_2、a 和 b 取不同的值，并将式中的 A_D 改为 A_B，于是 J_3 可用下式计算。

$$J_3=(C_{Z0}+C_{Z1}T_s)Z\theta+1.3F_cf_1f_2aA_B^b \tag{3-66}$$

式中 C_{Z0}、C_{Z1}——饱和蒸汽的价格系数，元/kg、元/(kg·℃)；

T_s——加热用饱和水蒸气温度，℃；

Z——饱和水蒸气流率，kg/h；

θ——操作时间，h/a；

f_1、f_2——再沸器的压力和材质校正系数；

a、b——再沸器的回归系数；

A_B——再沸器的传热面积，m²。

由再沸器的热量衡算式可得

$$Q_B = \frac{Zr_s}{3600} = \frac{V'r_B}{3600} \tag{3-67}$$

式中　Q_B——再沸器的热负荷(传热速率)，kW；

r_s——饱和水蒸气汽化潜热，kJ/kg；

V'——再沸器的汽化速率(即提馏段的汽相流率)，kmol/h；

r_B——塔釜物料的汽化潜热，kJ/kmol。

将 V' 表示成回流比的函数，可得：

$$V' = V-(1-q)F = (R+1)D-(1-q)F = DR+qF-(F-D) = DR+qF-B \tag{3-68}$$

式中　V——精馏段的气相流率，kmol/h；

F、B——进料和塔底产品的流率，kmol/h；

q——进料热状况参数。

式中饱和水蒸气的汽化潜热 r_s 可用 Watson 公式计算：

$$r_s = 396.6(374.1-T_s)^{0.31} \tag{3-69}$$

由再沸器传热速率方程可得：

$$Q_B = K_B A_B (T_S - T_B) \tag{3-70}$$

式中　K_B——再沸器的总传热系数，kW/(m²·℃)；

T_B——塔底釜液的泡点温度,℃。

从式(3-67)~式(3-70)可得 Z 和 A_B 的计算式分别为：

$$Z = \frac{(DR+qF-B)r_B}{r_s} = \frac{(DR+qF-B)r_B}{396.6(374.1-T_s)^{0.31}} \tag{3-71}$$

$$A_B = \frac{(DR+qF-B)r_B}{3600K_B(T_S-T_B)} \tag{3-72}$$

将以上两式代入(3-66)得到：

$$J_3 = \frac{(C_{Z0}+C_{Z1}T_s)(DT+qF-B)r_B\theta}{396.6(374.1-T_s)^{0.31}} + 1.3F_c f_1 f_2 a\left[\frac{(DR+qF-B)r_B}{3600K_B(T_S-T_B)}\right]^b \tag{3-73}$$

从式(3-73)可看出，R 和 T_s 是设计变量，所以 J_3 可表达为：

$$J_3 = J_3(R,\ T_S) \tag{3-74}$$

3.3.2　目标函数的求解

3.3.2.1　目标函数的分解

将间接蒸汽加热时的式(3-58)、式(3-65)和式(3-74)代入式(3-48)，得：

$$J = J_1(R) + J_2(R) + J_3(R,\ T_s) \tag{3-75}$$

从上式可看出，精馏塔优化设计模型属于三变量(R，t_2，T_s)的优化问题，可采用二等级分解法求解。根据二等级分解法的基本思想，把整个精馏系统分解为三个子系统。首先对这些子系统进行局部优化即第一等级的优化，然后，把局部优化结果送入谐调级即第二等级，进行协调至整个系统达到优化。从式(3-75)可

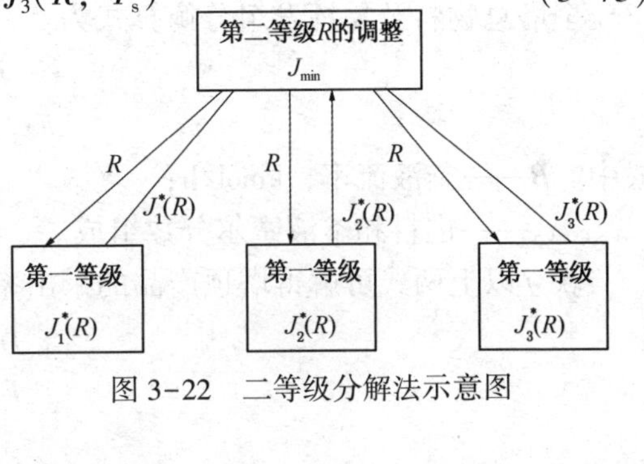

图 3-22　二等级分解法示意图

看出，J_1、J_2、J_3之间的相关变量是回流比R，故选取R为协调变量。目标函数的分解结果如图3-22所示。

3.3.2.2　给定协调变量R时J_1的局部最优解$J_1^*(R)$

第一子系统J_1仅是R的函数，给定协调变量R即可求出局部解$J_1^*(R)$。从式(3-48)可知，J_1与塔板费用C_T及塔体费用C_H有关。C_T又与板数因子F_N、塔径D_T、板效率E和理论板数N等变量有关，C_H则与塔高H、理论塔板数N、塔体质量W_s和塔径D_T有关。除理论板数N以外，上述变量的关系及计算方法在上面已详细介绍，故下面只介绍给定R时N的计算问题。

理论板数N与众多设计变量有关，在给定气、液相平衡关系、进料组成x_F、进料热状况参数q、分离要求等条件后，N只与回流比R有关。

二元理想溶液的相对挥发度α可视为常数、其气、液平衡方程为：

$$y=\frac{\alpha x}{1+(\alpha-1)x} \tag{3-76}$$

式中　y、x——平衡的气、液相摩尔分数组成；

α——平均相对挥发度。

精馏段操作线方程为：

$$y_{n+1}=\frac{R}{R+1}x_n+\frac{x_D}{R+1} \tag{3-77}$$

式中　x_D——塔顶馏出液的摩尔分数组成；

x_n——精馏段内任意第n层理论板下降的液相摩尔分数组成；

y_{n+1}——精馏段内任意第$n+1$层理论板上升的摩尔分数组成。

提馏段操作线方程为：

$$y_{m+1}=\frac{R+q\dfrac{F}{D}}{R+1-(1-q)\dfrac{F}{D}}x_m-\frac{\dfrac{F}{D}-1}{R+1-(1-q)\dfrac{F}{D}}x_B \tag{3-78}$$

式中　q——进料热状况参数；

F、D——进料和塔顶馏出液的流率，kmol/h；

x_B——釜液摩尔分数组成；

x_m——提馏段内任意第m层理论板下降的液相摩尔分数组成；

y_{m+1}——提馏段内任意第$m+1$层理论板上升的蒸汽摩尔分数组成。

全塔总物料及易挥发组分衡算式为：

$$F=D+B \tag{3-79}$$

$$Fx_F=Dx_D+Bx_B \tag{3-80}$$

式中　B——釜液流率，kmol/h；

x_F、x_B——进料和釜液摩尔分数组成。

联立以上两式可解得塔顶产品的采出率D/F和塔底产品的采出率B/F分别为：

$$\frac{D}{F}=\frac{x_F-x_B}{x_D-x_B} \tag{3-81}$$

$$\frac{B}{F}=1-\frac{D}{F}=\frac{x_D-x_F}{x_D-x_B} \tag{3-82}$$

当已知 x_F、x_D、x_B 值，由式(3-81)即可求得 D/F，将其倒数 F/D、R、q、x_B 值代入式(3-78)即可求出提馏段操作线方程。

有时题目给定塔顶易挥发组分的回收率 η_D 或塔底难挥发组分的回收率 η_B，即：

$$\eta_D=\frac{Dx_D}{Fx_F} \tag{3-83}$$

$$\eta_B=\frac{B(1-x_B)}{F(1-x_F)} \tag{3-84}$$

则可利用上述关系式求出 D/F，并结合式(3-81)求出 x_B，然后代入式(3-78)求提馏段操作线方程。

q 线方程为：

$$y=\frac{q}{q-1}x-\frac{x_F}{q-1} \tag{3-85}$$

将 q 线方程与精馏段操作线方程[将式(3-77)中 y、x 的下标略去]联立，即可求得两操作线交点的横坐标 x_d 为：

$$x_d=\frac{(R+1)x_F+(q-1)x_D}{R+q} \tag{3-86}$$

从塔顶开始，若塔顶为全凝器，则 $y_1=x_D$，然后交替使用相平衡方程和精馏段操作线方程，进行逐板计算，至 $x\leqslant x_d$ 后，改用提馏段操作线方程和相平衡方程进行逐板下行计算，直至 $x\leqslant x_B$ 为止。计算过程使用了几次相平衡方程就代表需要几块理论板，故实际的理论板数应扣去再沸器相当的一块理论板，跨过 x_d 的那块理论板即为加料板。上述求 N 的方法称为逐板计算法，逐板计算法很容易实现编程。

当求出后，结合上面求出的其他有关变量，则塔板费用和塔体费用即可求出，于是根据式(3-49)，给定时的局部解可求得，记为：

$$J_1=J_1^*(R) \tag{3-87}$$

3.3.2.3　给定协调变量 R 时 J_2 的局部最优解 $J_2^*(R)$

第二子系统 J_2 是 R 和 t_2 的函数，给定协调变量 R 时 J_2 对 t_2 求偏导数并令其为零，由此确定局部最优点 $t_{2,\mathrm{opt}}(R)$，然后将其代入 J_2 的表达式即可求得 J_2 的局部最优解。为此，将式(3-64)对 t_2 求偏导数并整理，令其等于零得到：

$$\frac{\partial J_2}{\partial t_2}=-\frac{C_W\theta}{c_p}+C_1\left(\frac{X-1}{X\ln X}\right)^{1-b}(X-1-\ln X)=0 \tag{3-88}$$

式中

$$X=\frac{(T_D-t_1)}{(T_D-t_2)} \tag{3-89}$$

$$C_1=\frac{1.3abf_1f_2F_c}{(3600K_D)^b}\times\left[\frac{(R+1)Dr_D}{T_D-t_1}\right]^{b-1} \tag{3-90}$$

在给定 R 时，式(3-89)为 X 的单变量函数，令它等于 $f(X)$，并对 X 求导并整理得：

$$f'(X)=C_1\left(\frac{X-1}{X\ln X}\right)^{2-b}\left[\frac{(b-1)(X-1-\ln X)^2}{(X-1)^2}+\ln X\right] \tag{3-91}$$

由于式(3-88)一阶导数可求，故可用牛顿迭代法先求得 X，再由 X 的定义式(3-89)求得给定 R 时冷凝器中冷却水最佳出口温度 $t_{2,\mathrm{opt}}(R)$，然后将其代入式(3-64)即可求得给定 R 时子系统二的局部最优解，记为：

$$J_2 = J_2^*(R) \tag{3-92}$$

3.3.2.4　给定协调变量 R 时 J_3 的局部最优解 $J_3^*(R)$

第三子系统 J_3 是 R 和 T_s 的函数，给定协调变量 R 时 J_3 对 T_s 求偏导数并令其为零，由此先确定局部最优点 $T_{s,\mathrm{opt}}(\mathrm{R})$，然后将其代入 J_3 的表达式既可求出 J_3 的局部最优解。为此将式(3-73)对 T_s 求偏导数并整理，令其等于零得到：

$$\begin{aligned}\frac{\partial J_3}{\partial T_s} &= \frac{C_{Z1}\theta}{396.6(374.1-T_s)^{0.31}} + \frac{0.31(C_{Z0}+C_{Z1}T_s)\theta}{396.6(374.1-T_s)^{1.31}} \\ &= \frac{1.3abf_1f_2F_s}{(3600K_B)^b[(DR+qF-B)r_B]^{1-b}(T_s-T_B)^{1+b}} = 0\end{aligned} \tag{3-93}$$

上式在给定 R 时是 T_s 的单变量函数，其对 T_s 的一阶导数易求，因而也可用牛顿迭代法求得给定 R 时再沸器中加热蒸汽的最佳温度 $T_{s,\mathrm{opt}}(R)$，然后将其代入式(3-73)即可求出给定 R 时子系统三的局部最优解，记为：

$$J_3 = J_3^*(R) \tag{3-94}$$

3.3.2.5　全局最优解

将给定协调变量 R 时子系统一的局部解式(3-87)，子系统二、三的局部最优解式(3-92)和式(3-94)送入第二等级，即协调级得到：

$$J = J_1^*(R) + J_2^*(R) + J_3^*(R) \tag{3-95}$$

在第二等级对 J 值进行判断，如果 J 不是最小，则要改变协调变量 R 进行搜索，使各子系统的局部解及局部最优解逐次逼近整个系统的全局最优解，即使式(3-95)最小。由于目标函数很复杂，只能用各种一维直接搜索的最优化方法，如黄金分割法或菲波拿契法搜索确定协调变量 R 的最优值。根据精馏问题的工程经验，目标函数为单谷函数，其极小值必定落在变量 R 的下述区间范围内，即：

$$1.05R_{\min} < R < 2.0R_{\min} \tag{3-96}$$

于是可取搜索区间的左端点 $a = 1.05R_{\min}$、右端点 $b = 2.0R_{\min}$。剩下的问题是 $R_{\min}$ 如何确定。对二元溶液，$R_{\min}$ 可用下式计算：

$$R_{\min} = \frac{x_D - y_e}{y_e - x_e} \tag{3-97}$$

式中　$R_{\min}$——最小回流比；

　　x_D——馏出液摩尔分数组成。

3.4　浮阀精馏塔设计示例

3.4.1　化工原理课程设计任务书

设计题目：分离乙醇-水混合液的浮阀精馏塔设计

原始数据及条件

生产能力：年处理乙醇-水混合液 14.0×10^4t(开工率 300 天/a)；

原料：乙醇含量为 20%(质量)的常温液体；

分离要求：塔顶乙醇含量不低于 95%(质量)；

塔底乙醇含量不高于 0.2%(质量)。

建厂地址：江苏常州。

3.4.2　塔板的工艺设计

3.4.2.1　精馏塔全塔物料衡算

F：原料液流量(kmol/s)　　x_F：原料组成(mol%)

D：塔顶产品流量(kmol/s)　　x_D：塔顶组成(mol%)

W：塔底残液流量(kmol/s)　　x_W：塔底组成(mol%)

原料乙醇组成：$x_F = \dfrac{20/46}{20/46 + 80/18} = 8.91\%$

塔顶组成：$x_D = \dfrac{95/46}{95/46 + 5/18} = 88.14\%$

塔底组成：$x_W = \dfrac{0.2/46}{0.2/46 + 99.8/18} = 0.078\%$

进料量：$F = 14.0 \times 10^4 t/a = \dfrac{14 \times 10^4 \times 10^3\ [0.2/46 + (1 - 0.2)/18]}{300 \times 24 \times 3600} = 0.2635(kmol/s)$

物料衡算式：$F = D + W$

$F\ x_F = D\ x_D + W\ x_W$

联立代入求解：$D = 0.0264$(kmol/s)　　$W = 0.2371$(kmol/s)

3.4.2.2　常压下乙醇-水气、液平衡组成与温度关系(表 3-11)

在示例中对表格、图和公式未编号，在设计说明书中要求严格编号。

表 3-11　乙醇-水气、液平衡组成(摩尔)与温度关系

温度/℃	液相	气相	温度/℃	液相	气相	温度/℃	液相	气相
100	0	0	82.7	23.37	54.45	79.3	57.32	68.41
95.5	1.90	17.00	82.3	26.08	55.80	78.74	67.63	73.85
89.0	7.21	38.91	81.5	32.73	59.26	78.41	74.72	78.15
86.7	9.66	43.75	80.7	39.65	61.22	78.15	89.43	89.43
85.3	12.38	47.04	79.8	50.79	65.64			
84.1	16.61	50.89	79.7	51.98	65.99			

(1) 温度

利用表 3-11 中数据由拉格朗日插值可求得 t_F、t_D、t_W。

① t_F：$\dfrac{89.0 - 86.7}{7.21 - 9.66} = \dfrac{t_F - 89.0}{8.91 - 7.21}$，　$t_F = 87.41℃$

② t_D：$\dfrac{78.15 - 78.41}{89.43 - 74.72} = \dfrac{t_D - 78.15}{88.14 - 89.43}$，　$t_D = 78.17℃$

③ t_W：$\dfrac{100 - 95.5}{0 - 1.90} = \dfrac{t_W - 100}{0.078 - 0}$，　$t_W = 99.82℃$

④ 精馏段平均温度：$\bar{t}_1 = \dfrac{t_F + t_D}{2} = \dfrac{87.41 + 78.17}{2} = 82.79(℃)$

⑤ 提馏段平均温度：$\bar{t}_2 = \dfrac{t_F + t_W}{2} = 93.61(℃)$

（2）密度

已知：混合液密度：$\dfrac{1}{\rho_L} = \dfrac{a_A}{\rho_A} + \dfrac{a_B}{\rho_B}$（$a$ 为质量分率，$\overline{M}$ 为平均相对分子质量），不同温度下乙醇和水的密度见表 3－12。

混合气密度：$\rho_V = \dfrac{T_0 P \overline{M}}{22.4 T P_0}$

① 精馏段：

$\bar{t}_1 = 82.79℃$

液相组成 x_1：$\dfrac{84.1 - 82.7}{16.61 - 23.37} = \dfrac{82.79 - 82.7}{x_1 - 23.37}$，　　$x_1 = 22.94\%$

气相组成 y_1：$\dfrac{84.1 - 82.7}{50.89 - 54.45} = \dfrac{82.79 - 82.7}{y_1 - 54.45}$，　　$y_1 = 54.22\%$

所以　$\overline{M_{L1}} = 46 \times 0.2294 + 18 \times (1 - 0.2294) = 24.42(\text{kg/kmol})$

$\overline{M_{V1}} = 46 \times 0.5422 + 18 \times (1 - 0.5422) = 33.18(\text{kg/kmol})$

② 提馏段：

$\bar{t}_2 = 93.61℃$

液相组成 x_2：$\dfrac{95.5 - 89.0}{1.9 - 7.21} = \dfrac{93.61 - 89.0}{x_2 - 7.21}$，　　$x_2 = 3.44\%$

气相组成 y_2：$\dfrac{95.5 - 89.0}{17.00 - 38.91} = \dfrac{93.61 - 89.0}{y_2 - 38.91}$，　　$y_2 = 23.37\%$

所以　$\overline{M_{L2}} = 46 \times 0.0344 + 18 \times (1 - 0.0344) = 18.96(\text{kg/kmol})$

$\overline{M_{V2}} = 46 \times 0.2337 + 18 \times (1 - 0.2337) = 24.54(\text{kg/kmol})$

表 3-12　不同温度下乙醇和水的密度

温度/℃	$\rho_乙$	$\rho_水$	温度/℃	$\rho_乙$	$\rho_水$
80	735	971.8	95	720	961.85
85	730	968.6	100	716	958.4
90	724	965.3			

求得在 $\bar{t}_1$ 与 $\bar{t}_2$ 下的乙醇和水的密度。

$\bar{t}_1 = 82.79℃$，$\dfrac{85 - 80}{968.6 - 971.8} = \dfrac{82.79 - 80}{\rho_乙 - 735}$，　　$\rho_乙 = 732.21\text{kg/m}^3$

$\dfrac{85 - 80}{968.6 - 971.8} = \dfrac{82.79 - 80}{\rho_水 - 971.8}$，　　$\rho_水 = 970.01\text{kg/m}^3$

同理：$\bar{t}_2 = 93.61℃$，$\rho'_乙 = 721.11\text{kg/m}^3$，$\rho'_水 = 962.81\text{kg/m}^3$

在精馏段：液相密度 ρ_{L1}：

$$\frac{1}{\rho_{L1}} = \frac{0.2294 \times 46 / [0.2294 \times 46 + 18 \times (1 - 0.2294)]}{732.21} + \frac{1 - 0.4321}{970.01}$$

$\rho_{L1} = 851.06\text{kg/m}^3$

气相密度：$\rho_{V1}=\dfrac{33.18\times273.15}{22.4\times(273.15+82.79)}=1.14(kg/m^3)$

在提馏段：液相密度 ρ_{L2}：

$$\frac{1}{\rho_{L2}}=\frac{0.0344\times46/[0.0344\times46+18\times(1-0.0344)]}{721.11}+\frac{1-0.08345}{962.81}$$

$\rho_{L2}=936.62(kg/m^3)$

气相密度：$\rho_{V2}=24.54\times\dfrac{273.15}{22.4}\times(273.15+93.61)=0.819(kg/m^3)$

(3) 混合液体表面张力

不同温度下乙醇和水的表面张力见表 3-13。二元有机物-水溶液表面张力可用下列各式计算。

公式：
$$\sigma_m^{1/4}=\varphi_{sw}\sigma_w^{1/4}+\varphi_{so}\sigma_o^{1/4}$$

注：$\sigma_w=\dfrac{x_wV_w}{x_wV_w+x_oV_o}$　　$\varphi_o=\dfrac{x_oV_o}{x_wV_w+x_oV_o}$

$\varphi_{sw}=x_{sw}V_w/V_s$，　$\varphi_{so}=\dfrac{x_{so}V_o}{V_s}$，

$B=\lg\left(\dfrac{\varphi_w^q}{\varphi_o}\right)$，　$Q=0.441\times\left(\dfrac{q}{T}\right)\left[\dfrac{\sigma_oV_o^{2/3}}{q}-\sigma_wV_w^{2/3}\right]$，

$A=B+Q$，　$A=\lg\left(\dfrac{\varphi_{sw}^2}{\varphi_{so}}\right)$，　$\varphi_{sw}+\varphi_{so}=1$

式中下角标，w、o、s 分别代表水、有机物及表面部分，x_w、x_o 指主体部分的分子数，V_w、V_o 为主体部分的分子体积，δ_w、δ_o 为纯水、有机物的表面张力，对乙醇 $q=2$。

① 精馏段 $\bar{t}_1=82.79℃$：

表 3-13　乙醇和水不同温度下的表面张力

温度/℃	70	80	90	100
乙醇表面张力/(mN/m)	18	17.15	16.2	15.2
水表面张力/(mN/m)	64.3	62.6	60.7	58.8

$$V_m=\frac{m_w}{\rho_w}=\frac{18}{851.06}=21.15\ (cm^3/mol)$$

$$V_o=\frac{m_o}{\rho_o}=\frac{46}{1.14}=40.35\ (cm^3/mol)$$

乙醇表面张力：$\dfrac{90-80}{90-82.79}=\dfrac{16.2-17.15}{16.2-\sigma_{乙醇}}$，　$\sigma_{乙醇}=16.885$

水表面张力：$\dfrac{90-80}{60.7-62.6}=\dfrac{90-82.79}{60.7-\sigma_{水}}$，　$\sigma_{水}=62.070$

$$\frac{\varphi_w^2}{\varphi_o}=\frac{(x_wV_w)^2}{x_oV_o(x_wV_w+X_oV_o)}=\frac{[(1-x_o)V_w]^2}{x_oV_o[x_wV_w+x_oV_o]}$$

$$=\frac{[(1-0.2294)\times21.15]^2}{0.2294\times40.35\times[0.7706\times21.15+0.2294\times40.35]}=1.46$$

因为 $x_D = 0.2294$，所以 $x_w = 1 - 0.2294 = 0.7706$

$$B = \lg\left(\frac{\varphi_w^2}{\varphi_o}\right) = \lg 1.46 = 0.164$$

$$Q = 0.441 \times \left(\frac{q}{T}\right) \times \left[\frac{\delta_o V_o^{2/3}}{q} - \delta_w V_w^{2/3}\right]$$

$$= 0.441 \times \left(\frac{2}{82.79 + 273.15}\right) \times \left[\frac{16.885 \times 40.035^{2/3}}{2} - 62.070 \times 21.15^{2/3}\right] = -0.930$$

$A = B + Q = 0.164 - 0.930 = -0.766$

联立方程组 $A = \lg\left(\frac{\varphi_{sw}^2}{\varphi_{so}}\right)$，　$\varphi_{sw} + \varphi_{so} = 1$

代入求得：$\varphi_{sw} = 0.270$，　$\varphi_{so} = 0.730$

$$\sigma_m^{1/4} = 0.270 \times 62.070^{1/4} + 0.730 \times 16.885^{1/4}, \ \sigma_m = 25.99$$

② 提馏段 $\bar{t}_2 = 93.61℃$：

$$V'_m = \frac{m_w}{\rho_w} = \frac{18}{936.62} = 19.22 cm^3/mol, \ V'_o = \frac{m_o}{\rho'_o} = \frac{46}{0.819} = 56.17 \ cm^3/mol$$

乙醇表面张力：$\frac{100 - 90}{15.2 - 16.2} = \frac{100 - 93.61}{15.2 - \sigma'_{乙醇}}$，　解得：$\sigma'_{乙醇} = 15.839$

水表面张力：$\frac{100 - 90}{58.8 - 16.2} = \frac{100 - 93.61}{58.8 - \sigma'_{水}}$，　解得：$\sigma'_{水} = 60.014$

$$\frac{\varphi_w^2}{\varphi'_o} = \frac{[(1 - 0.0344) \times 19.22]^2}{0.0344 \times 56.17 \times (0.9656 \times 19.22 - 0.0344 \times 56.17)} = 10.72$$

因为 $x'_D = 0.0344$，所以 $x_w = 1 - 0.0344 = 0.9656$

$$B' = \lg\left(\frac{\varphi'^2_w}{\varphi'_o}\right) = \lg 13.78 = 1.14$$

$$Q' = 0.441 \times \left(\frac{2}{93.61 + 273.15}\right) \times \left[\frac{15.839 \times 36.66^{2/3}}{2} - 60.014 \times 19.22^{2/3}\right] = -0.825$$

$A' = B' + Q' = 1.14 - 0.825 = 0.315$

联立方程组 $A' = \lg\left(\frac{\varphi'^2_{sw}}{\varphi'_{so}}\right)$，　$\varphi'_{sw} + \varphi'_{so} = 1$

代入求得：$\varphi'_{sw} = 0.737$，$\varphi'_{so} = 0.263$，$\sigma'_m = 44.03$

(4) 混合物的黏度

$\bar{t}_1 = 82.79℃$，查表得：$\mu_{水} = 0.3439 mPa \cdot s$，$\mu_{醇} = 0.433 mPa \cdot s$

$\bar{t}_2 = 93.61℃$，查表得：$\mu'_{水} = 0.298 mPa \cdot s$，$\mu'_{醇} = 0.381 mPa \cdot s$

精馏段黏度：$\mu_1 = \mu_{醇} x_1 + \mu_{水}(1 - x_1)$

$$= 0.433 \times 0.2294 + 0.3439 \times (1 - 0.2294) = 0.3643 mPa \cdot s$$

提馏段黏度：$\mu_2 = \mu'_{醇} x_2 + \mu'_{水}(1 - x_2)$

$$= 0.381 \times 0.0344 + 0.298 \times (1 - 0.0344) = 0.3009 mPa \cdot s$$

(5) 相对挥发度

① 精馏段挥发度：由 $x_A = 0.2294$，$y_A = 0.5422$ 得 $x_B = 0.7706$，$y_B = 0.4578$

所以　$\alpha = \frac{y_A x_B}{y_B x_A} = \frac{0.5422 \times 0.7706}{0.4578 \times 0.2294} = 3.98$

② 提馏段挥发度：由 $x'_A = 0.0344$，$y'_A = 0.2337$ 得 $x'_B = 0.9656$，$y'_B = 0.7663$

(6) 气、液相体积流量计算

根据 x-y 图得：　$R_{min} = \frac{x_D - y_q}{y_q - x_q} = \frac{0.8814 - 0.3025}{0.7663 - 0.0891} = 2.731$

取 $R = 1.5R_{min} = 1.5 \times 2.713 = 4.07$

① 精馏段：$L = RD = 4.07 \times 0.0264 = 0.107(\text{kmol/s})$

$$V = (R + 1) D = (4.07 + 1) \times 0.0264 = 0.134(\text{kmol/s})$$

已知：$\overline{M_{L1}} = 24.42\text{kg/kmol}$，$\overline{M_{V1}} = 33.18\text{kg/kmol}$

$\rho_{L1} = 851.06\text{kg/kmol}$，$\rho_{V1} = 1.14\text{kg/kmol}$

则有质量流量：$L_1 = \overline{M_{L1}} L = 24.42 \times 0.107 = 2.613(\text{kg/s})$

$$V_1 = \overline{M_{V1}} V = 33.18 \times 0.134 = 4.446(\text{kg/s})$$

体积流量：$L_{s1} = \frac{L_1}{\rho_{L1}} = \frac{2.613}{851.06} = 3.07 \times 10^{-3}\ (\text{m}^3/\text{s})$

$$V_{s1} = \frac{V_1}{\rho_{V1}} = \frac{4.446}{1.14} = 3.90(\text{m}^3/\text{s})$$

② 提馏段：因本设计为饱和液体进料，所以 $q = 1$。

$$L' = L + qF = 0.107 + 1 \times 0.2635 = 0.3705\ (\text{kmol/s})$$

$$V' = V + (q - 1) F = 0.134\ (\text{kmol/s})$$

已知：$\overline{M_{L2}} = 18.96\text{kg/kmol}$，$\overline{M_{V2}} = 24.54\text{kg/kmol}$

$\rho_{L2} = 936.62\text{kg/kmol}$，$\rho_{V2} = 0.819\text{kg/kmol}$

则有质量流量：$L_2 = \overline{M_{L2}} L' = 18.96 \times 0.3705 = 7.0247(\text{kg/s})$

$$V_2 = \overline{M_{V2}} V' = 24.54 \times 0.134 = 3.2884(\text{kg/s})$$

$$W = L_2 - V_2 = 7.0247 - 3.2884 = 3.7363(\text{kg/s})$$

体积流量：$L_{s2} = \frac{L_2}{\rho_{L2}} = \frac{7.0247}{936.62} = 7.50 \times 10^{-3}\ (\text{m}^3/\text{s})$

$$V_{s2} = \frac{V_2}{\rho_{V2}} = \frac{3.2884}{0.819} = 4.015(\text{m}^3/\text{s})$$

3.4.2.3　理论塔板的计算

理论板：指离开这种板的气、液两相互成平衡，而且塔板上液相组成均匀。

理论板的计算方法：可采用逐板计算法、图解法，在本次实验设计中采用图解法。

根据在 1.01325×10^5Pa 下，乙醇-水的气、液平衡组成关系可绘出平衡曲线，即 x-y 曲线图，泡点进料，所以 $q = 1$，即 q 为一直线，本平衡具有下凹部分，操作线尚未落到平衡线前，已与平衡线相切，如图(图略)：$x_q = 0.0891$，$y_q = 0.3025$，所以 $R_{min} = 2.713$，操作回流比 $R = 1.5R_{min} = 1.5 \times 2.713 = 4.07$。

已知：精馏段操作线方程：$y_{n+1} = \frac{R}{R+1} x_n + \frac{x_D}{R+1} = 0.803x_n + 0.174$

提馏段操作线方程：$y_{m+1} = \frac{L+qF}{L+qF-W}x_m - \frac{Wx_w}{L+qF-W} = 0.2777x_m - 0.00139$

在图上作操作线，由点(0.8814，0.8814)起在平衡线与操作线间画阶梯，过精馏段操作线与 q 线交点，直到阶梯与平衡线交点小于 0.00078 为止，由此得到理论板 $N_T =$ 26 块(包括再沸器)加料板为第 24 块理论板。

板效率与塔板结构、操作条件、物质的物理性质及流体力学性质有关，它反映了实际塔板上传质过程进行的程度。板效率可用奥康奈尔公式 $E_T = 0.49(\alpha\mu_L)^{-0.245}$ 计算。

式中　α——塔顶与塔底平均温度下的相对挥发度；

μ_L——塔顶与塔底平均温度下的液相黏度 mPa·s。

(1) 精馏段

已知：$\alpha = 3.98$，$\mu_{L1} = 0.3643\text{mPa·s}$

所以：$E_T = 0.49 \times (3.98 \times 0.3643)^{-0.245} = 0.447$

$$N_{P精} = \frac{N_T}{E_T} = \frac{23}{0.447} = 51.5\text{，故 } N_{P精} = 52(\text{块})$$

(2) 提馏段

已知：$\alpha' = 8.56$，$\mu_{L2} = 0.3009\text{mPa·s}$

所以：$E'_T = 0.49 \times (8.56 \times 0.3009)^{-0.245} = 0.389$，$N_{P提} = \frac{N'_T}{E'_T} = \frac{3-1}{0.389} = 5.14$

故 $N_{P提} = 6$(块)

全塔所需实际塔板数：$N_P = N_{P精} + N_{P提} = 52 + 6 = 58$(块)

全塔效率：$E_T = \frac{N_T}{N_P} = \frac{26-1}{58} \times 100\% = 43.10\%$

加料板位置在第 53 块塔板。

3.4.2.4　塔径的初步设计

(1) 精馏段

由 $u = (0.6 \sim 0.8) \times u_{max}$，$u_{max} = C\sqrt{\frac{\rho_L - \rho_V}{\rho_V}}$，式中 C 可由史密斯关联图查出：

横坐标数值：$\frac{L_{s1}}{V_{s1}} \times \left(\frac{\rho_{L1}}{\rho_{V1}}\right)^{1/2} = \frac{3.07 \times 10^{-3}}{3.90} \times \left(\frac{851.06}{1.14}\right)^{1/2} = 0.02$

取板间距：$H_T = 0.45\text{m}$，$h_L = 0.07\text{m}$，则 $H_T - h_L = 0.38(\text{m})$

查图可知 $C_{20} = 0.076$，$C = C_{20}\left(\frac{\sigma}{20}\right)^{0.2} = 0.076 \times \left(\frac{25.99}{20}\right)^{0.2} = 0.08$

$$u_{max} = 0.08 \times \sqrt{\frac{851.06 - 1.14}{1.14}} = 2.184(\text{m/s})$$

$$u_1 = 0.7u_{max} = 0.7 \times 2.184 = 1.529(\text{m/s})$$

$$D_1 = \sqrt{\frac{4V_{s1}}{\pi u_1}} = \sqrt{\frac{4 \times 3.90}{3.14 \times 1.529}} = 1.8(\text{m})$$

横截面积：$A_T = 0.785 \times 1.8^2 = 2.54(\text{m}^2)$，空塔气速：$u'_1 = \frac{3.90}{2.54} = 1.54(\text{m/s})$

(2) 提馏段

横坐标数值：$\frac{L_{s2}}{V_{s2}} \times \left(\frac{\rho_{L2}}{\rho_{V2}}\right)^{1/2} = \frac{7.50 \times 10^{-3}}{4.015} \times \left(\frac{936.62}{0.819}\right)^{1/2} = 0.063$

取板间距：$H'_T = 0.45\text{m}$，$h'_L = 0.07\text{m}$，则 $H'_T - h'_L = 0.38\text{m}$

查图可知 $C_{20} = 0.076$，$C = C_{20}\left(\frac{\sigma'}{20}\right)^{0.2} = 0.076 \times \left(\frac{44.03}{20}\right)^{0.2} = 0.089$

$$u'_{max} = 0.089 \times \sqrt{\frac{936.62 - 0.819}{0.819}} = 3.01(\text{m/s})$$

$$u_2 = 0.7u'_{max} = 0.7 \times 3.01 = 2.11(\text{m/s})$$

$$D_2 = \sqrt{\frac{4V_{s2}}{\pi u_2}} = \sqrt{\frac{4 \times 4.015}{3.14 \times 2.11}} = 1.56(\text{m})$$

圆整：$D_2 = 1.8\text{m}$，横截面积：$A'_T = 0.785 \times 1.8^2 = 2.54(\text{m}^2)$

空塔气速：$u'_2 = \frac{4.015}{2.54} = 1.58(\text{m/s})$

3.4.2.5　溢流装置

(1) 堰长 l_W

取 $l_W = 0.65D = 0.65 \times 1.8 = 1.17(\text{m})$

出口堰高：本设计采用平直堰，堰上液高度 h_{ow} 按下式计算：

$$h_{ow} = \frac{2.84}{1000}E\left(\frac{L_A}{l_w}\right)^{2/3} \quad \text{近似取 } E = 1$$

① 精馏段：

$$h_{ow} = \frac{2.84}{1000} \times \left(\frac{3600 \times 3.07 \times 10^{-3}}{1.17}\right)^{2/3} = 0.0127\ (\text{m})$$

$$h_w = h_L - h_{ow} = 0.07 - 0.0127 = 0.0573\ (\text{m})$$

② 提馏段

$$h_{ow} = \frac{2.84}{1000} \times \left(\frac{3600 \times 7.50 \times 10^{-3}}{1.17}\right)^{2/3} = 0.0230\ (\text{m})$$

$$h'_w = h'_L - h'_w = 0.07 - 0.023 = 0.0470\ (\text{m})$$

(2) 弓形降液管的宽度和横截面

查图得：$\frac{A_f}{A_T} = 0.0721$，$\frac{W_d}{D} = 0.124$，

则：$A_f = 0.0721 \times 2.54 = 0.183(\text{m}^2)$，$W_d = 0.124 \times 1.8 = 0.223(\text{m})$

验算降液管内停留时间：

精馏段：$\theta = \frac{A_f H_T}{L_{s1}} = \frac{0.183 \times 0.45}{3.07 \times 10^{-3}} = 26.82(\text{s})$

提馏段：$\theta' = \frac{A_f H'_T}{L_{s2}} = \frac{0.183 \times 0.45}{7.50 \times 10^{-3}} = 10.98(\text{s})$

停留时间 $\theta > 5\text{s}$。故降液管可使用。

(3) 降液管底隙高度

① 精馏段：

取降液管底隙的流速 $u_0 = 0.13\mathrm{m/s}$ ，则 $h_0 = \dfrac{L_{s1}}{l_w u_0} = \dfrac{3.07 \times 10^{-3}}{1.17 \times 0.13} = 0.02(\mathrm{m})$

② 提馏段：

取 $u'_0 = 0.13\mathrm{m/s}$ ，$h'_0 = \dfrac{L_{s2}}{l_w u'_0} = \dfrac{7.50 \times 10^{-3}}{1.17 \times 0.13} = 0.049(\mathrm{m})$，取 $h'_0 = 0.05\mathrm{m}$

因为 h'_0 不小于 20mm，故 h_0 满足要求。

3.4.2.6 塔板布置及浮阀数目与排列

(1) 塔板分布

本设计塔径 $D = 1.8\mathrm{m}$ ，采用分块式塔板，以便通过人孔装拆塔板。

(2)浮阀数目与排列

① 精馏段：

取阀孔动能因子 $F = 12$ ，则孔速 u_{01} 为：

$$u_{01} = \frac{F}{\sqrt{\rho_{V1}}} = \frac{12}{\sqrt{1.14}} = 11.24\ (\mathrm{m/s})$$

每层塔板上浮阀数目为：

$$N = \frac{V_{s1}}{\dfrac{\pi}{4}d_0^2 u_{01}} = \frac{3.90}{0.785 \times 0.039^2 \times 11.24} = 291(\text{个})(\text{采用} F1 \text{型浮阀})$$

取边缘区宽度 $W_C = 0.06\mathrm{m}$ ，破沫区宽度 $W_S = 0.10\mathrm{m}$

计算塔板上的鼓泡区面积，即：$A_a = 2\left[x\sqrt{R^2 - x^2} + \dfrac{\pi}{180}R^2 \arcsin\dfrac{x}{R}\right]$

其中 $R = \dfrac{D}{2} - W_C = \dfrac{1.8}{2} - 0.06 = 0.84(\mathrm{m})$

$$x = \frac{D}{2} - (W_d + W_S) = \frac{1.8}{2} - (0.223 + 0.10) = 0.577(\mathrm{m})$$

所以 $A_a = 2 \times \left[0.577 \times \sqrt{0.84^2 - 0.577^2} + \dfrac{3.14}{180} \times 0.84^2 \arcsin\dfrac{0.577}{0.84}\right] = 1.77(\mathrm{m}^2)$

浮阀排列方式采用等腰三角形叉排，取同一个横排的孔心距 $t = 75\mathrm{mm}$

则排间距：$t' = \dfrac{A_a}{Nt} = \dfrac{1.77}{291 \times 0.075} = 0.081\mathrm{m} = 81(\mathrm{mm})$

考虑到塔的直径较大，必须采用分块式塔板，而各分块的支撑与衔接也要占去一部分鼓泡区面积，因此排间距不宜采用 81mm，而应小些，故取 $t' = 65\mathrm{mm} = 0.065\mathrm{m}$ ，按 $t = 75\mathrm{mm}$，$t' = 65\mathrm{mm}$ ，以等腰三角形叉排方式作图，排得阀数 288 个。

按 $N = 288$ 重新核算孔速及阀孔动能因数。

$$u'_{01} = \frac{3.90}{\dfrac{\pi}{4} \times 0.039^2 \times 288} = 11.34\ (\mathrm{m/s})$$

$$F'_0 = 11.34 \times \sqrt{1.14} = 12.11$$

阀孔动能因数变化不大，仍在 9~13 范围内。

塔板开孔率 $= \dfrac{u}{u'_0} = \dfrac{1.54}{11.34} \times 100\% = 13.58\%$

② 提馏段：

取阀孔动能因子 $F_0 = 12$，则 $u'_{02} = \dfrac{F_0}{\sqrt{\rho_{V2}}} = \dfrac{12}{\sqrt{0.819}} = 13.26(\mathrm{m/s})$

每层塔板上浮阀数目为：$N' = \dfrac{V_{s2}}{\dfrac{\pi}{4}d_0^2 u'_{02}} = \dfrac{4.015}{0.785 \times 0.039^2 \times 13.26} = 254(\text{块})$

按 $t = 75\mathrm{mm}$，估算排间距，$t' = \dfrac{1.77}{254 \times 0.075} = 0.093\mathrm{m} = 93(\mathrm{mm})$

取 $t' = 80\mathrm{mm}$，排得阀数为 244 块。

按 $N = 244$ 块重新核算孔速及阀孔动能因数。

$$u_{02} = \frac{4.015}{0.785 \times 0.039^2 \times 244} = 13.78\ (\mathrm{m/s})$$

$$F_{02} = 13.78 \times \sqrt{0.819} = 12.47$$

阀孔动能因数变化不大，仍在 9~13 范围内。

塔板开孔率 $= \dfrac{u}{u_0} = \dfrac{1.58}{13.78} \times 100\% = 11.47\%$

浮阀数排列方式如图所示(图略)。

3.4.3 塔板的流体力学计算

3.4.3.1 气相通过浮阀塔板的压降

可根据 $h_p = h_c + h_1 + h_\sigma$ 计算。

(1) 精馏段

① 干板阻力：$u_{0c1} = \sqrt[1.825]{\dfrac{73.1}{\rho_{V1}}} = \sqrt[1.825]{\dfrac{73.1}{1.14}} = 9.78(\mathrm{m/s})$

因 $u_{01} > u_{0c1}$，故：$h_{c1} = 5.34 \times \dfrac{\rho_{V1} u_0^2}{2\rho_{L1} g} = 5.34 \times \dfrac{1.14 \times 11.34^2}{2 \times 851.06 \times 9.8} = 0.047(\mathrm{m})$

② 板上充气液层阻力：

取 $\varepsilon_0 = 0.5$，$h_{L1} = \varepsilon_0 h_L = 0.5 \times 0.07 = 0.035(\mathrm{m})$

③ 液体表面张力所造成的阻力：

此阻力很小，可忽略不计，因此与气体流经塔板的压降相当的高度为：

$$h_{P1} = 0.047 + 0.035 = 0.082\ (\mathrm{m})$$

$$\Delta p_{P1} = h_{P1} \rho_{L1} g = 0.082 \times 851.06 \times 9.8 = 683.91\ (\mathrm{Pa})$$

(2) 提馏段

① 干板阻力：$u_{0c2} = \sqrt[1.825]{\dfrac{73.1}{\rho_{V2}}} = \sqrt[1.825]{\dfrac{73.1}{0.819}} = 11.72(\mathrm{m/s})$

因 $u_{02} > u_{0c2}$，故：$h_{c2} = 5.34 \times \dfrac{\rho_{V2} u_{02}^2}{2\rho_{L2} g} = 5.34 \times \dfrac{0.819 \times 13.78^2}{2 \times 936.62 \times 9.8} = 0.045(\mathrm{m})$

② 板上充气液层阻力：取 $\varepsilon_0 = 0.5$，$h_{L2} = \varepsilon_0 h_L = 0.5 \times 0.07 = 0.035(\mathrm{m})$

③ 液体表面张力所造成的阻力：

此阻力很小，可忽略不计，因此与单板的压降相当的液柱高度为：

$$h_{P2} = 0.045 + 0.035 = 0.080\ (\mathrm{m})$$

$$\Delta p_{P2} = h_{P2}\rho_{L2}g = 0.080 \times 944.91 \times 9.8 = 703.77\ (\mathrm{Pa})$$

3.4.3.2 淹塔

为了防止发生淹塔现象，要求控制降液管中清液高度。

$$H_d \leqslant \phi(H_T + h_W)，即\ H_d = h_P + h_L + h_d$$

(1) 精馏段

① 单层气体通过塔板压降所相当的液柱高度：$h_{P1} = 0.082(\mathrm{m})$

② 液体通过液体降液管的压头损失：

$$h_{d1} = 0.153\left(\frac{L_{s1}}{l_w h_{01}}\right)^2 = 0.153 \times \left(\frac{3.07 \times 10^{-3}}{1.17 \times 0.02}\right)^2 = 0.0026\ (\mathrm{m})$$

③ 板上液层高度：$h_L = 0.07\mathrm{m}$，则 $H_{d1} = 0.082 + 0.0026 + 0.07 = 0.15(\mathrm{m})$

取 $\phi = 0.5$，已选定 $H_T = 0.45m$，$h_{w1} = 0.0583\mathrm{m}$

则 $\phi(H_T + h_w)_1 = 0.5 \times (0.45 + 0.0583) = 0.254(\mathrm{m})$

可见 $H_{d1} < \phi(H_T + h_W)_1$ 所以符合防止淹塔的要求。

(2) 提馏段

① 单板压降所相当的液柱高度：$h_{P2} = 0.080\mathrm{m}$

② 液体通过液体降液管的压头损失：

$$h_{d2} = 0.153\left(\frac{L_{s2}}{l_w h_{02}}\right)^2 = 0.153 \times \left(\frac{7.50 \times 10^{-3}}{1.17 \times 0.05}\right)^2 = 0.0025\ (\mathrm{m})$$

③ 板上液层高度：$h_L = 0.07\mathrm{m}$，则 $H_{d2} = 0.080 + 0.0025 + 0.07 = 0.1525(\mathrm{m})$

取 $\phi = 0.5$，则 $\phi(H_T + h_w)_2 = 0.5 \times (0.45 + 0.0474) = 0.249(\mathrm{m})$

可见 $H_{d2} < \phi(H_T + h_w)_2$ 所以符合防止淹塔的要求。

3.4.3.3 物沫夹带

(1) 精馏段

$$泛点率 = \frac{V_{s1}\sqrt{\dfrac{\rho_{V1}}{\rho_{L1} - \rho_{V1}}} + 1.36L_{s1}Z_L}{KC_F A_b} \times 100\%$$

$$泛点率 = \frac{V_{s1}\sqrt{\dfrac{\rho_{V1}}{\rho_{L1} - \rho_{V1}}}}{0.78KC_F A_T} \times 100\%$$

板上液体流经长度：$Z_L = D - 2W_d = 1.8 - 2 \times 0.223 = 1.354(\mathrm{m})$

板上液流面积：$A_b = A_T - 2A_f = 2.54 - 2 \times 0.183 = 2.174(\mathrm{m}^2)$

查物性系数 $K = 1.0$，泛点负荷系数图 $C_F = 0.103$

$$泛点率 = \frac{3.90 \times \sqrt{\dfrac{1.14}{851.06 - 1.14}} + 1.36 \times 0.00307 \times 1.354}{1.0 \times 0.103 \times 2.174} \times 100\% = 66.30\%$$

$$泛点率 = \frac{3.90 \times \sqrt{\dfrac{1.14}{851.06 - 1.14}}}{0.78 \times 1.0 \times 0.103 \times 2.54} \times 100\% = 69.99\%$$

对于大塔，为了避免过量物沫夹带，应控制泛点率不超过 80%。由以上计算可知，物沫夹带能够满足 e_V<0.1 (kg 液/kg 气) 的要求。

(2) 提馏段

取物性系数 $K=1.0$，泛点负荷系数图 $C_F=0.101$

$$泛点率 = \frac{4.02\times\sqrt{\dfrac{0.819}{936.62-0.819}}+1.36\times7.5\times10^{-3}\times1.354}{1.0\times0.101\times2.174}\times100\% = 60.44\%$$

$$泛点率 = \frac{4.02\times\sqrt{\dfrac{0.819}{936.62-0.819}}}{0.78\times1.0\times0.101\times2.54}\times100\% = 59.42\%$$

由计算可知，符合要求。

3.4.3.4　塔板负荷性能图

(1) 物沫夹带线

$$泛点率 = \frac{V_s\sqrt{\dfrac{\rho_V}{\rho_L-\rho_V}}+1.36L_sZ_L}{KC_FA_b}$$

据此可作出负荷性能图中的物沫夹带线，按泛点率 80%计算：

① 精馏段：

$$0.8 = \frac{V_s\sqrt{\dfrac{1.14}{851.06-1.14}}+1.36\times L_s\times1.354}{1.0\times0.103\times2.174}$$

整理得：$0.179=0.0366V_s+1.841L_s$，即 $V_s=4.89-50.30L_s$

由上式知物沫夹带线为直线，则在操作范围内任取两个 L_s 值算出 V_s。

② 提馏段：

$$0.8 = \frac{V'_s\sqrt{\dfrac{0.819}{936.62-0.819}}+1.36\times L'_s\times1.354}{1.0\times0.101\times2.174}$$

整理得：$0.176=0.0296V'_s+1.841L'_s$，即 $V'_s=5.95-62.16L'_s$ 计算出的 L_s、V_s 见表 3-14。

表 3-14　物沫夹带线上的气、液体积流量

精　馏　段	$L_s/(m^3/s)$	0.002	0.01
	$V_s/(m^3/s)$	4.79	4.39
提　馏　段	$L'_s/(m^3/s)$	0.002	0.01
	$V'_s(m^3/s)$	5.83	5.33

(2) 液泛线

$$\phi(H_T+h_w)=h_P+h_L+h_d=h_c+h_l+h_\sigma+h_L+h_d$$

由此确定液泛线，忽略式中 h_σ

$$\phi(H_T+h_w)=5.34\times\frac{\rho_V u_0^2}{\rho_L 2g}+0.153\times\left(\frac{L_s}{l_w h_0}\right)^2+(1+\varepsilon_0)\left[h_w+\frac{2.84}{1000}E\left(\frac{3600L_s}{l_w}\right)^{2/3}\right]$$

而 $u_0 = \dfrac{V_s}{\dfrac{\pi}{4}d_0^2 N}$

① 精馏段：

$$0.254 = 5.34 \times \frac{1.14 \times V_{s1}^2}{0.785^2 \times 288^2 \times 0.039^4 \times 851.06 \times 2 \times 9.81} + 279.42L_{s1}^2 + 1.5 \times (0.0583 + 0.6008L_{s1}^{2/3})$$

整理得：$V_{s1}^2 = 53.97 - 90544L_{s1}^2 - 292.03L_{s1}^{2/3}$

② 提馏段：

$$0.249 = 5.34 \times \frac{0.819 \times V_{s2}^2}{0.785^2 \times 288^2 \times 0.039^4 \times 936.62 \times 2 \times 9.81} + 44.71L_{s2}^2 + 0.0711 + 0.9012L_{s2}^{2/3}$$

整理得：$V_{s2}^2 = 63.38 - 15928L_{s2}^2 - 321.0L_{s2}^{2/3}$

在操作范围内任取若干个 L_s 值，算出相应得 V_s 值见表 3-15。

表 3-15 液冷线上的气、液体积流量

精馏段	$L_{s1}/(m^3/s)$	0.001	0.003	0.004	0.007
	$V_{s1}/(m^3/s)$	7.15	6.86	6.93	6.23
提馏段	$L_{s2}/(m^3/s)$	0.001	0.003	0.004	0.007
	$V_{s2}/(m^3/s)$	8.07	7.83	7.72	7.42

（3）液相负荷上限

液体的最大流量应保证降液管中停留时间不低于 3~5s。

液体降液管内停留时间 $\theta = \dfrac{A_f H_T}{L_s} = 3 \sim 5s$

以 θ=5s 作为液体在降液管内停留时间的下限，则：

$$(L_s)_{max} = \frac{A_f H_T}{5} = \frac{0.183 \times 0.45}{5} = 0.016\ (m^3/s)$$

（4）漏液线

对于 F1 型重阀，依 F_0=5 作为规定气体最小负荷的标准，则 $V_s = \dfrac{\pi}{4}d_0^2 N u_0$

① 精馏段：$(V_{s1})_{min} = \dfrac{\pi}{4} \times 0.039^2 \times 288 \times \dfrac{5}{\sqrt{1.14}} = 1.610(m^3/s)$

② 提馏段：$(V_{s2})_{min} = \dfrac{\pi}{4} \times 0.039^2 \times 244 \times \dfrac{5}{\sqrt{0.819}} = 1.610(m^3/s)$

（5）液相负荷下限

取堰上液层高度 h_{ow} = 0.006 作为液相负荷下限条件作出液相负荷下限线，该线为与气相流量无关的竖直线。

$$\frac{2.84}{1000}E\left[\frac{3600\ (L_s)_{min}}{l_w}\right]^{2/3} = 0.006$$

取 $E = 1.0$，则 $(L_s)_{min} = \left(\dfrac{0.006 \times 1000}{2.84 \times 1}\right)^{3/2} \dfrac{L_w}{3600} = 0.001(m^3/s)$

由以上 1~5 作出塔板负荷性能图(图略)。

由塔板负荷性能图可以看出：

① 在任务规定的气、液负荷下的操作点 p(设计点)处在适宜操作区内的适中位置；

② 塔板的气相负荷上限完全由物沫夹带控制，操作下限由漏液控制；

③ 按固定的液气比，由图可查出塔板的气相负荷上限 $(V_s)_{max} = 4.90(4.8m^3/s)$，气相负荷下限 $(V_s)_{min} = 1.67(1.71m^3/s)$。

所以，精馏段操作弹性 $= \dfrac{4.90}{1.67} = 2.93$；提馏段操作弹性 $= \dfrac{4.80}{1.71} = 2.81$。

浮阀塔工艺设计计算结果见表 3-16。

表 3-16　浮阀塔工艺设计计算结果

项　目	符　号	单　位	计算数据		备　注
			精馏段	提馏段	
塔径	D	m	1.8	1.8	
板间距	H_T	m	0.45	0.45	
塔板类型			单溢流弓形降液管		分块式塔板
空塔气速	u	m/s	1.54	1.58	
堰长	l_w	m	1.17	1.17	
堰高	h_w	m	0.0573	0.0470	
板上液层高度	h_L	m	0.07	0.07	
降液管底隙高	h_0	m	0.02	0.05	
浮阀数	N		288	244	等腰三角形叉排
阀孔气速	u_0	m/s	11.24	11.34	同一横排孔心距
浮阀动能因子	F_0		12.11	12.47	相邻横排中心距离
临界阀孔气速	u_{0c}	m/s	9.78	11.72	
孔心距	t	m	0.075	0.075	
排间距	t'	m	0.065	0.08	
单板压降	Δp_P	Pa	683.91	703.77	
液体在降液管内停留时间	θ	s	30.16	11.30	
降液管内清液层高度	H_d	m	0.15	0.1525	
泛点率		%	66.30	60.44	
气相负荷上限	$(V_s)_{max}$	m^3/s	4.90	1.67	物沫夹带控制
气相负荷下限	$(V_s)_{min}$	m^3/s	4.80	1.71	漏液控制
操作弹性			2.93	2.81	

3.4.4　塔附件设计

3.4.4.1　接管

(1) 进料管

进料管的结构类型很多，有直管进料管、弯管进料管、T 形进料管。本设计采用直管进料管。管径计算如下：

$$D=\sqrt{\frac{4V_s}{\pi u_F}}\qquad 取\ u_F=1.6\text{m/s},\ \rho_{Lp}=918.19\text{kg/m}^3$$

$$V_s=\frac{14\times10^7}{3600\times300\times24\times918.19}=0.0059\ (\text{m}^3/\text{s})$$

$$D=\sqrt{\frac{4\times0.0059}{3.14\times1.6}}=0.068\ \text{m}=68(\text{mm})$$

查参考教材 24 页常用管道推荐尺寸，选取 ϕ76mm×4mm。

（2）回流管

采用直管回流管，取 $u_R=1.6\text{m/s}$，$d_R=\sqrt{\frac{4\times0.00307}{3.14\times1.6}}=0.049\text{m}=49(\text{mm})$

查表取 ϕ57mm×3.5mm。

（3）塔釜出料管

$$V_W=\frac{W}{\rho_{L2}}=\frac{3.7363}{936.62}=0.00399(\text{m}^3/\text{s})$$

取 $u_w=1.6\text{m/s}$，直管出料，$d_w=\sqrt{\frac{4\times0.00399}{3.14\times1.6}}=0.056\text{m}=56(\text{mm})$

查表取 ϕ76mm×4mm。

（4）塔顶蒸气出料管

直管出气，取出口气速 $u=20\text{m/s}$，$D=\sqrt{\frac{4\times3.90}{3.14\times20}}=0.498\text{m}=498(\text{mm})$

查表取 ϕ559mm×14mm。

（5）塔釜进气管

采用直管，取气速 $u=20\text{m/s}$，$D=\sqrt{\frac{4V'}{\pi u}}=\sqrt{\frac{4\times4.015}{3.14\times20}}=0.506\text{m}=506(\text{mm})$

查表取 ϕ559mm×14mm。

（6）法兰

由于常压操作，所有法兰均采用标准管法兰，平焊法兰，由不同的公称直径，选用相应法兰。

① 进料管接管法兰：*PN*6*DN*80 HG 5010

② 回流管接管法兰：*PN*6*DN*50 HG 5010

③ 塔釜出料管法兰：*PN*6*DN*80 HG 5010

④ 塔顶蒸气管法兰：*PN*6*DN*500 HG 5010

⑤ 塔釜蒸气进气法兰：*PN*6*DN*500 HG 5010

3.4.4.2 筒体与封头

（1）筒体

$$\delta=\frac{1.05\times6\times1800}{2\times1250\times0.9}+0.2=5.24\ (\text{mm})$$

壁厚选 6mm，所用材质为 A_3。

（2）封头

封头分为椭圆形封头、碟形封头等几种，本设计采用椭圆形封头，由公称直径 DN = 1800mm，查得曲面高度 $h_1 = 450\text{mm}$，直边高度 $h_0 = 40\text{mm}$，内表面积 $F_{封} = 3.73\text{m}^2$，容积 $V_{封} = 0.866\text{m}^3$。选用封头 $DN1800 \times 6$，JB 1154。

3.4.4.3　除沫器

当空塔气速较大，塔顶带液现象严重，以及工艺过程中不许出塔气速夹带雾滴的情况下，设置除沫器，以减少液体夹带损失，确保气体纯度，保证后续设备的正常操作。常用除沫器有折流板式除沫器、丝网除沫器以及程流除沫器。本设计采用丝网除沫器，其具有比表面积大、质量轻、空隙大及使用方便等优点。

设计气速选取：

$$u = K'\sqrt{\frac{\rho_L - \rho_V}{\rho_V}}，系数\ K' = 0.107$$

$$u = 0.107 \times \sqrt{\frac{851.06 - 1.14}{1.14}} = 2.92\ (\text{m/s})$$

除沫器直径：$D = \sqrt{\dfrac{4V_s}{\pi u}} = \sqrt{\dfrac{4 \times 3.90}{3.14 \times 2.92}} = 1.30(\text{m})$

选取不锈钢除沫器：

类型：标准型，规格：40~100，材料：不锈钢丝(1Gr18Ni9)，丝网尺寸：圆丝 $\phi0.23$。

3.4.4.4　裙座

塔底采用裙座支撑，裙座的结构性能好，连接处产生的局部阻力小，所以它是塔设备的主要支座形式，为了制作方便，一般采用圆筒形。由于裙座内径>800mm，故裙座壁厚取 16mm。

基础环内径：$D_{bi} = (1800 + 2 \times 16) - (0.2 \sim 0.4) \times 10^3 = 1532\text{mm}$

基础环外径：$D_{bo} = (1800 + 2 \times 16) + (0.2 \sim 0.4) \times 10^3 = 2132\text{mm}$

圆整：$D_{bi} = 1600\text{mm}$，$D_{bo} = 2100\text{mm}$；基础环厚度，考虑到腐蚀余量取 18mm；考虑到再沸器，裙座高度取 3m，地角螺栓直径取 M30。

3.4.4.5　吊柱

对于较高的室内无框架的整体塔，在塔顶设置吊柱，对于补充和更换填料、安装和拆卸内件，是既经济又方便的一项设施，一般取 15m 以上的塔物设吊柱。本设计中塔高度大，因此设吊柱。因设计塔径 D = 1800mm，可选用吊柱 500kg。s = 1000mm，L = 3400mm，H = 1000mm。材料为 A_3。

3.4.4.6　人孔

人孔是安装或检修人员进出塔的唯一通道，人孔的设置应便于进入任何一层塔板，由于设置人孔处塔间距离大，且人孔设备过多会使制造时塔体的弯曲度难于达到要求，一般每隔 10~20 块塔板才设一个人孔。本塔中共 58 块板，需设置 5 个人孔，每个孔直径为 450mm。在设置人孔处，板间距为 600mm，裙座上应开 2 个人孔，直径为 450mm。人孔伸入塔内部应与塔内壁修平，其边缘需倒棱和磨圆。人孔法兰的密封面形及垫片用材，一般与塔的接管法兰相同，本设计也是如此。

3.4.5 塔总体高度的设计

3.4.5.1 塔的顶部空间高度

塔的顶部空间高度是指塔顶第一层塔盘到塔顶封头的直线距离，取除沫器到第一块板的距离为600mm，塔顶部空间高度为1200mm。

3.4.5.2 塔的底部空间高度

塔的底部空间高度是指塔底最末一层塔盘到塔底下封头切线的距离，釜液停留时间取5min。

$H_B = (tL'_s \times 60 - R_V)/A_T + (0.5 \sim 0.7) = (5 \times 7.50 \times 10^{-3} \times 60 - 0.142)/0.54 + 0.6 = 1.43(m)$

3.4.5.3 塔体高度

$$H_1 = H_T N + 5 \times 150 = 450 \times (58 - 1) + 5 \times 150 = 26400\ mm = 26.4(m)$$

$$H = H_1 + H_B + H_{裙} + H_{封} + H_{顶} = 26.4 + 1.43 + 3 + 0.49 + 1.2 = 32.52\ (m)$$

3.4.6 附属设备设计

3.4.6.1 冷凝器的选择

(1) 热负荷 Q_C

塔顶 $t_D = 78.17℃$，查该温下乙醇的汽化潜热为845kJ/kg，水的汽化潜热为2314 kJ/kg，平均汽化潜热为：

$$r = 0.8814 \times 845 \times 46.07 + (1-0.8814) \times 2314 \times 18.01 = 39255\ (kJ/kmol)$$

$$Q_C = Vr = 0.134 \times 39255 = 5260(kW)$$

(2) 冷却水用量 q_{m2}

取冷却水的进口温度为30℃，出口温度为45℃，水的比热为4.18kJ/(kg·℃)，则

$$q_{m2} = Q_C/(c_P \Delta t) = 5260/[4.18 \times (45-30)] = 83.89 kg/s$$

(3) 总传热系数 K

查表2-6，取 $K = 800W/(m^2 \cdot ℃)$

(4) 泡点回流时的平均温差 Δt_m

$$\Delta t_m = \frac{t_2 - t_1}{\ln \dfrac{T-t_1}{T-t_2}} = \frac{(78.17-30)-(78.17-45)}{\ln \dfrac{48.17}{33.17}} = 40.2℃$$

(5) 换热面积 A

$$A = Q/(K\Delta t_m) = 5260 \times 10^3/(800 \times 40.2) = 164(m^2)$$

根据换热面积选择设备型号：略。

3.4.6.2 再沸器的选择

(1) 热负荷 Q_B

塔底温度 $t_w = 99.82℃$

$$r \approx r_{水} = 2258 kJ/kg$$

$$Q_B = V'r = 0.134 \times 2258 \times 18.01 = 5449(kW)$$

(2) 加热蒸汽用量 q_{m1}

选用0.25MPa(表压)的饱和蒸汽加热，温度为 $T = 138.8℃$，$r' = 2152kJ/kg$，则

$$q_{m1}=Q_B/r'=5449/2152=2.53(kg/s)$$

考虑 10%的热损失，$q_{m1}=2.53\times1.1=2.8(kg/s)$

(3) 平均温差 Δt_m

$$\Delta t_m=T-t_w=138.8-99.82=39.0(℃)$$

(4) 换热系数 K

查手册，取 $K=900W/(m^2\cdot℃)$

(5) 换热面积 A'

$$A'=Q_B/(K\Delta t_m)=5449\times10^3/(900\times39.0)=145m^2$$

考虑 10%的热损失，$A'=145\times1.1=160(m^2)$

查表选相应设备：略。

贮槽、加料泵、高位槽、产品冷却器设计从略。

不同设计条件下设计结果比较见表 3-17。

表 3-17　不同设计条件下设计结果比较

	$F/(\times10^4t)$	R	q	x_D	x_F	x_W	N_T	塔径/m	塔高/m
F 不同	50	2.59	1	93%	20%	0.3%	15	2.2	30
	25	2.59	1	93%	20%	0.3%	19	2.2	26.55
	22	2.59	1	93%	20%	0.3%	19	2.0	26.06
F 不同	20	2.59	1	93%	20%	0.3%	15	2.0	25.35
	15	2.59	1	93%	20%	0.3%	15	2.0	25.35
	10	2.59	1	93%	20%	0.3%	15	1.8	25.08
R 不同	20	2.59	1	93%	20%	0.3%	23	1.8	37
	20	2.59	1	93%	20%	0.3%	21	1.8	31
	20	2.59	1	93%	20%	0.3%	18	2.0	28.95
	20	2.59	1	93%	20%	0.3%	17	2.0	27.8
	20	2.59	1	93%	20%	0.3%	16	2.0	27.8
x_F 不同	20	2.59	1	93%	14%	0.3%	18	1.6	28.90
	20	2.59	1	93%	16%	0.3%	18	1.8	28.45
	20	2.59	1	93%	18%	0.3%	17	1.8	27.73
	20	2.59	1	93%	20%	0.3%	17	2.0	27.73
	20	2.59		93%	21%	0.3%	17	2.0	27.75
	20	2.59	1	93%	23%	0.3%	17	2.0	27.77
q 不同	20	2.59	>1	90%	15%	0.3%	10	1.6	14.79
	20	2.59	$q=1$	90%	15%	0.3%	12	1.4	17.22
	20	2.59	$0<q<1$	90%	15%	0.3%	13	1.6	18.27
	20	2.59	$q=0$	90%	50%	0.3%	9	2.20 1.60 2.00	14.97
	20	2.59	$q<0$	90%	65%	0.3%	8	1.80	16.66

3.5 筛板精馏塔设计示例

3.5.1 化工原理课程设计任务书

设计题目：分离苯-甲苯混合液的筛板精馏塔。

在一常压操作的连续精馏塔内分离苯-甲苯混合液。已知原料液的处理量为4000kg/h，组成为0.41(苯的质量分率)，要求塔顶馏出液的组成为0.96，塔底釜液的组成为0.01。

设计条件见表3-18。

表3-18 设计条件

操作压力	进料热状态	回流比	单板压降	全塔效率	建厂地址
4kPa(塔顶常压)	自选	自选	≤0.7kPa	$E_T=52\%$	天津地区

试根据上述工艺条件作出筛板塔的设计计算。

3.5.2 设计计算

3.5.2.1 设计方案的确定

本设计任务为分离苯-甲苯混合物。对于二元混合物的分离，应采用连续精馏流程。设计中采用泡点进料，将原料液通过预热器加热至泡点后送入精馏塔内。塔顶上升蒸气采用全凝器冷凝，冷凝液在泡点下一部分回流至塔内，其余部分经产品冷却器冷却后送至储罐。该物系属易分离物系，最小回流比较小，故操作回流比取最小回流比的2倍。塔釜采用间接蒸汽加热，塔底产品经冷却后送至储罐。

3.5.2.2 精馏塔的物料衡算

(1) 原料液及塔顶、塔底产品的摩尔分率

苯的摩尔质量　$M_A=78.11\text{kg/kmol}$

甲苯的摩尔质量　$M_B=92.13\text{kg/kmol}$

$$x_F=\frac{0.41/78.11}{0.41/78.11+0.59/92.13}=0.450$$

$$x_D=\frac{0.96/78.11}{0.96/78.11+0.04/92.13}=0.966$$

$$x_w=\frac{0.01/78.11}{0.01/78.11+0.99/92.13}=0.012$$

(2)原料液及塔顶、塔底产品的平均摩尔质量

$$M_F=0.450\times78.11+(1-0.450)\times92.13=85.82(\text{kg/kmol})$$

$$M_D=0.966\times78.11+(1-0.966)\times92.13=78.59(\text{kg/kmol})$$

$$M_W=0.012\times78.11+(1-0.012)\times92.13=91.96(\text{kg/kmol})$$

(3) 物料衡算

原料处理量　$F=\dfrac{4000}{85.82}=46.61\text{kmol/h}$

总物料衡算　$46.61=D+W$

苯物料衡算　$46.61\times0.45=0.966D+0.012\ W$

联立解得　$D=21.40\ (\text{kmol/h})$

$W=25.21$ (kmol/h)

3.5.2.3 塔板数的确定

(1) 理论板层数 N_T 的求取

苯-甲苯属理想物系，可采用图解法求理论板层数。

① 由手册查得苯-甲苯物系的气、液平衡数据，绘出 $x \sim y$ 图，见图3-23所示。

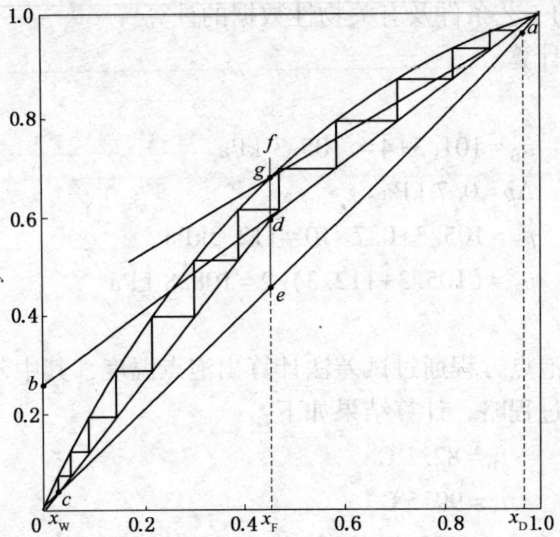

图3-23 图解法求理论板层数

② 求最小回流比及操作回流比。

采用作图法求最小回流比。在图3-23中对角线上，自点 $e(0.45,\ 0.45)$ 作垂线 ef 即为进料线(q 线)，该线与平衡线的交点坐标为：

$$y_q=0.667 \quad x_q=0.450$$

故最小回流比为：$R_{min} = \dfrac{x_D - y_q}{y_q - x_q} = \dfrac{0.966 - 0.667}{0.667 - 0.45} = 1.38$

取操作回流比为：$R = 2R_{min} = 2 \times 1.38 = 2.76$

③ 求精馏塔的气、液相负荷。

$$L=R\times D=2.76\times 21.40=59.06 \text{(kmol/h)}$$

$$V=(R+1)D=(2.76+1)\times 21.40=80.46 \text{(kmol/h)}$$

$$L'=L+qF=59.06+46.61=105.67 \text{(kmol/h)}$$

$$V=V'=80.46 \text{(kmol/h)}$$

④ 求操作线方程。

精馏段操作线方程为 $y_{n+1} = \dfrac{R}{R+1}x_n + \dfrac{x_D}{R+1} = 0.734x_n + 0.257$

提馏段操作线方程为 $y_{m+1} = \dfrac{L+qF}{L+qF-W}x_m - \dfrac{Wx_w}{L+qF-W} = 1.313x_m - 0.004$

⑤ 图解法求理论板层数。

采用图解法求理论板层数，如图3-23所示。求解结果为：

总理论板层数 $N_T = 12.5$(包括再沸器)

进料板位置 $N_F = 6$

(2) 实际板层数的求取

精馏段实际板层数 $N_{精} = 5/0.52 = 9.6 \approx 10$

提馏段实际板层数 $N_{提} = 6.5/0.52 = 12.5 \approx 13$

3.5.2.4 精馏塔的工艺条件及有关物性数据的计算

以精馏段为例进行计算。

(1) 操作压力计算

塔顶操作压力 $p_D = 101.3 + 4 = 105.3$ kPa

每层塔板压降 $\Delta p = 0.7$ kPa

进料板压力 $p_F = 105.3 + 0.7 \times 10 = 112.3$ kPa

精馏段平均压力 $p_m = (105.3 + 112.3)/2 = 108.8$ kPa

(2) 操作温度计算

依据操作压力，由泡点方程通过试差法计算出泡点温度，其中苯、甲苯的饱和蒸气压由安托尼方程计算，计算过程略。计算结果如下：

塔顶温度 $t_D = 82.1$℃

进料板温度 $t_F = 99.5$℃

精馏段平均温度 $t_m = (82.1 + 99.5)/2 = 90.8$℃

(3) 平均摩尔质量计算

塔顶平均摩尔质量计算。

由 $x_D = y_1 = 0.966$，查平衡曲线(见图 3-23)，得 $x_1 = 0.916$

$$M_{VDm} = 0.966 \times 78.11 + (1 - 0.966) \times 92.13 = 78.59 (\text{kg/kmol})$$

$$M_{LDm} = 0.916 \times 78.11 + (1 - 0.916) \times 92.13 = 79.29 (\text{kg/kmol})$$

进料板平均摩尔质量计算。

由图解理论板(见图 3-23)，得 $y_F = 0.604$

查平衡曲线(见图 3-22)，得 $x_F = 0.388$

$$M_{VFm} = 0.604 \times 78.11 + (1 - 0.604) \times 92.13 = 83.66 (\text{kg/kmol})$$

$$M_{LFm} = 0.388 \times 78.11 + (1 - 0.388) \times 92.13 = 86.69 (\text{kg/kmol})$$

精馏段平均摩尔质量：

$$M_{Vm} = (78.59 + 83.66)/2 = 81.13 (\text{kg/kmol})$$

$$M_{Lm} = (79.29 + 86.69)/2 = 82.99 (\text{kg/kmol})$$

(4) 平均密度计算

① 气相平均密度计算。

由理想气体状态方程计算，即：

$$\rho_{Vm} = \frac{p_m M_{Vm}}{RT_m} = \frac{108.8 \times 81.13}{8.314 \times (90.8 + 273.15)} = 2.92 (\text{kg/m}^3)$$

② 液相平均密度计算。

液相平均密度依下式计算，即：

$$\frac{1}{\rho_{Lm}} = \frac{a_A}{\rho_{LA}} + \frac{a_B}{\rho_{LB}}$$

塔顶液相平均密度的计算。

由 $t_D=82.1$℃，查手册得：

$$\rho_A = 812.7\text{kg/m}^3 \qquad \rho_B = 807.9\text{kg/m}^3$$

$$\frac{1}{\rho_{LDm}} = \frac{0.96}{812.7} + \frac{0.04}{807.9} \qquad \rho_{LDm} = 812.5(\text{kg/m}^3)$$

进料板液相平均密度的计算。

由 $t_F=99.5$℃，查手册得：

$$\rho_A = 793.1\text{kg/m}^3 \qquad \rho_B = 790.8\text{kg/m}^3$$

进料板液相的质量分率

$$a_A = \frac{0.388 \times 78.11}{0.388 \times 78.11 + (1 - 0.388) \times 92.13} = 0.350$$

$$\frac{1}{\rho_{LFm}} = \frac{0.35}{793.1} + \frac{0.65}{790.8} \qquad \rho_{LFm} = 791.6\ (\text{kg/m}^3)$$

精馏段液相平均密度为：

$$\rho_{Lm}=(812.5+791.6)/2=802.1\ (\text{kg/m}^3)$$

（5）液体平均表面张力计算

液相平均表面张力依下式计算，即：

$$\sigma_{Lm} = \sum_{i=1}^{n} x_i\sigma_i$$

塔顶液相平均表面张力的计算：

由 $t_D=82.1$℃，查手册得：

$$\sigma_A=21.24\ \text{m N/m} \qquad \sigma_B=21.42\ \text{m N/m}$$

$$\sigma_{LDm}=0.966\times21.24+(1-0.966)\times21.42=21.25\ (\text{mN/m})$$

进料板液相平均表面张力的计算：

由 $t_F=99.5$℃，查手册得：

$$\sigma_A=18.90\ \text{m N/m} \qquad \sigma_B=20.0\ \text{m N/m}$$

$$\sigma_{LFm}=0.388\times18.90+(1-0.388)\times20.0=19.57\ (\text{mN/m})$$

精馏段液相平均表面张力为：

$$\sigma_{Lm}=(21.25+19.57)/2=20.41\ (\text{mN/m})$$

（6）液体平均黏度计算

液相平均黏度依下式计算，即：

$$\lg\mu_{Lm} = \sum x_i\lg\mu_i$$

塔顶液相平均粘度的计算：

由 $t_D=82.1$℃，查手册得

$$\mu_A=0.302\ \text{mPa}\cdot\text{s} \qquad \mu_B=0.306\ \text{mPa}\cdot\text{s}$$

$$\lg\mu_{LDm}=0.966\times\lg(0.302)+(1-0.966)\times\lg(0.306)$$

解出 $\mu_{LDm}=0.302$（mPa·s）

进料板液相平均黏度的计算：

由 $t_F=99.5℃$，查手册得：

$$\mu_A=0.256\ \text{mPa·s}\qquad \mu_B=0.265\ \text{mPa·s}$$

$$\lg\mu_{LFm}=0.388\times\lg(0.256)+(1-0.388)\times\lg(0.265)$$

解出 $\mu_{LFm}=0.261$（mPa·s）

精馏段液相平均黏度为：

$$\mu_{Lm}=(0.302+0.261)/2=0.282\ (\text{mPa·s})$$

3.5.2.5　精馏塔的塔体工艺尺寸计算

（1）塔径的计算

精馏段的气、液相体积流率为：

$$V_S=\frac{VM_{Vm}}{3600\rho_{Vm}}=\frac{80.46\times81.13}{3600\times2.92}=0.621\ (\text{m}^3/\text{s})$$

$$L_S=\frac{LM_{Lm}}{3600\rho_{Lm}}=\frac{59.06\times82.99}{3600\times802.1}=0.0017\ (\text{m}^3/\text{s})$$

由 $u_{max}=\text{C}\cdot\sqrt{\dfrac{\rho_L-\rho_v}{\rho_v}}$

式中 C 由式(3-5)计算，其中的 C_{20} 由图 3-2 查取，图的横坐标为：

$$\frac{L_h}{V_h}\cdot\left(\frac{\rho_L}{\rho_V}\right)^{1/2}=\left(\frac{802.1}{2.92}\right)^{1/2}\cdot\left(\frac{0.017\times3600}{0.621\times3600}\right)=0.0454$$

取板间距 $H_T=0.40\text{m}$，板上液层高度 $h_L=0.06\text{m}$，则：

$$H_T-h_L=0.4-0.06=0.34\ (\text{m})$$

查图 3-2 得 $C_{20}=0.072$

$$C=0.072\cdot\left(\frac{\sigma_L}{20}\right)^{0.2}=0.072\left(\frac{20.41}{20}\right)^{0.2}=0.0723$$

$$u_{max}=C\cdot\sqrt{\frac{\rho_L-\rho_V}{\rho_V}}=0.0723\sqrt{\frac{802.1-2.92}{2.92}}=1.196(\text{m/s})$$

取安全系数为 0.7，则空塔气速为：

$$u=0.7\times u_{max}=0.7\times1.196=0.837\ (\text{m/s})$$

$$D=\sqrt{\frac{4V_S}{\pi u}}=\sqrt{\frac{4\times0.621}{3.14\times0.837}}=0.972(\text{m})$$

按标准塔径圆整后为 $D=1.0(\text{m})$

塔截面积为：

$$A_T=0.785D^2=0.785\times1.0^2=0.785(\text{m}^2)$$

$$u=V_S/A_T=0.621/0.785=0.791(\text{m/s})$$

（2）精馏塔有效高度的计算

精馏段有效高度为：

$$Z_{精}=(N_{精}-1)H_T=(10-1)\times0.4=3.6\ (\text{m})$$

提馏段有效高度为：

$$Z_{提}=(N_{提}-1)H_T=(13-1)\times 0.4=4.8\ (m)$$

在进料板上方开一人孔，其高度为0.8m，故精馏塔的有效高度为：

$$Z=Z_{精}+Z_{提}+0.8=3.6+4.8+0.8=9.2(m)$$

3.5.2.6　塔板主要工艺尺寸计算

(1) 溢流装置计算

因塔径 $D=1.0$m，可选用单溢流弓形降液管，采用凹形受液盘。各项计算如下：

① 堰长 l_w：

取 $l_w=0.66D=0.66\times 1.0=0.66(m)$

② 溢流堰高度 h_w：

由 $h_w=h_L-h_{ow}$，选用平直堰，堰上液层高度 h_{ow} 由式(3-7)计算，即：

$$h_{ow}=\frac{2.84}{1000}\cdot E\cdot\left(\frac{L_h}{l_w}\right)^{2/3}$$

近似取 $E=1$，则 $h_{ow}=\frac{2.84}{1000}\times 1\times\left(\frac{0.0017\times 3600}{0.66}\right)^{2/3}=0.013(m)$

取板上清液层高度 $h_L=60$ mm

故 $h_w=h_L-h_{ow}=0.06-0.013=0.047(m)$

③ 弓形降液管宽度 W_d 和截面积 A_f：

由 $l_w/D=0.66$，查图3-10，得：

$\frac{A_f}{A_T}=0.0722$，$\frac{W_d}{D}=0.124$，则：$A_f=0.0722\times 0.785=0.0567m^2$，$W_d=0.124\times 1.0=0.124(m)$

依式(3-13)验算液体在降液管中停留时间，即：

$$\theta=\frac{3600A_fH_T}{L_h}=\frac{3600\times 0.0567\times 0.45}{0.0017\times 3600}=13.34\ s>5(s)$$

故降液管设计合理。

④ 降液管底隙高度 h_0：

取降液管底隙的流速 $u'_0=0.08m/s$，则：

$$h_0=\frac{L_h}{3600l_wu'_0}=\frac{0.0017\times 3600}{3600\times 0.66\times 0.08}=0.032(m)$$

$$h_w-h_0=0.047-0.032=0.015\ m>0.006(m)$$

故降液管底隙高度设计合理。

选用凹形受液盘，深度 $h'_w=50$mm。

(2) 塔板布置

① 塔板的分块。因 $D\geqslant 800$mm，故塔板采用分块式。查表3-7得，塔极分为3块。

② 边缘区宽度确定：

取 $W_s=W'_s=0.065$ m，$W_c=0.035$ m

③ 开孔区面积计算。开孔区面积 A_a 按式(3-16)计算，即：

$$A_a=2\left(x\sqrt{r^2-x^2}+\frac{\pi}{180}r^2\sin^{-1}\frac{x}{r}\right)$$

其中 $x = D/2 - (W_d + W_s) = 0.5-(0.124+0.065) = 0.311$ (m)

$r = D/2 - W_c = 0.5-0.035 = 0.465$ (m)

故 $A_a = 2\left(0.311 \times \sqrt{0.465^2 - 0.311^2} + \frac{3.14}{180} \times 0.465^2 \sin^{-1}\frac{0.311}{0.465}\right) = 0.532(m^2)$

④ 筛孔计算及其排列。本例所处理的物系无腐蚀性，可选用 $\delta = 3$ mm 碳钢板，取筛孔直径 $d_0 = 5$ mm。筛孔按正三角形排列，取孔中心距 t 为：

$$t = 3d_0 = 3 \times 5 = 15(\text{mm})$$

筛孔数目 n 为：

$$n = \frac{1.155A_a}{t^2} = \frac{1.155 \times 0.532}{0.015^2} = 2731(\text{个})$$

开孔率为：

$$\phi = A_0/A_a = 0.907/(t/d_0)^2 = 10.1\%$$

气体通过筛孔的气速为：

筛孔气速 $u_0 = V_S/A_0 = 0.621/(0.101 \times 0.532) = 11.56(m/s)$

3.5.2.7 筛板的流体力学验算

(1) 塔板压降

① 干板阻力 h_c 计算。干板阻力 h_c 由式(3-26)计算，即：

$$h_c = \frac{1}{2g} \cdot \frac{\rho_V}{\rho_L} \cdot \left(\frac{u_0}{c_0}\right)^2$$

由 $d_0/\delta = 5/3 = 1.67$，查图3-14得，$c_0 = 0.772$

故 $h_c = 0.051 \cdot \frac{2.92}{802.1} \cdot \left(\frac{11.56}{0.772}\right)^2 = 0.0416$(m 液柱)

② 气体通过液层的阻力 h_l 计算。气体通过液层的阻力 h_L 由式(3-31)计算，即：

$$h_l = \beta h_L$$

$$u_a = \frac{V_s}{A_T - A_f} = \frac{0.621}{0.785 - 0.0567} = 0.853(m/s)$$

$$F_o = 0.853\sqrt{2.92} = 1.46[kg^{1/2}/(s \cdot m^{1/2})]$$

查图3-15，得 $\beta = 0.61$。

故 $h_l = \beta h_L = \beta(h_W + h_{ow}) = 0.61 \times (0.047 + 0.013) = 0.0366$(m 液柱)

③ 液体表面张力的阻力 h_σ 计算。液体表面张力所产生的阻力 h_σ 由式(3-34)计算，即：

$$h_\sigma = \frac{4\sigma_L}{\rho_L g d_0} = \frac{4 \times 20.41 \times 10^{-3}}{802.1 \times 9.81 \times 0.005} = 0.0021\ (\text{m 液柱})$$

气体通过每层塔板的液柱高度 h_p 可按下式计算，即

$$h_P = h_c + h_l + h_\sigma = 0.0416 + 0.0366 + 0.0021 = 0.080\ (\text{m 液柱})$$

气体通过每层塔板的压降为：

$$\Delta p_P = h_P \rho_L g = 0.08 \times 802.1 \times 9.81 = 629\ \text{Pa} < 0.7\ (\text{kPa})\ (\text{设计允许值})$$

(2) 液面落差

对于筛板塔，液面落差很小，且本例的塔径和液流量均不大，故可忽略液面落差的

影响。

(3) 液沫夹带

液沫夹带量由式(3-36)计算，即：

$$e_{\mathrm{v}}=\frac{5.7\times10^{-6}}{\sigma_{\mathrm{L}}}\left(\frac{u_{\mathrm{a}}}{H_{\mathrm{T}}-2.5h_{\mathrm{L}}}\right)^{3.2}=\frac{5.7\times10^{-6}}{20.41\times10^{-3}}\left(\frac{0.853}{0.40-2.5\times0.06}\right)^{3.2}=0.014(\text{kg 液/kg 气})<0.1(\text{kg 液/kg 气})$$

故在本设计中液沫夹带量 e_{v} 在允许范围内。

(4) 漏液

对筛板塔，漏液点气速 $u_{0,\max}$ 可由式(3-38)计算。

$$u_{0,\min}=4.4c_0\sqrt{(0.0056+0.13h_{\mathrm{L}}-h_{\sigma})\rho_{\mathrm{L}}/\rho_{\mathrm{V}}}$$

$$=4.4\times0.772\sqrt{(0.0056+0.13\times0.06-0.0021)\times802.1/2.92}=5.985(\mathrm{m/s})$$

实际孔速 $u_0=11.56\ \mathrm{m/s}>u_{0,\min}$

稳定系数为 $K=u_0/u_{0,\min}=11.56/5.985=1.93>1.5$

故在本设计中无明显漏液。

(5) 液泛

为防止塔内发生液泛，降液管内液层高 H_{d} 应服从式(3-46)的关系，即

$$H_{\mathrm{d}}\leqslant\phi(H_{\mathrm{T}}+h_{\mathrm{w}})$$

苯-甲苯物系属一般物系，取 $\phi=0.5$，则：

$$\phi(H_{\mathrm{T}}+h_{\mathrm{w}})=0.5(0.40+0.047)=0.224$$

而 $H_{\mathrm{d}}=h_{\mathrm{P}}+h_{\mathrm{L}}+h_{\mathrm{d}}$

板上不设进口堰，h_{d} 可由式(3-44)计算，即：

$h_{\mathrm{d}}=0.153\times(u'_0)^2=0.153\times(0.08)^2=0.001$ (m 液柱)

$H_{\mathrm{d}}=0.08+0.06+0.001=0.141$ (m 液柱)

$H_{\mathrm{d}}\leqslant\phi(H_{\mathrm{T}}+h_{\mathrm{w}})$，故在本设计中不会发生液泛现象。

3.5.2.8 塔板负荷性能图

(1) 漏液线

由 $u_{0,\min}=V_{\mathrm{s,min}}/A_0=4.4C_0\sqrt{(0.0056+0.13(h_{\mathrm{w}}+h_{\mathrm{ow}})-h_{\sigma})\rho_{\mathrm{L}}/\rho_{\mathrm{V}}}$，

$$h_{\mathrm{ow}}=\frac{2.84}{1000}\cdot E\cdot\left(\frac{L_{\mathrm{h}}}{l_{\mathrm{w}}}\right)^{2/3}$$

得：

$$V_{\mathrm{s0,min}}=4.4C_0A_0\sqrt{\left\{0.0056+0.13\left[h_{\mathrm{w}}+\frac{2.84}{1000}\times E\left(\frac{L_{\mathrm{h}}}{l_{\mathrm{w}}}\right)^{2/3}\right]-h_{\sigma}\right\}\rho_{\mathrm{L}}/\rho_{\mathrm{V}}}$$

$$=4.4\times0.772\times0.101\times0.0532\times\sqrt{\left\{0.0056+0.13\left[0.047+\frac{2.84}{1000}\times1\times\left(\frac{3600L_s}{0.66}\right)^{2/3}\right]-0.0021\right\}802.1/2.92}$$

整理得 $V_{\mathrm{s,min}}=3.025\sqrt{0.00961+0.114L_{\mathrm{s}}^{2/3}}$

在操作范围内，任取几个 L_{s} 值，依上式计算出 V_{s} 值，计算结果列于表 3-19。

表 3-19 漏液线计算结果

$L_s/(m^3/s)$	0.0006	0.0015	0.0030	0.0045
$V_s/(m^3/s)$	0.309	0.319	0.331	0.341

由表 3-19 数据即可作出漏液线 1。

(2) 液沫夹带线

以 $e_v=0.1$kg 液/kg 气为限，求 V_s-L_s 关系如下：

由 $$e_V=\frac{5.7\times10^{-6}}{\sigma_L}\left(\frac{u_a}{H_T-h_f}\right)^{3.2}$$

$$h_{ow}=\frac{2.84}{1000}\cdot1\cdot\left(\frac{3600L_s}{0.66}\right)^{2/3}=0.88L_s^{2/3}$$

$$h_f=2.5h_L=2.5(h_w+h_{ow})=2.5(0.047+0.88L_s^{2/3})=0.118+2.2L_s^{2/3}$$

$$H_T-h_f=0.282-2.2L_s^{2/3}$$

$$e_V=\frac{5.7\times10^{-6}}{20.41\times10^{-3}}\left(\frac{1.373V_s}{0.282-2.2L_s^{2/3}}\right)^{3.2}=0.1$$

整理得 $V_s=1.29-10.07L_s^{2/3}$

在操作范围内，任取几个 L_s 值，依上式计算出 V_s 值，计算结果列于表 3-20。

表 3-20 液沫夹带线计算结果

$L_s/(m^3/s)$	0.0006	0.0015	0.0030	0.0045
$L_s/(m^3/s)$	1.218	1.158	1.081	1.016

由表 3-20 数据即可作出液沫夹带线 2。

(3) 液相负荷下限线

对于平直堰，取堰上液层高度 $h_{ow}=0.006$m 作为最小液体负荷标准。由式(3-21)得：

$$h_{ow}=\frac{2.84}{1000}\cdot1\cdot\left(\frac{3600L_s}{0.66}\right)^{2/3}=0.88L_s^{2/3}=0.006$$

$$L_{s,\ min}=0.00056m^3/s$$

据此可作出与气体流量无关的垂直液相负荷下限线 3。

(4) 液相负荷上限线

以 $\theta=4$s 作为液体在降液管中停留时间的下限。

$$\theta=\frac{A_fH_T}{L_s}=4$$

故 $L_{s,\ min}=0.0567\times0.40/4=0.00567(m^3/s)$

据此可作出与气体流量元关的垂直液相负荷上限线 4。

(5) 液泛线

令 $H_d=\phi(H_T+h_w)$

由 $H_d=h_P+h_L+h_d=h_c+h_l+h_\sigma+h_L+h_d$

$h_l=\beta h_L$

$h_L=h_w+h_{ow}$

联立得 $\phi H_T+(\phi-\beta-1)h_w=(\beta+1)h_{ow}+h_c+h_\sigma+h_d$

忽略 h_σ，将 h_{ow} 与 L_s，h_d 与 L_s，h_c 与 V_s 的关系式代入上式，并整理得：

$$a'V_s^2 = b' - c'L_s^2 - d'L_s^{2/3}$$

$$a' = \frac{0.051}{(A_0C_0)^2}\left(\frac{\rho_V}{\rho_L}\right) = \frac{0.051}{(0.101\times0.532\times0.772)^2}\left(\frac{2.92}{802.1}\right) = 0.108$$

式中：$b' = \phi H_T + (\phi - \beta - 1)h_w = 0.5 \times 0.40 + (0.5 - 0.61 - 1) \times 0.047 = 0.148$

$$c' = 0.153/(l_w h_0)^2 = 0.153/(0.66 \times 0.032)^2 = 343.01$$

$$d' = 2.84 \times 10^{-3} \times E(1+\beta)\left(\frac{3600}{l_w}\right)^{1/3} = 2.84 \times 10^{-3} \times 1 \times (1+0.61)\left(\frac{3600}{0.66}\right)^{2/3} = 1.421$$

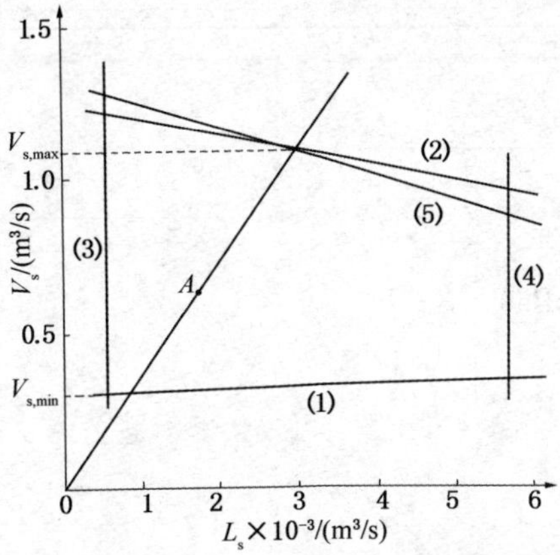

图 3-24　精馏段筛板负荷性能图

将有关的数据代入整理，得 $V_s^2 = 1.37 - 3176L_s^2 - 13.16L_s^{2/3}$

在操作范围内，任取几个 L_s 值，依上式计算出 V_s 值，计算结果列于表 3-21。

表 3-21　L_s、V_s 值

L_s/(m³/s)	0.0006	0.0015	0.0030	0.0045
V_s/(m³/s)	1.129	1.091	1.033	0.974

由表 3-22 数据即可作出液泛线 5。

根据以上各线方程，可作出筛板塔的负荷性能图，如图 3-24 所示。

在负荷性能图上，作出操作点 A，连接 OA，即作出操作线。由图 3-24 可看出，该筛板的操作上限为液泛控制，下限为漏液控制。由图 3-24查得：

$$V_{s,max} = 1.075\text{m}^3/\text{s} \qquad V_{s,min} = 0.317\text{m}^3/\text{s}$$

故操作弹性为：$V_{s,max}/V_{s,min} = 3.391$

所设计筛板的主要结果汇总于表 3-22。

表 3-22　筛板塔设计计算结果

序　号	项　　目	数　值	序　号	项　　目	数　值
1	平均温度 t_m/℃	90.8	17	边缘区宽度/m	0.035
2	平均压力 p_m/kPa	108.8	18	开孔区面积/m²	0.532
3	气相流量 V_s/(m³/s)	0.621	19	筛孔直径/m	0.005
4	液相流量 L_s/(m³/s)	0.0017	20	筛孔数目	2731
5	塔的有效高度 Z/m	9.2	21	孔中心距/m	0.015
6	实际塔板数	23	22	开孔率/%	10.1
7	塔径/m	1.0	23	空塔气速/(m/s)	0.791
8	板间距	0.4	24	筛孔气速/(m/s)	11.56
9	溢流形式	单溢流	25	稳定系数	1.93
10	降液管形式	弓型	26	单板压降/kPa	0.629
11	堰长/m	0.66	27	负荷上限	液泛控制
12	堰高/m	0.047	28	负荷下限	漏液控制
13	板上液层高度/m	0.06	29	液沫夹带/(kg 液/kg 气)	0.014
14	堰上液层高度/m	0.013	30	气相负荷上限/(m³/s)	1.075
15	降液管底隙高度/m	0.032	31	气相负荷下限/(m³/s)	0.317
16	安定区宽度/m	0.065	32	操作弹性	3.391

3.6 板式塔设计任务书

3.6.1 苯-甲苯混合液筛板(浮阀)精馏塔设计

3.6.1.1 原始数据

年处理量：25000t 30000t 35000t 40000t 45000t 50000t

料液初温：35℃

料液浓度：40% 45% 50% 55% 60%(苯质量分率)

塔顶产品浓度：98% 98.5%(苯质量分率)

塔底釜液含甲苯量不低于98%(以质量计)

每年实际生产天数：330天(一年中有一个月检修)

精馏塔塔顶压强：4 kPa(表压)

冷却水温度：30℃

饱和水蒸气压力：2.5kgf/cm^2(表压)(1kgf=98.066kPa)

设备形式：筛板(浮阀)塔

厂址：江苏地区

以上数据汇总于表3-23中。

表3-23 原始数据表

年处理量/t	进料组成/%(质量) 学 号	40%	45%	50%	55%	60%
	25000	1	20	11	15	25
	30000	21	2	28	24	10
	35000	16	30	3	9	14
	40000	29	17	8	4	26
	45000	19	7	22	27	5
	50000	6	18	12	23	13

3.6.1.2 设计任务

完成精馏塔工艺设计，运用最优化方法确定最佳操作参数；精馏设备设计，有关附属设备的设计和选用，绘制带控制点工艺流程图，塔板结构简图和塔板负荷性能图，编制设计说明书。

3.6.1.3 设计内容

(1) 工艺设计

① 选择工艺流程和工艺条件。

加料方式；

加料状态；

塔顶蒸气冷凝方式；

塔釜加热方式；

塔顶塔底产品的出料状态；

塔顶产品由塔顶产品冷却器冷却至常温。

② 精馏工艺计算。

物料衡算确定各物料流量和组成。

经济核算确定适宜的回流比：

根据生产经费和设备投资费综合核算最经济原则，尽量使用计算机进行最优化计算，确定适宜回流比。

精馏塔实际塔板数：

用近似后的适宜回流比在计算机上通过逐板计算，得到全塔理论塔板数以及精馏段和提馏段各自的理论塔板数。然后根据全塔效率 E_T，求得全塔、精馏段、提馏段的实际塔板数，确定加料板位置。

(2) 精馏塔设备设计

① 选择塔型和板型。采用板式塔，板型为筛板(浮阀)塔。

② 塔板结构设计和流体力学计算。

③ 绘制塔板负荷性能图。画出精馏段或提馏段某块的负荷性能图。

④ 有关具体机械结构和塔体附件的选定。

接管规格：根据流量和流体的性质，选取经验流速，选择标准管道。

全塔高度：包括上、下封头，裙座高度。

(3) 附属设备设计和选用

① 加料泵选型，加料管规格选型。加料泵以每天工作3h计(每班打1h)。大致估计一下加料管路上的管件和阀门。

② 高位槽、储槽容量和位置。高位槽以一次加满再加一定裕量来确定其容积。储槽容积按加满一次可生产10天计算确定。

③ 换热器选型。对原料预热器，塔底再沸器，塔顶产品冷却器等进行选型。

④ 塔顶冷凝器设计选型。根据换热量，回流管内流速，冷凝器高度，对塔顶冷凝器进行选型设计。

(4) 换热器设计

选择一个换热器进行详细设计，根据生产任务确定设计方案。①换热器类型的选择，②换热器内流体流入空间的选择。

化工计算：①传热面积的计算，②管数、管程数及管子排列，管间距的确定，③壳体直径及壳体厚度的确定，换热器尺寸的确定及有关构件的选择，换热器流体阻力的计算及其输送机械的选择，绘制流程图及换热器的装配图。

换热器设计要求：

① 在确定设计方案时既要考虑到工艺、操作的要求，又要兼顾经济和安全上的要求。

② 在化工计算时要求掌握传热的基本理论，有关公式，要知道查哪些资料，怎样使用算图以及怎样选择经验公式，并进行优化设计。

③ 要求根据国家有关标准来选择换热器的构件。

④ 要求一部分学生利用计算机来辅助设计及优化设计方案。

⑤ 要求必须掌握固定管板式或浮头式列管换热器的设计。

(5) 编写设计说明书

设计说明书应根据设计指导思想阐明设计特点，列出设计主要技术数据，对有关工艺流程和设备选型作出技术上和经济上的论证和评价。应按设计程序列出计算公式和计算结果；对所选用的物性数据和使用的经验公式图表应注明来历。

设计说明书应附有带控制点工艺流程图，塔板结构简图和计算机程序框图和原程序。

(6) 注意事项

① 写出详细计算步骤，并注明选用数据的来源；

② 每项设计结束后列出计算结果明细表；

③ 设计说明书要求字迹工整，装订成册上交。

3.6.1.4　设计基础数据

其他物性数据查有关手册。

(1) 苯和甲苯的物理性质

项　目	分子式	相对分子质量	沸点/℃	临界温度 t_c/℃	临界压强 p_c/kPa
苯	C_6H_6	78.11	80.1	288.5	6833.4
甲苯	C_7H_8	92.13	110.6	318.57	4107.7

(2) 饱和蒸汽压

苯和甲苯的饱和蒸汽压可由 Antoine 方程式求算。

$$\lg p^0 = A - \frac{B}{t+C}$$

式中　t——物系温度，℃；

p^0——饱和蒸汽压，kPa；

A，B，C——Antoine 常数，具体数值如下：

组　分	A	B	C
苯	6.023	1206.35	220.24
甲苯	6.078	1343.94	219.58

(3) 苯和甲苯的液相密度 ρ(kg/m³)

温度/℃		80	90	100	110	120
ρ	苯	815	803.9	792.5	780.3	768.9
	甲苯	800	800.2	790.3	780.3	770.0

(4) 液体表面张力 σ(mN/m)

温度/℃		80	90	100	110	120
σ	苯	21.27	20.06	18.85	17.66	16.49
	甲苯	21.69	20.59	19.94	18.41	17.31

(5) 液体黏度 μ(mPa·s)

温度/℃		80	90	100	110	120
μ	苯	0.308	0.279	0.255	0.233	0.215
	甲苯	0.311	0.286	0.264	0.254	0.228

(6) 液体汽化热 r(kJ/kg)

温度/℃		80	90	100	110	120
r	苯	394.1	386.9	379.3	371.5	363.2
	甲苯	379.9	373.8	367.6	361.2	354.6

(7) 液体比热容 c_P[kJ/(kg·K)]

$$c_P = A+BT+CT^2+DT^3$$

式中　　T——物系温度，K；

A，B，C，D——常数，具体数值如下：

组　分		A	B	C	D
c_P	苯	1.3868	−0.000416	5.428×10^{-6}	0
	甲苯	2.0671	−0.008148	3.226×10^{-5}	3.0126×10^{-9}

3.6.1.5　思考题

① 进料状态对过程有何影响？选择不同进料状态时，进料口位置有何不同？

② 采用分凝器或全凝器有什么不同？各有什么特点？

③ 冷凝器为什么有放空口？冷却水进、出口温度如何确定？

④ 塔板效率受哪些因素影响？

⑤ 板间距的选择依据是什么？

⑥ 溢流堰高低对塔板性能有什么影响？

⑦ 开孔面积、开孔区面积、降液管面积和安定区面积如何分配合理？

⑧ 孔径和分布对塔板性能有什么影响？

⑨ 板压降是如何影响降液管内液层高度的？

⑩ 什么叫液面落差？其对塔板性能有何影响？

⑪ 精馏塔为什么要保温？保温层厚度如何定？

⑫ 接管尺寸的选择原则是什么？

⑬ 板式塔有哪些不正常的操作现象？

⑭ 有人把雾沫夹带说成是液相返混，把漏液说成是液相短路，你认为如何？

⑮ 为扩大塔的适意操作范围，应如何调节塔板结构参数？

3.6.1.6　参考资料

略。

3.6.2　乙醇-水混合液精馏塔设计任务书

3.6.2.1　原始数据

年产量：6000t　7000t　8000t　9000t　10000t

料液初温：25~35℃

料液浓度：30%　35%　40%　45%　50%(含乙醇质量分率)

产品浓度：93%　93.5%　94%(含乙醇质量分率)

乙醇回收率：99%　99.5%　99.8%(以质量计)

每年实际生产天数：330 天(一年中有一个月检修)

精馏塔塔顶压强：4 kPa(表压)

冷却水温度：30℃

饱和水蒸气压力：2.5kgf/cm^2(表压)(1kgf/cm^2＝98.066kPa)

设备形式：浮阀塔(F1 型)或筛板塔

厂址：江苏常州地区

3.6.2.2 设计任务

完成精馏塔工艺优化设计，精馏设备塔设备优化设计，有关附属设备的设计和选用，绘制带控制点工艺流程图，塔板结构简图，塔板负荷性能图，编制设计说明书和设计计算书。

完成精馏工艺设计，精馏设计和有关附属设备的设计选用，编写设计说明书，绘制精馏塔带控制点工艺流程图、塔板结构图。

3.6.2.3 设计内容

(1) 工艺设计

① 选择工艺流程和工艺条件。

a. 加料方式。储槽→加料泵→高位槽→精馏塔。

b. 加料状态。根据能量充分合理利用和节能原则，可利用塔顶蒸汽的冷凝热对料液进行预热。

c. 塔顶蒸汽冷凝方式。利用塔顶蒸汽部分冷凝热加热料液，然后全凝后回流入塔。

d. 塔釜加热方式。间接水蒸气或直接水蒸气加热，根据釜液温度采用低压饱和蒸汽。

e. 塔顶塔底产品的出料状态。塔顶产品由塔顶产品冷却器冷却至常温。

② 精馏工艺计算。

a. 物料衡算确定各物料流量和组成。

b. 经济核算确定适宜的回流比。根据生产经常费和设备投资费综合核算最经济原则，尽量使用计算机进行最优化计算，确定适宜回流比。

(a) 生产经常费。包括再沸器水蒸气费，塔顶冷凝器，产品冷却器冷却水费。

a1. 水蒸气费用 C_S：

采用饱和水蒸气压力：2.5kgf/cm^2(表压)(1kgf＝98.066kPa)。

按 1t 煤可获得 6t 水蒸气计。

煤单价按市场价而定。

a2. 冷却水费用 C_W：

冷却水单价按当地水价而定。换热器中冷却水温升一般取 10~20℃。

(b)设备投资费。

b1. 精馏塔投资费 C_D。

成本：$15000D^{1.2}$元/实际塔板；

D：精馏塔内径 m。

b2. 年折旧率为 20%。

全塔成本：$15000D^{1.2}N_e\times20\%$ 元/a；

N_e：实际塔板数。

b3. 精馏塔塔径。

按塔顶第一块塔板计算，板间距 H_T＝ 0.30~0.4m。

b4. 最小回流比 R_{min}。由气、液平衡曲线和精馏塔精馏段操作线的切点坐标，求得最小回流比 R_{min}。

乙醇-水气、液平衡曲线按下式计算。

$$y = \frac{\alpha x}{1 + (\alpha - 1)x}$$

$$\alpha = 0.8938x^{-1.0632} \qquad x \geqslant 0.3$$

$$\alpha = 1.1213(x + 0.2)^{-1.5235} \qquad x < 0.3$$

b5. 精馏塔理论塔板数 N：采用逐板计算法在计算机上求得。

b6. 精馏塔实际塔板数 N_e：全塔效率采用 O′connell 关联式计算。

(c) 总费用和适宜回流比：

总费用 $C_T = C_D + C_S + C_W$ 元/a

总费用最低所对应的回流比作为最佳回流比，然后四舍五入近似到小数点后一位，作为适宜回流比。回流比的参考搜索范围：$(1.1 \sim 1.3)R_{min}$。

在用计算机计算的同时，应有一组手算结果。

c. 精馏塔实际塔板数。用近似后的适宜回流比在计算机上通过逐板计算，得到全塔理论塔板数以及精馏段和提馏段各自的理论塔板数。然后根据前面所得到的全塔效率 E_T，求得全塔、精馏段、提馏段的实际塔板数，确定加料板位置。

(2) 精馏塔设备设计

① 选择塔型和板型。采用板式塔，具体选用的板型一般不作规定。

② 塔板结构设计和流体力学计算。设计和计算的目标函数为在允许的板压降下塔板上、下操作弹性在规定值以内。应分别按塔顶、塔底状态设计两块板，其中精馏段和提馏段各段的塔板结构尽可能一致。

注：以上的塔板设计可在手算优化一块塔板的基础上，使用“课程设计导师系统”进行其余塔板的优化设计。

③ 绘制塔板负荷性能图：分别画出精馏段和提馏段的负荷性能图。

④ 有关具体机械结构和塔体附件的选定。

接管规格：根据流量和流体的性质，选取经验流速，选择标准管道。

全塔高度：包括上、下封头，裙座高度。

(3) 附属设备设计和选用

① 加料泵选型，加料管规格选型：

加料泵以每天工作 3h 计(每班打 1h)，大致估计一下加料管路上的管件和阀门。

② 高位槽、储槽容量和位置。高位槽以一次加满再加一定裕量来确定其容积，储槽容积按加满一次可生产 10 天计算确定。

③ 换热器选型。对原料预热器、塔底再沸器、塔顶产品冷却器等进行选型。

④ 塔顶冷凝器设计选型。根据换热量，回流管内流速，冷凝器高度，对塔顶冷凝器进行选型设计。

3.6.2.4 编写设计说明书

设计说明书应根据设计指导思想阐明设计特点，列出设计主要技术数据，对有关工艺流程和设备选型作出技术上和经济上的论证和评价。应按设计程序列出计算公式和计算结果；对所选用的物性数据和使用的经验公式图表应注明来历。

设计说明书应附有带控制点工艺流程图，塔板结构简图和计算机程序框图和源程序。

3.6.2.5 注意事项

① 写出详细计算步骤，并注明选用数据的来源；

② 每项设计结束后，列出计算结果明细表；

③ 设计说明书要求字迹工整，装订成册上交。

3.6.2.6 设计基础数据

(1) 乙醇和水的物理性质

项　目	分子式	相对分子质量	沸点/K	T_C/K	p_c/Pa
乙醇	C_2H_5OH	46.07	351.5	516.25	6.3835×10^6
水	H_2O	18.01	373.2	647.29	2.2090×10^7

(2) 常压下乙醇-水的 t-x-y 数据

沸点/℃	液相	汽相	沸点/℃	液相	汽相
100	0	0	82.3	25.75	55.74
99.9	0.004	0.053	82	27.3	56.44
99.8	0.04	0.51	81.3	33.24	58.78
99.7	0.05	0.77	80.6	42.09	62.22
99.5	0.12	1.57	80.1	48.92	64.7
99.2	0.23	2.9	79.85	52.68	66.28
99	0.31	3.725	79.5	61.02	70.29
98.75	0.39	4.5	79.2	65.64	72.71
97.65	0.79	8.76	78.95	68.92	74.69
95.8	1.61	16.34	78.75	72.36	76.93
92.6	3.29	26.21	78.6	75.99	79.26
91.3	4.16	29.92	78.4	79.82	81.83
89	6.46	36.98	78.27	83.87	84.91
87.9	7.41	39.16	78.2	85.97	86.4
87	8.92	42.09	78.15	89.41	89.41
86.2	10.48	44.61	78.2	93.0	92.0
85.2	12.64	47.49	78.27	96.0	95.0
84.5	14.95	49.77	78.34	100	100
83.75	17.41	51.67			

(3) 乙醇和水的液相密度 ρ(kg/m^3)

温度/℃		20	30	40	50	60	70	80	90	100	110
ρ	乙醇	795	785	777	765	755	746	735	730	716	703
	水	998.2	995.7	992.2	988.1	983.2	977.8	971.8	965.3	958.4	951.0

(4) 液体表面张力 σ(mN/m)

温度/℃		20	30	40	50	60	70	80	90	100	110
σ	乙醇	22.3	21.2	20.4	19.8	18.8	18.0	17.1	16.2	15.2	14.4
	水	72.6	71.2	69.6	67.7	66.2	64.3	62.6	60.7	58.8	56.9

(5) 液体黏度 μ(mPa · s)

温度/℃		70	80	90	100	110
μ	乙醇	0.523	0.495	0.406	0.361	0.324
	水	0.4061	0.3565	0.3165	0.2838	0.2589

(6) 液体汽化热 r(kJ/kg)

温度/℃		70	80	90	100	110
r	乙醇	859.3	838.14	815.8	792.5	768.3
	水	2331.2	2307.8	2283.1	2258.4	2232.0

(7) 液体比热容 c_P[J/(kmol · K)]

$$c_P = A + BT + CT^2 + DT^3$$

式中　　T——物系温度，K；

A，B，C，D——常数，具体数值如下：

组　分		A	B	C	D
c_P	乙醇	94560	-56.2	-0.329	0.002398
	水	52634	241.19	-0.85085	0.001

3.6.2.7　主要参考资料

略。

3.6.3　苯-氯苯分离过程板式精馏塔设计任务书

3.6.3.1　设计题目

试设计一座苯-氯苯连续精馏塔，要求年产纯度为 99.8%（或 99%、99.5%）的氯苯 15000t(或 10000t、20000t)，塔顶馏出液中含氯苯不得高于 2%，原料液中含氯苯 38%(以上均为质量分数)。

3.6.3.2　操作条件

① 塔顶压力　4 kPa(表压)

② 进料热状态　自选

③ 回流比　自选

④ 塔底加热蒸气压力　0.5MPa(表压)

⑤ 冷却水温度　35℃

⑥ 单板压降　≤0.7 kPa

3.6.3.3　塔板类型

筛板或浮阀塔板(F_1 型)。

3.6.3.4　工作日

每年 300 天，每天 24h 连续运行。

3.6.3.5　厂址

厂址为江苏地区。

3.6.3.6 设计内容

① 设计方案的确定及工艺流程的说明；
② 精馏塔的物料衡算；
③ 塔板数的确定；
④ 精馏塔的工艺条件及有关物性数据的计算；
⑤ 精馏塔的塔体工艺尺寸计算；
⑥ 塔板主要工艺尺寸的计算；
⑦ 塔板的流体力学验算；
⑧ 塔板负荷性能图；
⑨ 精馏塔接管尺寸计算；
⑩ 绘制生产工艺流程图；
⑪ 绘制精馏塔设计条件图；
⑫ 绘制塔板施工图(可根据实际情况选作)；
⑬ 对设计过程的评述和有关问题的讨论。

3.6.3.7 设计基础数据

物性数据查有关手册。

(1) 组分的饱和蒸气压 p_i°(mmHg)(1mmHg=133.322Pa)

温度/℃		80	90	100	110	120	130	131.8
p_i°	苯	760	1025	1350	1760	2250	2840	2900
	氯苯	148	205	293	400	543	719	760

(2) 组分的液相密度 ρ (kg/m^3)

温度/℃		80	90	100	110	120	130
ρ	苯	817	805	793	782	770	757
	氯苯	1039	1028	1018	1008	997	985

纯组分在任何温度下的密度可由下式计算：

苯　$\rho_A = 912.13 - 1.1886t$

氯苯　$\rho_B = 1124.4 - 1.0657t$

式中　t——温度,℃。

(3) 组分的表面张力 σ

mN/m

温度/℃		80	85	110	115	120	131
σ	苯	21.2	20.6	17.3	16.8	16.3	15.3
	氯苯	26.1	25.7	22.7	22.2	21.6	20.4

双组分混合液体的表面张力 σ_m 可按下式计算：

$$\sigma_m = \frac{\sigma_A \sigma_B}{\sigma_A x_B + \sigma_B x_A}$$（x_A、x_B 为 A、B 组分的摩尔分率）

(4) 氯苯的汽化潜热

常压沸点下的汽化潜热为 35.3×10^{3}kJ/kmol。纯组分的汽化潜热与温度的关系可用下式表示：

$$\frac{r_2}{r_1^{0.38}} = \left(\frac{t_c - t_2}{t_c - t_1}\right)^{0.38} \quad (\text{氯苯的临界温度：} t_c = 359.2℃)$$

(5) 其他物性数据可查化工原理附录。

3.6.4　乙烯-乙烷、丙烯-丙烷板式精馏塔设计任务书

3.6.4.1　设计条件

安装地点：江苏南京

塔板类型：筛板或浮阀

塔板设计位置：塔顶或塔底

工艺条件(1)：丙烯-丙烷

饱和液体进料，进料丙烯含量 $x_f = 65\%$(mol)

塔顶丙烯含量 $x_D = 98\%$，釜液丙烯含量 $x_w \leqslant 2\%$，总板效率为 0.6

处理量(kmol/h)＝50+学号最后两位

回流比 R/R_{mi} :1.2　1.4　1.6

建议塔顶操作压力：1.62MPa(表压)

工艺条件(2)：乙烯-乙烷

饱和液体进料，进料乙烯含量 $x_f = 65\%$ (mol)

塔顶乙烯含量 $x_D = 99\%$，釜液乙烯含量 $x_w \leqslant 1\%$，总板效率为 0.6

处理量(kmol/h)＝100+2×学号最后两位

回流比 R/R_{mi} :1.3　1.5　1.7

塔顶操作压力 2.5MPa(表压)

3.6.4.2　设计要求

① 完成精馏塔的工艺设计计算；

a. 塔高、塔径；

b. 溢流装置的设计；

c. 塔盘布置；

d. 塔盘流动性能的校核；

e. 负荷性能图。

② 完成塔底再沸器的设计计算；

③ 管路尺寸的确定、管路阻力计算及泵的选择；

④ 其余辅助设备的计算及选型；

⑤ 控制仪表的选择参数；

⑥ 用 3#图纸绘制带控制点的工艺流程图及主要设备(精馏塔或再沸器)的工艺条件图各一张；注：塔板设计位置为塔顶的同学完成精馏塔的工艺条件图，塔板设计位置为塔底的同学完成再沸器的工艺条件图。

⑦ 编写设计说明书。

3.6.5 甲醇-水溶液连续精馏塔设计任务书

3.6.5.1 设计条件

处理量/(t/a)15000、17500、20000

料液组成(质量分数)：30%、35%、40%、45%、50%

塔顶产品组成(质量分数)：98%、99%、99.5%

塔顶易挥发组分回收率：99%、99.9%

每年实际生产时间：7200h

3.6.5.2 设计任务

完成精馏塔的工艺设计，有关附属设备的设计和选型，绘制精馏塔系统式艺流程图和精馏塔装配图，编写设计说明书。

① 精馏塔的物料衡算；

② 塔板数的确定；

③ 精馏塔的工艺条件及有关物性数据的计算；

④ 精馏塔的塔体工艺尺寸计算；

⑤ 塔板主要工艺尺寸的计算；

⑥ 塔板的流体力学验算；

⑦ 塔板负荷性能图；

⑧ 精馏塔接管尺寸计算；

⑨ 绘制生产工艺流程图；

⑩ 绘制精馏塔设计条件图；

⑪ 绘制塔板施工图(可根据实际情况选作)；

⑫ 对设计过程的评述和有关问题的讨论。

3.6.6 常压分离环己醇-苯酚连续操作筛板精馏塔的工艺设计任务书

3.6.6.1 设计条件

处理量/(t/a)：5000、6000、7000、8000

料液组成(质量分数)：环己醇30%、30%、35%、40%

塔顶产品组成(质量分数)：98%、98.5%、99.0%

塔顶易挥发组分回收率：98%、98.5%、99.0%

每年实际生产时间：7200h

进料状态：泡点进料

塔顶压强：760mmHg(1mmHg=133.322Pa)

公用工程：循环冷却水进口温度：30℃

预热油温度：260℃

3.6.6.2 设计任务

完成精馏塔的工艺设计，有关附属设备的设计和选型，绘制精馏塔系统式艺流程图和精馏塔装配图，编写设计说明书。

设计内容同 3.6.5。

3.6.6.3　环己醇-苯酚的相平衡数据

调用 Aspen Plus 数据库，在 t-x-y 数据基础上计算每点温度下的相对挥发度见表 3-24。

表 3-24　环己醇-苯酚的相平衡数据

t/ ℃	x	y	t/ ℃	x	y
181.9	0.000	0.000	141.6	0.525	0.864
179.1	0.025	0.099	140.4	0.550	0.877
176.4	0.050	0.186	139.2	0.575	0.888
173.8	0.075	0.263	138.0	0.600	0.899
171.3	0.100	0.333	136.9	0.625	0.909
169.6	0.125	0.396	135.8	0.650	0.918
166.7	0.150	0.451	134.7	0.675	0.927
164.5	0.175	0.501	133.7	0.700	0.935
162.4	0.200	0.546	132.7	0.725	0.943
160.4	0.225	0.587	131.7	0.750	0.950
158.5	0.250	0.623	130.7	0.775	0.956
156.7	0.275	0.656	129.8	0.800	0.963
154.9	0.300	0.687	129.0	0.825	0.968
153.2	0.325	0.714	128.1	0.850	0.974
151.7	0.350	0.739	127.2	0.875	0.979
150.0	0.375	0.762	126.4	0.900	0.984
148.5	0.400	0.783	125.6	0.925	0.988
147.0	0.425	0.802	124.8	0.950	0.992
145.6	0.450	0.819	124.0	0.975	0.996
144.2	0.475	0.835	123.3	1.000	1.000
142.9	0.500	0.850			

说明：$\alpha_i = \dfrac{y_i(1 - x_i)}{x_i(1 - y_i)}$　　平均相对挥发度：$\alpha_m = \dfrac{1}{39}\sum \alpha_i$

第4章 填料塔设计

本章符号说明

英文字母：

a——填料的有效比表面积，m^2/m^3

a_t——填料的总比表面积，m^2/m^3

a_W——填料的润湿比表面积，m^2/m^3

A_T——塔截面积，m^2；

C——计算 u_{max} 时的负荷系数，m/s；

C_s——气相负荷因子，m/s；

d——填料直径，m；

D——塔径，m；

D_L——液体扩散系数，m^2/s；

D_v——气体扩散系数，m^2/s；

e_v——液沫夹带量，kg(液)/kg(气)；

E——液流收缩系数，无因次；

E_T——总板效率，无因次；

g——重力加速度，9.81 m/s^2；

h——填料层分段高度，m；*HETP* 关联式常数；

h_{max}——允许的最大填料层高度，m；

H_B——塔底空间高度，m；

H_D——塔顶空间高度，m；

H_{OG}——气相总传质单元高度，m；

H_1——封头高度，m；

H_2——裙座高度，m；

HETP——等板高度，m；

k_G——气膜吸收系数，kmol/(m^2·s·kPa)；

k_L——液膜吸收系数，m/s；

K_G——气相总吸收系数，kmol/(m^2·s·kPa)；

l_w——堰长，m；

L_b——液体体积流量，m^3/h；

L_S——液体体积流量，m^3/s；

L_W——润湿速率，$m^3/(m \cdot s)$；

m——相平衡常数，无因次；

n——筛孔数目；

N_{OG}——气相总传质单元数；

P——操作压力，Pa；

ΔP——压力降，Pa；

u——空塔气速，m/s；

u_F——泛点气速，m/s

$u_{0.min}$——漏液点气速，m/s；

u'_0——液体通过降液管底隙的速度，m/s；

U——液体喷淋密度，$m^3/(m^2 \cdot h)$

U_L——液体质量通量，$kg/(m^2 \cdot h)$

U_{min}——最小液体喷淋密度，$m^3/(m^2 \cdot h)$

U_v——气体质量通量，$kg/(m^2 \cdot h)$

V_h——气体体积流量，m^3/h；

V_S——气体体积流量，kg/s；

w_L——液体质量流量，kg/s；

w_V——气体质量流量，kg/s；

x——液相摩尔分数；

X——液相摩尔比；

y——气相摩尔分数；

Y——气相摩尔比；

Z——板式塔的有效高度，m；填料层高度，m。

希腊字母：

β——充气系数，无因次；

δ——筛板厚度，m

ε——空隙率，无因次；

θ——液体在降液管内停留时间，s；

μ——黏度，Pa·s；

ρ——密度，kg/m^3；
σ——表面张力，N/m；
ϕ——开孔率或孔流系数，无因次；
Φ——填料因子，1/m；
ψ——液体密度校正系数，无因次。

下标：
max——最大的；
min——最小的；
L——液相的；
V——气相的。

在化学工业中，经常需将气体混合物中的各个组分加以分离。气体的吸收是用适当的液体吸收剂与气体混合物接触，吸收气体混合物中一个或几个组分，使其中的各组分得以分离的一种操作。在化工生产中，它主要用于原料气的净化、有用组分的回收、制取气体的溶液，作为成品以及废气的治理等方面。因此，吸收操作是一种重要的分离方法，在化学工业中应用相当普遍。

可用作吸收的设备种类很多，如填料塔、板式塔、喷洒塔和鼓泡塔等，工业上较多地使用填料塔。填料塔的类型很多，其设计的原则大体相同，一般来说，填料塔的设计步骤如下：

① 根据设计任务和工艺要求，确定设计方案；
② 根据设计任务和工艺要求，合理地选择填料；
③ 确定塔径、填料层高度等工艺尺寸；
④ 计算填料层的压降；
⑤ 进行填料塔塔内件的设计与选型。

4.1　填料塔设计

4.1.1　设计方案的确定

4.1.1.1　填料精馏塔设计方案的确定

填料精馏塔设计方案的确定包括装置流程的确定、操作压力的确定、进料热状况的选择、加热方式的选择及回流比的选择等，其确定原则与板式精馏塔基本相同，参见第三章。

4.1.1.2　填料吸收塔设计方案的确定

(1) 装置流程的确定

吸收装置的流程主要有以下几种，图 4-1~图 4-4 列出了部分流程。

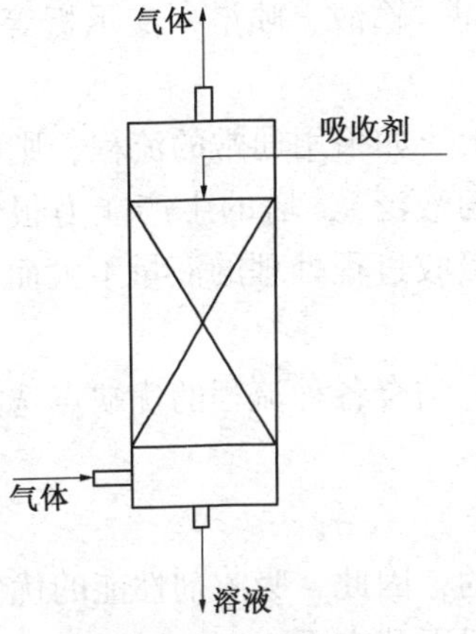

图 4-1　逆流吸收塔

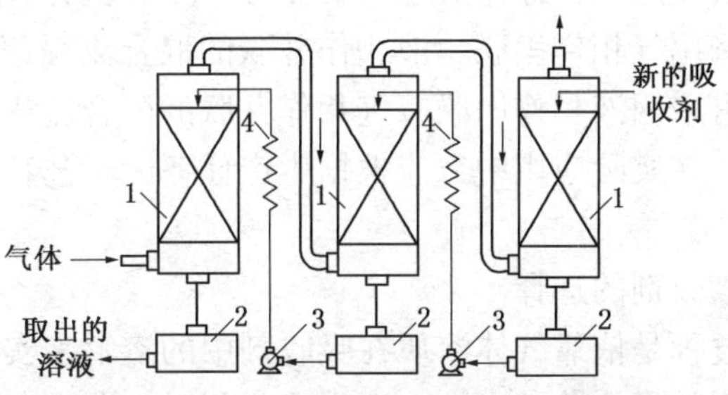

图 4-2　串联逆流吸收塔流程

1—吸收塔；2—储槽；3—泵；4—冷却器

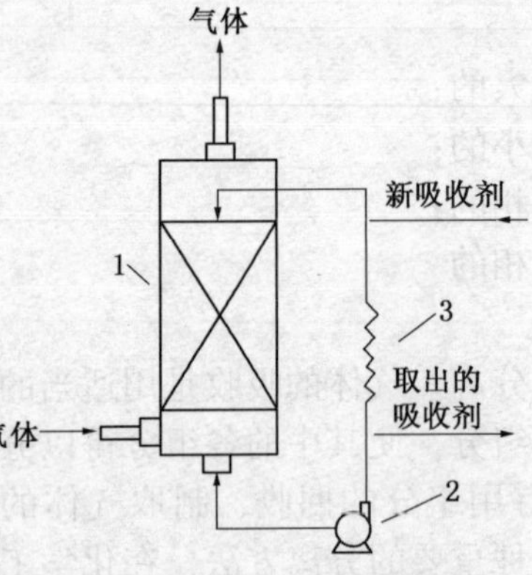

图 4-3 吸收剂部分循环吸收塔

1—吸收塔；2—泵；3—冷却器

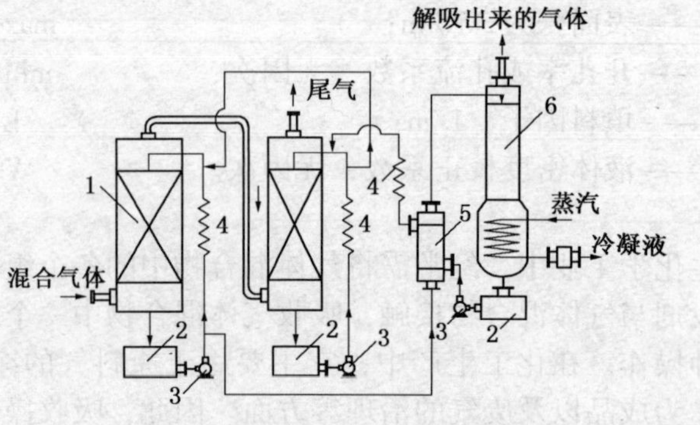

图 4-4 吸收剂部分循环的吸收解吸联合流程

1—吸收塔；2—储槽；3—泵；4—冷却器；5—换热器；6—解吸塔

① 逆流操作。气相自塔底进入由塔顶排出，液相自塔顶进入由塔底排出，此即逆流操作。逆流操作的特点是，传质平均推动力大，传质速率快，分离效率高，吸收剂利用率高。工业生产中多采用逆流操作。

② 并流操作。气、液两相均从塔顶流向塔底，此即并流操作。并流操作的特点是，系统不受液流限制，可提高操作气速，以提高生产能力。并流操作通常用于以下情况：当吸收过程的平衡曲线较平坦时，流向对推动力影响不大；易溶气体的吸收或处理的气体不需吸收很完全；吸收剂用量特别大，逆流操作易引起液泛。

③ 吸收剂部分再循环操作。在逆流操作系统中，用泵将吸收塔排出液体的一部分冷却后与补充的新鲜吸收剂一同送回塔内，即为部分再循环操作。通常用于以下情况：当吸收剂用量较小，为提高塔的液体喷淋密度；对于非等温吸收过程，为控制塔内的温升，需取出一部分热量。该流程特别适宜于相平衡常数 m 值很小的情况，通过吸收液的部分再循环，提高吸收剂的使用效率。应当指出，吸收剂部分再循环操作较逆流操作的平均推动力要低，且需设置循环泵，操作费用增加。

④ 多塔串联操作。若设计的填料层高度过大，或由于所处理物料等原因需经常清理填料，为便于维修，可把填料层分装在几个串联的塔内，每个吸收塔通过的吸收剂和气体量都相等，即为多塔串联操作。此种操作因塔内需留较大空间，输液、喷淋、支承板等辅助装置增加，使设备投资加大。

⑤ 串联-并联混合操作。若吸收过程处理的液量很大，如果用通常的流程，则液体在塔内的喷淋密度过大，操作气速势必很小(否则易引起塔的液泛)，塔的生产能力很低。实际生产中可采用气相作串联、液相作并联的混合流程；若吸收过程处理的液量不大而气相流量很大时，可采用液相作串联、气相作并联的混合流程。

总之，在实际应用中，应根据生产任务、工艺特点，结合各种流程的优缺点选择适宜的流程布置。

(2) 吸收剂的选择

吸收过程是依靠气体溶质在吸收剂中的溶解来实现的，因此，吸收剂性能的优劣，是决定吸收操作效果的关键之一，选择吸收剂时应着重考虑以下几方面。

① 溶解度。吸收剂对溶质组分的溶解度要大，以提高吸收速率并减少吸收剂的需用量。

② 选择性。吸收剂对溶质组分要有良好的吸收能力，而对混合气体中的其他组分不吸收或吸收甚微，否则不能直接实现有效的分离。

③ 挥发度要低。操作温度下吸收剂的蒸气压要低，以减少吸收和再生过程中吸收剂的挥发损失。

④ 黏度。吸收剂在操作温度下的黏度越低，其在塔内的流动性越好，有助于传质速率和传热速率的提高。

⑤ 其他。所选用的吸收剂应尽可能满足无毒性、无腐蚀性、不易燃易爆、不发泡、冰点低、价廉易得以及化学性质稳定等要求。

一般说来，任何一种吸收剂都难以满足以上所有要求，选用时应针对具体情况和主要矛盾，既考虑工艺要求又兼顾到经济合理性。工业上常用的吸收剂列于表 4-1。

表 4-1　工业常用吸收剂

溶　质	吸 收 剂	溶　质	吸 收 剂
氨	水、硫酸	硫化氢	碱液、砷碱液、有机溶剂
丙酮蒸气	水	苯蒸气	煤油、洗油
氯化氢	水	丁二烯	乙醇、乙腈
二氧化碳	水、碱液、碳酸丙烯酯	二氯乙烯	煤油
二氧化硫	水	一氧化碳	铜氨液

(3) 操作温度与压力的确定

① 操作温度的确定。由吸收过程的气、液平衡关系可知，温度降低可增加溶质组分的溶解度，即低温有利于吸收，但操作温度的低限应由吸收系统的具体情况决定。例如水吸收 CO_2 的操作中用水量极大，吸收温度主要由水温决定，而水温又取决于大气温度，故应考虑夏季循环水温高时补充一定量地下水以维持适宜温度。

② 操作压力的确定。由吸收过程的气、液平衡关系可知，压力升高可增加溶质组分的溶解度，即加压有利于吸收。但随着操作压力的升高，对设备的加工制造要求提高，且能耗增加，因此需结合具体工艺条件综合考虑，以确定操作压力。

4.1.2　填料的类型与选择

塔填料(简称为填料)是填料塔中气、液接触的基本构件，其性能的优劣是决定填料塔操作性能的主要因素，因此，填料的选择是填料塔设计的重要环节。

4.1.2.1　填料的类型

填料的种类很多，根据装填方式的不同，可分为散装填料和规整填料两大类。

(1) 散装填料

散装填料是一个个具有一定几何形状和尺寸的颗粒体，一般以随机的方式堆积在塔内，又称为乱堆填料或颗粒填料。散装填料根据结构特点不同，又可分为环形填料、鞍形填料、环鞍形填料及球形填料等。现介绍几种较典型的散装填料。

① 拉西环填料。拉西环填料是最早提出的工业填料，其结构为外径与高度相等的圆环，可用陶瓷、塑料、金属等材质制造。拉西环填料的气液分布较差，传质效率低，阻力大，通量小，目前工业上已很少应用。

② 鲍尔环填料。鲍尔环是在拉西环的基础上改进而得。其结构为在拉西环的侧壁上

开出两排长方形的窗孔，被切开的环壁的一侧仍与壁面相连，另一侧向环内弯曲，形成内伸的舌叶，诸舌叶的侧边在环中心相搭，可用陶瓷、塑料、金属等材质制造。鲍尔环由于环壁开孔，大大提高了环内空间及环内表面的利用率，气流阻力小，液体分布均匀。与拉西环相比，其通量可增加50%以上，传质效率提高30%左右。鲍尔环是目前应用较广的填料之一。

③ 阶梯环填料。阶梯环是对鲍尔环的改进，与鲍尔环相比，阶梯环高度减少了一半，并在一端增加了一个锥形翻边。由于高径比减少，使得气体绕填料外壁的平均路径大为缩短，减少了气体通过填料层的阻力。锥形翻边不仅增加了填料的机械强度，而且使填料之间由线接触为主变成以点接触为主，这样不但增加了填料间的空隙，同时成为液体沿填料表面流动的汇集分散点，可以促进液膜的表面更新，有利于传质效率的提高。阶梯环的综合性能优于鲍尔环，成为目前所使用的环形填料中最为优良的一种。

④弧鞍填料。弧鞍填料属鞍形填料的一种，其形状如同马鞍，一般采用瓷质材料制成。弧鞍填料的特点是表面全部敞开，不分内外，液体在表面两侧均匀流动，表面利用率高，流道呈弧形，流动阻力小。其缺点是易发生套叠，致使一部分填料表面被重合，使传质效率降低。弧鞍填料强度较差，容易破碎，工业生产中应用不多。

⑤矩鞍填料。将弧鞍填料两端的弧形面改为矩形面，且两面大小不等，即成为矩鞍填料。矩鞍填料堆积时不会套叠，液体分布较均匀。矩鞍填料一般采用瓷质材料制成，其性能优于拉西环。目前，国内绝大多数应用瓷拉西环的场合，均已被瓷矩鞍填料所取代。

⑥环矩鞍填料。环矩鞍填料(国外称为 Intalox)是兼顾环形和鞍形结构特点而设计出的一种新型填料，该填料一般以金属材质制成，故又称为金属环矩鞍填料。环矩鞍填料将环形填料和鞍形填料两者的优点集于一体，其综合性能优于鲍尔环和阶梯环，是工业应用最为普遍的一种金属散装填料。

工业上常用散装填料的特性参数列于附录五中，可供设计时参考。

(2) 规整填料

规整填料是按一定的几何图形排列，整齐堆砌的填料。规整填料种类很多，根据其几何结构可分为格栅填料、波纹填料、脉冲填料等，工业上应用的规整填料绝大部分为波纹填料。波纹填料按结构分为网波纹填料和板波纹填料两大类，可用陶瓷、塑料、金属等材质制造。加工中，波纹与塔轴的倾角有30°和45°两种，倾角为30°以代号 BX(或 X)表示，倾角为45°以代号 CY(或 Y)表示。

金属丝网波纹填料是网波纹填料的主要形式，是由金属丝网制成的。其特点是压降低、分离效率高，特别适用于精密精馏及真空精馏装置，为难分离物系、热敏性物系的精馏提供了有效的手段。尽管其造价高，但因性能优良仍得到了广泛的应用。

金属板波纹填料是板波纹填料的主要形式。该填料的波纹板片上冲压有许多 ϕ4mm ~ ϕ6mm 的小孔，可起到粗分配板片上的液体，加强横向混合的作用。波纹板片上轧成细小沟纹，可起到细分配板片上的液体、增强表面润湿性能的作用。金属孔板波纹填料强度高，耐腐蚀性强，特别适用于大直径塔及气、液负荷较大的场合。

波纹填料的优点是结构紧凑，阻力小，传质效率高，处理能力大，比表面积大。其缺点是不适于处理黏度大、易聚合或有悬浮物的物料，且装卸、清理困难，造价高。

工业上常用规整填料的特性参数列于附录六中，可供设计时参考。

4.1.2.2 填料的选择

填料的选择包括确定填料的种类、规格及材质等。所选填料既要满足生产工艺的要求，又要使设备投资和操作费用较低。

(1) 填料种类的选择

填料种类的选择要考虑分离工艺的要求，通常考虑以下几个方面。

① 传质效率。传质效率即分离效率，它有两种表示方法：一是以理论级进行计算的表示方法，以每个理论级当量的填料层高度表示，即 *HETP* 值；另一是以传质速率进行计算的表示方法，以每个传质单元相当的填料层高度表示，即 *HTU* 值。在满足工艺要求的前提下，应选用传质效率高，即 *HETP*（或 *HTU* 值）低的填料。对于常用的工业填料，其 *HETP*（或 *HTU*）值可由有关手册或文献中查到，也可通过一些经验公式来估算。

② 通量。在相同的液体负荷下，填料的泛点气速愈高或气相动能因子愈大，则通量愈大，塔的处理能力亦越大。因此，在选择填料种类时，在保证具有较高传质效率的前提下，应选择具有较高泛点气速或气相动能因子的填料。对于大多数常用填料，其泛点气速或气相动能因子可由有关手册或文献中查到，也可通过一些经验公式来估算。

③ 填料层的压降。填料层的压降是填料的主要应用性能，填料层的压降愈低，动力消耗越低，操作费用愈小。选择低压降的填料对热敏性物系的分离尤为重要。比较填料的压降有两种方法，一是比较填料层单位高度的压降 $\Delta P/Z$；另一是比较填料层单位传质效率的比压降 $\Delta P/N_T$。填料层的压降可用经验公式计算，亦可从有关图表中查出。

④ 填料的操作性能。填料的操作性能主要指操作弹性、抗污堵性及抗热敏性等。所选填料应具有较大的操作弹性，以保证塔内气、液负荷发生波动时维持操作稳定。同时，还应具有一定的抗污堵、抗热敏能力，以适应物料的变化及塔内温度的变化。

此外，所选的填料要便于安装、拆卸和检修。

(2) 填料规格的选择

通常，散装填料与规整填料的规格表示方法不同，选择的方法亦不尽相同，现分别加以介绍。

① 散装填料规格的选择。散装填料的规格通常是指填料的公称直径。工业塔常用的散装填料主要有 *DN*16、*DN*25、*DN*38、*DN*50、*DN*76 等几种规格。同类填料，尺寸越小，分离效率越高，但阻力增加，通量减小，填料费用也增加很多。而大尺寸的填料应用于小直径塔中，又会产生液体分布不良及严重的壁流，使塔的分离效率降低。因此，对塔径与填料尺寸的比值要有一规定，常用填料的塔径与填料公称直径比值 D/d 的推荐值列于表 4-2。

表 4-2 塔径与填料公称直径的比值 D/d 的推荐值

填料种类	D/d 的推荐值	填料种类	D/d 的推荐值
拉西环	$D/d \geq 20 \sim 30$	阶梯环	$D/d > 8$
鞍环	$D/d \geq 15$	环矩鞍	$D/d > 8$
鲍尔环	$D/d \geq 10 \sim 15$		

② 规整填料规格的选择。工业上常用规整填料的型号和规格的表示方法很多，国内习惯用比表面积表示，主要有 125、150、250、350、500、700 等几种规格。同种类型的规整填料，其比表面积越大，传质效率越高，但阻力增加，通量减小，填料费用也明显增加。选

用时应从分离要求、通量要求、场地条件、物料性质及设备投资、操作费用等方面综合考虑，使所选填料既能满足工艺要求，又具有经济合理性。

应当指出，一座填料塔可以选用同种类型、同一规格的填料，也可选用同种类型、不同规格的填料；可以选用同种类型的填料，也可以选用不同类型的填料；有的塔段可选用规整填料，而有的塔段可选用散装填料。设计时应灵活掌握，根据技术经济统一的原则来选择填料的规格。

(3) 填料材质的选择

工业上，填料的材质分为陶瓷、金属和塑料三大类。

① 陶瓷填料。陶瓷填料具有良好的耐腐蚀性及耐热性，一般能耐除氢氟酸以外的常见的各种无机酸、有机酸的腐蚀，对强碱介质，可以选用耐碱配方制造的耐碱陶瓷填料。

陶瓷填料因其质脆、易碎，不宜在高冲击强度下使用。陶瓷填料价格便宜，具有很好的表面润湿性能，工业上，主要用于气体吸收、气体洗涤、液体萃取等过程。

② 金属填料。金属填料可用多种材质制成，金属材质的选择主要根据物系的腐蚀性和金属材质的耐腐蚀性来综合考虑。碳钢填料造价低，且具有良好的表面润湿性能，对于无腐蚀或低腐蚀性物系应优先考虑使用；不锈钢填料耐腐蚀性强，一般能耐除 Cl^- 以外常见物系的腐蚀，但其造价较高；钛材、特种合金钢等材质制成的填料造价极高，一般只在某些腐蚀性极强的物系下使用。

金属填料可制成薄壁结构(0.2~1.0mm)，与同种类型、同种规格的陶瓷、塑料填料相比，它的通量大、气体阻力小，且具有很高的抗冲击性能，能在高温、高压、高冲击强度下使用，工业应用主要以金属填料为主。

③ 塑料填料。塑料填料的材质主要包括聚丙烯(PP)、聚乙烯(PE)及聚氯乙烯(PVC)等，国内一般多采用聚丙烯材质。塑料填料的耐腐蚀性能较好，可耐一般的无机酸、碱和有机溶剂的腐蚀。其耐温性良好，可长期在100℃以下使用。聚丙烯填料在低温(低于0℃)时具有冷脆性，在低于0℃的条件下使用要慎重，可选用耐低温性能好的聚氯乙烯填料。

塑料填料具有质轻、价廉、耐冲击、不易破碎等优点，多用于吸收、解吸、萃取、除尘等装置中。塑料填料的缺点是表面润湿性能差，在某些特殊应用场合，需要对其表面进行处理，以提高表面润湿性能。

4.1.3 填料塔工艺尺寸的计算

填料塔工艺尺寸的计算包括塔径的计算、填料层高度的计算及分段等。

4.1.3.1 塔径的计算

填料塔直径仍采用式(4-1)计算，即：

$$D = \sqrt{\frac{4V_s}{\pi u}} \tag{4-1}$$

式中气体体积流量 V_s 由设计任务给定。由上式可见，计算塔径的核心问题是确定空塔气速 u。

(1) 空塔气速的确定

① 泛点气速法。泛点气速是填料塔操作气速的上限，填料塔的操作空塔气速必须小于泛点气速，操作空塔气速与泛点气速之比称为泛点率。

对于散装填料，其泛点率的经验值为 $u/u_F=0.5\sim0.85$；

对于规整填料，其泛点率的经验值为 $u/u_F=0.6\sim0.95$。

泛点率的选择主要考虑填料塔的操作压力和物系的发泡程度两方面的因素。设计中，对于加压操作的塔，应取较高的泛点率；对于减压操作的塔，应取较低的泛点率；对易起泡沫的物系，泛点率应取低限值；而无泡沫的物系，可取较高的泛点率。

泛点气速可用经验方程式计算，亦可用关联图求取。

a．贝恩(Bain)-霍根(Hougen)关联式。填料的泛点气速可由贝恩-霍根关联式计算，即：

$$\lg\left[\frac{u_F^2}{g}\left(\frac{a_t}{\varepsilon^3}\right)\left(\frac{\rho_V}{\rho_L}\right)\mu_L^{0.2}\right]=A-K\left(\frac{w_L}{w_V}\right)^{1/4}\left(\frac{\rho_V}{\rho_L}\right)^{1/8} \tag{4-2}$$

式中 u_F——泛点气速，m/s

g——重力加速度，9.81 m/s²；

a_t——填料总比表面积，m²/m³；

ε——填料层空隙率，m³/m³；

ρ_V、ρ_L——气相、液相密度，kg/m³；

μ_L——液体黏度，mPa·s；

w_L、w_V——液相、气相质量流量，kg/h；

A、K——关联常数。

常数 A 和 K 与填料的形状及材质有关，不同类型填料的 A、K 值列于表4-3中。由式(4-2)计算泛点气速，误差在15%以内。

表4-3 式(4-2)中的 A、K 值

散装填料类型	A	K	散装填料类型	A	K
塑料鲍尔环	0.0942	1.75	金属丝网波纹填料	0.30	1.75
金属鲍尔环	0.1	1.75	塑料丝网波纹填料	0.4201	1.75
塑料阶梯环	0.204	1.75	金属网孔波纹填料	0.155	1.47
金属阶梯环	0.106	1.75	金属孔板波纹填料	0.291	1.75
瓷矩鞍	0.176	1.75	塑料孔板波纹填料	0.291	1.563
金属环矩鞍	0.06225	1.75			

b. 埃克特(Eckert)通用关联图。散装填料的泛点气速可用埃克特关联图计算，如图4-5所示。计算时，先由气、液相负荷及有关物性数据求出横坐标 $\frac{w_L}{w_V}\left(\frac{\rho_V}{\rho_L}\right)^{0.5}$ 的值，然后作垂线与相应的泛点线相交，再通过交点作水平线与纵坐标相交，求出纵坐标 $\frac{u^2\Phi\Psi}{g}\left(\frac{\rho_V}{\rho_L}\right)\mu_L^{0.2}$ 值。此时所对应的 u 即为泛点气速 u_F。

应当指出，用埃克特通用关联图计算泛点气速时，所需的填料因子为液泛时的湿填料因子，称为泛点填料因子，以 Φ_F 表示。泛点填料因子 Φ_F 与液体喷淋密度有关，为了工程计算的方便，常采用与液体喷淋密度无关的泛点填料因于平均值。表4-4列出了部分散装填料的泛点填料因子平均值，可供设计中参考。

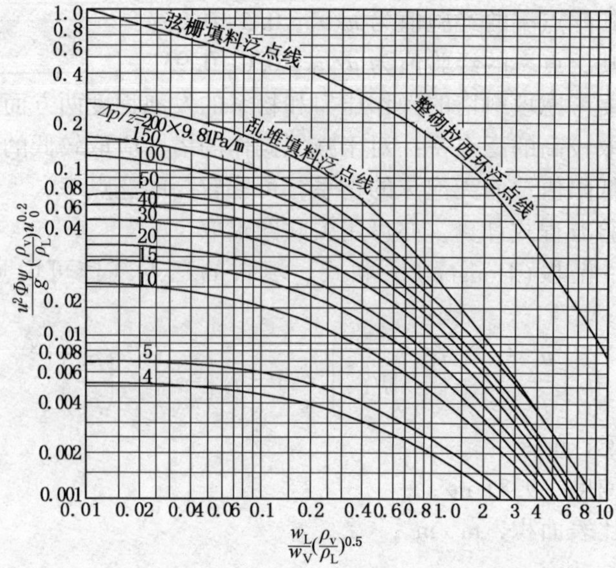

图 4-5　填料塔泛点和压降的通用关联图

u_0—空塔气速，m/s；Φ—湿填料因子，简称填料因子，1/m；

ψ—水的密度和液体的密度之比；g—重力加速度，m/s^2；

ρ_V、ρ_L—气体和液体的密度，kg/m^3；w_V、w_L—气体和液体的质量流量，kg/s

图 4-5 适用于乱堆的颗粒形填料，如拉西环、弧鞍形填料、矩鞍形填料、鲍尔环等，其上还绘制了整砌拉西环和弦栅填料两种规整填料的泛点曲线。对于其他填料，尚无可靠的填料因子数据。

表 4-4　散装填料泛点填料因子平均值

填料类型	填料因子/(1/m)				
	*DN*16	*DN*25	*DN*38	*DN*50	*DN*76
金属鲍尔环	410	—	117	160	—
金属环矩鞍	—	170	150	135	120
金属阶梯环	—	—	160	140	—
塑料鲍尔环	550	280	184	140	92
塑料阶梯环	—	260	170	127	—
瓷矩鞍	1100	550	200	226	—
瓷拉西环	1300	832	600	410	—

② 气相动能因子（F 因子）法。气相动能因子简称 F 因子，其定义为：

$$F = u\sqrt{\rho_V} \tag{4-3}$$

气相动能因子法多用于规整填料空塔气速的确定。计算时，先从手册或图表中查出填料在操作条件下的 F 因子，然后依据式（4-3）即可计算出操作空塔气速 u。常见规整填料的适宜操作气相动能因子可从有关图表中查得。

应当指出，采用气相动能因子法计算适宜的空塔气速，一般用于低压操作（压力低于 0.2 MPa）的场合。

③ 气相负荷因子(C_s 因子)法。气相负荷因于简称 C_s 因子，其定义为：

$$C_s = u\sqrt{\frac{\rho_V}{\rho_L - \rho_V}} \tag{4-4}$$

气相负荷因子法多用于规整填料空塔气速的确定。计算时，先求出最大气相负荷因子 $C_{s,max}$，然后依据以下关系：

$$C_s = 0.8C_{s,max} \tag{4-5}$$

计算出 C_s，再依据式(4-4)求出操作空塔气速 u。

常用规整填料的 $C_{s,max}$ 的计算见有关填料手册，亦可从图 4-6 所示的 $C_{s,max}$ 曲线图查得。图中的横坐标 ψ 称为流动参数，其定义为：

$$\psi = \frac{w_L}{w_V}\left(\frac{\rho_V}{\rho_L}\right)^{0.5} \tag{4-6}$$

图 4-6 曲线适用于板波纹填料。若以 250Y 型板波纹填料为基准，对于其他类型的板波纹填料，需要乘以修正系数 C，其值参见表 4-5。

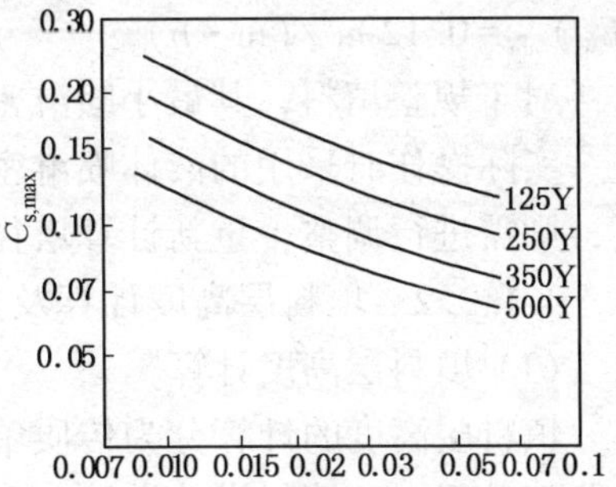

图 4-6　波纹填料最大负荷因子

表 4-5　其他类型的波纹填料的最大负荷修正系数

填料类型	型　号	修正系数
板波纹填料	250Y	1.0
丝网波纹填料	BX	1.0
丝网波纹填料	CY	0.65
陶瓷波纹填料	BX	0.8

(2) 塔径的计算与圆整

根据上述方法得出空塔气速 u 后，即可由式(4-1)计算出塔径 D。应当指出，由式(4-1)计算出塔径 D 后，还应按塔径系列标准进行圆整。常用的标准塔径(mm)为：400、500、600、700、800、1000、1200、1400、1600、2000、2200 等。圆整后，再核算操作空塔气速 u 与泛点率。

(3) 液体喷淋密度的验算

填料塔的液体喷淋密度是指单位时间、单位塔截面上液体的喷淋量，其计算式为：

$$U = \frac{L_h}{0.785D^2} \tag{4-7}$$

式中　U——液体喷淋密度，$m^3/(m^2 \cdot h)$；

L_h——液体喷淋量，m^3/h；

D——填料塔直径，m。

为使填料能获得良好的润湿，塔内液体喷淋量应不低于某一极限值，此极限值称为最小喷淋密度，以 U_{min} 表示。

对于散装填料，其最小喷淋密度通常采用下式计算，即：

$$U_{min} = (L_W)_{min} a_t \tag{4-8}$$

式中 U_{min}——最小喷淋密度，$m^3/(m^2 \cdot h)$；

$(L_W)_{min}$——最小润湿速率，$m^3/(m \cdot h)$；

a_t——填料的总比表面积，m^2/m^3。

最小润湿速率是指在塔的截面上，单位长度的填料周边的最小液体体积流量。其值可由经验公式计算(见有关填料手册)，也可采用一些经验值。对于直径不超过 75 mm 的散装填料，可取最小润湿速率$(L_W)_{min}$为 0.08 $m^3/(m \cdot h)$；对于直径大于 75 mm 的散装填料，取$(L_W)_{min}=0.12\ m^3/(m \cdot h)$。

对于规整填料，其最小喷淋密度可从有关填料手册中查得，设计中，通常取 $U_{min}=0.2$。

实际操作时采用的液体喷淋密度应大于最小喷淋密度。若液体喷淋密度小于最小喷淋密度，则需进行调整，重新计算塔径。

4.1.3.2 填料层高度计算及分段

(1) 填料层高度计算

填料层高度的计算分为传质单元数法和等板高度法。在工程设计中，对于吸收、解吸及萃取等过程中的填料塔的设计，多采用传质单元数法；而对于精馏过程中的填料塔的设计，则习惯用等板高度法。

① 传质单元数法。采用传质单元数法计算填料层高度的基本公式为：

$$Z=H_{OG}N_{OG} \tag{4-9}$$

a. 传质单元数的计算。传质单元数的计算方法在《化工传质与分离过程》教材的吸收一章中已详尽介绍，此处不再赘述。

b. 传质单元高度的计算。传质过程的影响因素十分复杂，对于不同的物系、不同的填料以及不同的流动状况与操作条件，传质单元高度各不相同，迄今为止，尚无通用的计算方法和计算公式。目前，在进行设计时多选用一些准数关联式或经验公式进行计算，其中应用较为普遍的是修正的恩田(Onde)公式。

修正的恩田公式为：

$$k_G = 0.237\left(\frac{U_V}{a_t\mu_V}\right)^{0.7}\left(\frac{\mu_V}{\rho_V D_V}\right)^{1/3}\left(\frac{a_t D_V}{RT}\right) \tag{4-10}$$

$$k_L = 0.0095\left(\frac{U_L}{a_W k_L}\right)^{2/3}\left(\frac{\mu_L}{\rho_L D_L}\right)^{-1/2}\left(\frac{\mu_L g}{\rho_L}\right)^{1/3} \tag{4-11}$$

$$k_G a = k_G a_W \psi^{1.1} \tag{4-12}$$

$$k_L a = k_L a_W \psi^{0.4} \tag{4-13}$$

其中
$$\frac{a_W}{a_t} = 1 - \exp\left[-1.45\left(\frac{\sigma_c}{\sigma_L}\right)^{0.75}\left(\frac{U_L}{a_t\mu_L}\right)^{0.1}\left(\frac{U_L^2 a_t}{\rho_L^2 g}\right)^{-0.05}\left(\frac{U_L^2}{\rho_L\sigma_L a_t}\right)^{0.2}\right] \tag{4-14}$$

式中 U_V，U_L——气体、液体的质量通量，$kg/(m^2 \cdot h)$；

μ_V，μ_L——气体、液体的黏度，$kg/(m \cdot h)$ [$1Pa \cdot s=3600\ kg/(m \cdot h)$]；

ρ_V，ρ_L——气体、液体的密度，kg/m^3；

D_V，D_L——溶质在气体、液体中的扩散系数，m^2/s；

R——通用气体常数，$8.314m^3 \cdot kPa/(kmol \cdot K)$；

T——系统温度，K；

a_t——填料的总比表面积，m^2/m^3；

a_W——填料的润湿比表面积，m^2/m^3；

g——重力加速度，$1.27\times10^8 m/h$；

σ_L——液体的表面张力

σ_c——填料材质的临界表面张力，kg/h^2（$1dyn/cm=12960kg/h^2$）；

ψ——填料形状系数。

常见材质的临界表面张力值见表 4-6、常见填料的形状系数见表 4-7。

表 4-6　常见材质的临界表面张力值

材　质	碳	瓷	玻　璃	聚丙烯	聚氯乙烯	钢	石　蜡
表面张力/(mN/m)	56	61	73	33	40	75	20

表 4-7　常见填料的形状系数

填料类型	球　形	棒　形	拉西环	弧　鞍	开孔环
Ψ 值	0.72	0.75	1	1.19	1.45

由修正的恩田公式计算出 $k_G a$ 和 $k_L a$ 后，可按下式计算气相总传质单元高度 H_{OG}：

$$H_{OG}=\frac{V}{K_Y a\Omega}=\frac{V}{K_G ap\Omega} \tag{4-15}$$

$$K_G a=\frac{1}{1/k_G a+1/Hk_L a} \tag{4-16}$$

式中　H_{OG}——气相总传质单元高度，m；

Ω——塔截面积，m^2；

p——总压，kPa；

H——溶解度常数，$kmol/(kPa\cdot m^3)$。

应当指出，修正的恩田公式只适用于 $u\leqslant0.5u_F$ 的情况，当 $u>0.5u_F$ 时，需要按下式进行校正，即

$$k'_G a=\left[1+9.5\left(\frac{u}{u_F}-0.5\right)^{1.4}\right]k_G a \tag{4-17}$$

$$k'_G a=\left[1+2.6\left(\frac{u}{u_F}-0.5\right)^{2.2}\right]k_L a \tag{4-18}$$

② 等板高度法。采用等板高度法计算填料层高度的基本公式为：

$$Z=HETP\cdot N_T \tag{4-19}$$

a. 理论板数的计算。理论板数的计算方法在《化工原理》教材的蒸馏一章中已详尽介绍，此处不再赘述。

b. 等板高度的计算。等板高度与许多因素有关，不仅取决于填料的类型和尺寸，而且受系统物性、操作条件及设备尺寸的影响。目前尚无准确可靠的方法计算填料的 *HETP* 值。一般的方法是通过实验测定，或从工业应用的实际经验中选取 *HETP* 值，某些填料在一定条件下的 *HETP* 值可从有关填料手册中查得。近年来研究者通过大量数据回归得到了常压蒸馏时的 *HETP* 关联式如下：

$$\ln(HETP)=h-1.292\ln\sigma_L+1.47\ln\mu_L \tag{4-20}$$

式中 *HETP*——等板高度，mm；

σ_L——液体表面张力，N/m；

μ_L——液体黏度，Pa·s；

h——常数，其值见表 4-8。

表 4-8 *HETP* 关联式中的常数值

填料类型	h	填料类型	h
*DN*25 金属环矩鞍填料	6.8505	*DN*50 金属鲍尔环	7.3781
*DN*40 金属环矩鞍填料	7.0382	*DN*25 瓷环矩鞍填料	6.8505
*DN*50 金属环矩鞍填料	7.2883	*DN*38 瓷环矩鞍填料	7.1079
*DN*25 金属鲍尔环	6.8505	*DN*50 瓷环矩鞍填料	7.4430
*DN*38 金属鲍尔环	7.0779		

式(4-20)考虑了液体黏度及表面张力的影响，其适用范围如下：

$$10^3<\sigma_L<36\times10^{-3}\ \text{N/m};\ 0.08\times10^{-3}<\mu_L<0.83\times10^{-3}\ \text{Pa}\cdot\text{s}$$

应当指出，采用上述方法计算出填料层高度后，还应留出一定的安全系数。根据设计经验，填料层的设计高度一般为：

$$Z'=(1.2\sim1.5)Z \tag{4-21}$$

式中 Z'——设计时的填料高度，m；

Z——工艺计算得到的填料层高度，m。

(2) 填料层的分段

液体沿填料层下流时，有逐渐向塔壁方向集中的趋势，形成壁流效应。壁流效应造成填料层气液分布不均匀，使传质效率降低。因此，设计中，每隔一定的填料层高度，需要设置液体收集再分布装置，即将填料层分段。

① 散装填料的分段。对于散装填料，一般推荐的分段高度值见表 4-9，表中 h/D 为分段高度与塔径之比，h_{max} 为允许的最大填料层高度。

表 4-9 散装填料分段高度推荐值

填料类型	h/D	H_{max}/m
拉西环	2.5	≤4
矩鞍	5~8	≤6
鲍尔环	5~10	≤6
阶梯环	8~15	≤6
环矩鞍	5~15	≤6

② 规整填料的分段。对于规整填料，填料层分段高度可按下式确定：

$$h=(15\sim20)HETP \tag{4-22}$$

式中 h——规整填料分段高度，m；

HETP——规整填料的等板高度，m。

亦可按表 4-10 推荐的分段高度值确定。

表 4-10　规整填料分段高度推荐值

填料类型	h/m	填料类型	h/m
250Y 板波纹填料	6.0	500(BX)丝网波纹填料	3.0
500Y 板波纹填料	5.0	700(CX)丝网波纹填料	1.5

4.1.4　填料层压降的计算

填料层压降通常用单位高度填料层的压降 $\Delta p/Z$ 表示。设计时，根据有关参数，由通用关联图(或压降曲线)先求得每米填料层的压降值，然后再乘以填料层高度，即得出填料层的压力降。

4.1.4.1　散装填料的压降计算

(1) 由埃克特通用关联式计算

散装填料的压降值可由埃克特通用关联图计算。计算时，先根据气、液负荷及有关物性数据，求出横坐标值，再根据操作空塔气速 u 及有关物性数据，求出纵坐标值。通过作图得出交点，读出过交点的等压线数值，即得出每米填料层压降值。

应当指出，用埃克特通用关联图计算压降时，所需的填料因子为操作状态下的湿填料因子，称为压降填料因子，以 ϕ_p 表示。压降填料因子 ϕ_p 与液体喷淋密度有关，为了工程计算的方便，常采用与液体喷淋密度无关的压降填料因子平均值。表 4-11 列出了部分散装填料的压降填料因子平均值，可供设计中参考。

表 4-11　散装填料压降填料因子平均值

填料类型	填料因子/(1/m)				
	$DN16$	$DN25$	$DN38$	$DN50$	$DN76$
金属鲍尔环	306	—	114	98	—
金属环矩鞍	—	138	93.4	71	36
金属阶梯环	—	—	118	82	—
塑料鲍尔环	343	232	114	125	62
塑料阶梯环	—	176	116	89	—
瓷矩鞍环	700	215	140	160	—
瓷拉西环	1050	576	450	288	—

(2) 由填料压降曲线查得

散装填料压降曲线的横坐标通常以空塔气速 u 表示，纵坐标以单位高度填料层压降 $\Delta p/Z$ 表示，常见散装填料的 $u-\Delta p/Z$ 曲线可从有关填料手册中查得。

4.1.4.2　规整填料的压降计算

(1) 由填料的压降关联式计算

规整填料的压降通常关联成以下形式：

$$\Delta p/Z = \alpha\left(u\sqrt{\rho_V}\right)^{\beta} \tag{4-23}$$

式中　$\Delta p/Z$——每米填料层高度的压力降，Pa/m；

u——空塔气速，m/s；

ρ_V——气体密度，kg/m³；

α，β——关联式常数，可从有关填料手册中查得。

(2) 由填料压降曲线查得

规整填料压降曲线的横坐标通常以 F 因子表示，纵坐标以单位高度填料层压降 $\Delta p/Z$ 表示，常见规整填料的 $F \sim \Delta p/Z$ 曲线可从有关填料手册中查得。

4.1.5 填料塔内件的类型与设计

4.1.5.1 塔内件的类型

填料塔的内件主要有填料支承装置、填料压紧装置、液体分布装置、液体收集再分布装置等。合理地选择和设计塔内件，对保证填料塔的正常操作及优良的传质性能十分重要。

(1) 填料支承装置

填料支承装置的作用是支承塔内的填料。常用的填料支承装置有栅板型、孔管型、驼峰型等。对于散装填料，通常选用孔管型、驼峰型支承装置；对于规整填料，通常选用栅板型支承装置。设计中，为防止在填料支承装置处压降过大甚至发生液泛，要求填料支承装置的自由截面积应大于75%。

(2) 填料压紧装置

为防止在上升气流的作用下填料床层发生松动或跳动，需在填料层上方设置填料压紧装置。填料压紧装置有压紧栅板、压紧网板、金属压紧器等不同的类型。对于散装填料，可选用压紧网板，也可选用压紧栅板。在其下方，根据填料的规格敷设一层金属网，并将其与压紧栅板固定；对于规整填料，通常选用压紧栅板。设计中，为防止在填料压紧装置处压降过大甚至发生液泛，要求填料压紧装置的自由截面积应大于70%。

为了便于安装和检修，填料压紧装置不能与塔壁采用连续固定方式，对于小塔可用螺钉固定于塔壁，而大塔则用支耳固定。

(3) 液体分布装置

液体分布装置的种类多样，有喷头式、盘式、管式、槽式及槽盘式等。工业应用以管式、槽式及槽盘式为主。

管式分布器由不同结构形式的开孔管制成。其突出的特点是结构简单，供气体流过的自由截面大，阻力小。但小孔易堵塞，操作弹性一般较小。管式液体分布器多用于中等以下液体负荷的填料塔中。在减压精馏及丝网波纹填料塔中，由于液体负荷较小，设计中通常用管式液体分布器。

槽式液体分布器是由分流槽(又称主槽或一级槽)、分布槽(又称副槽或二级槽)构成的。一级槽通过槽底开孔将液体初分成若干流股，分别加入其下方的液体分布槽。分布槽的槽底(或槽壁)上设有孔道域导管，将液体均匀分布于填料层上。槽式液体分布器具有较大的操作弹性和极好的抗污堵性，特别适合于大气、液负荷及含有固体悬浮物、黏度大的液体的分离场合，应用范围非常广泛。

槽盘式分布器是近年来开发的新型液体分布器，它兼有集液、分液及分气三种作用，结构紧凑，气、液分布均匀，阻力较小，操作弹性高达10∶1，适用于各种液体喷淋量。近年来应用非常广泛，在设计中建议优先选用。

(4) 液体收集及再分布装置

前已述及，为减小壁流现象，当填料层较高时需进行分段，故需设置液体收集及再分布装置。

最简单的液体再分布装置为截锥式再分布器。截锥式再分布器结构简单，安装方便，但它只起到将壁流向中心汇集的作用，无液体再分布的功能，一般用于直径小于 0.6m 的塔中。

在通常情况下，一般将液体收集器及液体分布器同时使用，构成液体收集及再分布装置。液体收集器的作用是将上层填料流下的液体收集，然后送至液体分布器进行液体再分布。常用的液体收集器为斜板式液体收集器。

前已述及，槽盘式液体分布器兼有集液和分液的功能，故槽盘式液体分布器是优良的液体收集及再分布装置。

4.1.5.2　塔内件的设计

填料塔操作性能的好坏、传质效率的高低在很大程度上与塔内件的设计有关。在塔内件设计中，最关键的是液体分布器的设计，现对液体分布器的设计进行简要的介绍。

(1) 液体分布器设计的基本要求

性能优良的液体分布器设计时必须满足以下几点：

① 液体分布均匀。评价液体分布均匀的标准是：足够的分布点密度、分布点的几何均匀性、降液点间流量的均匀性。

a. 分布点密度。液体分布器分布点密度的选取与填料类型及规格、塔径大小、操作条件等密切相关，各种文献推荐的值也相差很大。大致规律是：塔径越大，分布点密度越小；液体喷淋密度越小，分布点密度越大。对于散装填料，填料尺寸越大，分布点密度越小；对于规整填料，比表面积越大，分布点密度越大。表 4-12、表 4-13 分别列出了散装填料塔和规整填料塔的分布点密度推荐值，可供设计时参考。

表 4-12　Eckert 的散装填料塔分布点密度推荐值

塔径/mm	分布点密度/(点/m^2 塔截面)
$D=400$	330
$D=750$	170
$D\geqslant1200$	42

表 4-13　苏尔寿公司的规整填料塔分布点密度推荐值

填料类型	分布点密度/(点/m^2 塔截面)
250Y 孔板波纹填料	≥100
500(BX)丝网波纹填料	≥200
700(CX)丝网波纹填料	≥300

b. 分布点的几何均匀性。分布点在塔截面上的几何均匀分布是较之分布点密度更为重要的问题。设计中，一般需通过反复计算和绘图排列进行比较，选择较佳方案。分布点的排列可采用正方形、正三角形等不同方式。

c. 降液点间流量的均匀性。为保证各分布点的流量均匀，需要分布器总体的合理设计。精细的制作和正确的安装。高性能的液体分布器，要求各分布点与平均流量的偏差小于 6%。

② 操作弹性大。液体分布器的操作弹性是指液体的最大负荷与最小负荷之比。设计中，

一般要求液体分布器的操作弹性为2~4，对于液体负荷变化很大的工艺过程，有时要求操作弹性达到10以上，此时，分布器必须特殊设计。

③ 自由截面积大。液体分布器的自由截面积是指气体通道占塔截面积的比值。根据设计经验，性能优良的液体分布器，其自由截面积为50%~70%。设计中，自由截面积最小应在35%以上。

④ 其他。液体分布器应结构紧凑、占用空间小、制造容易、调整和维修方便。

(2) 液体分布器布液能力的计算

液体分布器布液能力的计算是液体分布器设计的重要内容。设计时，按其布液作用原理不同和具体结构特性，选用不同的公式计算。

① 重力型液体分布器布液能力计算。重力型液体分布器有多孔型和溢流型两种形式，工业上以多孔型应用为主，其布液工作的动力为开孔上方的液位高度。多孔型分布器布液能力的计算公式为：

$$L_s=\frac{\pi}{4}d_0^2 n\phi\sqrt{2g\Delta H} \tag{4-24}$$

式中 L_s——液体流量，m^3/s；

n——开孔数目(分布点数目)；

ϕ——孔流系数，通常取 $\phi=0.55\sim0.60$；

d_0——孔径，m；

ΔH——开孔上方的液位高度，m。

② 压力型液体分布器布液能力计算。压力型液体分布器布液工作的动力为压力差(或压降)，其布液能力的计算公式为：

$$L_s=\frac{\pi}{4}d_0^2 n\phi\sqrt{2\frac{\Delta\rho}{\rho_L}} \tag{4-25}$$

式中 L_s——液体流量，m^3/s；

n——开孔数目(分布点数目)；

ϕ——孔流系数，通常取 $\phi=0.60\sim0.65$；

d_0——孔径，m；

ΔP——分布器的工作压力差(或压降)，Pa；

ρ_L——液体密度，kg/m^3。

设计中，液体流量 L_s 为已知，给定开孔上方的液位高度 ΔH(或已知分布器的工作压力差 ΔP)，依据分布器布液能力计算公式，可设定开孔数目 n，计算孔径 d_0；亦可设定孔径 d_0，计算开孔数目 n。

4.2 填料吸收塔设计示例

4.2.1 填料吸收塔示例1——水吸收 SO_2 填料塔的工艺设计

矿石焙烧炉送出的气体冷却到25℃后送入填料塔中，用20℃清水洗涤以除去其中的 SO_2。入塔的炉气流量为 $2400m^3/h$，其中 SO_2 的摩尔分率为0.05，要求 SO_2 的吸收率为95%。吸收塔为常压操作，因该过程液气比很大，吸收温度基本不变，可近似取为清水的温度。试设计该填料吸收塔。

4.2.1.1 设计方案的确定

用水吸收 SO_2 属中等溶解度的吸收过程，为提高传质效率，选用逆流吸收流程。因用水作为吸收剂，且 SO_2 不作为产品，故采用纯溶剂。

4.2.1.2 填料的选择

对于水吸收 SO_2 的过程，操作温度及操作压力较低，工业上通常选用塑料散装填料。在塑料散装填料中，塑料阶梯环填料的综合性能较好，故此选用 *DN*38 聚丙烯阶梯环填料。

4.2.1.3 基础物性数据

(1) 液相物性数据

对低浓度吸收过程，溶液的物性数据可近似取纯水的物性数据。由手册查得，20℃时水的有关物性数据如下：

密度为 $\rho_L = 998.2\ kg/m^3$

黏度为 $\mu_L = 0.001\ Pa \cdot s = 3.6 kg/(m \cdot h)$

表面张力为 $\sigma_L = 72.6\ dyn/cm = 940896\ kg/h^2$

SO_2 在水中的扩散系数为 $D_L = 1.47 \times 10^{-5} cm^2/s = 5.29 \times 10^{-6} m^2/h$

(2) 气相物性数据

混合气体的平均摩尔质量为：

$$M_{Vm} = \sum y_i M_i = 0.05 \times 64.06 + 0.95 \times 29 = 30.75$$

混合气体的平均密度为：

$$\rho_{Vm} = \frac{PM_{Vm}}{RT} = \frac{101.3 \times 30.75}{8.314 \times 298} = 1.257\ (kg/m^3)$$

混合气体的黏度可近似取为空气的黏度，查手册得 20℃空气的黏度为：

$$\mu_V = 1.81 \times 10^{-5} Pa \cdot s = 0.065 kg/(m \cdot h)$$

查手册得 SO_2 在空气中的扩散系数为：

$$D_V = 0.108 cm^2/s = 0.039 m^2/h$$

(3) 气、液相平衡数据

由手册查得，常压下 20℃时 SO_2 在水中的亨利系数为：

$$E = 3.55 \times 10^3\ kPa$$

相平衡常数为：

$$m = \frac{E}{P} = \frac{3.55 \times 10^3}{101.3} = 35.04$$

溶解度系数为：

$$H = \frac{\rho_L}{EM_s} = \frac{998.2}{3.55 \times 10^3 \times 18.02} = 0.0156\ [kmol/(kPa \cdot m^3)]$$

4.2.1.4 物料衡算

进塔气相摩尔比为：

$$Y_1 = \frac{y_1}{1 - y_1} = \frac{0.05}{1 - 0.05} = 0.0526$$

出塔气相摩尔比为：

$$Y_2 = Y_1(1-\phi_A) = 0.0526 \times (1-0.95) = 0.00263\ (\phi_A \text{ 为吸收率})$$

进塔惰性气相流量为：

$$V = \frac{2400}{22.4} \times \frac{273}{273+25} \times (1-0.05) = 93.25\ \text{kmol/h}$$

该吸收过程属低浓度吸收，平衡关系为直线，最小液气比可按下式计算，即：

$$\left(\frac{L}{V}\right)_{\min} = \frac{Y_1 - Y_2}{Y_1/m - X_2}$$

对于纯溶剂吸收过程，进塔液相组成为：

$$X_2 = 0$$

$$\left(\frac{L}{V}\right)_{\min} = \frac{0.0526 - 0.00263}{0.0526/35.04 - 0} = 33.29$$

取操作液气比为：

$$\frac{L}{V} = 1.4\left(\frac{L}{V}\right)_{\min}$$

$$\frac{L}{V} = 1.4 \times 33.29 = 46.61$$

$$L = 46.61 \times 93.25 = 4346.38\text{kmol/h}$$

$$V(Y_1 - Y_2) = L(X_1 - X_2)$$

$$X_1 = \frac{93.25 \times (0.0526 - 0.00263)}{4346.38} = 0.0011$$

4.2.1.5 填料塔的工艺尺寸的计算

(1) 塔径计算

采用 Eckert 通用关联图计算泛点气速。

气相质量流量为：

$$w_V = 2400 \times 1.257 = 3016.8\ \text{kg/h}$$

液相质量流量可近似按纯水的流量计算，即：

$$w_L = 4346.38 \times 18.02 = 78321.77\text{kg/h}$$

Eckert 通用关联图的横坐标为：

$$\frac{w_L}{w_V}\left(\frac{\rho_V}{\rho_L}\right)^{0.5} = \frac{78321.77}{3016.8} \times \left(\frac{1.257}{998.2}\right)^{0.5} = 0.921$$

查图 4-5 得：

$$\frac{u_F^2 \phi_F \Psi}{g}\frac{\rho_V}{\rho_L}\mu_L^{0.2} = 0.023$$

查表 4-4 得：

$$\phi_F = 170\text{m}^{-1}$$

$$u_F = \sqrt{\frac{0.023 g \rho_L}{\phi_F \Psi \rho_V \mu_L^{0.2}}} = \sqrt{\frac{0.023 \times 9.81 \times 998.2}{170 \times 1 \times 1.257 \times 1^{0.2}}} = 1.027\ (\text{m/s})$$

取 $u = 0.7u_F = 0.7 \times 1.027 = 0.719\text{m/s}$

由　$D=\sqrt{\dfrac{4V_s}{\pi u}}=\sqrt{\dfrac{4\times 2400/3600}{3.14\times 0.719}}=1.087(\mathrm{m})$

圆整塔径，取 $D=1.2\mathrm{m}$。

泛点率校核：

$$u=\frac{2400/3600}{0.785\times 1.2^2}=0.59\ (\mathrm{m/s})$$

$$\frac{u}{u_F}=\frac{0.59}{1.027}\times 100\%=57.45\%(\text{在允许范围内})$$

填料规格校核：

$$\frac{D}{d}=\frac{1200}{38}=31.58>8$$

液体喷淋密度校核，取最小润湿速率为：

$$(L_w)_{min}=0.08\ \mathrm{m^3/m\cdot h}$$

查填料手册得：

$$a_t=132.5\mathrm{m^2/m^3}$$

$$U_{min}=(L_w)_{min}a_t=0.08\times 132.5=10.6\mathrm{m^3/\ m^2\cdot h}$$

$$U=\frac{78321.77/998.2}{0.785\times 1.2^2}=61.42>U_{min}$$

经以上校核可知，填料塔直径选用 $D=1200\mathrm{mm}$ 合理。

(2) 填料层高度计算

$$Y_1^*=mX_1=35.04\times 0.0011=0.0385$$

$$Y_2^*=mX_2=0$$

脱吸因数为：

$$S=\frac{mV}{L}=\frac{35.04\times 93.25}{4346.38}=0.752$$

气相总传质单元数为：

$$N_{OG}=\frac{1}{1-S}\ln\left[(1-S)\frac{Y_1-Y_2^*}{Y_2-Y_2^*}+S\right]$$

$$=\frac{1}{1-0.752}\ln\left[(1-0.752)\times\frac{0.0526-0}{0.00263-0}+0.752\right]=7.026$$

气相总传质单元高度采用修正的恩田关联式计算：

$$\frac{a_w}{a_t}=1-\exp\left\{-1.45\left(\frac{\sigma_c}{\sigma_L}\right)^{0.75}\left(\frac{U_L}{a_t\mu_L}\right)^{0.1}\left(\frac{U_L^2a_t}{\rho_L^2g}\right)^{-0.05}\left(\frac{U_L^2}{\rho_L\sigma_La_t}\right)^{0.2}\right\}$$

查表 4-5 得：

$$\sigma_c=33\ \mathrm{dyn/cm}=427680(\mathrm{kg/h^2})$$

液体质量通量为：

$$U_L=\frac{78321.77}{0.785\times 1.2^2}=69286.77\ [\mathrm{kg/(m^2\cdot h)}]$$

$$\frac{a_w}{a_t}=1-\exp\left\{-1.45\times\left(\frac{427680}{940896}\right)^{0.75}\times\left(\frac{69286.77}{132.5\times 3.6}\right)^{0.1}\times\left(\frac{69286.77^2\times 132.5}{998.2^2\times 1.27\times 10^8}\right)^{-0.05}\right.$$

$$\times\left(\frac{69286.77^2}{998.2\times940896\times132.5}\right)^{0.2}\Bigg\}=0.592$$

气膜吸收系数由下式计算：

$$k_G=0.237\left(\frac{U_V}{a_t\mu_V}\right)^{0.7}\left(\frac{\mu_V}{\rho_V D_V}\right)^{1/3}\left(\frac{a_t D_V}{RT}\right)$$

气体质量通量为：

$$U_V=\frac{2400\times1.257}{0.785\times1.2^2}=2668.79[\mathrm{kg/(m^2\cdot h)}]$$

$$k_G=0.237\times\left(\frac{2668.79}{132.5\times0.065}\right)^{0.7}\times\left(\frac{0.065}{1.257\times0.039}\right)^{1/3}\times\left(\frac{132.5\times0.039}{8.314\times293}\right)$$

$$=0.0336[\mathrm{kmol/(m^2\cdot h\cdot kPa)}]$$

液膜吸收系数由下式计算：

$$k_L=0.0095\left(\frac{U_L}{a_w\mu_L}\right)^{2/3}\left(\frac{\mu_L}{\rho_L D_L}\right)^{-1/2}\left(\frac{\mu_L g}{\rho_L}\right)^{1/3}$$

$$=0.0095\times\left(\frac{69286.77}{0.592\times132.5\times3.6}\right)^{2/3}\times\left(\frac{3.6}{998.2\times5.29\times10^{-6}}\right)^{-1/2}\times\left(\frac{3.6\times1.27\times10^8}{998.2}\right)^{1/3}$$

$$=1.099\mathrm{m/h}$$

由 $k_Ga=k_Ga_w\psi^{1.1}$，查表4-7得：

$\psi=1.45$

则 $k_Ga=k_Ga_w\psi^{1.1}$

$$=0.0336\times0.592\times132.5\times1.45^{1.1}=3.966\mathrm{kmol/(m^3\cdot h\cdot kPa)}$$

$k_La=k_La_w\psi^{0.4}$

$$=1.099\times0.592\times132.5\times1.45^{0.4}=100.02(\mathrm{L/h})$$

$$\frac{u}{u_F}=57.45\%>50\%$$

由 $k'_Ga=\left[1+9.5\left(\frac{u}{u_F}-0.5\right)^{1.4}\right]k_Ga$，$k'_La=\left[1+2.6\left(\frac{u}{u_F}-0.5\right)^{2.2}\right]k_La$，得：

$$k'_Ga=[1+9.5\times(0.5745-0.5)]^{1.4}\times3.966=4.959[\mathrm{kmol/(m^3\cdot h\cdot kPa)}]$$

$$k'_La=[1+2.6\times(0.5745-0.5)]^{2.2}\times100.02=100.88(\mathrm{L/h})$$

则 $$K_Ga=\frac{1}{\frac{1}{k'_Ga}+\frac{1}{Hk'_La}}$$

$$=\frac{1}{\frac{1}{4.959}+\frac{1}{0.0156\times100.88}}=1.195[\mathrm{kmol/(m^3\cdot h\cdot kPa)}]$$

由 $$H_{OG}=\frac{V}{K_Ya\Omega}=\frac{V}{K_GaP\Omega}$$

$$=\frac{93.25}{1.195\times101.3\times0.785\times1.2^2}=0.681(\mathrm{m})$$

由 $Z=H_{OG}N_{OG}=0.681\times7.062=4.785\mathrm{m}$，得：

$Z' = 1.25 \times 4.785 = 5.981(\mathrm{m})$

设计取填料层高度为

$$Z' = 6\mathrm{m}$$

查表 4-8，对于阶梯环填料，$\dfrac{h}{D} = 8 \sim 15$，$h_{max} \leqslant 6\mathrm{mm}$。

取 $\dfrac{h}{D} = 8$，则：

$h = 8 \times 1200 = 9600\mathrm{mm}$

计算得填料层高度为 6000mm，故不需分段。

4.2.1.6　填料层压降计算

采用 Eckert 通用关联图计算填料层压降。

横坐标为：

$$\frac{w_L}{w_V}\left(\frac{\rho_V}{\rho_L}\right)^{0.5} = 0.921$$

查表 4-11 得：$\Phi_P = 116\mathrm{m}^{-1}$

纵坐标为：

$$\frac{u^2\Phi_P\psi}{g}\frac{\rho_V}{\rho_L}\mu_L^{0.2} = \frac{0.59^2 \times 116 \times 1}{9.81} \times \frac{1.257}{998.2} \times 1^{0.2} = 0.0052$$

查图 4-5 得：

$$\Delta P/Z = 107.91\mathrm{Pa/m}$$

填料层压降为：

$$\Delta P = 107.91 \times 6 = 647.46\ \mathrm{Pa}$$

4.2.1.7　液体分布器简要设计

(1) 液体分布器的选型

该吸收塔液相负荷较大，而气相负荷相对较低，故选用槽式液体分布器。

(2) 分布点密度计算

按 Eckert 建议值，$D \geqslant 1200$ 时，喷淋点密度为 42 点/m^2，因该塔液相负荷较大，设计取喷淋点密度为 120 点/m^2。

布液点数为：

$n = 0.785 \times 1.2^2 \times 120 = 135.6$ 点 ≈ 136 点

按分布点几何均匀与流量均匀的原则，进行布点设计。设计结果为：二级槽共设七道，在槽侧面开孔，槽宽度为 80mm，槽高度为 210mm，两槽中心矩为 160mm。分布点采用三角形排列，实际设计布点数为 $n = 132$ 点，布液点示意图如图 4-7 所示。

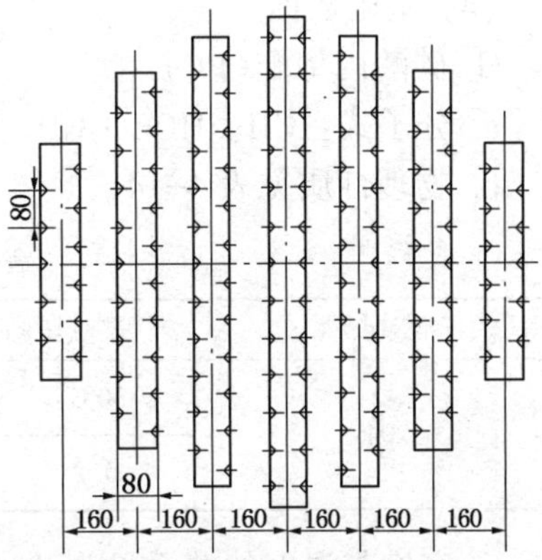

图 4-7　槽式液体分布器二级槽的布液点示意图

(3) 布液计算

由　$L_s = \dfrac{\pi}{4} d_0^2 n \phi \sqrt{2g\Delta H}$

取　$\phi = 0.60$，$\Delta H = 160\mathrm{mm}$

$$d_0=\left(\frac{4L_s}{\pi n\phi\sqrt{2g\Delta H}}\right)^{1/2}$$

$$=\left(\frac{4\times 78321.77/998.2\times 3600}{3.14\times 132\times 0.6\times\sqrt{2\times 9.81\times 0.16}}\right)^{1/2}=0.014$$

设计取 $d_0=14$ mm。

4.2.2 填料吸收塔示例 2——碳酸丙烯酯脱碳填料塔的工艺设计

4.2.2.1 课程设计任务书

(1) 设计题目

设计一座碳酸丙烯酯(PC)脱碳填料塔，要求年产合成氨 40000t/a。

(2) 设计条件

① 每吨氨耗变换气取 4300Nm^3 变换气/t 氨；

② 变换气组成为：CO_2 28.0，CO 2.5，H_2 47.2，N_2 22.3(均为体积%，下同。其他组分被忽略)；

③ 要求出塔净化气中 CO_2 的浓度不超过 0.5%；

④ PC 吸收剂的入塔浓度根据操作情况自选；

⑤ 气、液两相的入塔温度均选定为 30℃；

⑥ 操作压强为 1.6MPa；

⑦ 年工作日 330 天，每天 24h 连续运行。

(3) 设计内容

① 设计方案的确定及工艺流程的说明；

② 填料吸收塔的工艺计算；

③ 塔和塔板主要工艺结构的设计计算；

④ 填料吸收塔附属结构的选型与设计；

⑤ 塔的工艺计算结果汇总一览表；

⑥ 吸收塔的工艺流程图；

⑦ 填料吸收塔与液体再分布器的工艺条件图；

⑧ 对本设计的评述或对有关问题的分析与讨论。

(4) 基础数据

① 碳酸丙烯酯(PC)

a. 分子式：$CH_3CHOCO_2CH_2$。

b. 物理性质见表 4-14。

表 4-14 碳酸丙烯酯的物理性质

正常沸点/℃	蒸气压×133.32^{-1}Pa		黏度/mPa·s		相对分子质量
	30℃	38℃	20℃	50℃	
204	0.1	0.24	2.76	1.62	102.09

c. 密度与温度的关系见表 4-15。

表 4-15　密度与温度的关系

温度/℃	0	15	25	40	55
密度/(kg/m^3)	1224	1207	1198	1184	1169

d. 比热容计算式。

$$c_p = 1.39 + 0.00181(t - 10) \quad kJ/(kg \cdot ℃)$$

② CO_2 在碳酸丙烯酯(PC)中的溶解度见表 4-16。

表 4-16　CO_2 在碳酸丙烯酯中的溶解度

温度 t/℃	25	26.7	37.8	40	50
亨利系数 $E\times101.3^{-1}$kPa	81.13	81.7	101.7	103.5	120.8

③ CO_2 在碳酸丙烯酯(PC)中的溶解热可近似按下式计算(以 ΔH_{CO_2} 表示)。

$$\Delta H_{CO_2} = (4.59B_i) \times 4.187 kJ/kmol, \ B_i = 676$$

40000t/a 合成氨碳酸丙烯酯(PC)脱碳填料塔设计工艺计算书。

依题意：年工作日以 330 天，每天以 24h 连续运行计，有：

合成氨：40000t/a = 121.2t/d = 5.05t/h；

变换气：4300m^3(标)变换气/t 氨(简记为 Nm^3/t)。

变换气组成及分压见表 4-17。

表 4-17　变换气组成及分压

进塔变换气	CO_2	CO	H_2	N_2	合　计
体积百分数/%	28.0	2.5	47.2	22.3	100
组分分压/MPa	0.448	0.040	0.755	0.357	1.600
组分分压/(kgf/cm^2)	4.568	0.408	7.701	3.638	16.32

注：$1kgf/cm^2 = 98.066kPa$。

4.2.2.2　计算前的准备

(1) CO_2 在 PC 中的溶解度关系

根据 CO_2 在碳酸丙烯酯的溶解度数据，可得亨利系数与温度近似成直线，且 $E = (1.6204t + 39.594) \times 101.3$ (kPa)

因为高浓度气体吸收，故吸收塔内 CO_2 的溶解热不能被忽略。现假设出塔气体的温度为 $T_{V2} = 35°C$，出塔液体的温度为 $T_{L1} = 40°C$，并取吸收饱和度(定义为出塔溶液浓度对其平衡浓度的百分数)为 70%，然后利用物料衡算结合热量衡算验证上述温度假设的正确性。

在 40℃下，CO_2 在 PC 中的亨利系数 $E_{40} = 103.5\times101.3$ kPa = 10485(kPa)

出塔溶液中 CO_2 的浓度(可以验证其满足亨利定律)：

$$x_1 = 0.7x_1^* = 0.7(p/E) = 0.7(448/10485) = 0.7(0.0427) = 0.0299 \text{ (mol)}$$

根据吸收温度变化的假设，在塔内液相温度变化不大，可取平均温度 35℃下的 CO_2 在 PC 中溶解的亨利系数作为计算相平衡关系的依据。即：

$$E_{35} = (1.6204 \times 35 + 39.594) \times 101.3 = 9756 \text{ (kPa)}$$

另外，有人关联出了 CO_2 在 PC 中溶解的相平衡关系，即：

$$\log X_{CO_2} = \log p_{CO_2} + \frac{644.25}{T} - 4.112$$

式中：X_{CO_2} 为摩尔比，kmolCO_2/kmolPC；p_{CO_2} 为 CO_2 的分压，kgf/cm^2（1kgf/cm^2 = 98.066kPa）；T 为热力学温度，K。

用上述关联式计算出塔溶液中 CO_2 的浓度有：

$$\log X_{CO_2} = \log 4.568 + \frac{644.25}{313.15} - 4.112 = -1.395$$

$$X_{CO_2} = 0.0402\text{kmolCO}_2/\text{kmolPC}$$

$$x_1 = 0.7x_1^* = 0.7 \times \frac{X_{CO_2}}{1 + X_{CO_2}} = 0.7(0.0386) = 0.0271$$

与前者结果相比要小，为安全起见，本设计取后者作为计算的依据。

或者采用 $\log x_{CO_2} = \log p_{CO_2} + \frac{726.90}{T} - 4.3848$ 计算。

上式中：x_{CO_2} 为摩尔分率；p_{CO_2} 为 CO_2 的分压，atm（1atm = 101325Pa）；T 为 PC 液的热力学温度，K。

（2）PC 密度与温度的关系

PC 密度与温度的关系见表 4-18。利用题给数据作图，得密度与温度的关联表达式为：$\rho = 1223 - 0.9858t$（式中 t 为温度，℃；ρ 为密度，kg/m^3）。

表 4-18 PC 密度与温度的关系

温度/℃	0	15	25	40	55
密度/（kg/m^3）	1224	1207	1198	1184	1169

（3）PC 蒸气压的影响

从题给数据知，PC 蒸气压与操作总压及 CO_2 的气相分压相比均很小，故可忽略。

（4）PC 的黏度

$$\log \mu = -0.822 + \frac{185.5}{T - 153.1}\ \text{mPa}\cdot\text{s}（T 为热力学温度，K）$$

（5）其他物性将在后续计算中给出

4.2.2.3 物料衡算

（1）各组分在 PC 中的溶解量

查各组分在操作压力为 1.6MPa、操作温度为 40℃下在 PC 中的溶解度数据，并取其相对吸收饱和度均为 70%，将计算所得结果列于表 4-19（亦可将除 CO_2 以外的组分视为惰气而忽略不计，而只考虑 CO_2 的溶解）。

表 4-19 计算结果

组 分	CO_2	CO	H_2	N_2	合 计
组分分压/MPa	0.448	0.040	0.755	0.357	1.60
溶解度/（Nm^3/m^{3}PC）	10.44	0.016	0.223	0.223	10.90
溶解量/（Nm^3/m^{3}PC）	7.203	0.011	0.156	0.156	7.526
溶解气所占的百分数/%	95.71	0.15	2.07	2.07	100.00

说明：进塔吸收液中 CO_2 的残值取 0.15 Nm^3/m^3PC，故计算溶解量时应将其扣除。其他组分本身溶解度就很小，经解吸后的残值完全可被忽略。

CO_2 溶解量的计算如下：

前已算出 CO_2 在 40℃的平衡溶解度 $X_{CO_2} = 0.0402\ kmolCO_2/kmolPC$

$$X_{CO_2} = 0.0402\ kmolCO_2/kmolPC = \frac{0.0402 \times 22.4}{102.09/1184} = 10.44\ Nm^3/m^3PC$$

式中：1184 为 PC 在 40℃时的密度，102.09 为 PC 的相对摩尔质量。

CO_2 的溶解量为 $(10.44-0.15)\times 0.7=7.203\ Nm^3/m^3PC$

(2) 溶剂夹带量 Nm^3/m^3PC

以 0.2 Nm^3/m^3PC 计，各组分被夹带的量如下：

CO_2：$0.2\times 0.28=0.056\ Nm^3/m^3PC$

CO：$0.2\times 0.025=0.005\ Nm^3/m^3PC$

H_2：$0.2\times 0.472=0.0944\ Nm^3/m^3PC$

N_2：$0.2\times 0.223=0.0446\ Nm^3/m^3PC$

(3) 溶液带出的气量 Nm^3/m^3PC

溶液带出的气量为夹带量与溶解量之和：

CO_2：$0.056+7.203=7.259\ Nm^3/m^3PC$	93.96%
CO：$0.005+0.011=0.016\ Nm^3/m^3PC$	0.21%
H_2：$0.0944+0.156=0.250\ Nm^3/m^3PC$	3.24%
N_2：$0.0446+0.156=0.201\ Nm^3/m^3PC$	2.60%
$7.726\ Nm^3/m^3PC$	100%

(4) 出脱碳塔净化气量

以 V_1、V_2、V_3 分别代表进塔、出塔及溶液带出的总气量，以 y_1、y_2、y_3 分别代表 CO_2 相应的体积分率，对 CO_2 作物料衡算有：

$$V_1 = V_2 + V_3$$

$$V_1y_1 = V_2y_2 + V_3y_3$$

联立两式解之得：

$$V_3 = \frac{V_1(y_1 - y_2)}{y_3 - y_2} = \frac{4300 \times 5.05(0.28 - 0.005)}{0.9396 - 0.005} = 6389(Nm^3/h)$$

$$V_2 = V_1 - V_3 = 21715 - 6389 = 15326(Nm^3/h)$$

(5) 计算 PC 循环量

因每 $1m^3PC$ 带出 CO_2 为 $7.259Nm^3$，故有：

$$L = \frac{V_3y_3}{7.259} = \frac{6389 \times 0.9396}{7.259} = 827(m^3/h)$$

操作的气、液比为 $V_1/L = 21715/827 = 26.26$

(6) 验算吸收液中 CO_2 残量为 0.15 Nm^3/m^3PC 时净化气中 CO_2 的含量

取脱碳塔阻力降为 $0.3kgf/cm^2$（$1kgf/cm^2 = 98.066kPa$），则塔顶压强为 $16.32-0.3=16.02kgf/cm^2$，此时 CO_2 的分压为 $p_{CO_2} = 16.02 \times 0.005 = 0.0801\ kgf/cm^2$，与此分压呈平衡的

CO_2 液相浓度为：

$$\log X_{CO_2} = \log 0.0801 + \frac{644.25}{303.15} - 4.112 = -3.083$$

$$X_{CO_2} = 0.0008257 kmolCO_2/kmolPC$$

$$= \frac{0.0008257 \times 22.4}{102.09/1193}$$

$$= 0.216(Nm^3CO_2/m^3PC) > 0.15(Nm^3CO_2/m^3PC)$$

式中：1193 为吸收液在塔顶 30℃时的密度，近似取纯 PC 液体的密度值。计算结果表明，要使得出塔净化气中 CO_2 的浓度不超过 0.5%，则入塔吸收液中 CO_2 的极限浓度可达 0.216 Nm^3/m^3PC，本设计取值正好在其所要求的范围之内，故选取值满足要求。

（7）出塔气体的组成

出塔气体的体积流量应为入塔气体的体积流量与 PC 带走气体的体积流量之差。

CO_2：	$21715\times0.28-7.259\times827=77.007Nm^3/h$	0.50%
CO：	$21715\times0.025-0.016\times827=529.643Nm^3/h$	3.46%
H_2：	$21715\times0.472-0.250\times827=10042.73Nm^3/h$	65.53%
N_2：	$21715\times0.223-0.201\times827=4676.218Nm^3/h$	30.51%
	$15325.6Nm^3/h$	100%

4.2.2.4　热量衡算

在物料衡算中曾假设出塔溶液的温度为 40℃，现通过热量衡算对出塔溶液的温度进行校核，看其是否在 40℃之内。否则，应加大溶剂循环量以维持出塔溶液的温度不超过 40℃。具体计算步骤如下：

（1）混合气体的比定压热容 C_{pV}

因未查到真实气体的比定压热容，故借助理想气体的比定压热容公式近似计算。理想气体的比定压热容：$C_{pi} = a_i + b_iT + c_iT^2 + d_iT^3$，其温度系数见表 4-20。

表 4-20　温度系数

系　数	a	b	c	d	C_{p1}(30℃)	C_{p2}(32℃)
CO_2	4.728	1.754×10^{-2}	-1.338×10^{-5}	4.097×10^{-9}	8.929/37.38	8.951/37.48
CO	7.373	-0.307×10^{-2}	6.662×10^{-6}	-3.037×10^{-9}	6.969/29.18	6.97/29.18
H_2	6.483	2.215×10^{-3}	-3.298×10^{-6}	1.826×10^{-9}	6.902/28.90	6.904/28.91
N_2	7.440	-0.324×10^{-2}	6.4×10^{-6}	-2.79×10^{-9}	6.968/29.18	6.968/29.18

表中 C_p 的单位为(kcal/kmol・℃)或(kJ/kmol・℃)。

进出塔气体的比热容：

$$C_{pV1} = \sum C_{pi}y_i$$

$$= 37.38 \times 0.28 + 29.18 \times 0.025 + 28.90 \times 0.472 + 29.18 \times 0.223$$

$$= 31.34 kJ/kmol \cdot °C$$

$$C_{pV2} = \sum C_{pi}y_i$$

$$= 37.48 \times 0.005 + 29.18 \times 0.0346 + 28.91 \times 0.6553 + 29.18 \times 0.3051$$

$= 29.05 kJ/kmol \cdot °C$

(2) 液体的比热容 C_{pL}

溶解气体占溶液的质量分率可这样计算：

溶解气体的平均相对分子质量：

$$M_s = 44 \times 0.9571 + 28 \times 0.0015 + 2 \times 0.0207 + 28 \times 0.0207 = 42.78(kg/kmol)$$

质量分率为 $\frac{(7.526 \div 22.4) \times 42.78}{1184} = 0.012 = 1.2\%$

其量很少，因此可用纯 PC 的比热容代之。本设计题目中：

$C_{pL1} = 1.39 + 0.00181(t - 10)$ (kJ/kg · ℃)

$C_{pL1} = 1.39 + 0.00181(t - 10) = 1.39 + 0.00181(40 - 10) = 1.444(kJ/kg \cdot °C)$

$C_{pL2} = 1.39 + 0.00181(t - 10) = 1.39 + 0.00181(30 - 10) = 1.426(kJ/kg \cdot °C)$

文献查得 $C_{pL} = 0.3499 + 0.0009863t$ kJ/kg · ℃，据此算得：

$$C_{pL1} = 0.3894 \text{ kJ/kg} \cdot ℃；C_{pL2} = 0.3795 \text{ kJ/kg} \cdot ℃$$

本设计采用前者。

(3) CO_2 的溶解热 Q_s

$$\Delta H_{CO_2} = 4.59 \times 676 \times 4.187 = 12992 \ (kJ/kmolCO_2)$$

文献查得 $\Delta H_{CO_2} = 14654$ $(kJ/kmolCO_2)$(实验测定值)

本设计采用后者。

CO_2 在 PC 中的溶解量为 $7.203\times827=5957Nm^3/h=266(kmol/h)$

故 $Q_s=14654\times266=3897964(kJ/h)$

(4) 出塔溶液的温度 T_{L1}

设出塔气体温度为 35℃，全塔热量衡算有：

带入的热量($Q_{V1}+Q_{L2}$)+ 溶解热量(Q_s)= 带出的热量($Q_{V2}+Q_{L1}$)

$$\begin{cases} Q_{V1} = V_1C_{pV1}(T_{V1} - T_0) = \frac{21715}{22.4} \times 31.34 \times 30 = 911448(kJ/h) \\ Q_{L2} = L_2C_{pL2}(T_{L2} - T_0) = 827 \times 1193 \times 1.426 \times 30 = 42207218(kJ/h) \end{cases}$$

$$\begin{cases} Q_{V2} = V_2C_{pV2}(T_{V2} - T_0) = \frac{15326}{22.4} \times 29.05 \times 35 = 695657(kJ/h) \\ Q_{L1} = L_1C_{pL1}(T_{L1} - T_0) = 998497 \times 1.444 \times T_{L1} = 1441830T_{L1}(kJ/h) \end{cases}$$

式中：$L_1=827\times1193+\frac{6389-0.2\times827}{22.4}\times42.78=998497(kg/h)$

$$911448 + 42207218 + 3897964 = 695657 + 1441830T_{L1}$$

$T_{L1}=32℃$(似乎不可能，如果可能，则无须热量衡算，近似为等温吸收)。

现均按文献值作热量衡算，即取 $C_{pL1}=0.3894kJ/kg \cdot ℃$；$C_{pL2}=0.3795kJ/kg \cdot ℃$

$$\begin{cases} Q_{V1} = V_1C_{pV1}(T_{V1} - T_0) = \frac{21715}{22.4} \times 31.34 \times 30 = 911448(kJ/h) \\ Q_{L2} = L_2C_{pL2}(T_{L2} - T_0) = 827 \times 1193 \times 0.3975 \times 30 = 11765336(kJ/h) \end{cases}$$

$$\begin{cases} Q_{V2} = V_2C_{pV2}(T_{V2} - T_0) = \frac{15326}{22.4} \times 29.05 \times 35 = 695657(kJ/h) \\ Q_{L1} = L_1C_{pL1}(T_{L1} - T_0) = 998497 \times 0.3894 \times T_{L1} = 388815T_{L1}(kJ/h) \end{cases}$$

式中：$L_1 = 827 \times 1193 + \dfrac{6389 - 0.2 \times 827}{22.4} \times 42.78 = 998497 (\text{kg/h})$

$$911448 + 11765356 + 3897964 = 695657 + 388815 T_{L1}$$

$T_{L1} = 41℃$（与假设接近，可以接受。若要完全控制在 40℃ 以下，可将 L 适当增大至 $835m^3/h$，重作物料衡算与热量衡算，直至满足要求为止。本设计不再作重新调整计算）。

（5）最终的衡算结果汇总

最终的衡算结果汇总见图 4-8 所示。

出塔气相及其组成（35℃）				
V_2=15325.6Nm³/h				
CO_2	CO	H_2	N_2	
77.01	529.6	10043	4674	Nm³/h
0.5	3.46	65.53	30.51	%
Q_{V2}=636029kJ/h				

入塔液相及其组成（30℃）				
L_2=827m³/h=986611kg/h				
CO_2	CO	H_2	N_2	
124	—	—	—	Nm³/h
—	—	—	—	%
Q_{L2}=11765336kJ/h				

脱碳塔

入塔气相及其组成（30℃）				
V_1=21715Nm³/h				
CO_2	CO	H_2	N_2	21715
6080	543	10249	4842	Nm³/h
28.0	2.5	47.2	22.3	%
Q_{V1}=911448kJ/h				

出塔液相带出气量及其组成（40℃）				
L_1=998497kg/h				
CO_2	CO	H_2	N_2	6389
6003	13.2	206.8	166	Nm³/h
93.96	0.21	3.24	2.60	%
Q_{L1}=15552600kJ/h				

溶解气量及其组成（40℃）				
L_1=998497kg/h				
CO_2	CO	H_2	N_2	6224
5957	9	129	129	Nm³/h
95.71	0.15	2.07	2.07	%
Q_S=3897964kJ/h				

图 4-8　最终的衡算结果汇总

4.2.2.5　设备的工艺与结构尺寸的设计计算

确定塔径及相关参数 $D = \sqrt{\dfrac{4V_s}{\pi u}}$　$u = (0.6 \sim 0.8) u_F$

塔底气、液负荷大，依塔底气、液负荷条件求取塔径。

（1）采用 Eckert 通用关联图法求取泛点气速 u_F，并确定操作气速

入塔混合气体的质量流量 $V' = (21715 \div 22.4) \times 20.208 = 19590 (\text{kg/h})$

20.208 为入塔混合气体的平均相对分子质量。

$$M_{m1} = 44 \times 0.28 + 28 \times 0.025 + 2 \times 0.472 + 28 \times 0.223 = 20.208 (\text{kg/kmol})$$

塔底吸收液的质量流量 $L' = 998497\text{kg/h}$

入塔混合气的密度（未考虑压缩因子）：

$$\rho_V = pM_{m1}/RT = (1.6 \times 10^6) \times 20.208/(8314 \times 303.15) = 12.83\ (kg/m)^3$$

吸收液的密度 $\rho_L = 1184\ kg/m^3$（40℃）

吸收液的黏度，依下式计算得到：

$$\log\mu_L = -0.822 + \frac{185.5}{T - 153.1} = -0.822 + \frac{185.5}{308.15 - 153.1} = 0.337$$

$\mu_L = 2.368 mPa \cdot s$（平均温度 35℃时的值）

选 $DN50mm$ 塑料鲍尔环（米字筋），其填料因子 $\phi = 120m^{-1}$，空隙率 $\varepsilon = 0.90$，比表面积 $a_t = 106.4m^2/m^3$，Bain-Hougen 关联式常数 $A = 0.0942$，$K = 1.75$。

（1）选用 Eckert 通用关联图法求解 u_F

关联图的横坐标：$\frac{L'}{V'}\left(\frac{\rho_V}{\rho_L}\right)^{0.5} = \frac{998497}{19590}\left(\frac{12.83}{1184}\right)^{0.5} = 5.306$

查 Eckert 通用关联图得纵坐标值为 0.0027，即：

$$\frac{u_F^2\psi\phi}{g}\left(\frac{\rho_V}{\rho_L}\right)\mu_L^{0.2} = \frac{u_F^2 \times (1000/1184) \times 120}{9.81}\frac{12.83}{1184} \times 2.368^{0.2} = 0.0027$$

$$u_F = 0.14m/s$$

（2）选用 Bain-Hougen 关联式求解 u_F

$$\lg\left[\frac{u_F^2}{g}\left(\frac{a_t}{\varepsilon^3}\right)\left(\frac{\rho_V}{\rho_L}\right)\mu_L^{0.2}\right] = A - K\left(\frac{L'}{V'}\right)^{1/4}\left(\frac{\rho_V}{\rho_L}\right)^{1/8}$$

$$\lg\left[\frac{u_F^2}{9.81}\left(\frac{106.4}{0.9^3}\right)\left(\frac{12.83}{1184}\right) \times 2.173^{0.2}\right] = 0.0942 - 1.75\left(\frac{998497}{19590}\right)^{1/4}\left(\frac{12.83}{1184}\right)^{1/8}$$

$u_F = 0.12m/s$（两种方法的计算结果很接近）

取 $u = 0.8u_F = 0.10m/s$

（2）求取塔径

$$V_s = 21715\left(\frac{0.1013}{1.6}\right)\left(\frac{303.15}{273.15}\right) = 1526m^3/h = 0.4238(m^3/s)$$

$$D = \sqrt{\frac{4 \times 0.4238}{3.14 \times 0.10}} = 2.324(m)$$

本次设计取 $D = 2300mm$（建议取 $D = 2400mm$ 可能更好）。

（3）核算操作气速

$$u = \frac{4V_s}{\pi D^2} = \frac{4 \times 0.4238}{3.14 \times 2.3^2} = 0.102(m/s)$$

（4）核算径比

$D/d = 2300/50 = 46 > 10 \sim 15$（满足鲍尔环的径比要求）

（5）校核喷淋密度

$$L_{喷,\min} = (MWR)\,a_t = 0.08 \times 106.4 = 8.512\,[m^3/(m^2 \cdot h)]$$

$$L_{喷} = 998497kg/h = \frac{998497/1193}{0.785 \times 2.3^2} = 201.4 > 8.512\,[m^3/(m^2 \cdot h)]\ (满足要求)$$

4.2.2.6 填料层高度的计算

塔截面积 $\Omega = 0.785D^2 = 4.153m^2$

因其他气体的溶解度很小，故将其他气体看作是惰气并视作为恒定不变，那么，惰气的摩尔流率 G'：

$$G' = \frac{21715\ (1 - 0.28)}{22.4}/3600\Omega = 0.0467[\mathrm{kmol/(m^2 \cdot s)}]$$

又溶剂的蒸汽压很低，忽略蒸发与夹带损失，并视作为恒定不变，那么有：

$$L' = 827 \times 1193/\ (102.09 \times 3600 \times 4.153) = 0.6464[\mathrm{kmol/(m^2 \cdot s)}]$$

$$y_2 = 0.005,\ x_2 = \frac{0.15/22.4}{0.15/22.4 + 1193/102.09} = 0.000573$$

吸收塔物料衡算的操作线方程为

$$G'\left(\frac{y}{1-y} - \frac{y_2}{1-y_2}\right) = L'\left(\frac{x}{1-x} - \frac{x_2}{1-x_2}\right)$$

将上述已知数据代入操作线方程，整理得

$$x = \frac{0.07225\left(\dfrac{y}{1-y} - 0.005\right) + 0.000573}{1.000573 + 0.07225\left(\dfrac{y}{1-y} - 0.005\right)} \tag{4-26}$$

选用填料层高度表达式 $H = \int_{y_2}^{y_1} \dfrac{G\mathrm{d}y}{K_y a\ (1-y)\ (y-y^*)}$

采用数值积分法求解，步骤如下：

(1) 等分间距，计算对应相浓度 y 值的 x 值

将气相浓度 y=0.005~0.28 在其操作范围内 10 等份，其等份间距为 0.0275，并将各分点的 y 值代入式(4-24)计算出对应的 x 值，并列入后面表格中的第 1、2 列中。

(2) 计算各分点截面处的气液相流率

$$G = \frac{G'}{1-y} \qquad L = \frac{L'}{1-x} \tag{4-27}$$

将计算结果列入附表中的 3、4 列。

(3) 计算各分点截面处的传质系数

列于 5、6 列中(本设计为简化计算起见，只计算塔顶、底的传质系数，然后取其算术平均)。下面采用 Onda 公式计算：

$$k'_{\mathrm{G}} = 0.237\left(\frac{V_{\mathrm{G}}}{a_t\mu_{\mathrm{G}}}\right)^{0.7}\left(\frac{\mu_{\mathrm{G}}}{D_{\mathrm{G}}\rho_{\mathrm{G}}}\right)^{1/3}\left(\frac{a_t D_{\mathrm{G}}}{RT}\right)\psi^{1.1}$$

$$k'_{\mathrm{L}} = 0.0095\left(\frac{L_{\mathrm{G}}}{a_w\mu_{\mathrm{L}}}\right)^{2/3}\left(\frac{\mu_{\mathrm{L}}}{D_{\mathrm{L}}\rho_{\mathrm{L}}}\right)^{-1/2}\left(\frac{\mu_{\mathrm{L}} g}{\rho_{\mathrm{L}}}\right)\psi^{0.4}$$

$$\frac{a_w}{a_t} = 1 - \exp\left\{-1.45\left(\frac{\sigma_c}{\sigma}\right)^{0.75}\left(\frac{L_{\mathrm{G}}}{a_t\mu_{\mathrm{L}}}\right)^{0.1}\left(\frac{L_{\mathrm{G}}^2 a_t}{\rho_{\mathrm{L}}^2 g}\right)^{-0.05}\left(\frac{L_{\mathrm{G}}^2}{\rho_{\mathrm{L}}\sigma a_t}\right)^{0.2}\right\}$$

上述修正的恩田公式只适用于 $u \leqslant 0.5u_{\mathrm{F}}$ 的情况，当 $u > 0.5u_{\mathrm{F}}$ 时还需按下式继续修正。

$$k_{\mathrm{G}}a = \left[1 + 9.5\left(\frac{u}{u_{\mathrm{F}}} - 0.5\right)^{1.4}\right]k'_{\mathrm{G}}a$$

$$k_{\mathrm{L}}a = \left[1 + 2.6\left(\frac{u}{u_{\mathrm{F}}} - 0.5\right)^{2.2}\right]k'_{\mathrm{L}}a$$

$$\frac{1}{K_G a} = \frac{1}{k_G a} + \frac{1}{H k_L a} \qquad K_y a = p_t K_G a \qquad a = a_w \qquad H \approx C_t / E(\text{稀溶液})$$

说明：

① 两相摩尔流率与质量流率的转换

气相平均分子量为：$44y + (1-y) M_{惰}$

$$M_{惰} = \frac{1}{2}(M_{底惰} + M_{顶惰})$$

$$= \frac{1}{2}\left(\frac{28 \times 2.5 + 2 \times 47.2 + 28 \times 22.3}{2.5 + 47.2 + 22.3} + \frac{28 \times 3.46 + 2 \times 65.53 + 28 \times 30.51}{3.46 + 65.53 + 30.51}\right)$$

$$= \frac{1}{2}(10.96 + 11.33) = 11.14$$

气相平均相对分子质量为：$32.86y + 11.14$

$$V_G = (32.86y + 11.14) G$$

$$L_G = 102.09L(\text{稀溶液})$$

② CO_2 在气相和液相中的扩散系数

气相：分两步进行，定性温度取 32.5℃。

首先计算 CO_2 在各组分中的扩散系数，然后再计算其在混合气体中的扩散系数。计算公式如下：

$$D_{CO_2-i} = \frac{1.013 \times 10^{-5} T^{1.75}\left(\frac{1}{M_A} + \frac{1}{M_B}\right)^{1/2}}{p_t\left[\left(\sum V_A\right)^{1/3} + \left(\sum V_B\right)^{1/3}\right]^2} \qquad D_G = \frac{1 - y_{CO_2}}{\sum (y_i / D_{CO_2-i})}$$

液相：文献介绍了 CO_2 在 PC 中扩散系数两个计算公式，定性温度取 35℃。

$$D_{CO_2-PC} = 9.0123069 \times 10^{-8} \frac{T}{\mu_L} (T\text{—K};\ \mu_L\text{—mPa·s};\ D\text{—cm}^2/\text{s})$$

$$D_{CO_2-PC} = 7.78 \times 10^{-8} \frac{T}{\mu_L} (T\text{—K};\ \mu_L\text{—mPa·s};\ D\text{—cm}^2/\text{s})$$

$$\log\mu_L = -0.822 + \frac{185.5}{T - 153.1} \text{mPa·s}$$

③ 气、液两相的黏度

气相：$\mu_G = \frac{1}{2}(\mu_{G顶} + \mu_{G底})$

$$\mu_G = \frac{\sum y_i \mu_{Gi} (M_i)^{0.5}}{\sum y_i (M_i)^{0.5}} (\text{气体混合物的黏度})$$

$$\mu_{Gi} = \mu_{Gi}^0 \left(\frac{T}{273.15}\right)^m (\text{纯组分的黏度})$$

μ_{Gi}^0 为 0℃、常压下纯气体组分的黏度，mPa·s。m 为关联指数(见表 4-21)

液相：$\log\mu_L = -0.822 + \frac{185.5}{T - 153.1}$ mPa·s

④ 吸收液与填料的表面张力

吸收液：$\sigma = 43.16 - 0.116t$

表 4-21 关联指数 m

项 目	μ^0_{Gi}/mPa·s	m	项 目	μ^0_{Gi}/mPa·s	m
CO_2	1.34×10^{-2}	0.935	H_2	0.84×10^{-2}	0.771
CO	1.66×10^{-2}	0.758	N_2	1.66×10^{-2}	0.756

填料：查教材，如聚乙烯塑料 $\sigma_c=33$。

(4) 作 CO_2 在 PC 中的相平衡曲线

$$\lg X=\lg p+\frac{644.25}{T}-4.112$$

$$p=p_t y$$

$$x=\frac{X}{1+X}\approx X$$

将计算结果见表 4-22。

表 4-22 计算结果

气相 CO_2 的组成 y(摩尔分率)	0.005	0.050	0.100	0.200	0.280
气相 CO_2 的分压 p/(kgf/cm^2)	0.0816	0.816	1.632	3.263	4.570
30℃对应的液相平衡组成 x	0.0008	0.0084	0.0169	0.0337	0.0472
35℃对应的液相平衡组成 x	0.0008	0.0078	0.0156	0.0311	0.0436
40℃对应的液相平衡组成 x	0.0007	0.0072	0.0144	0.0288	0.0404

注：1kgf/cm^2=98.066kPa。

因温度变化不大，故取平均温度下的数值作图得一直线，这说明 CO 在 PC 中的溶解情况满足亨利定律。但因操作关系不为直线，故仍需采用图解积分或数值积分。

(5) 气相总传质单元数 N_{OG}

采用传质单元数的近似简化法计算

图中数据源表 4-23 数据，y、x 数据由操作线方程(4-24)计算而得。y^* 由 $y^*=6.4283x-0.0002$ 计算而得。

表 4-23 气、液相组成

$y\times10^2$	0.5	3.25	6.0	8.75	11.50	14.25	17.00	19.75	22.50	25.25	28.00
$x\times10^2$	0.0573	0.262	0.477	0.705	0.945	1.20	1.47	1.757	2.0625	2.388	2.736
$y^*\times10^2$	0.3483	1.66	3.05	4.51	6.05	7.69	9.43	11.27	13.24	15.33	17.57
$\frac{1}{y-y^*}$	659.2	62.89	33.90	23.58	18.35	15.24	13.21	11.79	10.80	10.08	9.59

现采用 Smipson 公式求区域的面积——数值积分法(亦可采用图解积分)。

$$\int_{y_2}^{y_1}\frac{dy}{y-y^*}=\frac{y_1-y_2}{3n}\left[f_0+f_n+2(f_2+f_4+f_6+f_8)+4(f_1+f_3+f_5+f_7+f_9)\right]$$

$$=\frac{0.28-0.005}{3\times10}\begin{bmatrix}659.2+9.59+2(33.9+18.35+13.21+10.8)+\\4(62.89+23.58+15.24+11.79+10.08)\end{bmatrix}$$

$$=0.009167\ [668.79+2(76.26)+4(123.58)]=12.06$$

$$\frac{1}{2}\ln\frac{1-y_2}{1-y_1}=\frac{1}{2}\ln\frac{1-0.005}{1-0.28}=0.162$$

$$N_{OG}=12.06+0.162=12.22$$

(6) 气相总传植单元高度 H_{OG}

塔顶：$H_{OG2}=\dfrac{G_2}{(K_y a)_1(1-y)_m}$

塔底：$H_{OG1}=\dfrac{G_1}{(K_y a)_2(1-y)_m}$

$$H_{OG}=\frac{1}{2}(H_{OG2}+H_{OG1})$$

另外，对于 PC 吸收 CO_2 的传质系数，下面推荐专用的计算公式：

气相：$k_G=1.195\left[\dfrac{d_p V}{\mu_G(1-\varepsilon)}\right]^{-0.36}\left(\dfrac{\mu_G}{\rho_G D_G}\right)^{-2/3}\left(\dfrac{V_M}{10p_{BM}}\right)$

式中 k_G——气相传质系数，$kmol/(m^2\cdot h\cdot atm)$，1atm=101.325kPa。
d_p——填料当量直径，$d_p=4\varepsilon/a_t$，m；
ε——填料空隙率，无因次；
V——气体质量流率，$kg/(m^2\cdot h)$；
V_M——气体摩尔流率，$kmol/(m^2\cdot h)$；
D_G——气体扩散系数，m^2/h；
μ_G——气体黏度，$kg/(m\cdot h)$；
ρ_G——气相密度，kg/m^3；
p_{BM}——气相中惰性气体分压的对数平均，MPa。

液相：$k_L=0.015\left(\dfrac{l}{a_t\mu_L}\right)^{0.5}\left(\dfrac{\mu_L}{\rho_L D_L}\right)^{-0.5}\left(\dfrac{\mu_L g}{\rho_L}\right)^{1/3}(a_t d_p)^{0.4}$

式中 k_L——液相传质系数，m/h；
μ_L——液相黏度，$kg/(m\cdot h)$；
a_t——比表面积，m^2/m^3；
ρ_L——液相密度，kg/m^3；
D_L——液相扩散系数，m^2/h。

(7) 填料层的有效传质高度 $H=H_{OG}N_{OG}$

4.2.2.7　填料层的压降

用 Eckert 通用关联图计算压降：

横坐标：$\dfrac{L'}{V'}\left(\dfrac{\rho_G}{\rho_L}\right)^{1/2}=5.318$（前已算出）

纵坐标：$\dfrac{u^2\Psi\phi}{g}\left(\dfrac{\rho_G}{\rho_L}\right)(\mu_L)^{0.2}=0.0014$

查图得：$\Delta p_f=30mmH_2O/m$

4.2.2.8　附属设备的选型及管口直径的计算

略。

4.3 填料精馏塔设计示例

4.3.1 课程设计任务书

(1) 设计题目

分离甲醇-水混合液的填料精馏塔。

(2) 设计数据及条件

生产能力：年处理甲醇-水混合液 0.30×10^4t(年开工 300 天)。

原料：甲醇含量为 70%(质量百分比，下同)的常温液体。

分离要求：塔顶甲醇含量不低于 98%，塔底甲醇含量不高于 2%。

建厂地址：沈阳。

(3) 设计要求

① 编制一份精馏塔设计说明书，主要内容：

a. 前言；

b. 流程确定和说明；

c. 生产条件确定和说明；

d. 精馏塔的设计计算；

e. 主要附属设备及附件的选型计算；

f. 设计结果列表；

g. 设计结果的自我总结评价与说明；

h. 注明参考和使用的设计资料。

② 编制一份精馏塔工艺条件单，绘制一份带控制点的工艺流程图。

4.3.2 前言

在炼油、石油化工、精细化工、食品、医药及环保等部门，塔设备属于使用量大，应用面广的重要单元设备。塔设备广泛用于蒸馏、吸收、萃取、洗涤、传热等单元操作中。所以塔设备的研究一直是国内外学者普遍关注的重要课题。

塔设备按其结构形式基本上可分为两类：板式塔和填料塔。以前，在工业生产中，当处理量大时多用板式塔，处理量小时采用填料塔。近年来由于填料塔结构的改进，新型的、高负荷填料的开发，既提高了塔的通过能力和分离效能又保持了压降小、性能稳定等特点。因此，填料塔已被推广到大型气、液操作中，在某些场合还代替了传统的板式塔。如今，直径几米甚至几十米的大型填料塔在工业上已非罕见。随着对填料塔的研究和开发，性能优良的填料塔必将大量用于工业生产中。

板式塔为逐级接触式气、液传质设备，它具有结构简单、安装方便、操作弹性大、持液量小等优点。同时也有投资费用较高、填料易堵塞等缺点。

本设计目的是分离甲醇-水混合液，处理量不大，故选用填料塔。

塔型的选择因素很多。主要因素有物料性质、操作条件、塔设备的制造安装和维修等。

(1) 与物性有关的因素

① 易起泡的物系在板式塔中有较严重的雾沫夹带现象或引起液泛，故选用填料塔为宜。因为填料不易形成泡沫。本设计为分离甲醇和水，故选用填料塔。

② 对于易腐蚀介质，可选用陶瓷或其他耐腐蚀性材料作填料，对于不腐蚀的介质，则可选金属性质或塑料填料，而本设计分离甲醇和水，腐蚀性小可选用金属填料。

(2) 与操作条件有关的因素

① 传质速率受气膜控制的系统，选用填料塔为宜。因为填料塔层中液相为膜状流、气相湍动，有利于减小气膜阻力。

② 难分离物系与产品纯度要求较高，塔板数很多时，可采用高效填料。

③ 若塔的高度有限制，在某些情况下，选用填料塔可降低塔高，为了节约能耗，故本设计选用填料塔。

④ 要求塔内持液量、停留时间短、压强小的物系，宜用规整填料。

4.3.3 流程确定和说明

(1) 加料方式

加料方式有两种：高位槽加料和泵直接加料。采用高位槽加料，通过控制液位高度，可以得到稳定的流量和流速。通过重力加料，可以节省一笔动力费用。但由于多了高位槽，建设费用增加；采用泵加料，受泵的影响，流量不太稳定，流速也忽大忽小，从而影响了传质效率，但结构简单、安装方便；如采用自动控制泵来控制泵的流量和流速，其控制原理较复杂，且设备操作费用高。本次实验采用高位槽进料。

(2) 进料状况

进料状况一般有冷液进料、泡点进料。对于冷液进料，当组成一定时，流量一定，对分离有利，节省加热费用。但冷液进料受环境影响较大，对于沈阳地区来说，存在较大温差，且增加塔底蒸汽上升量，增大建设费用。采用泡点进料，不仅对稳定塔操作较为方便，且不受季节温度影响。综合考虑，设计采用泡点进料。泡点进料时，基于恒摩尔流假定精馏段和提馏段塔径基本相等，制造上较为方便。

(3) 塔顶冷凝方式

塔顶冷凝采用全凝器，用水冷凝，甲醇和水不反应。且容易冷凝，故使用全凝器。塔顶出来的气体温度不高，冷凝后回流液和产品温度不高无需进一步冷却。此次分离也是想得到液体甲醇，选用全凝器符合要求。

(4) 回流方式

回流方式可分为重力回流和强制回流。对于小型塔，回流冷凝器一般安装在塔顶。其优点是回流冷凝器无需支撑结构，其缺点是回流冷凝器回流控制较难。如果需要较高的塔处理量或塔板数较多时，回流冷凝器不适合于塔顶安装。且塔顶冷凝器不易安装、检修和清理。在这种情况下，可采用强制回流，塔顶上升蒸气采用冷凝冷却器以冷回流流入塔中。由于本次设计为小型塔，故采用重力回流。

(5) 加热方式

加热方式分为直接蒸汽和间接蒸汽加热。直接蒸汽加热是用蒸汽直接由塔底进入塔内。由于重组分是水，故省略加热装置。但在一定的回流比条件下塔底蒸汽对回流液有稀释作用，但理论塔板数增加，费用增加。间接蒸汽加热是通过加热器使釜液部分汽化。上升蒸汽与回流下来的冷液进行传质，其优点是使釜液部分汽化，维持原来的浓度，以减少理论板数，缺点是增加加热装置。

本次实验采用间接蒸汽加热。

（6）加热器

采用U形管蒸汽间接加热器，用水蒸气作加热剂。因为塔小，可将加热器放在塔内，即再沸器，这样釜液部分汽化，维持了原有浓度，减少了理论板数。

生产条件确定和说明(略)。

4.3.4 精馏塔设计计算

（1）操作条件与基础数据

① 操作压力。精馏操作按操作压力分为常压、加压和减压操作。精馏操作中压力影响非常大。当压力增大时，混合液的相对挥发度将减小，对分离不利；当压力减小时，相对挥发度将增大，对分离有利。但当压力不太低时，对设备的要求较高，设备费用增加。因此在设计时一般采用常压蒸馏。当常压下无法完成操作时，则采用加压或减压蒸馏。对于甲醇-水系统在常压下相对挥发度相差较大，较易分离，故本设计采用常压精馏。

② 气、液平衡关系及平衡数据见表4-24。

表4-24 甲醇-水平衡时的 t、x、y 数据(摘于化工工艺手册)

平衡温度 t	100	92.9	90.3	88.9	85.0	81.6	78.0
液相甲醇 x	0	5.31	7.67	9.26	13.15	20.83	28.18
气相甲醇 y	0	28.34	40.01	43.53	54.55	62.73	67.75
平衡温度 t	73.8	72.7	71.3	70.0	68.0	66.9	64.7
液相甲醇 x	46.20	52.92	59.37	68.49	85.62	87.41	100
气相甲醇 y	77.56	79.71	81.83	84.92	89.62	91.94	100

根据以上数据绘出 $x-y$ 平衡图(略)。

③ 物料平衡计算：

a. 物料衡算。

已知：

$F''=300t$，$x'_F=70\%$，$x'_D=98\%$，$x'_W=2\%$(质量)，$M_{CH_3OH}=32.04kg/kmol$

$M_{H_2O}=18.02kg/kmol$

摩尔分率：
$$x_F=\frac{70/32.04}{70/32.04+30/18.02}=0.568=56.8\%$$

$$x_D=\frac{98/32.04}{98/32.04+2/18.02}=0.965=96.5\%$$

$$x_W=\frac{2/32.04}{2/32.04+98/18.02}=0.0113=1.13\%$$

进料平均相对分子质量 $\overline{M}=0.568\times32.04+0.432\times18.02=26.06kg/mol$

b. 根据气、液平衡表($x-y-t$ 表)利用内插法求塔顶温度 t_{LD}，t_{VD}，塔釜温度 t_W，进料温度 t_F。

Ⅰ. 塔顶温度 t_{LD}，t_{VD}：

$$\frac{96.5-87.41}{100-87.41}=\frac{t_{LD}-66.9}{64.7-66.9}\Rightarrow t_{LD}=65.31(℃)$$

$$\frac{100-96.5}{100-91.94}=\frac{64.7-t_{VD}}{100-92.9}\Rightarrow t_{VD}=65.66(℃)$$

Ⅱ. 塔釜温度 t_W

$$\frac{0-1.13}{0-5.31}=\frac{100-t_W}{100-92.9}\Rightarrow t_W=98.49(℃)$$

Ⅲ. 进料温度 t_F

$$\frac{59.37-52.92}{56.8-52.92}=\frac{71.3-72.7}{t_F-72.7}\Rightarrow t_F=71.86(℃)$$

c. 回流比确定：

由表 4-23 的数据绘制 $x-y$ 图(略)。由 $x-y$ 图(图略)可知进料平衡曲线为不正常平衡曲线，为减小误差，用作图法求最小回流比 R_{min}。

由点 $a(x_D, x_D)$ 向平衡线作切线，交轴于 $b(0, 31.8)$，即精馏段操作线截距 $\frac{x_D}{R+1}=31.8$，所以 $R_{min}=2.03$

操作回流比可取为最小回流比的 1.1~2.0 倍，所以取：

$$R=1.5R_{min}=1.5\times2.03=3.05$$

所以回流比确定为 $R=3.05$

d. 相对挥发度 α：

$$t=92.9℃时，\alpha_1=\frac{\frac{y_Ax_B}{y_Bx_A}}{}=\frac{y(1-x)}{(1-y)x}=\frac{28.34\times(100-5.31)}{(100-28.34)\times5.31}=7.05$$

$$t=66.9℃时，\alpha_2=\frac{y(1-x)}{(1-y)x}=\frac{91.94\times(100-87.41)}{(100-91.94)\times87.41}=1.64$$

$$\alpha=\frac{\alpha_1+\alpha_2}{2}=\frac{7.05+1.64}{2}=4.35$$

(2) 精馏塔工艺计算

1. 物料衡算

a. 物流示意图(略)

b. 物料衡算

Ⅰ. 已知：$F''=0.3\times10^4$t，年开工 300 天，$\overline{M}=26.06$kg/kmol

进料摩尔流量：$F=\frac{0.3\times10^4\times10^3}{300\times24\times26.06}=15.99$(kmol/h)

$$x_F=56.8\%,\ x_D=96.5\%,\ x_W=1.13\%$$

总物料 $F=D+W$

易挥发组分　　$F\cdot x_F=D\,x_D+W\,x_W$

解得：$D=9.334$kmol/h

$W=6.656$kmol/h

Ⅱ. 塔顶产品的平均相对分子质量：

$$M=32.04\times96.5\%+18.02\times(1-96.5\%)=31.549(kg/kmol)$$

塔顶产品流量：$D=9.334\times31.549=294.481$(kg/h)

Ⅲ. 塔釜产品的平均相对分子质量：

$$M = 32.04 \times 1.13\% + 18.02 \times (1 - 1.13\%) = 18.178(\text{kg/kmol})$$

塔釜产品流量：$W = 6.656 \times 18.164 = 120.996(\text{kg/h})$

$$F = D + W = 415.477(\text{kg/h})$$

c. 物料衡算结果见表 4-25。

表 4-25 物料衡算结果

	单 位	进料 F	塔顶 D	塔釜 W
物料流量	kg/h kmol/h	415.477 15.99	294.481 9.334	120.996 6.656
组成	质量分率 摩尔分率	70% 56.8%	98% 96.5%	2% 1.13%

② 热量衡算

a. 热流示意图(略)。

b. 热量衡算。

Ⅰ. 加热介质和冷却剂的选择。

加热介质的选择。常用的加热介质有饱和水蒸气和烟道气，饱和水蒸气是一种应用最广的加热剂。由于饱和水蒸气冷凝时的传热膜系数很高，可以通过改变蒸汽的压力准确地控制加热温度。燃料燃烧所排放的烟道气温度可达 100~1000℃，适用于高温加热。缺点是烟道气的比热容及传热膜系数很低，加热温度控制困难。本设计选用 300kPa(温度为 133.3℃)的饱和水蒸气作加热介质，水蒸气易获得、清洁、不易腐蚀加热管，不但成本会相应降低，塔结构也不复杂。

冷却剂的选择。常用的冷却剂是水和空气，应因地制宜加以选用。受当地气温限制，冷却水一般为 10~25℃。如需冷却到较低温度，则需采用低温介质，如冷冻盐水、氟利昂等。

本设计建厂地区为沈阳。沈阳市夏季最热月份日平均气温为 24℃，故选用 24℃的冷却水，选升温 10℃，即冷却水的出口温度为 34℃。

Ⅱ. 冷凝器的热负荷。

冷凝器的热负荷：$Q_C = (R + 1) D (I_{VD} - I_{LD})$

式中 I_{VD}——塔顶上升蒸气的焓，kcal/kmol；

I_{LD}——塔顶馏出液的焓，kcal/kmol。

$$I_{VD} - I_{LD} = x_D \Delta H_{V甲} + (1 - x_D) \Delta H_{V水}$$

式中 $\Delta H_{V甲}$——甲醇的蒸发潜热，kcal/kmol；

$\Delta H_{V水}$——水的蒸发潜热，kcal/kmol。

表 4-26 为沸点下蒸发潜热数据。

表 4-26 沸点下蒸发潜热数据

项 目	沸点/℃	蒸发潜热 ΔH_V/(kcal/kmol)	T_c/K
甲醇	64.65	8430	512.6
水	100	9729	647.3

注：1kcal = 4.184kJ。

蒸发潜热与温度的关系：$\Delta H_2 = \Delta H_{V1}\left(\frac{1-T_{r_2}}{1-T_{r_1}}\right)^{0.38}$

式中　T_r——对比温度。

由沃森公式计算塔顶温度下的潜热：

$$\Delta H_2 = \Delta H_{V1}\left(\frac{1-T_{r_2}}{1-T_{r_1}}\right)^{0.38}$$

65.66℃时，对甲醇：　$T_{r_2} = \frac{T_2}{T_c} = \frac{273.15+65.66}{512.6} = 0.661$

$$T_{r_1} = \frac{T_1}{T_c} = \frac{273.15+64.7}{512.6} = 0.659$$

蒸发潜热 $\Delta H_{V甲} = 8430\times\left(\frac{1-0.661}{1-0.659}\right)^{0.38} = 8411.177(\text{kcal/kmol})$

对水，同理得：$T_{r_2}=0.523$，$T_{r_2}=0.576$

蒸发潜热 $\Delta H_{V水} = 9729\times\left(\frac{1-0.523}{1-0.576}\right)^{0.38} = 10174.338(\text{kcal/kmol})$

对全凝器作热量衡算(忽略热量损失)

$$Q_C = (R+1)D(I_{VD}-I_{LD})$$

选择泡点回流，因为塔顶甲醇含量很高，与露点相接近，所以：

$$I_{VD}-I_{LD} = x_D\Delta H_{V甲} + (1-x_D)\Delta H_{V水}$$

代入数据得：

$$I_{VD}-I_{LD} = 0.965\times8411.177 + (1-0.965)\times10174.338 = 8472.888(\text{kcal/kmol})$$

$$Q_C = (3.05+1)\times9.334\times8472.888 = 320298.043(\text{kcal/h})$$

Ⅲ. 冷却介质消耗量：

$$W_C = \frac{Q_C}{C_{pc}(t_2-t_1)} = \frac{320298.043}{1\times(34-24)} = 32029.804(\text{kg/h})$$

Ⅳ. 加热器的热负荷及全塔热量衡算。

选用300kPa(温度为133.3℃)的饱和水蒸气为加热介质。

列表4-27计算甲醇、水在不同温度下混合的比热容[单位：kcal/(kg·℃)]。

表4-27　水、甲醇在不同温度下混合的比热容　kcal/(kg·℃)

甲　醇	$C_{p1}^{65.31}=0.720$	$C_{p1}^{71.86}=0.742$	$\overline{C}_{p1}=0.731$	甲　醇	$C_{p1}^{98.52}=0.831$	$C_{p1}^{71.86}=0.742$	$\overline{C}_{p1}=0.787$
水	$C_{p2}^{65.31}=1$	$C_{p2}^{71.86}=1$	$\overline{C}_{p2}=1$	水	$C_{p2}^{98.52}=1$	$C_{p2}^{71.86}=1$	$\overline{C}_{p2}=1$

注：1kcal=4.18kJ

甲醇：$\overline{C}_{p1}\times(t_{LD}-t_F) = 0.742\times(65.31-71.86) = -4.86$

$$\overline{C}_{p1}\times(t_W-t_F) = 0.789\times(98.52-71.86) = 21.035$$

水：$\overline{C}_{p2}\times(t_{LD}-t_F) = 1\times(65.31-71.86) = -6.55$

$$\overline{C}_{p2}\times(t_W-t_F) = 1\times(98.52-71.86) = 26.66$$

$$\int C_p\mathrm{d}t = \overline{C}_{p1}x'_D + \overline{C_{p2}}(1-x'_D) = (0.731\times0.98+0.02\times1)\times(65.31-71.86) = -4.82$$

$$\int C_p dt = \overline{C}_{p1}x'_W + \overline{C}_{p2}(1 - x'_W) = [0.789 \times 0.02 + (1 - 0.02) \times 1] \times (98.52 - 71.86) = 26.574$$

根据表 4-24 $D = 294.481 kg/h$，$W = 120.996 kg/h$

$$Q_D = D\int_{71.86}^{65.31} C_p dt = D \cdot \overline{C}_p \Delta t = 294.481 \times (-4.82) = -1419.40(kcal/h)$$

$$Q_W = W\int_{71.86}^{98.52} C_p dt = W \cdot \overline{C}_p \Delta t = 120.996 \times 26.547 = 3212.08(kcal/h)$$

对全塔进行热量衡算：$Q_F + Q_S = Q_D + Q_W + Q_C$

为了简化计算，以进料焓，即 78.43℃时的焓值为基准做热量衡算。

$$\begin{aligned} Q_S &= Q_D + Q_W + Q_C - Q_F \\ &= -1419.40 + 3212.08 + 320298.043 - 0 \\ &= 324929.52(kcal/h) \\ &= 3.25 \times 10^5(kcal/h) \end{aligned}$$

塔釜热损失为 10%，则 $\eta = 0.9$，则 $Q'_S = \dfrac{Q_S}{\eta} = \dfrac{3.25 \times 10^5}{0.9} = 3.61 \times 10^5(kcal/h)$

式中 Q_S——加热器理想热负荷，kcal/h；

Q'_S——加热器实际热负荷，kcal/h；

Q_D——塔顶馏出液带出热量，kcal/h；

Q_W——塔底带出热量，kcal/h。

加热蒸汽消耗量：

$$\Delta H_{r水蒸气} = 2168.1 kJ/kg \qquad (333K,\ 300kPa)$$

$$W_h = \frac{Q'_S}{\Delta H_{r水蒸气}} = \frac{3.61 \times 10^5}{2168.1/4.2} = 699.32(kg/h)$$

热量衡算结果见表 4-28。

表 4-28 热量衡算数据结果

符　号	Q_C	W_C	Q_F	Q_D	Q_W	Q'_S	W_h
数　值	3.20×10^5 kcal/h	3.20×10^5 kg/h	0	−1419.40 kcal/h	3212.08 kcal/h	3.61×10^5 kcal/h	699.32 kg/h

（3）理论板数计算

由于本次设计的相对挥发度是变化的，所以不能用简捷法求得，应用图解法。

精馏段操作线方程为

$$y = \frac{R}{R+1}x + \frac{x_D}{R+1}$$

截距

$$\frac{x_D}{R+1} = \frac{0.965}{3.05+1} = 0.238$$

连接 $(x_D,\ x_D)$，$\left(0,\ \dfrac{x_D}{R+1}\right)$ 与 q 线交于 d 点，连接 $(x_W,\ x_W)$ 与 d 点，得提馏段操作线。然后，由平衡线与操作线可得到精馏塔理论板数为 10 块，提馏段 3 块，精馏段 7 块。

（3）精馏塔主要尺寸的设计计算

精馏塔设计的主要依据和条件见表 4-29、表 4-30。

表 4-29　不同温度下甲醇和水的密度

物　质	密度/(kg/m³)					
	温度/℃	50	60	70	80	90	100
甲醇		750	741	731	721	713	704
水		988	983	978	972	965	958

表 4-30　查图整理得甲醇-水特殊点黏度

物　质	黏度/mPa·s		
	塔顶 65.31℃	塔底 98.52℃	进料 71.86℃
甲醇	0.332	0.225	0.295
水	0.455	0.256	0.410

① 塔顶条件下的流量及物性参数

$$x_D = 0.965,\ \alpha_D = 0.98,\ D = 9.334(\text{kmol/h})$$

气相平均相对分子质量：

$$\overline{M}_{VD} = M_{甲} x_D + M_{水}(1 - x_D) = 32.04 \times 0.965 + 18.02 \times (1 - 0.965) = 31.55(\text{kg/kmol})$$

液相平均相对分子质量：

$$\overline{M}_{LD} = \overline{M}_{VD} = 31.55(\text{kg/kmol})$$

气相密度：

$$\rho_{VD} = \frac{\overline{M}_{VD}}{22.4} \times \frac{T_0}{T} \times \frac{p}{p_0} = \frac{31.55}{22.4} \times \frac{273.15}{273.15 + 65.31} = 1.135(\text{kg/m}^3)$$

液相密度：

$t_{LD} = 65.31$℃查表 4-29，内插法 $\rho_{甲} = 735.69\text{kg/m}^3$，$\rho_{水} = 980.34(\text{kg/m}^3)$

$$\frac{1}{\rho_{LD}} = \frac{\alpha_{甲}}{\rho_{甲}} + \frac{\alpha_{水}}{\rho_{水}} = \frac{0.98}{735.69} + \frac{0.02}{980.34}$$

所以 $\rho_{LD} = 739.38\text{kg/m}^3$

液相黏度查表 4-29 得：$t_{LD} = 65.31$℃，$\mu_{甲} = 0.332\text{mPa}\cdot\text{s}$，$\mu_{水} = 0.455\text{mPa}\cdot\text{s}$

$$\mu_{LD} = \mu_{甲} x_D + \mu_{水}(1 - x_D) = 0.332 \times 0.965 + 0.455 \times (1 - 0.965) = 0.336(\text{mPa}\cdot\text{s})$$

塔中顶部数据结果见表 4-31。塔顶出料口质量流量：

$$D = 9.334 \times 31.55 = 294.488\text{kg/h}$$

表 4-31　塔顶数据结果

符　号	$\frac{\overline{M}_{LD}}{\text{kg}\cdot\text{kmol}^{-1}}$	$\frac{\overline{M}_{VD}}{\text{kg}\cdot\text{kmol}^{-1}}$	$\frac{\rho_{VD}}{\text{kg}\cdot\text{m}^{-3}}$	$\frac{\rho_{LD}}{\text{kg}\cdot\text{m}^{-3}}$	$\frac{\mu_{LD}}{\text{mPa}\cdot\text{s}}$	流量 D 质量流量/(kg·h⁻¹)	流量 D 摩尔流量/(kmol·h⁻¹)
数　值	31.55	31.55	1.135	739.38	0.336	294.488	9.334

② 塔底条件下的流量物性参数

$$x_W = 0.0113,\ \alpha_W = 0.02,$$

a. 液相相对分子质量：由于很小，所以液相可视为纯水。

$$\overline{M}_{LW} = \overline{M}_{VW} = \overline{M}_{水} = 18(\text{kg/kmol})$$

b. 气相密度：$t_W = 98.52$℃

$$\rho_{VW}=\frac{\overline{M}_{VW}}{22.4}\times\frac{T_0}{T}\times\frac{p}{p_0}=\frac{18}{22.4}\times\frac{273.15}{273.15+98.52}=0.591(\text{kg/m}^3)$$

c. 液相密度：$t_W=98.52℃\approx100℃$

视同纯水，查表4-28，$\rho_{LW}=\rho_{水}=958\text{kg/m}^3$

d. 液相黏度查表4-29得：$t_W=98.52℃$，$\mu_{水}=0.256\text{mPa}\cdot\text{s}$，$\mu_{LD}=\mu_{水}=0.256\text{mPa}\cdot\text{s}$

$$\mu_{LD}=\mu_{甲}x_D+\mu_{水}(1-x_D)=0.332\times0.965+0.455\times(1-0.965)=0.336(\text{mPa}\cdot\text{s})$$

e. 塔底流量及塔底数据结果见表4-32。

$$W=6.656\times18=119.81\text{kg/h}$$

表4-32 塔底数据结果

符号	$\overline{M}_{LW}$ / $\text{kg}\cdot\text{kmol}^{-1}$	$\overline{M}_{VW}$ / $\text{kg}\cdot\text{kmol}^{-1}$	ρ_{VW} / $\text{kg}\cdot\text{m}^{-3}$	ρ_{LW} / $\text{kg}\cdot\text{m}^{-3}$	μ_{LW} / $\text{mPa}\cdot\text{s}$	流量 W	
						质量流量/($\text{kg}\cdot\text{h}^{-1}$)	摩尔流量/($\text{kmol}\cdot\text{h}^{-1}$)
数值	18	18	0.591	958	0.256	119.81	6.656

③ 进料条件下的流量及物性参数

$$F=19.55\text{kmol/h},\ x_F=56.8\%,\ \alpha_F=0.70$$

查表4-24得：

52.92	56.8	59.37
79.71	y	81.83

$$y=84.00\%=0.840$$

a. 气相平均相对分子质量：

$$\overline{M}_{VF}=M_{甲}y_F+M_{水}(1-y_F)=32.04\times0.84+18.02\times(1-0.84)=29.80(\text{kg/kmol})$$

b. 液相平均相对分子质量：

$$\overline{M}_{LF}=M_{甲}x_F+M_{水}(1-x_F)=32.04\times0.568+18.02\times(1-0.568)=25.98(\text{kg/kmol})$$

c. 气相密度：

$$\rho_{VF}=\frac{\overline{M}_{VF}}{22.4}\times\frac{T_0}{T}\times\frac{p}{p_0}=\frac{29.80}{22.4}\times\frac{273.15}{273.15+71.86}=1.05(\text{kg/m}^3)\qquad(4-28)$$

d. 液相密度由表4-28数据，同上用内插法，求出 $\rho_{甲}=729.14\text{kg/m}^3$，$\rho_{水}=976.88\text{kg/m}^3$

$$\frac{1}{\rho_{LF}}=\frac{\alpha_{甲}}{\rho_{甲}}+\frac{1-\alpha_{甲}}{\rho_{水}}=\frac{0.7}{729.14}+\frac{1-0.7}{976.88}$$

所以 $\rho_{LF}=789.204(\text{kg/m}^3)$

e. 液相黏度查表4-29得：$t=71.86℃$，$\mu_{甲}=0.305\text{mPa}\cdot\text{s}$，$\mu_{水}=0.405\text{mPa}\cdot\text{s}$

$$\mu_{LF}=\mu_{甲}x_F+\mu_{水}(1-x_F)=0.305\times0.568+0.405\times(1-0.568)=0.345(\text{mPa}\cdot\text{s})$$

f. 进料流量见表4-33。

$$F=\frac{300\times10^3}{300\times24}=416.67(\text{kg/h})$$

表 4-33　进料数据结果

符　号	$\overline{M}_{VF}$ / kg·kmol^{-1}	$\overline{M}_{LF}$ / kg·kmol^{-1}	ρ_{VF} / kg·m^{-3}	ρ_{LF} / kg·m^{-3}	μ_{LF} / mPa·s	流量 F 质量流量/(kg/h)	流量 F 摩尔流量/(kmol/h)
数　值	29.37	25.98	1.04	789.204	0.348	416.67	15.99

④ 精馏段的流量及物性参数

a. 气相平均相对分子质量：$\overline{M}_{VJ}=\dfrac{\overline{M}_{VD}+\overline{M}_{VF}}{2}=\dfrac{31.55+29.80}{2}=30.68(\text{kg/kmol})$

b. 液相平均相对分子质量：$\overline{M}_{LJ}=\dfrac{\overline{M}_{LD}+\overline{M}_{LF}}{2}=\dfrac{31.55+25.98}{2}=28.79(\text{kg/kmol})$

c. 气相密度：$\rho_{VJ}=\dfrac{\rho_{VD}+\rho_{VF}}{2}=\dfrac{1.135+1.05}{2}=1.093(\text{kg/m}^3)$

d. 液相密度：$\rho_{LJ}=\dfrac{\rho_{LD}+\rho_{LF}}{2}=\dfrac{739.38+789.204}{2}=764.29(\text{kg/m}^3)$

e. 液相黏度：$\mu_{LJ}=\dfrac{\mu_{LD}+\mu_{LF}}{2}=\dfrac{0.336+0.345}{2}=0.341(\text{mPa·s})$

f. 气相流量：$V'=(R+1)D=(3.05+1)\times 9.334=37.80(\text{kmol/h})$

$V'=37.80\times 30.46=1151.39(\text{kg/h})$

g. 液相流量：$L=RD=3.05\times 9.334=28.47(\text{kmol/h})$

$L'=28.47\times 28.79=819.80(\text{kg/h})$

⑤ 提馏段流量及物性参数

a. 气相平均相对分子质量：$\overline{M}_{VT}=\dfrac{\overline{M}_{VF}+\overline{M}_{VW}}{2}=\dfrac{29.80+18}{2}=23.69(\text{kg/kmol})$

b. 液相平均相对分子质量：$\overline{M}_{LT}=\dfrac{\overline{M}_{LF}+\overline{M}_{LW}}{2}=\dfrac{25.98+18}{2}=21.99(\text{kg/kmol})$

c. 气相密度：$\rho_{LT}=\dfrac{\rho_{LF}+\rho_{LW}}{2}=\dfrac{958+789.204}{2}=873.60(\text{kg/m}^3)$

d. 液相密度：$\rho_{VT}=\dfrac{\rho_{VF}+\rho_{VW}}{2}=\dfrac{1.05+0.591}{2}=0.82(\text{kg/m}^3)$

e. 液相黏度：$\mu_{LT}=\dfrac{\mu_{LW}+\mu_{LF}}{2}=\dfrac{0.256+0.345}{2}=0.30(\text{mPa·s})$

f. 气相流量：$V=V-(q-1)F=V=37.80(\text{kmol/h})$

$V'=37.80\times 23.69=895.48(\text{kg/h})$

g. 液相流量：$L'=L+qF=L+F=28.47+15.99=44.46(\text{kmol/h})$

$L'=44.46\times 21.99=977.67(\text{kg/h})$

精馏段、提馏段数据结果见表 4-34。

表 4-34　精馏段、提馏段数据结果

	精 馏 段	提 馏 段
气相平均相对分子质量$\overline{M}_V$/(kg/kmol)	30.68	23.9
液相平均相对分子质量$\overline{M}_L$/(kg/kmol)	28.79	21.99

续表

	精馏段	提馏段
气相密度 ρ_V/(kg/m³)	1.093	0.82
液相密度 ρ_L/(kg/m³)	764.29	873.60
气相摩尔流量/(kmol/h)	37.80	37.80
气相质量流量/(kg/h)	1151.39	895.48
液相黏度/mPa·s	0.341	0.30
液相摩尔流量/(kmol/h)	28.47	44.46
液相质量流量/(kg/h)	819.80	977.67

(4) 填料的选择

填料是填料塔的核心构件，它提供了气、液两相相接触传质与传热的表面，与塔内件一起决定了填料塔的性质。目前，填料的开发与应用仍是沿着散装填料与规整填料两个方面进行。

本设计选用规整填料，金属板波纹 250Y 型填料。

规整填料是一种在塔内按均匀图形排布、整齐堆砌的填料，规定了气、液流路，改善了沟流和壁流现象，压降可以很小，同时还可以提供更大的比表面积，在同等溶剂中可以达到更高的传质、传热效果。

与散装填料相比，规整填料结构均匀、规则、有对称性，当与散装填料有相同的比表面积时，填料空隙率更大，具有更大的通量，单位分离能力大。

250Y 型波纹填料是最早研制并应用于工业生产的板波填料，它具有以下特点：

a. 比表面积与通用散装填料相比，可提高近 1 倍，填料压降较低，通量和传质效率均有较大幅度提高。

b. 与各种通用板式塔相比，不仅传质面积大幅度提高，而且全塔压降及效率有很大改善。

c. 工业生产中气液质均可能带入“第三相”物质，导致散装填料及某些板式塔无法维持操作。鉴于 250Y 型填料整齐的几何结构，显示出良好的抗堵性能，因而能在某些散装填料塔不适宜的场合使用，扩大了填料塔的应用范围。

鉴于以上 250Y 型的特点，本设计采用 Mellapok-250Y 型填料，因本设计塔中压力很低。

(5) 塔径设计计算

① 精馏段塔径计算

由气速关联式：

$$\lg\left[\frac{V_t^2}{g}\cdot\frac{a}{\varepsilon^3}\cdot\left(\frac{\rho_G}{\rho_L}\right)\cdot\mu_L^{0.2}\right]=A-1.75\left(\frac{L}{G}\right)^{\frac{1}{4}}\left(\frac{\rho_G}{\rho_L}\right)^{\frac{1}{8}}$$

式中 $\frac{a}{\varepsilon^3}$——干填料因子；

μ_L——液体黏度，mPa·s；

A——250Y 型为 0.291；

L，G——液体、气体质量流速，kg/s；

ρ_L，ρ_G——液体、气体密度，kg/m³；

g——重力加速度，m/s^2。

精馏段：$\rho_G=1.093kg/m^3$，$\rho_L=764.29kg/m^3$，$\varepsilon=0.97$，$a=250m^2/m^3$

$\mu_L=0.341mPa\cdot s$，$L=819.80kg/h$，$G=819.80kg/h$，$A=0.291$

代入式中求解得：$u_f=3.50m/s$

空塔气速：$u=0.5u_f=0.5\times3.50=1.75m/s$

$$\bar{t}=\frac{t_F+t_{VD}}{2}=\frac{71.86+65.31}{2}=68.6℃$$

体积流量：$V_s=\dfrac{37.80\times8.314\times(68.6+273.15)\times10^3}{1.093\times10^5\times3600}=0.273(m^3/s)$

$$D=\sqrt{\frac{4V_s}{\pi u}}=\sqrt{\frac{4\times0.273}{3.14\times1.75}}=0.446(m)$$

圆整后：$D=500mm$，空塔气速 $u=1.39m/s$

② 提馏段塔径计算

$\rho_V=0.82kg/m^3$，$\rho_L=873.60kg/m^3$，$L=977.67kg/h$，$V=895.48kg/h$

$$\lg\left[\frac{u_f^2}{9.81}\times\frac{250}{(0.97)^3}\times\frac{0.82}{873.60}\times0.30^{0.2}\right]=0.291-1.75\left(\frac{977.67}{895.48}\right)^{\frac{1}{4}}\left(\frac{0.82}{873.60}\right)^{\frac{1}{8}}$$

所以 $u'_f=4.18m/s$

空塔气速：$u=0.5u'_f=0.5\times4.18=2.09(m/s)$

$$\bar{t}=\frac{t_F+t_W}{2}=\frac{71.86+98.52}{2}=85.19(℃)$$

体积流量：$V'_s=\dfrac{37.80\times8.314\times(85.19+273.15)\times10^3}{0.82\times10^5\times3600}=0.381(m^3/s)$

$$D=\sqrt{\frac{4V'_s}{\pi u}}=\sqrt{\frac{4\times0.381}{3.14\times2.09}}=0.482(m)$$

圆整后：$D=500(mm)$，空塔气速 $u=1.94(m/s)$

③ 选取整塔塔径

精馏段和提馏段塔径圆整后 $D=500mm$，为精馏塔的塔径。

(6) 填料层高度的计算

① 精馏段

$u_V=1.39m/s$，$\rho_V=1.093kg/m^3$ 所以 $F_J=u_V\sqrt{\rho_V}=1.39\times\sqrt{1.093}=1.453\ (kg/m^3)^{\frac{1}{2}}$

查得 $\Delta p/Z=1.070\times10^2\ (Pa/m)$

精馏段填料高度：$Z_{精}=\dfrac{(n_t)_{精}}{(NTSM)_{精}}=\dfrac{7}{2.8}=2.5(m)$

式中　$(n_t)_{精}$——精馏段理论板数据根据图 1-2(图略)得 7；

$(NTSM)_{精}$——2.8(查得)。

精馏段总压降 $\Delta p_{精}=(\Delta p/Z)\times Z_{精}=1.070\times10^2\times2.5=2.68\times10^2(Pa)$

② 提馏段

$$u_G=1.94m/s,\ \rho_V=0.82kg/m^3$$

所以 $F_G=u_G\sqrt{\rho_V}=1.94\times\sqrt{0.82}=1.757$

查得 $\Delta p/Z = 0.96 \times 10^2$ (Pa/m)

提馏段填料高度 $Z_{提} = \frac{(n_t)_{提}}{(NTSM)_{提}} = \frac{3}{2.81} = 1.07(\text{m})$

式中 $(n_t)_{提}$——提馏段理论板数据根据图(图略)得知3级；

$(NTSM)_{提}$——2.81级(查得)。

提馏段总压降 $\Delta p_{提} = (\Delta p/Z) \times Z_{提} = 0.96 \times 10^2 \times 1.07 = 1.02 \times 10^2(\text{Pa})$

③ 全塔填料层压降

$$\Delta p = \Delta p_{精} + \Delta p_{提} = 2.68 \times 10^2 + 1.02 \times 10^2 = 3.7 \times 10^2(\text{Pa})$$

④ 填料总高度

$$Z = Z_{精} + Z_{提} = 2.5 + 1.07 = 3.57(\text{m})$$

⑤ 填料层高度和压降计算汇总表(表4-35)

表4-35 填料层高度和压降计算汇总

参　数	精馏段	提馏段	全　塔
气相动能因子/[$kg^{0.5}/(s \cdot m^{0.5})$]	1.453	1.757	—
压降 Δp/Z/(Pa/m)	1.070×10^2	0.96×10^2	2.03×10^2
总压降/Pa	2.68×10^2	1.02×10^2	3.7×10^2
填料层高度/m	2.5	1.07	3.57

4.3.5 附属设备及主要附件的选型计算

(1) 冷凝器

本设计冷凝器重力回流直立或管壳式冷凝器原理。对于蒸馏塔的冷凝器，一般选用列管式，空冷凝螺旋板式换热器。因本设计冷凝器与被冷凝流体温差不大，所以选用管壳式冷凝器，被冷凝气体走管间，以便于及时排出冷凝液。

冷却水循环与气体方向相反，即逆流式。当气体流入冷凝器时，使其液膜厚度减薄，传热系数增大，利于节省面积，减少材料费，取冷凝器传热系数 $K=550\text{kcal}/(\text{m}^2 \cdot \text{h} \cdot ℃)$

沈阳地区夏季最高平均水温24℃，温升10℃。

逆流：T　65.31℃⟶65.31℃

t　　24℃⟵34℃

$$\Delta t_m = \frac{\Delta t_2 - \Delta t_1}{\ln\frac{\Delta t_2}{\Delta t_1}} = \frac{(65.31 - 34) - (65.31 - 24)}{\ln\frac{65.31 - 34}{65.31 - 24}} = 35.99(℃)$$

传热面积：$A = \frac{Q_C}{K \cdot \Delta t_m} = \frac{32098.043}{550 \times 35.99} = 16.18(\text{m}^2)$

查取有关数据如下：

公称直径/mm	管程数	管数	管长/mm	换热面积/m^2	公称压力/MPa
500	1	179	3000	40/41.75	0.6

(2) 加热器

选用U形管加热器，经处理后，放在塔釜内。蒸汽选择133.3℃饱和水蒸气，传热系数 $K=1000\text{kcal}/(\text{m}^2 \cdot \text{h} \cdot ℃)$

$$\Delta t = 133.3 - 100 = 33.3(℃)$$

由表 4-28 得 $Q'_S = 3.61 \times 10^5$ (kcal/h)

$$A = \frac{Q'_S}{K \cdot \Delta t} = \frac{3.61 \times 10^5}{1000 \times 33.3} = 10.84(m^2)$$

(3) 塔管径的计算及选择

① 进料管

取进料管速度 $u_F = 0.6$ m/s。

$$d_f = \sqrt{\frac{4F}{3600\pi u_F \rho_{LF}}} = \sqrt{\frac{4 \times 416.67}{3600 \times 3.14 \times 0.6 \times 789.204}} = 0.0176(m)$$

查标准选用 ϕ25mm×3mm 的管子。

② 回流管

对于直立回流一般 0.2~0.5m/s，取 $u_R = 0.40$ m/s。

$$d_R = \sqrt{\frac{4L}{3600\pi u_R \rho_{LJ}}} = \sqrt{\frac{4 \times 819.80}{3600 \times 3.14 \times 0.4 \times 764.29}} = 0.031(m)$$

查标准选用 ϕ45mm×3mm 的管子。

③ 塔顶蒸汽接管

操作压力常压，蒸汽速度 $u_V = 20$ m/s。

$$d_V = \sqrt{\frac{4V}{3600\pi u_V \rho_V}} = \sqrt{\frac{4 \times 1151.39}{3600 \times 3.14 \times 20 \times 1.093}} = 0.00965(m)$$

查标准选用 ϕ108mm×4mm 的管子。

④ 塔釜出料

塔釜流出液体速度 u_W 取 0.6m/s。

$$d_W = \sqrt{\frac{4W}{3600\pi u_W \rho_L}} = \sqrt{\frac{4 \times 120.86}{3600 \times 3.14 \times 0.6 \times 873.60}} = 0.009(m)$$

查标准选用 ϕ18mm×3mm 的管子。

(4) 液体分布器

采用莲蓬头式喷淋器。选用此装置能使截面积的填料表面较好地润湿。结构简单，制造和维修方便，喷洒比较方便，安装简便。

① 回流液分布器

流速系数 ϕ 取 0.82~0.5，H 取 006。

$$u = \phi\sqrt{2gH} = 0.82 \times \sqrt{2 \times 9.81 \times 0.06} = 0.89\ (m/s)$$

小孔输液能力计算　$Q = \dfrac{L}{\rho_L \times 3600} = \dfrac{819.80}{764.29 \times 3600} = 2.98 \times 10^{-4}\ (m^2/s)$

$$f = \frac{Q}{\phi \cdot u} = \frac{2.98 \times 10^{-4}}{0.82 \times 0.89} = 4.08 \times 10^{-4}\ (m^2/s)$$

$$n = \frac{f}{\frac{\pi}{4}d^2} = \frac{4.08 \times 10^{-4}}{\frac{3.14}{4} \times (3 \times 10^{-3})^2} = 51.34 \approx 52\ (孔)$$

式中　u——小孔流速，m/s；

ϕ——孔系数取 0.82；

F——小孔点面积，m^2；

n——小孔数；

H——推动力液柱高度 $H=60mm$；

D——小孔直径取 3mm；

Q——小孔输液能力。

喷洒球面中心到填料表面距离计算。

$$h = r\cot\alpha + \frac{gr^2}{2\omega^2 \sin^2\alpha}$$

式中 r——喷射圆周半径，m；

α——喷射角。

$$r = \frac{D_0}{2} - (75 - 100) = \frac{300}{2} - 75 = 75mm$$

$$h = 0.75 \times \cot 40° + \frac{9.81 \times 0.75^2}{2 \times (0.89)^2 \times (\sin 40°)^2} = 72mm$$

② 进料液分布器

由前知 $u=0.98m/s$。

$$Q = \frac{L}{\rho_L \times 3600} = \frac{415.40}{764.29 \times 3600} = 1.51 \times 10^{-4}\ (m^2/s)$$

取 $d=0.003m$，$\phi=0.82$。

$$f = \frac{Q}{\phi \cdot u} = \frac{1.51 \times 10^{-4}}{0.82 \times 0.89} = 2.07 \times 10^{-4}\ (m^2/s)$$

$$n = \frac{f}{\frac{\pi}{4}d^2} = \frac{2.07 \times 10^{-4}}{\frac{3.14}{4} \times (0.003)^2} = 29.3 \approx 30\ (孔)$$

取 $\alpha = 40°$，$h = r\cot\alpha + \dfrac{gr^2}{2\omega^2 \sin^2\alpha} = 72(mm)$

莲蓬头直径 40mm，喷射角约为 40°，莲蓬头高度为 72mm。

(5) 填料及支承板的选择

本设计采用波纹板网支承板，板网支撑的结构简单，重量轻，自由截面大，但强度较低。本设计填料高度较低，所以选用支撑板。主要设计参数见表 4-36。

表 4-36 主要设计参数

塔径/mm	板外径/mm	板高/mm	近似重量/N
400	394	25	45
主图尺寸(采用不锈钢)			
塔径/mm	D_1/mm	D_2/mm	重量/N
400	397	337	109

(6) 塔釜设计

料液在釜内停留 15min，装填系数取 0.5：

$$塔釜高\ h/\ 塔径\ d = 2:1$$

塔釜液量　$L_W = L' \times \frac{15}{60} = \frac{977.67}{764.29} \times \frac{1}{4} = 0.320(m^3)$

塔釜体积　$V_W = \frac{L_W}{0.5} = \frac{0.320}{0.5} = 0.640(m^3)$

$$V_W = \frac{\pi}{4}d^2h,\ h/d = 2$$

$$V_W = \frac{1}{2}\pi d^3,\ d = \sqrt[3]{\frac{2V_W}{\pi}} = \sqrt[3]{\frac{2 \times 0.640}{3.14}} = 0.64(m)$$

$$h = 2d = 2 \times 0.64 = 1.28(m)$$

精馏塔各部分高度见表 4-37。

表 4-37　精馏塔各部分高度　mm

塔　釜	鞍式裙支座	塔釜法兰高	填料高度	喷淋高度
1310	300	200	3430	72
喷头高	喷头弯曲半径	喷头上方空隙	塔顶空隙	
42	90	72	300	

(7) 除沫器

为了确保气体的纯度，减少液体的夹带损失，选用除沫器。

常用除沫装置有折流板式除沫器、丝网除沫器以及旋流板除沫器。本设计塔径小，且气、液分离，故采用小型丝网除沫器，装入设备上盖。

4.3.6　精馏塔主要设计参数汇总表

精馏塔主要设计参数汇总表见表 4-38~表 4-40。

表 4-38　精馏塔物料平衡表

项　目		塔顶	塔釜	进料	精馏段	提馏段
气相摩尔质量/(kmol/h)		—	—	—	37.80	37.80
液相摩尔质量/(kmol/h)		9.334	6.656	15.99	28.47	44.46
气相质量质量/(kmol/h)		—	—	—	1151.39	895.48
液相质量质量/(kmol/h)		294.488	119.81	416.67	819.80	997.67
摩尔分率	x	0.965	0.011	0.568	—	—
	y	—	—	—	—	—
质量分率		0.98	0.02	0.70	—	—
气相平均相对分子质量		31.55	18.00	29.8	30.68	23.9
液相平均相对分子质量		31.55	18.00	25.98	28.79	21.99
气相平均密度/(kg/m³)		1.135	0.591	1.05	1.093	0.82
液相平均密度/(kg/m³)		739.38	958	789.204	764.29	873.60
温度/℃		65.31	98.52	71.68	—	—
平均黏度/(mPa·s)		0.336	0.256	0.345	0.341	0.30

表 4-39　精馏塔主要设计参数　mm

精馏段填料高	提馏段填料高	填料层高度	裙座	塔釜直径	塔釜法兰高
2500	1070	3570	300	640	200
喷淋高度	喷头高	喷头弯曲半径	喷头上方空隙	塔顶空隙	塔高
72	42	90	200	300	7890

表 4-40 不同设计条件下设计结果比较

项 目	$F/(\times10^4 t)$	R	q	x_D	x_F	x_W	N_T	塔径/m	塔高/m
R 不同	40	1.944	1	96%	25%	3%	8	2.4	16
	40	1.750	1	96%	25%	3%	9	2.4	17
	40	1.555	1	96%	25%	3%	9	2.4	17
	40	1.458	1	96%	25%	3%	9	2.4	19
	40	1.361	1	96%	25%	3%	11	2.4	19
x_F 不同	50	2.4	1	96%	15%	3%	9	2.0	11.04
	50	1.7	1	96%	20%	3%	9	2.2	11.14
	50	1.6	1	96%	25%	3%	11	2.4	12.69
	50	1.3	1	96%	30%	3%	11	2.4	12.69
	50	1.1	1	96%	35%	3%	11	2.6	12.69
x_D 不同	50	1.52	1	95%	25%	3%	8	2.0	11.30
	50	1.58	1	96%	25%	3%	8	2.0	11.38
	50	1.41	1	96.5%	25%	3%	8	2.0	11.40
	50	1.51	1	97%	25%	3%	8	2.0	11.58
	50	1.74		98%	25%	3%	9	2.0	12.80
	50	1.50	1	99%	25%	3%	10	2.0	12.80
q 不同	50	18.05	-1	96%	25%	3%	6	4.3	8.95
	50	9.35	0	96%	25%	3%	6	3.2	13.60
	50	3.96	0.5	96%	25%	3%	7	2.4	14.55
	50	1.6	1	96%	25%	3%	8	2.6	15.00
	50	0.7789	2	96%	25%	3%	15	2.7	32.30

4.4 填料塔设计任务书

4.4.1 甲醇-水分离过程填料精馏塔设计

(1) 设计题目

甲醇-水分离过程填料精馏塔设计。

在抗生素类药物生产过程中，需要用甲醇溶媒洗涤晶体，洗涤过滤后产生废甲醇溶媒，其组成为含甲醇46%、水54%(质量)，另含有少量的药物固体微粒。为使废甲醇溶媒重复利用，拟建立一套填料精馏塔，以对废甲醇溶媒进行精馏，得到含水量≤0.3%(质量)的甲醇溶媒。设计要求废甲醇溶媒的处理量为______t/a，塔底废水中甲醇含量≤0.5%(质量)。

(2) 操作条件

① 操作压力：常压。

② 进料热状态：自选。

③ 回流比：自选。

④ 塔底加热蒸汽压力：0.3MPa(表压)。

(3) 填料类型

因废甲醇溶媒中含有少量的药物固体微粒，应选用金属散装填料，以便于定期拆卸和清洗。填料类型和规格自选。

(4) 工作日

每年300天，每天24h连续运行。

(5) 厂址

厂址为江苏地区。

(6) 设计内容

① 精馏塔的物料衡算；

② 塔板数的确定；

③ 精馏塔的工艺条件及有关物性数据的计算；

④ 精馏塔的塔体工艺尺寸计算；

⑤ 填料层压降的计算；

⑥ 液体分布器简要设计；

⑦ 精馏塔接管尺寸计算；

⑧ 绘制生产工艺流程图；

⑨ 绘制精馏塔设计条件图；

⑩ 绘制液体分布器施工图(可根据实际情况选作)；

⑪ 对设计过程的评述和有关问题的讨论。

(7) 设计基础数据

物性数据可查有关手册。

4.4.2　水吸收氨过程填料吸收塔设计

(1) 设计题目

试设计一座填料吸收塔，用于脱除混于空气中的氨气。混合气体的处理量为______ m^3/h，其中含氨为 5%(体积)，要求塔顶排放气体中含氨低于 0.02%(体积)。采用清水进行吸收，吸收剂的用量为最小用量的 1.5 倍。

(2) 操作条件

操作压力为常压，操作温度 20℃。

(3) 填料类型

选用聚丙烯阶梯环填料，填料规格自选。

(4) 工作日

每年 300 天，每天 24h 连续运行。

(5) 厂址

厂址为江苏南京。

(6) 设计内容

① 吸收塔的物料衡算；

② 吸收塔的工艺尺寸计算；

③ 填料层压降的计算；

④ 液体分布器简要设计；

⑤ 吸收塔接管尺寸计算；

⑥ 绘制生产工艺流程图；

⑦ 绘制吸收塔设计条件图；

⑧ 绘制液体分布器施工图(可根据实际情况选做)；

⑨ 对设计过程的评述和有关问题的讨论。

（7）设计基础数据

20℃下氨在水中的溶解度系数为 $H=0.725\text{kmol}/(\text{m}^3\cdot\text{kPa})$。其他物性数据可查有关手册。

4.4.3 水吸收丙酮过程填料吸收塔设计

（1）设计题目

丙酮填料塔的设计。

设计题目的工程背景：吸收是化工生产中重要的传质单元操作，广泛用于气体混合物的分离，尤其是近几年环保及生化工程中的应用更显示其重要性，为了让学生对该吸收装置的各个设计参数及辅助设备的选取有一个清醒的认识，故本设计的选题定为丙酮吸收塔的设计。

（2）设计目的

① 培养学生查阅资料选用公式和搜索数据的能力。

② 培养学生在填料吸收塔设计时，既考虑技术上的先进性和可行性，又考虑经济上的合理性并注意操作时的劳动条件和环境保护的正确设计思想。

③ 培养学生能迅速准确地对填料塔进行工艺设计计算的能力。

④ 培养学生能用简洁的文字清晰的图表来表达自己设计思想的能力。

设计指导思想：满足工艺和操作要求，在经济上合理，保证生产安全，设计要符合国家标准等，满足环保要求。

（3）设计条件

入塔气体中空气含丙酮为______ g/m^3 干空气（标态）。

干空气温度为25℃，压力为101.3kPa，相对湿度为70%。

处理气体量600～1000m^3/h，吸收剂为清水，温度为25℃。

出塔气体中丙酮气流量分别为入塔丙酮流量的1/100、1/200、1/300和1/400（分4组）。

（4）设计任务

① 流程的选择：本流程选择逆流操作；

② 丙酮浓度计算；

③ 丙酮出塔浓度计算；

④ 液体出塔温度变化；

⑤ 平衡线的获取；

⑥ 吸收剂量求取：最小吸收剂用量，吸收剂用量；

⑦ 操作线方程式；

⑧ 填料塔径求取：选择填料，液泛速度，空塔速度，塔径及圆整，最小润湿速度求取及润湿速度的选取，塔径的校正；

⑨ 单位填料层压降的求取；

⑩ 传质单元高度的求取；

⑪ 传质单元数求取；

⑫ 填料层高度；

⑬ 吸收塔高度计算；

⑭ 液体分布，再分布器及分布器的选型；
⑮ 风机选取；
⑯ 画填料塔的工艺设备图；
⑰ 编写设计说明书。

(5) 设计说明书内容

① 课题名称，目录及页码；
② 前言；
③ 吸收系统流程和方案的说明和论证；
④ 本设计结果概要；
⑤ 设计计算及说明；
⑥ 设计有关问题的分析讨论；
⑦ 参考文献目录。

(6) 设计要求

① 设计应以独立作业为主，小组讨论为次；
② 计算正确无误；
⑤ 必须对填料的有关水力性质进行校核；
④ 图样上有线型，字迹正确清晰，图面整洁；
⑤ 设计说明表达清晰，格式按照设计教学大纲要求写；
⑥ 对上机的学生除上述要求之外，还必须列出计算框图及符号说明，计算结果。

(7) 参考文献

(8) 设计思考题

① 平衡关系怎样得到？
② 怎样选择填料？
③ 操作线怎样获得？
④ 怎样求取塔径？
⑤ 一般液汽比为最小液汽比的多少倍？
⑥ 空塔速度一般取为液泛速度的多少倍？
⑦ 怎样才能避免在设计过程中出现塔高很高，而塔径很小的不合理设计？
⑧ 吸收塔顶部为什么要留一定的空间？
⑨ 吸收塔底部为什么也要留一定的空间？
⑩ 一般要求直径与填料直径之比为多少？
⑪ 在填料设计及操作时为什么要安装液位计？
⑫ 当填料塔内填料很高时，为什么要安装液体的再分布器？
⑬ 支承板的作用是什么？一般要求其开孔率为多少？
⑭ 怎样选择风机？
⑮ 本吸收体系的水蒸气是如何处理的？
⑯ 如果降低尾气中丙酮的含量应采取什么措施？

(9) 部分设计问题指导

① 平衡线是怎样获得的？

由 x 求液体出口温度 t_2，求亨利系数 m，由 m 再根据亨利定理得到 y。

② 怎样才能求得最小液气比？

③ 怎样才能获得比较合理的塔高与塔径之比？

可调整液气比及液泛率，选择适当的资料等，可改进塔高与塔径之比。

④ 如何选择液体分布器及气体分布器？

⑤ 如果平衡线有段为曲线，有段为直径怎样才能获得比较精确的 N_{OG}？

⑥ 如何选择风机？

⑦ 怎样选择吸收塔的封头？

(10) 答辩指导

答辩时分 4 组，逐组进行，并当场计分。答辩内容包括：设计工艺计算，图纸，思考题等。

4.4.4 丙酮-水填料精馏塔设计

(1) 设计题目

抗生素类药物生产过程中，需要用丙酮溶媒洗涤晶体，洗涤过滤后产生废丙酮溶媒，其组成为含丙酮 88%、水 12%(质量)。为使废丙酮溶媒重复利用，拟建立一套填料精馏塔，以对废丙酮溶媒进行精馏，得到含水量≤0.5%(质量)的丙酮溶媒。设计要求废丙酮溶媒的处理量为 1200t/a，塔底废水中丙酮含量≤0.5%(质量)。试设计该填料精馏塔。

(2) 设计方案

本设计任务为分离丙酮-水混合物。对于二元混合物的分离，应采用连续精馏流程。设计中采用泡点进料，将原料液通过预热器加热至泡点后送入精馏塔内。丙酮常压下的沸点为 56.2℃，故可采用常压操作，用 30℃ 的循环水进行冷凝。塔顶上升蒸气采用全凝器冷凝，冷凝液在泡点下一部分回流至塔内，其余部分经产品冷却器冷却后送至储槽。因所分离物系的重组分为水，故选用直接蒸气加热方式，釜残液直接排放。丙酮-水物系分离的难易程度适中，气液负荷适中，设计中选用 500Y 金属孔板波纹填料。

第5章 Aspen Plus在化工设计计算中的应用

5.1 Aspen Plus简介

Aspen Plus是大型通用流程模拟系统，美国AspenTech公司的产品。全球各大化工、石化、炼油等过程工业制造企业及著名的工程公司都是Aspen Plus的用户。官方网站：http：//www.AspenTech.com。

Aspen Plus是大型通用流程模拟系统，源于美国能源部20世纪70年代后期在麻省理工学院(MIT)组织的会战，开发新型第三代流程模拟软件。该项目称为“过程工程的先进系统”(Advanced System for Process Engineering，简称ASPEN)，并于1981年底完成。1982年为了将其商品化，成立了AspenTech公司，并称之为Aspen Plus。AspenTech公司在随后的时间里又先后兼并了20多个在各行业中技术领先的公司，成为为过程工业提供从集散控制系统(DCS)到企业资源计划(ERP)全方位服务的公司。AspenONE™作为第一流的领先产品将AspenTech公司的所有产品统一起来了，ASPENTECH于1994在纳斯达克上市。

AspenTech软件经过20多年不断的改进、扩充和提高，已先后推出了十多个版本，成为举世公认的标准大型流程模拟软件，应用案例数以百万计。全球各大化工、石化、炼油等过程工业制造企业及著名的工程公司都是Aspen Plus的用户。

5.1.1 Aspen Plus的主要功能和特点

Aspen Plus的主要功能和特点如下。

① 具有方便灵活的用户操作环境，数据输入方便、直观，所需数据均以填表方式输入，内装在线专家系统Model Manager自动引导帮助用户逐步完成数据的输入工作。

② 配有最新且完备的物性模型库，具有物性数据回归、自选物性及数据库管理等功能。

③ 备有全面、广泛的化工单元操作模型库，能方便地构成各种化工生产流程。

④ 应用范围广泛，可模拟分析各类过程工业，如：化工、石油化工、生物化工、合成材料、冶金等行业。

⑤ 模拟计算以交互方式分析计算结果，按模拟要求修改数据，调整流程。

⑥ 强大的流程分析与优化功能。提供了一些重要的模拟分析工具，如：流程优化、灵敏度分析、设计规定及工况研究等。具有技术经济估算系统，可进行设备投资费用、操作费用及工程利润估算。

⑦ DXF格式接口可以将Model Manager中的流程图按DXF标准格式输出，再转换成其他CAD系统如AUTOCAD所能调用的图形文件。

⑧ 与AspenTech公司其他产品的有效集成。

⑨ 具有与Excel、VB及其他Aspen软件的通信接口。

5.1.2 Aspen Plus的物性数据库

① Aspen Plus共含5000个纯组分数据。

② 40000 个二元交互参数可用于 5000 个二元混合物，1000 多个水相离子反应的反应常数。

③ 与世界上最大的热力学实验物性数据库 DETHERM(含 250，000 多个混合物的气、液平衡、液、液平衡以及其他物性数据)的接口。

④ 可以建立自己的专用物性数据库。在 Aspen Plus 中，有专用于 NRTL、WILSON 和 UNIQVAC 方法的二元交互参数库，如 VLE-IG、VLE-RK、VLE-HOC、VLE-LIT 及 LLE-ASPEN、LLE-LTI；亨利系数的二元参数库有 HENRY 及 BINARY；Aspen Plus 的电解质专家系统，有内置电解质库，包括几乎所有常见的电解质应用中化学平衡常数及各种电解质专用二元参数。只要启动电解质热力学方法，这些参数便会自动检索。

其中的纯组分数据库有：

① Aqueous：适用于电解质(水溶剂)，含 900 种离子参数；

② ASPEN PCD：含 472 个有机和无机化合物参数(主要为有机物)；

③ INORGANIC：含约 2450 个化合物物性数据(绝大多数为无机物)；

④ PURE10：基于 DIPPR 的数据库，含 1727 个(绝大多数为有机物)化合物参数，是 ASPEN PLUS 的主要数据库；

⑤ SOLIDS：含 3314 种固体化合物参数，主要用于固体和电解质的处理；

⑥ COMBUST：专用于高温、气相计算，含 59 种燃烧产物中典型组分的参数。

5.1.3 Aspen Plus 的热力学模型

Aspen Plus 的热力学模型适用体系为：

① 非理想体系——采用状态方程与活度系数相结合的模型；

② 原油和调和馏分；

③ 水相和非水相电解质溶液；

④ 聚合物体系。

Aspen Plus 的热力学状态方程有：

① Benedict-Webb-Rubin-Lee-Starling(BWRS)；

② Hayden-O'Connell；

③ 用于 Hexamerization 的氢-氟化物状态方程；

④ 理想气体模型；

⑤ Lee-Kesler(LK)；

⑥ Lee-Kesler-Plocker；

⑦ Peng-Robinson(PR)；

⑧ 采用 Wong-Sandler 混合规则的 SRK 或 PR；

⑨ 采用修正的 Huron-Vidal-2 混合规则的 SRK 或 PR；

⑩ 用于聚合物的 Sanchez-Lacombe 模型。

Aspen Plus 的热力学活度系数模型有：

① Eletrolyte NRTL；

② Flory-Huggins；

③ NRTL；

④ Scatchard-Hilde-Brand；

⑤ UNIQUAC；

⑥ UNIFAC；

⑦ van Laar；

⑧ WILSON。

Aspen Plus 的其他热力学模型还有：

① API 酸水方法；

② Braun K-10；

③ Chao-Seader；

④ Grayson-Streed；

⑤ Kent-Eisenberg；

⑥ 水蒸气表。

5.1.4 Aspen Plus 的物性分析工具

① 物性常数估算方法：可用于分子结构或其他易测量的物性常数(如正常沸点)估算其他物性计算模型的常数。

② 数据回归系统：用于实验数据的分析和拟合。

③ 物性分析系统：可以生成表格和曲线，如蒸气压曲线、相际线、t-p-x-y 图等。

④ 原油分析数据处理系统：用精馏曲线、相对密度和其他物性曲线特征化原油物系。

⑤ 电解质专家系统：对复杂的电解质体系可以自动生成离子或相应的反应。

5.1.5 Aspen Plus 的单元模型库

① RADFRAC：用于精馏、吸收、萃取精馏和共沸精馏的严格法模拟；RADFRAC 可以处理有双液相、固相以及带有化学反应和电化学反应的情况。

② PETROFRAC：用于炼油厂的预闪蒸塔、常减压塔、催化裂化主馏分塔和延迟焦化分馏塔等。

③ 各种反应过程：产率反应器(RYIELD)、化学计量反应器(RSTOIC)、化学平衡反应器(REQUIL)、基于 Gibbs 自由能最小化的平衡反应器(RGIBBS)、连续搅拌糟式反应器(RCSTR)、活塞流反应器(RPLUG)和间歇反应器(RBATCH)。

④ 固体处理模型：破碎机、筛分、织物过渡器、文丘里洗涤器、静电沉降器、水力旋流器、离心过滤器、旋风过滤器、洗矿机、结晶器和逆流洗涤器。

⑤ 严格的设备尺寸和性能计算：泄压阀、换热器、泵和压缩机、管线以及板式塔和填料塔。

⑥ 可以结合用户建立的设备计算模块。

5.2 Aspen Plus 基本操作

5.2.1 Aspen Plus 的启动

在程序菜单中打开 Aspen Plus User Intergace 启动 Aspen Plus。

在弹出的对话框中，用户可以选择 Blank Simulation(新流程)、Template(模板)和 Using an Existing Simulation(打开一个已有的流程)。

确定用户服务器的位置，使用缺省项，点 OK 键，进入 Aspen Plus 主界面。

图 5-1 为 Aspen Plus 的主界面，使用该工作页面可建立、显示模拟流程图及 PFD-STYLE 绘图。从主窗口可打开其他窗口，如绘图窗口(Plot)、数据浏览窗口(Data Browser)等。文件菜单有如下常见的选项：新(New)、打开(Open)、存储(Save)等等。输出选项(Export)，允许你输出报告、摘要、输入和运行过程中提供的任何信息。

在图 5-1 中的几个图标被反复强调使用，所以值得予以介绍。在顶部行中可找到眼镜 ，该图标打开数据浏览器(Data Browser)，由它提供要被完成的窗口的清单。“N→”图标可用于进行下一步骤。通过点击该图标，填写出现的窗口，再次点击该图标，你可方便地进入问题的数据输入阶段。图标 >> 可用于从一个窗口进入另一个窗口，而且这包括所有窗口，即使这些窗口已经完成。

Data Browser(数据浏览器)是 Aspen Plus 主运行环境中最重要的一个页面。它具有已经定义的可用模拟输入、结果和对象的树状层次图(图 5-2)。用 Data Browser 按钮打开此页面，可以在运行类型的下拉条中看到 6 个不同的选项。Aspen Plus 几大主要的功能基本上可以通过直接选择不同的运行类型来实现，也可以在 Data Browser 页面中的其他选项设定中完成。下面就着重介绍该流程模拟软件的六个主要功能：建立基本流程模拟模型、灵敏度分析、设计规定、物性分析、物性估计以及物性数据回归。

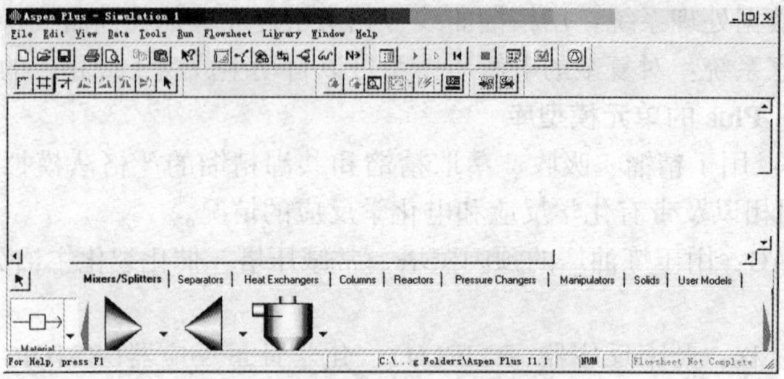

图 5-1 Aspen Plus 的主界面

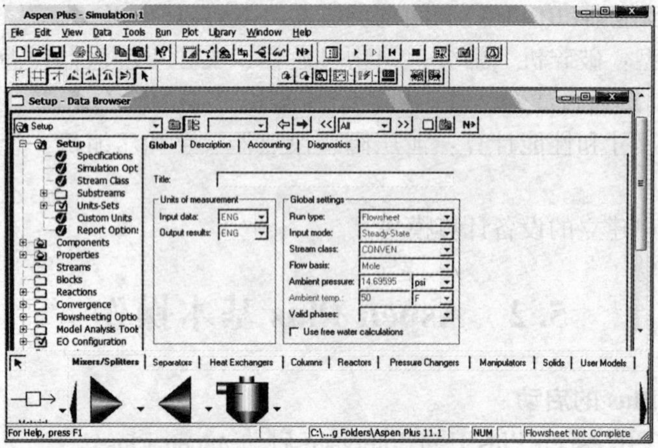

图 5-2 Aspen Plus 的输入界面

5.2.2 Aspen Plus 的流程设置

Flowsheet 是 Aspen Plus 最常用的运行类型，可以使用基本的工程关系式，如质量和能量平衡、相态和化学平衡以及反应动力学去预测一个工艺过程。在 Aspen Plus 的运行环境中，只要给出合理的热力学数据、实际的操作条件和严格的平衡模型，就能够模拟实际装置的现象，帮助设计更好的方案和优化现有的装置和流程，提高工程利润。

Aspen Plus 中用单元操作模块来表示实际装置的各个设备，主要包括：混合器/分流器、分离器、换热器、蒸馏塔、反应器、压力变送器、手动操作器、固体处理装置、用户模型。选择相应合理的模型对于整个模拟流程是至关重要的，应按照所模拟反应器的特点加以选择。定义的步骤是：选择单元操作模块，将其放置到流程窗口中；用物流、热流和功流连接模块；最后检查流程的完整性。

鼠标的使用如下，① 左按钮单击——选择对象/域；② 单击右按钮——为选择的对象/域或入口/出口弹出菜单；③ 双击左按钮——打开数据浏览器对象的页面。

在流程中放置一个单元模块的方法：① 在模型库中单击一个模型类别标签；② 选择一个单元操作模型，单击下箭头选择一个模型图标；③ 在模块上单击并拖拉它到你期望放置的流程位置上，然后释放鼠标。

在画好流程的基本单元后，就可以打开物流区，用物流将各个单元设备连接起来。

在流程中放置物流的方法：① 在模型库中的 STREAMS 图标上单击；② 如果你想选择一个不同的物流类型(物料，热或功)，单击靠近图标的下箭头，然后选择不同的类型；③ 选择一个高亮显示的出口做连接；④ 重复第③步连接物流的另一端；⑤ 若把一个物流的末端作为工艺物流的进料，或者作为产品来放置，则单击工艺流程窗口的空白部分；⑥ 单击鼠标右按钮停止建立物流。

进行物流连接时，系统会提示在设备的哪些地方需要物流连接，在图中以红色的标记显示。在红色的标记处，确定所需要连接的物流，当整个流程结果确定以后，红色标记消失，按 Next 按钮，系统提示需要做的工作。

若要在数据浏览器中显示一个物流或单元模块显示的输入表，在该对象上双击鼠标左键。若对单元模块和物流改名、删除、改变图标、提供输入数据或浏览结果，则：① 通过在模块或物流上单击鼠标左键、选择对象；② 当鼠标指针在所选择的对象图标之上时，单击鼠标右键，弹出该对象的菜单；③ 选择相应的菜单项目。

5.2.3　物流数据及其他数据的输入

① 当流程的参数没有完全输入时，系统自动打开数据浏览器(data browse)使用户了解哪些参数需要输入，并以红色标记显示。

② 在组分(Component)一栏中，输入流程的组分，也可以通过查找功能从 Aspen 数据库中确定需要的组分。

③ 在物性计算方法栏(Properties-Specification)确定整个流程计算所需的热力学方法。

④ 设置物流的参数，包括压力、温度、浓度等。设定设备的参数，如塔板数、回流比。

⑤ 当数据浏览器的红色标记没有以后，按 Next 按钮，系统提示所有的信息都输入完毕，可以进行计算了。

5.2.4　结果的输出

Aspen Plus 的缺省文件扩展名是 apw，备份文件扩展名是 bkp，模板文件扩展名是 apt。

当 Aspen Plus 对整个流程计算完毕以后，在数据浏览器中的结果汇总(Results Summary)中可以看到模拟的结果，也可以在物流(Streams)中看到输出物流的计算结果。更为详细的内容可通过生成数据文件获取，该数据文件以文本形式保存，便于其他软件调用编辑。获取数据文件的步骤如下。

① 点击 File，在其下拉菜单中选取 Export。

② 在弹出的 Export 对话框中，选择文件的保存类型为“Report File”。

③ 在文件名中输入文件名，点击保存，就可以在相关文件夹中找到此文件。

5.2.5 灵敏度分析和设计规定

此功能在 Data Browser 页面下的 Sensitivity Form 表单中设定，其目的是测定某个变量对目标值的影响程度。分别定义分析变量（Sampled variables）和操纵变量（Manipulated variables），设定操纵变量的变化范围，即可执行灵敏度分析。这一功能可以直观地发现哪一个变量对目标值起着关键性的作用。

在灵敏度分析的基础上，当确定了一个关键因素，并且希望它对系统的影响达到一个所希望的精确值时，就可通过设计规定来实现。因而除了要设置分析变量和操纵变量外，还要设定出一个明确的希望值。Aspen Plus 让以前繁琐的实验求证过程变得简单。设定设计规定后，必须迭代求解回路，此外带有再循环回路的模块本身也需要循环求解。对于带有设计规定的流程，需按以下三个步骤来模拟。

① 选择撕裂流股　一股撕裂流股就是由循环确定的组分流、总摩尔流、压力和焓的循环流股，它可以是一个回路中的任意一股流股。

② 定义收敛模块使撕裂流股、设计规定收敛　由收敛模块决定如何对撕裂流股或设计规定控制的变量在循环过程中进行更新。

③ 确定一个包括所有单元操作和收敛模块在内的计算次序　当然，如果既没有规定撕裂流股，也没有规定收敛模块和顺序，Aspen Plus 会自动确定它们。

5.2.6 物性分析和物性估算

在运行流程之前，确定各组分的相态及物性是否同所选择的物性方法相适应是很重要的。物性分析功能就可以帮助解决这样的问题。如果对某种物质的物理属性不是很清楚，想借助 Aspen Plus 强大的物性数据库来获得这些信息也是可以的。

可通过三种方式使用物性分析：① 单独运行，即将运行类型设置为 Property Analysis；② 在流程图中运行；③ 在数据回归中运行。可使用 TOOL 菜单下的 Analysis 命令来交互进行物性分析，也可在 Data Browser 的 Analysis 文件夹中使用窗口手动生成。进行物性分析的内容包括：纯组分物性、二元系统物性、三元共沸曲线图以及流程模型中的物流物性等。

Aspen Plus 在数据库中为大量组分存储了物性参数。如果所需的物性参数不在数据库中，可以直接输入，用物性估计进行估算，或用数据回归从实验数据中获取。与物性分析一样，物性估计也有三种运行方式，其中单独使用时只需将运行类型设置为 Property Estimation 即可。估计物性所必需的参数有：标准沸点温度（TB）、相对分子质量（MW）和分子结构。另外，由于估计选项设定的不同，还可能要对纯组分的常量参数、受温度影响的参数以及二元参数、UNIFAC 参数进行规定。总之，为了获得最佳的参数估计，应尽可能地输入所有可提供的实验数据。

5.2.7 物性数据回归

通过这一功能，你可以用实验数据来确定 Aspen Plus 模拟计算所需的物性模拟参数。Aspen Plus 数据回归系统，将物性模型参数与纯组分或多组分系统测量数据相匹配，进而进行拟合。可输入的实验物性数据有：气-液平衡数据、液-液平衡数据、密度值、热容值、活度系数值等。

数据回归系统会基于所选择的物性或数据类型，指定一个合理的标准偏差缺省值。如果不满意该标准偏差，最好自行设定，以提高准确度。回归的结果保存在 Data Browser 页的 Regression 文件夹的 Results 中。如果回归参数的标准偏差是零或是均方根残差很大，说明回归的结果不好。这时，需要将数据绘制成曲线，查看一下每一个数据点是如何拟合的。

在合理回归数据之后，在流程中使用它们时，先将模拟的运行类别设为 Flowsheet，然后打开 Tool 菜单的 Option 选项，在 Component Data 表页中选择将回归结果和估算结果复制到物性表的复选框即可。

5.3　Aspen Plus 换热器计算中的单元模块

传热单元归属换热器类(Heat Exchangers)，共 7 种模型，AspenPlus 内部用的有 4 种(如图 5-3)，其余 3 种是与其他软件的接口模块：

① 加热器 Heater；

② 换热器 HeatX；

③ 多物流换热器 MHeatX；

④ 热通量换热器 HXFlux。

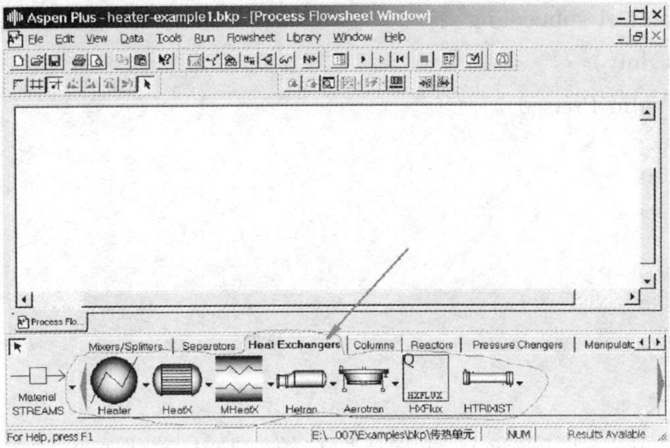

图 5-3　Aspen Plus 中的传热单元操作模块

5.3.1　Heater 模型

Heater 模型用于模拟以下单元，改变单股物流的温度、压力和相态，如图 5-4 所示。

① 加热器；

② 冷却器；

③ 阀门(仅改变压力，不涉及阻力)；

④ 泵(仅改变压力，不涉及功率)；

⑤ 压缩机(仅改变压力，不涉及功率)。

Heater 模型的连接图见图 5-5 所示。

Heater 模型有两组模型设定参数：

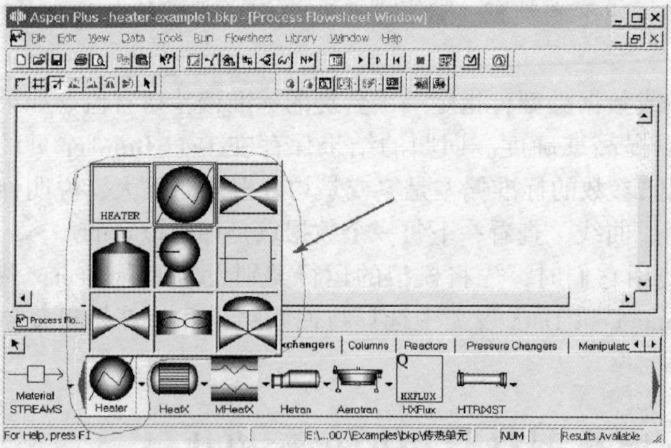

图 5-4 Aspen Plus 中的 Heater 模型

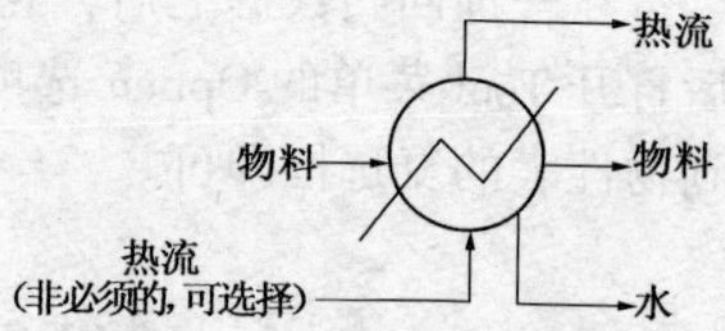

图 5-5 Heater 模型的连接图

（1）闪蒸规定（Flash specifications）从中任选两项

① 温度（Temperatures）；

② 压力（Pressure）；

③ 温度改变（Temperature change）；

④ 蒸汽分率（Vapor fraction）；

⑤ 过热度（Degrees of superheating）；

⑥ 过冷度（Degrees of subcooling）；

⑦ 热负荷（Heat duty）。

（2）有效相态（Valid Phase）

① 蒸汽；

② 液体；

③ 固体；

④ 气-液；

⑤ 气-液-液；

⑥ 液-游离水；

⑦ 气-液-游离水。

利用 Heater 模块可以很方便地计算混合物在给定热力学状态下的各种物性数据，如泡点、露点、饱和蒸气压、密度、黏度、热容、导热系数等：只需将给定组成的物流导入 Heater 模块，根据给定的热力学状态设定 Heater 的模型参数，并在总 Setup 的 Report Options 中设定相应的输出参数选项即可。

5.3.2 HeatX 换热器模型

HeatX 模型用于模拟下述结构的管-壳式换热器：计算两股物流之间的热量交换，如图 5-6 所示。

① 逆流/并流（Countercurrent/Cocurrent）；

② 折流板壳程（Segmental Baffle Shell）；

③ 棍式挡板壳程（Rod Baffle Shell）；

④ 裸管/低翅片管（Bare/Low-finned Tubes）；

HeatX 模型的连接图如图 5-7 所示。

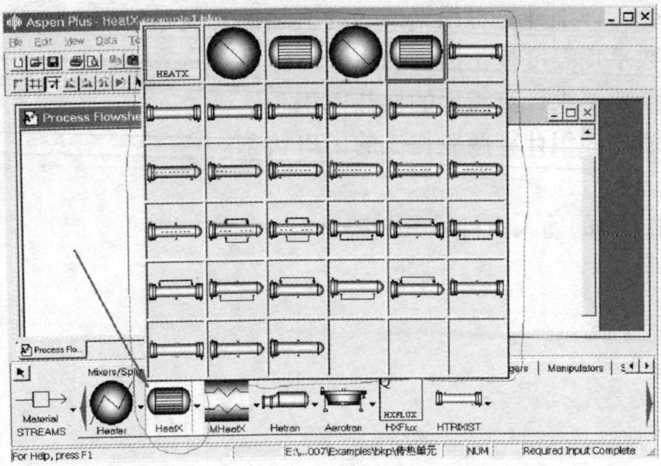

图 5-6 Aspen Plus 中的 HeatX 模型

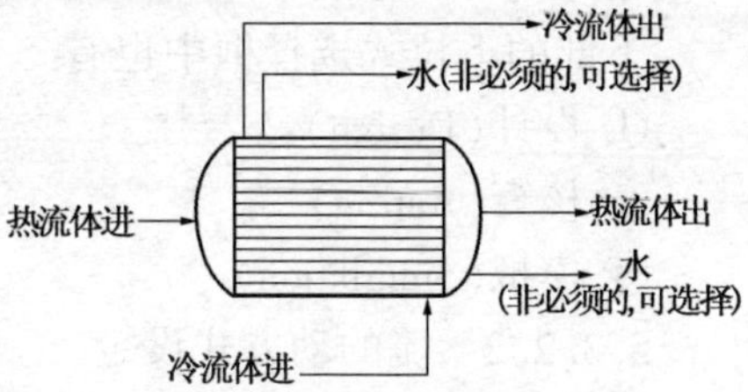

图 5-7 HeatX 模型的连接图

5.3.2.1 HeatX 的设定

HeatX 的设定从规定(Specification)表单着手(图 5-8),有三组设定参数:

① 计算类型(Calculation);

② 流动方式(Flow arrangement);

③ 换热器设定(Exchanger specification)。

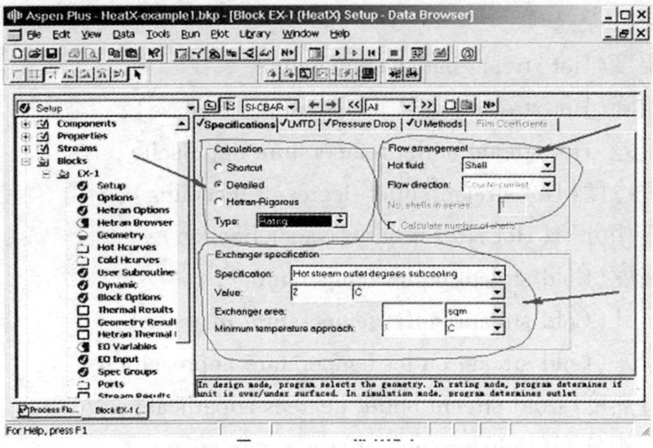

图 5-8 HeatX 模型设定

计算栏目中有三个选项:

(1) 简捷计算(Short-cut)

简捷计算只能与设计或模拟选项配合。简捷计算不考虑换热器的几何结构对传热和压降的影响,人为给定传热系数和压降的数值。

使用设计选项时,需设定热(冷)物流的出口状态或换热负荷,模块计算达到指定换热要求所需的换热面积。

使用模拟选项时,需设定换热面积,模块计算两股物流的出口状态。

(2) 详细计算(Detailed)

详细计算只能与核算或模拟选项配合。详细计算可根据给定的换热器几何结构和流动情况计算实际的换热面积、传热系数、对数平均温度校正因子和压降。

使用核算选项时，模块根据设定的换热要求计算需要的换热面积。

使用模拟选项时，模块根据实际的换热面积计算两股物流的出口状态。

(3) Hetran 精确计算(Hetran Rigorous)

输出 Hetran 软件(换热器设计专用软件)的输入文件供其精确计算。

下部的下拉式选择框中也有三个选项：

① 设计(Design)

② 核算(Rating)

③ 模拟(Simulation)

5.3.2.2 流的动方式设定

流动方式设定包括：

(1) 热流体(Hot fluid)流动空间

壳程(Shell)/管程(Tube)。

(2) 流动方向(Flow direction)

逆流(Countercurrent)；

并流(Co-current)；

多管程流动(Multiple passes)。

换热器设定共有 13 个选项。

① 热物流出口温度(Hot stream outlet temperature)；

② 热物流出口温降(Hot stream outlet temperature decrease)；

③ 热物流出口温差(Hot stream outlet temperature approach)；

④ 热物流出口过冷度(Hot stream outlet degrees subcooling)；

⑤ 热物流出口气相分率(Hot stream outlet vapor fraction)；

⑥ 冷物流出口温度(Cold stream outlet temperature)；

⑦ 冷物流出口温升(Cold stream outlet temperature increase)；

⑧ 冷物流出口温差(Cold stream outlet temperature approach)；

⑨ 冷物流出口过热度(Cold stream outlet degrees superheat)；

⑩ 冷物流出口气相分率(Cold stream outlet vapor fraction)；

⑪ 传热面积(Heat transfer area)；

⑫ 热负荷(Exchanger duty)；

⑬ 几何条件(Geometry)。

在详细计算时采用。

5.3.2.3 HeatX-LMTD 校正

由于换热器内的流动并非理想的并流或逆流，因此，有效传热推动力需在对数平均温差(LMTD)的基础上进行校正。HeatX-LMTD 校正模型见图 5-9 所示，校正因子的计算方法有四个选项：

① 常数(Constant)。由用户指定校正系数，可查手册。

② 几何结构(Geometry)。由软件根据换热器结构和流动情况计算。

③ 用户子程序(User-subr)。

④ 计算值(Calculated)。流动方向为多管程流动时采用。

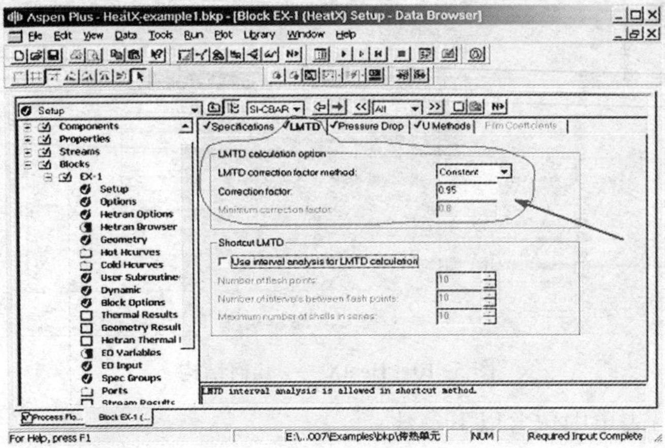

图 5-9　HeatX-LMTD 校正

5.3.2.4　HeatX——简捷计算

压降(Pressure Drop)：分别指定热侧和冷侧的出口压力(Outlet pressure)。

指定值>0，代表出口的绝对压力值；

指定值≤0，代表出口相对于进口的压力降低值。

总传热系数方法(U methods)：

① 常数(Constant)；

② 相态法(Phase specific values)：分别指定冷热两侧不同相态组合下的传热系数；

③ 幂函数(Power law expression)：U=Uref(Flow/Flowref)^exponent。

5.3.2.5　HeatX——详细计算

压降(Pressure Drop)：分别指定热侧和冷侧的出口压力(Outlet pressure)。

根据几何结构计算(Calculated from geometry)总传热系数方法(U methods)。

① 常数(Constant)；

② 相态法(Phase specific values)；

③ 幂函数(Power law expression)；

④ 换热器几何结构(Exchanger Geometry)；

⑤ 传热膜系数(Film coefficients)。

详细计算采用后两种方法。

膜系数法根据换热器的几何结构和流动情况，分别计算热流体侧和冷流体侧的传热膜系数(Film coefficients)，根据管壁材料和厚度计算传导热阻，再结合给定的污垢热阻因子(Fouling factor)计算出总传热系数 U。

5.3.2.6　HeatX——几何结构

详细计算时需输入换热器的几何结构参数(图 5-10)。从数据浏览器左侧的目录树中选择几何(Geometry)项目，然后在右侧的壳程(Shell)、管程(Tubes)、管翅(Tube fins)、挡板(Baffles)和管嘴(Nozzles)表单中输入相应的数据。

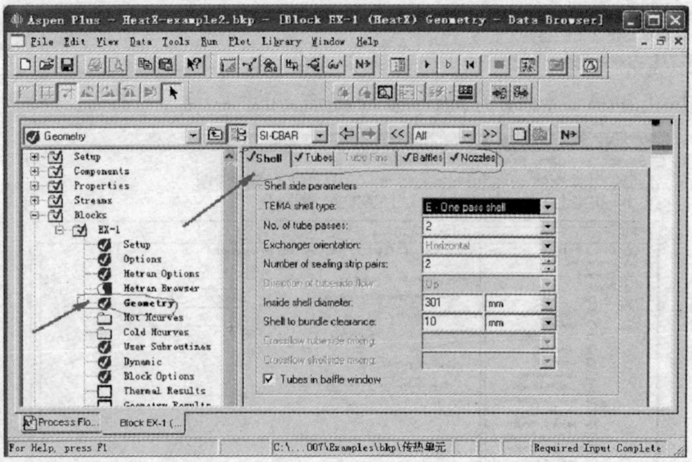

图 5-10 HeatX——几何结构

(1) 壳程(Shell)表单中包含以下参数：
壳程类型(TEMA shell type)；
管程数(No. of tube passes)；
换热器方位(Exchanger orientation)；
密封条数(Number of sealing strip pairs)；
管程流向(Direction of tubeside flow)；
壳内径(Inside shell diameter)；
壳/管束间隙(Shell to bundle clearance)。
(2) 管程(Tubes)表单中包含以下参数
选择管类型(Select tube type)；
裸管(Bare tube)；
翅片管(Finned tube)；
管程布置(Tube layout)；
总管数(Total number)；
管长(Length)；
排列模式(Pattern)；
中心距(Pitch)；
材料(Material)；
导热系数(Conductivity)。
管程参数还有管尺寸(Tube size)，可用两种方式输入：
① 实际尺寸(Actual)：
内径(Inner diameter)；
外径(Outer diameter)；
厚度(Tube thickness)；
三选二。
② 公称尺寸(Nominal)：直径(Diameter)。

(3) HeatX——挡板结构

有两种挡板结构可供选用：

① 圆缺挡板(Segmental baffle)。

圆缺挡板需输入以下参数：

所有壳程中的挡板总数(No. of baffles, all passes)；

挡板切割分率(Baffle cut(fraction of shell diameter))；

管板到第一挡板的间距(Tubesheet to 1st baffle spacing)；

挡板间距(Baffle to baffle spacing)；

壳壁/挡板间隙(Shell-baffle clearance)；

管壁/挡板间隙(Tube-baffle clearance)。

② 棍式挡板(Rod baffle)。

棍式挡板需输入以下参数：

所有壳程中的挡板总数(No. of baffles, all passes)；

圆环内径(Inside diameter of ring)；

圆环外径(Outside diameter of ring)；

支撑棍直径(Support rod diameter)；

每块挡板的支撑棍总长(Total length of support rods per baffle)。

从挡板(Baffles)表单中进行选择并输入有关参数。

(4) HeatX——管嘴

管嘴即换热器的物料进出接口，需从 Nozzle 表单中输入以下参数：

输入壳程管嘴直径(Enter shell side nozzle diameters)：进口管嘴直径(Inet nozzle diameter)、出口管嘴直径(Outlet nozzle diameter)。

输入管程管嘴直径(Enter tube side nozzle diameters)：进口管嘴直径(Inlet nozzle diameter)、出口管嘴直径(Outlet nozzle diameter)。

5.3.2.7 热参数结果

HeatX 最重要的是热参数结果(Thermal results)，其下包括五张表单：

① 概况(Summary)。

概况表单给出了冷、热物流的进出口温度、压力、气相分率(Vapor fraction)以及换热器的热负荷(Heat duty)。

② 平衡(Balance)。

③ 换热器详情(Exchanger details)。

换热器详情表单给出了需要的换热器面积(Required exchanger area)、实际的换热器面积(Actual exchanger area)、清洁(Clean)和结垢(Dirty)条件下的平均传热系数(Avg. heat transfer coefficient)、校正后的对数平均温差(LMTD corrected)、热效率(Thermal effectiveness)和传热单元数(Number of transfer units)等有用的信息。

④ 压降/速度(Pre drop/velocities)。

压降/速度表单给出了流道压降(Exchanger Pressure drop)、管嘴压降和总压降；壳程错流(Crossflow)和挡板窗口(Windows)处的最大流速及雷诺数(Reynolds No.)；管程的最大流速及雷诺数等有用的信息，我们可以根据这些信息调整管程数、挡板数目和切割分率以及管嘴尺寸。

⑤ 分区(Zones)。

分区表单给出了换热器内根据冷、热流体相态对传热面积分区计算的情况，包括各区域的热流体温度、冷流体温度、对数平均温差、传热系数、热负荷和传热面积信息。我们可根据此信息分析换热方案是否合理以及改进设计方案的方向。

5.4　Aspen Plus 塔设备计算中的单元模块

Aspen Plus 中的塔设备(Columns)单元共有 9 种模块(如图 5-11)：DSTWU、Distl、RadFrac、Extract、MultiFrac、SCFrac、PetroFrac、RateFrac 和 BatchFrac。

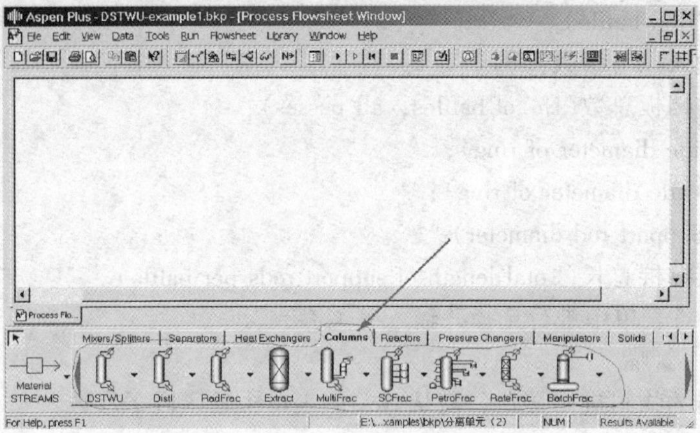

图 5-11　Aspen Plus 中的塔设备单元操作模块

5.4.1　DSTWU 模块

DSTWU 模块用 Winn-Underwood-Gilliland 捷算法进行精馏塔的设计，根据给定的加料条件和分离要求计算最小回流比、最小理论板数、给定回流比下的理论板数和加料板位置。

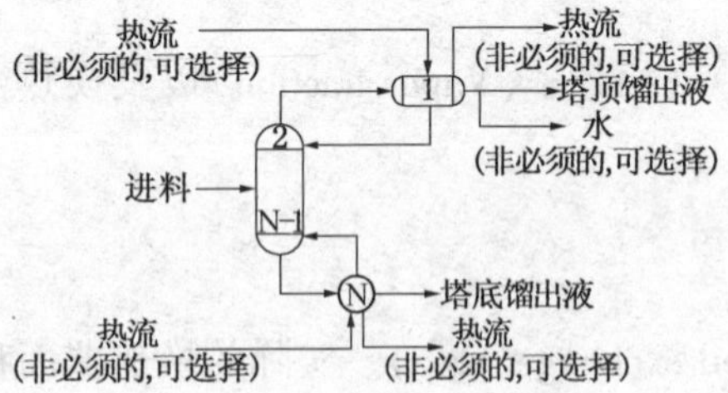

图 5-12　DSTWU 模型的连接图

DSTWU 模型的连接图如图 5-12 所示。

DSTWU 模型有四组模型设定参数：

(1) 塔设定(Column specifications)

① 塔板数(Number of stages)。

② 回流比(Reflux ratio)，用>0 表示实际回流比；<-1 时，绝对值=实际回流比/最小回流比。

(2) 关键组分回收率(Key component recoveries)

① 轻关键组分在馏出物中的回收率，指馏出物中的轻关键组分/进料中的轻关键组分。

② 重关键组分在馏出物中的回收率，指馏出物中的重关键组分/进料中的重关键组分。

(3) 压力(Pressure)

① 冷凝器(Condenser)；

② 再沸器(Reboiler)。

(4) 冷凝器设定(Condenser specifications)

① 全凝器(Total condenser);

② 带气相馏出物的部分冷凝器(Partial condenser with vapor distillate);

③ 带气、液相馏出物的部分冷凝器(Partial condenser with vapor and liquid distillate)。

DSTWU 模型有两个计算选项:

① 生成回流比-理论板数关系表(Reflux ratio vs. Number of theoretical stages)。

② 计算等板高度(Calculate HETP)。

"生成回流比-理论板数关系表"对选取合理的理论板数很有参考价值。在实际回流比对理论板数栏目中输入我们想分析的理论板数的最小值(Initial number of stages)、最大值(Final number of stages)和增量值(Increment size for number of stages)。计算完成后的结果中会包括回流比剖形(Reflux ratio profile),据此可以绘制回流比-理论板数曲线。

5.4.2 RadFrac 模块

RadFrac 模块同时联解物料平衡、能量平衡和相平衡关系,用逐板计算方法求解给定塔设备的操作结果。RadFrac 模块用于精确计算精馏塔、吸收塔(板式塔或填料塔)的分离能力和设备参数。图 5-13 为 RadFrac 模型的连接图。

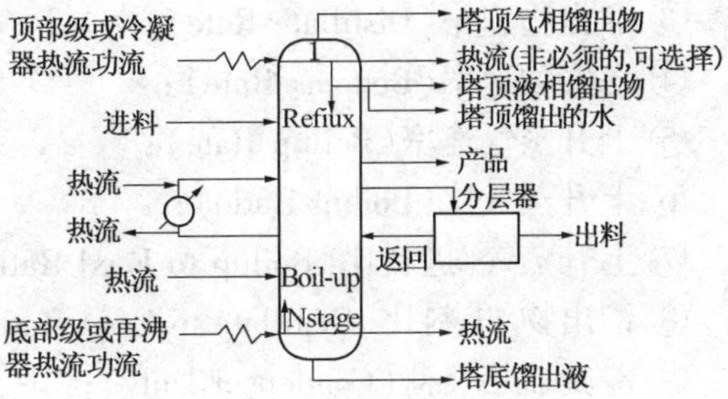

图 5-13　RadFrac 模型的连接图

RadFrac 模型具有以下设定表单:

① 配置(Configuration);

② 流股(Streams);

③ 压强(Pressure);

④ 冷凝器(Condenser);

⑤ 再沸器(Reboiler);

⑥ 三相(3-Phase)。

配置表单包含以下项目:

① 塔板数(Number of Stages);

② 冷凝器(Condenser);

③ 再沸器(Reboiler);

④ 有效相态(Valid Phase);

⑤ 收敛方法(Convergence);

⑥ 操作设定(Operation Specifications)。

冷凝器配置从四个选项中选择一种:

① 全凝器(Total);

② 部分冷凝-气相馏出物(Partial-Vapor);

③ 部分冷凝-气相和液相馏出物(Partial-Vapor-Liquid);

④ 无冷凝器(None)。

再沸器配置从三个选项中选择一种:

① 釜式再沸器(Kettle);

② 热虹吸式再沸器(Thermosyphon);

③ 无再沸器(None);

有效相态从四个选项中选择一种：

① 气-液(Vapor-Liquid)；

② 气-液-液(Vapor-Liquid-Liquid)；

③ 气-液-冷凝器游离水(Vapor-Liquid-FreeWaterCondensor)；

④ 气-液-任意塔板游离水(Vapor-Liquid-FreeWaterAnyStage)。

收敛方法从六个选项中选择一种：

① 标准方法(Standard)；

② 石油/宽沸程(Petroleum/Wide-Boiling)；

③ 强非理想液相(Strongly Non-ideal Liquid)；

④ 共沸体系(Azeotropic)；

⑤ 深度冷冻体系(Cryogenic)；

⑥ 用户定义(Custom)。

操作设定从十个选项中选择：

① 回流比(Reflux Ratio)；

② 回流速率(Reflux Rate)；

③ 馏出物速率(Distillate Rate)；

④ 塔底物速率(Bottoms Rate)；

⑤ 上升蒸气速率(Boilup Rate)；

⑥ 上升蒸气比(Boilup Ratio)；

⑦ 上升蒸气/进料比(Boilup to Feed Ratio)；

⑧ 馏出物/进料比(Distillate to Feed Ratio)；

⑨ 冷凝器热负荷(Condenser Duty)；

⑩ 再沸器热负荷(Reboiler Duty)。

在流股表单中设置以下参数：

① 进料流股(Feed Streams)：指定每一股进料的加料板位置。

② 产品流股(Product Streams)：指定每一股侧线产品的出料板位置及产量。

在压强表单中设置以下参数：

从三种方式(View)中选择一种。

① 塔顶/塔底(Top/Bottom)：指定塔顶压力、冷凝器压降和塔压降。

② 压力剖型(Pressure Profile)：指定每一块塔板压力。

③ 塔段压降(Section Pressure Drop)：指定每一塔段的压降。

冷凝器设定有两组参数：

① 冷凝器指标(Condenser Specification)：仅仅应用于部分冷凝器。只需指定冷凝温度(Temperature)和气相分率(Vapor Fraction)两个参数之一。

② 过冷态(Subcooling)。

a. 过冷选项(Subcooling option)：回流物和馏出物都过冷(Both reflux andliquid distillate are subcooled)/仅仅回流物过冷(Only reflux is subcooled)。

b. 过冷指标(Subcooling specification)：过冷物温度(Subcooled temperature)/过冷度(Degrees of subcooled)。

如选用了热虹吸再沸器，则需要进行设定：

① 指定再沸器流量(Specify reboiler flow rate)；

② 指定再沸器出口条件(Specify reboiler outlet condition)；

③ 同时指定流量和出口条件(Specify both flow and outlet condition)。

RadFrac 的计算结果从三部分查看：

① 结果简汇(Results summary)；

② 分布剖形(Profiles)；

③ 流股结果(Stream results)。

结果简汇给出塔顶(冷凝器)和塔底(再沸器)的温度、热负荷、流量、回流比和上升蒸汽比等参数，以及每一组分在各出塔物流中的分配比率。

分布剖形给出塔内各塔板上的温度、压力、热负荷、相平衡参数，以及每一相态的流量、组成和物性。据此可确定最佳加料板和侧线出料板位置。

RadFrac 模型带有内部的设计规定功能，通过设计规定(Design Specs)和变化(Vary)两组对象进行设定。可以设置多个设计规定对象和多个变化对象，但要注意两者间的依赖关系和自由度必须吻合，否则不能收敛。设计规定对象通过以下三张表单设置规定指标

① 规定(Specification)；

② 组分(Components)；

③ 进料/产物流股(Feed/Product Streams)。

在规定表单中输入以下指标

① 类型(Type)：有 36 种变量类型共选用；

② 目标(Target)：设定规定变量的目标值；

③ 流股类型(Stream type)：产物(Product)/内部(Internal)/倾析器(Decanter)。

在组分表单中输入定义目标值的组分(Components)(分子)和基准组分(Base Components)(分母)。从左侧可用组分(Available components)框中选择需用组分到右侧的选用组分(Selected Components)框中。

在进料/产物流股表单中选择定义设计规定目标值的流股名称。

在变化对象的 Specification 表单中输入调节变量及其调节范围的上、下限值。

RadFrac 模块可以设定实际塔板的板效率(Efficiencies)。用户可选用蒸发效率(Vaporization Efficiencies)或墨弗里效率(Murphree Efficiencies)，并选择指定单块板的效率，单个组分的效率，或者塔段的效率。

报告(Report)中有一项对塔板设计非常重要，即性质选项(Property options)里的包括水力学参数(Include hydraulic parameters)选项。另外剖形选项(Profile options)里包括哪些塔板(Stages to be included in report)也很有用。

选择了包括水力学参数(Include hydraulic parameters)选项后，剖形结果中将给出指定塔板上的气、液两相的体积流量、密度、黏度和表面张力等塔板设计所需的参数。

塔板设计(Tray sizing)计算给定板间距下的塔径。可将塔分成多个塔段分别设计合适的塔板。在 Specification 表单中输入该塔段(Trayed section)的起始塔板(Starting stage)和结束塔板(Ending stage)序号，塔板类型(Tray type)，塔板流型程数(Number of passes)，以及板间距(Tray spacing)等几何结构(Geometry)参数。

塔板类型提供了五种塔板供选用：

① 泡罩塔板(Bubble Cap)；

② 筛板(Sieve)；

③ 浮阀塔板(Glistch Ballast)；

④ 弹性浮阀塔板(Koch Flexitray)；

⑤ 条形浮阀塔板(Nutter Float Valve)。

结果(Results)表单中给出计算得到的塔内径(Column diameter)、对应最大塔内径的塔板序号(Stage with maximum diameter)、降液管截面积/塔截面积(Downcomer area/Column area)、侧降液管流速(Side downcomer velocity)、侧堰长(Side weir length)。

剖形(Profiles)表单中给出每一块塔板对应的塔内径(Diameter)、塔板总面积(Total area)、塔板有效区面积(Active area)、侧降液管截面积(Side downcomer area)。

塔板核算(Tray rating)计算给定结构参数的塔板的负荷情况，可供选用的塔板类型与"塔板设计"中相同。

"塔板设计"与"塔板核算"配合使用，可以完成塔板选型和工艺参数设计。

"塔板核算"的输入参数除了从"塔板设计"带来的之外，还应补充塔盘厚度(Deck thickness)和溢流堰高度(Weir heights)，多流型塔板应对每一种塔盘都输入堰高。

在塔板布置(Layout)表单中输入：

① 浮阀的类型(Valve type)、材质(Material)、厚度(Thickness)、有效区浮阀数目(Number of valves to active area)；

② 筛孔直径(Hole diameter)和开孔率(Sieve hole area to active area fraction)。

在降液管(Downcomer)表单中输入：

① 降液管底隙(Clearance)；

② 顶部宽度(Width at top)；

③ 底部宽度(Width at bottom)；

④ 直段高度(Straight height)。

塔板核算结果在结果(Results)表单中列出，有三个参数应重点关注：

① 最大液泛因子(Maximum flooding factor)，应该小于 0.8；

② 塔段压降(Section pressure drop)；

③ 最大降液管液位/板间距(Maximum backup/Tray spacing)，应该在 0.25~0.5 之间。

填料设计(Pack sizing)计算选用某种填料时的塔内径。在 Specification 表单中输入填料类型(Type)、生产厂商(Vendor)、材料(Material)、板材厚度(Sheet thickness)、尺寸(Size)、等板高度(Height equivalent to a theoritical plate)等参数。

填料类型共有 40 种填料供选用，以下是 5 种典型的散堆填料：

① 拉西环(RASCHIG)；

② 鲍尔环(PALL)；

③ 阶梯环(CMR)；

④ 矩鞍环(INTX)；

⑤ 超级环(SUPER RING)。

以下是 5 种典型的规整填料：

① 带孔板波填料(MELLAPAK);

② 带孔网波填料(CY);

③ 带缝板波填料(RALU-PAK);

④ 陶瓷板波填料(KERAPAK);

⑤ 格栅规整填料(FLEXIGRID)。

结果(Results)表单中给出计算塔内径(Column diameter)、最大负荷分率(Maximum fractional capacity)、最大负荷因子(Maximum capacity fractor)、塔段压降(Section pressure drop)、比表面积(Surface area)等参数。

填料核算(Pack rating)计算给定结构参数的填料的负荷情况，可供选用的填料类型与“填料设计”中相同。“填料设计”与“填料核算”配合使用，可以完成填料选型和工艺参数设计。

RadFrac 模块用于吸收计算时:

① 在 Configuration 表单中将冷凝器和再沸器类型选为“None”;

② 在 Streams 表单中将塔底气体进料板位置设为塔板总数加 1，并将加料规则(Convention)设为“Above-Stage”;

在收敛(Convergence)项目中将:

① 基本(Basic)表单里的算法(algorithm)设置为“Standard”，并将最大迭代次数(maximum iterations)设置为 200;

② 将高级(Advance)表单里的第一栏吸收器(Absorber)设置为“yes”。

脱吸是吸收的逆过程，脱吸计算与吸收计算的模型参数设置相同，只是物料初始组成不同。

5.5 Aspen Plus 应用实例

5.5.1 二元混合物连续精馏的计算

二元精馏是最为简单的一种精馏操作，其设计和操作计算是多元精馏计算的基础。二元精馏的设计可采用简捷法和逐板计算法，Aspen Plus 则采用 Winn-Underwood-Gilliland 简捷法进行设计，对应“Colums”中“DSTWU”模块。由于简捷法的计算误差较大，所以需要用严格精馏模型对设计结果进行验证，采用“Colums”中的“RadFrac”模块。

【例 5-1】 用一常压操作的连续精馏塔，分离含苯为 0.44(摩尔分数，以下同)的苯-甲苯混合液，要求塔顶产品中含苯不低于 0.975，塔底产品中含苯不高于 0.0235。操作回流比为 3.5。试用 Aspen Plus 计算原料液为 20℃的冷液体时的理论板层数和加料板位置。

解 ① 绘制流程图。选择单元模块区中“Columns”下的“DSTWU”模块，该模块采用 Winn-Underwood-Gilliland 简捷法计算给定分离任务所需的理论板数。之后将鼠标移到流程区单击，在流程图区域内将出现一个塔。然后再将鼠标移到物流、能流区并单击，这时将在塔图形上出现需要连接的物流(用红色表示)。将鼠标移到红色标记前后，通过拖动来连接进出该精馏塔的物流。如图 5-14 所示。

② 为项目命名。单击“N→”，则系统弹出项目建立对话框，在“Title”中输入模拟流程名称“精馏塔设计”，在“Units of measurement”中选择输入输出数据的单位制，一般选择米

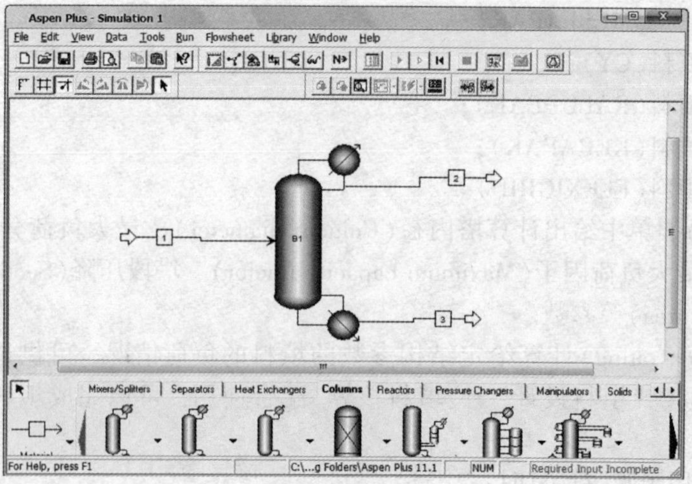

图 5-14 流程图

制。如图 5-15 所示。

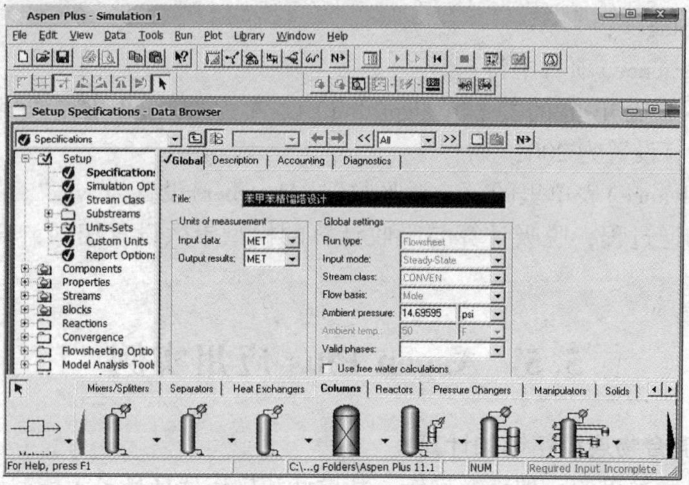

图 5-15 输入界面 1

③ 输入组分。单击“N→”，系统弹出模拟流程组分对话框。点击“Find”按钮，分别输入苯和甲苯的英文名称“BENZENE”和“TOLUENE”，在系统数据库中搜索这两种物质，查找到以后点击“add”按钮将它们添加到系统模拟组分列表中。如图 5-16 所示。

④ 制定物性计算方法。单击“N→”，系统弹出物性计算方法对话框。由于苯和甲苯性质较为接近，可以认为是理想体系，因此在对话框中选择“IDEAL”方法。

⑤ 输入物流属性。单击“N→”，系统弹出物流属性输入对话框。在本设计中，只需要指定进料状况，出料状况是根据分离要求计算出来的。在进料参数对话框中，输入温度 20℃，压力 1 atm(1atm = 101.325kPa)，流量 100kmol/h(该值可任意给定，不影响理论板数的计算)，摩尔分数(苯：0.44，甲苯：0.56)。如图 5-17 所示。

⑥ 输入塔参数。单击“N→”，系统弹出塔设备属性输入对话框。输入回流比 3.5，指定塔顶冷凝器和塔釜再沸器的操作压力 1atm(图 5-18)。根据产品组成要求，利用下列公式计算各组分在塔顶的回收率：$Dx_D/Fx_F = 0.97$，$D(1-x_D)/F(1-x_F) = 0.0195$，选全凝器。

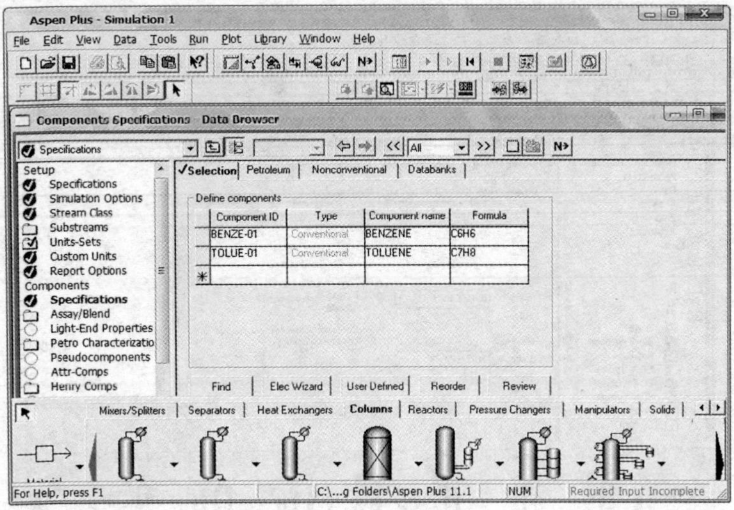

图 5-16　输入界面 2

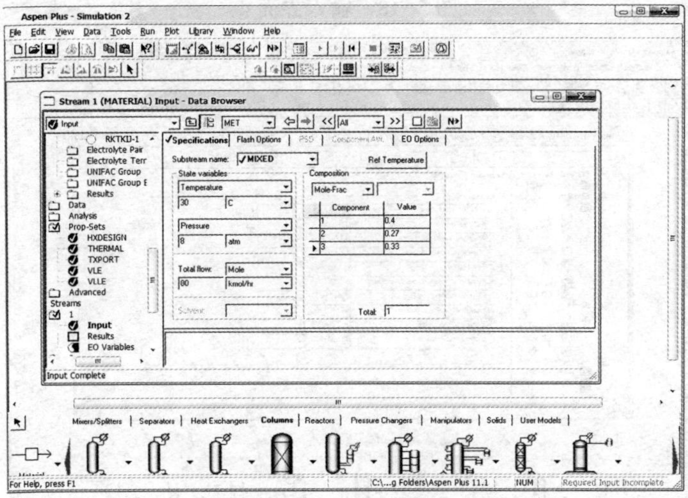

图 5-17　输入界面 3

⑦ 计算至此，已填写完毕所有需要输入的信息，输入区的红色标记将消失。然后点击“N→”，系统开始计算，计算完成后，可以点击“Results Summary”查看计算结果，见图 5-19 所示，通过 << 和 >> 将模拟结果前后翻页。该分离要求下的最小回流比为 1.12，最小理论板数为 8.17，实际所需理论板数为 10.43，加料板位置为 6.32。

【例 5-2】 根据例 5-1 所得计算结果，利用严格精馏塔模型，重新计算产品状态。

解 例 5-1 反映的是设计问题，即已知输入和输出求设备参数。而本例反映的是操作型问题，即已知输入和设备参数求输出。一般来说，由于设计型问题属于试差过程，计算量较大，往往采用简捷法压缩计算量，这样势必导致计算结果具有一定的误差。而操作性问题为正常的方程组求解问题，往往建立较为复杂的精确模型，计算结果较为可靠。因此，为保证结果的准确性，设计结果通常还需要采用操作计算进行核算，本例实际上就是对例 5-1 的核算过程。

这一计算过程同例 5-1 的重要区别是设备计算模块不同，这里采用单元模块区中“Col-

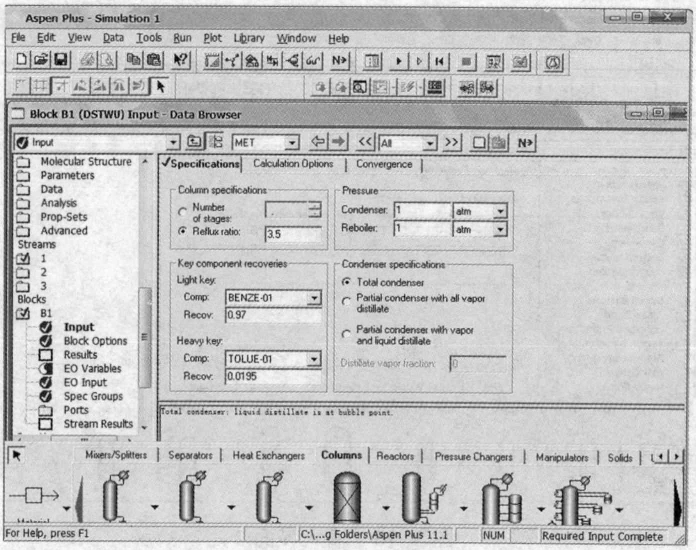

图 5-18　输入界面 4

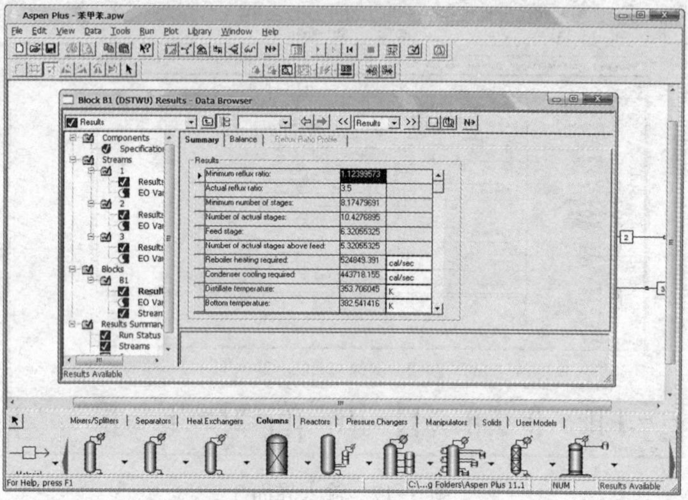

图 5-19　运行结果界面

umns”下的“RadFrac”模块，该模块采用严格的两相和三相精馏塔模型图 5-20。这里需要指定理论板数、塔顶冷凝器和塔釜再沸器类型，并指定塔顶产品采出量和回流比。

之后，还需要指定进料板位置和产品采出位置，如图 5-21 所示。最后，再给定塔内压力分布，如图 5-22 所示。

经过系统计算以后，得到的物流摩尔组成如下：

进　料		塔顶采出	塔釜采出
苯	0.44	0.9577	0.0291
甲苯	0.56	0.0423	0.9708

与例 5-1 中的分离要求相比，计算结果还是具有一定的差异，这正说明了设计和模拟过程的差异。正因为如此，对设计方案的核算就必不可少，对设计方案进行小幅度调整也是必然和必需的。

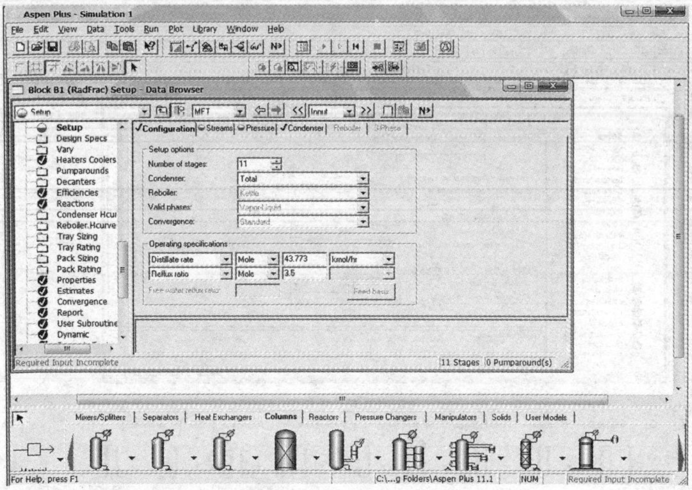

图 5-20 严格精馏输入界面 1

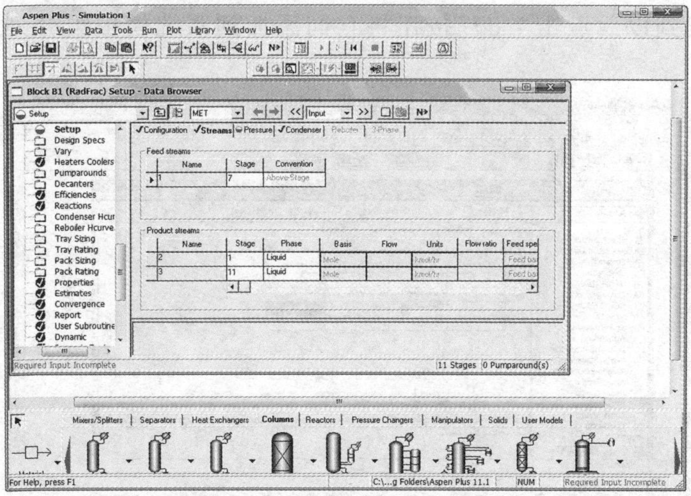

图 5-21 严格精馏输入界面 2

5.5.2 三元混合物连续精馏的计算

【例 5-3】 甲醇-二甲醚-水三元混合物精馏的计算：已知进料流量 80kmol/h、压力 8atm(1atm=101.325kPa)、温度 30℃，水、甲醇和二甲醚的摩尔分率分别是 0.4、0.27 和 0.33，塔板数为 5 块，冷凝器为全凝器，回流比为 2，塔顶馏出液量为 25kmol/h，塔顶 7atm，进行精馏模拟计算。

解 ① 采用单元模块区中“Columns”下的“RadFrac”模块，绘制流程图，与图 5-13 类似。

② 为项目命名。单击“N→”，则系统弹出项目建立对话框，在“Title”中输入模拟流程名称“甲醇-二甲醚-水三元混合物精馏的计算”，在“Units of measurement”中选择输入输出数据的单位制，选择米制(MET)。

③ 输入组分。单击“N→”，系统弹出模拟流程组分对话框。在“Compenent ID”下分别输入“1、2、3”，在对应的“Formula”下分别输入“H_2O、CH_4O、C_2H_6O”，在系统数据库中搜

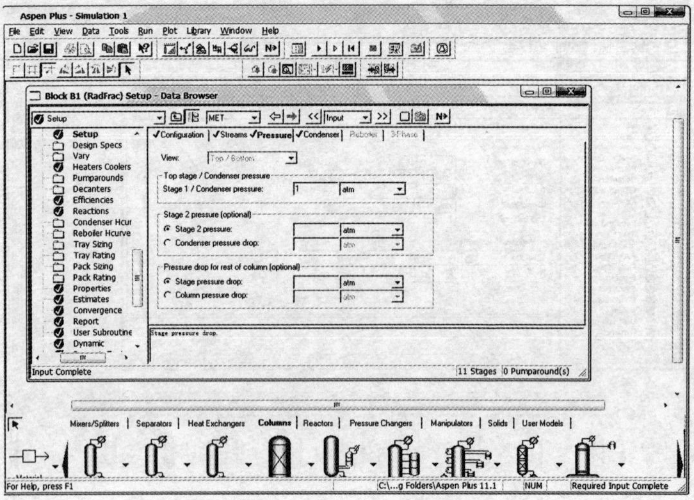

图 5-22 严格精馏输入界面 3

索这些物质，查找到以后点击“add”按钮将它们添加到系统模拟组分列表中。如图 5-23 所示。

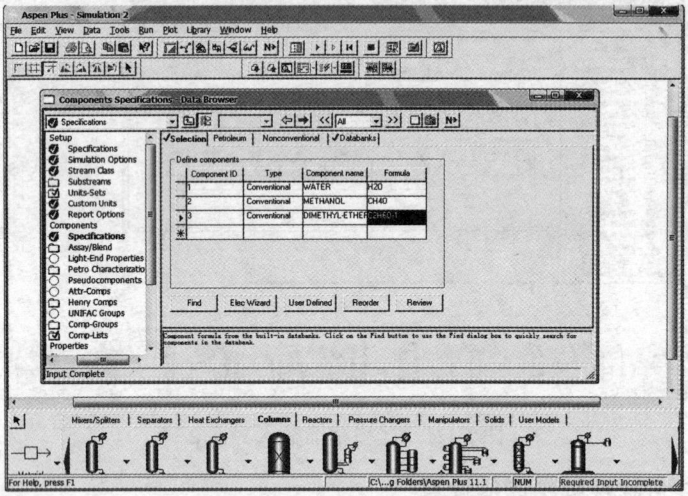

图 5-23 输入模拟流程组分

④ 制定物性计算方法。单击“N→”，系统弹出物性计算方法对话框，在对话框中选择“PENG-ROB”方法(实际应用中，具体的物流特性估算方法应根据具体的情况，结合热力学知识进行选择，否则会出错)。

⑤ 输入物流属性。单击“N→”，系统弹出物流属性输入对话框。主要有进料流量 80kmol/h、压力 8atm、温度 30℃和水、甲醇和二甲醚的摩尔分率 0.4、0.27 和 0.33，如图 5-24所示。

⑥ 输入塔参数。单击“N→”，系统弹出塔设备属性输入对话框。输入塔板数 5 块，冷凝器为全凝器，回流比为 2，塔顶馏出液量为 25kmol/h 以及其他各参数，如图 5-25 所示。

⑦ 单击“N→”，输入加料版位置及出料物流的气、液状态；再单击“N→”，输入塔压情况，计算完成后，可以点击“Results Summary”查看计算结果。

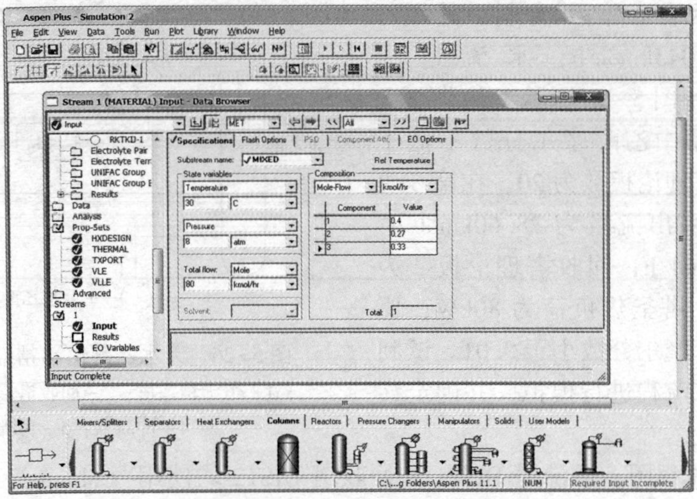

图 5-24　输入物料基本情况设置

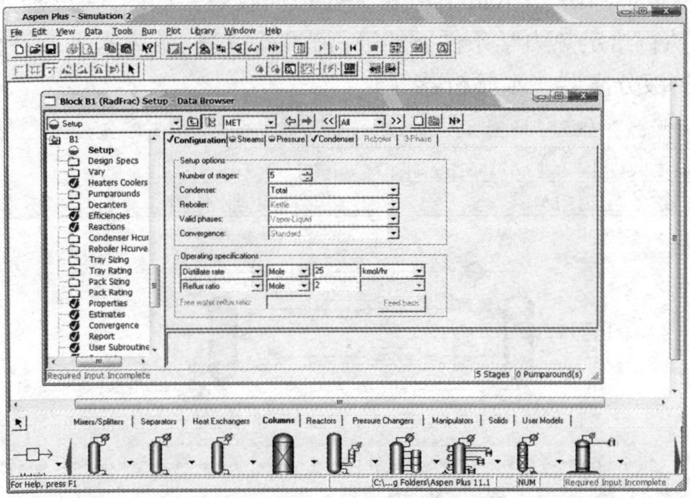

图 5-25　塔设备基本情况设置

5.5.3　乙醇-水-苯恒沸精馏的计算

精馏操作是依据液体混合物中各组分的挥发度不同来进行分离的，如果待分离液体形成恒沸物，导致两组分间的相对挥发度近似等于 1，则不能用普通的精馏方法实现分离。这时，可在原混合物中加入第三种组分(称为夹带剂或恒沸剂)，使该组分与原有的一个或两个组分形成新的恒沸物，从而促使原液体用普通精馏的方法来分离，称为恒沸精馏。乙醇-水混合物的分离是最为常见的恒沸精馏流程之一，如图 5-26 所示。

工业乙醇与苯进入恒沸精馏塔中，形成的乙醇-水-苯三元恒沸物由塔顶蒸出。由于该恒沸物中含有较多的水分，所以塔釜采出近于纯态的乙醇。塔顶蒸汽进入冷凝器后，一部分回流，另一部分进入分层器。分层器的轻相返回恒沸塔补充回流，重相进入苯回收塔。回收塔顶部蒸汽进入冷凝器，塔釜产品为稀乙醇。有时也将回收塔的塔釜出料再送入一个乙醇回收塔，塔釜最终引出的几乎为纯水。由于流程中的苯是循环使用的，所以只需定期补充少量的苯即可维持恒沸塔的操作。

【例 5-4】 现有乙醇-水原料，其中乙醇流量为 21.043kmol/h，水流量为 3.426kmol/h。利用图 5-26 所示工艺获取无水乙醇，要求产品中乙醇摩尔分数不低于 0.99。已知恒沸塔理论板数为 20，在第 6 块板处进料，塔顶采出流量为 28.60kmol/h，回流量为 82.51kmol/h；回收塔理论板数为 15，从塔顶进料，塔釜热负荷为 80kW，要求塔釜出料中的苯摩尔分数小于 0.01。试利用 Aspen Plus 对该流程进行模拟，并确定夹带剂苯的适宜用量。

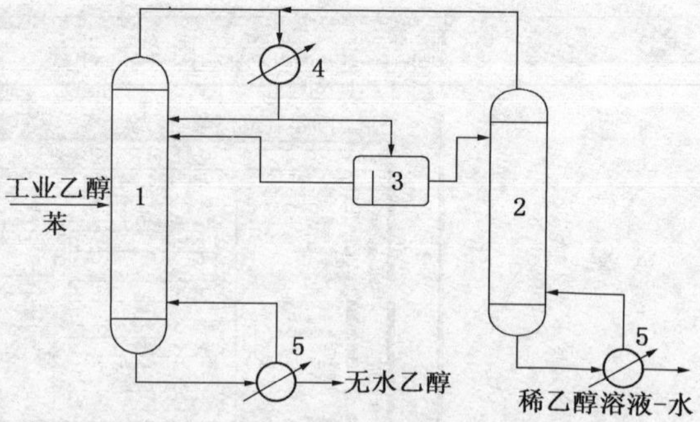

图 5-26 无水乙醇恒沸精馏流程示意图

1—恒沸精馏塔；2—回收塔；3—分层器；4—冷凝器；5—再沸器

解 ① 绘制流程图。恒沸塔 DIST1 和回收塔 DIST2 均使用“Columns”中的“RadFrac”模块，分层器 DECANTER 使用“Separators”中的“Decanter”模块，本题也可用 1 个带 Decanter 的“RadFrac”模块模拟恒沸塔、“RadFrac”模块模拟回收塔，如图 5-27 所示。

Decanter 模块执行给定热力学条件下的液-液平衡或液-游离水平衡计算，输出两股液相产物。用于模拟液-液分离器、水倾析器等。

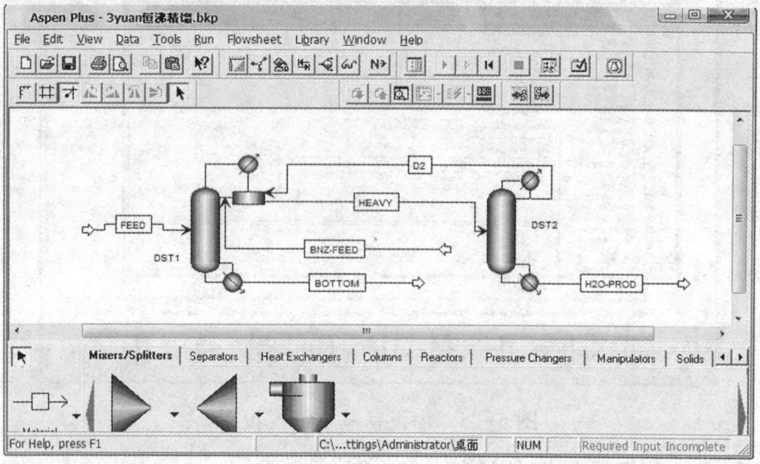

图 5-27 无水乙醇恒沸精馏模拟流程图

② 指定组分。在“Components”项目的“Specifications”中，按英文名称或分子式查找乙醇、水和苯三种组分，并添加到组分列表中。

③ 指定热力学计算方法。该步骤主要用于指定物系的气-液平衡计算方法。由于该物系为非理想体系，且存在部分互溶问题，所以热力学方法采用 NRTL。该方法在 Properties → Global→Base method 中指定。

④ 输入物流信息。恒沸塔进料 FEED 的输入信息，包括压力、汽化率(或温度)、组分流量(或流量和组成)。夹带剂苯的用量关系到无水乙醇的浓度，可以先给定一个初始流量(如图中显示的 0.74kmol/h)，然后再逐步降低该值，直到乙醇产品达到浓度要求。

⑤ 输入设备信息。恒沸精馏塔的输入信息，在 Blocks→DISTl 中首先输入恒沸塔设备参数，设置塔板数(Number of stages)为 20，冷凝器(Condenser)为全凝器(Total)，有效相为

气-液-液(Vapor-Liquid-Liquid)。考虑到该塔中存在恒沸物，所以收敛算法(Convergence)采用恒沸算法(Azeotropic)。在操作参数(Operating specifications)中输入馏出液流量(Distillate rate)为 28.6kmol/h，回流液流量(Reflux rate)为 82.51kmol/h。该模块还需要输入操作压力(1 atm)、三相范围(1~20)，由于比较简单，在此不再单独说明。

苯回收塔的设备信息，理论板数(Number of stages)为 15；由于该塔与恒沸塔共用一冷凝器，所以此处冷凝器(Condenser)选择无(None)；有效相态(Valid phases)选择气-液-液三相(Vapor-Liquid-Liquid)；由于该塔中乙醇浓度较低，不出现恒沸物，所以收敛算法(Convergence)选用标准算法(Standard)。操作参数(Operating specifications)中仅需指定再沸器热负荷(Reboiler duty)为 14 kW。该塔的其他信息指定方式与恒沸塔相似，不再赘述。

⑥ 开始模拟。经过以上步骤，所有的信息输入项均显示了蓝色的“√”标志，表示所需信息已经全部输入。点击工具栏中的“N→”按钮，或菜单 Run→Run，开始模拟计算。计算成功，则 Aspen Plus 主窗口右下角显示蓝色的“Results Available”提示信息；否则需要检查输入信息是否有问题，或重新指定初值，再次进行模拟计算。最后，点击 Results Summary→Streams，查看计算结果。

物流输出信息包括组成、流量、温度、压力、密度等信息，可根据需要拷贝，组成新的输出表格，如表 5-1 所列。

可见，恒沸塔釜出料 BOTTOM 中乙醇含量已超过 0.99，可以得到纯度较高的乙醇。其塔顶物流 D 组成虽然与三元恒沸物不同，但比较接近，说明恒沸精馏的原理是成立的。回收塔顶产品 D2 也具有类似的恒沸组成，但苯含量偏低，这是由于大部分的苯均通过分层器回流至恒沸塔内。回收塔釜 W2 中苯的含量仅为 4.11×10^{-3}，说明苯几乎全部被回收了，这样一方面可以减少苯的加入量，另一方面可以减少苯的污染。

表 5-1　物流输出信息

物　流		BOTTOM	D2	FEED	HEAVY	H2O-PROD
摩尔组成	乙醇	0.995894	0.287952	0.856488	0.481706	0.513342
	水	5.18E-05	0.1907813	0.139444	0.441602	0.48255
	苯	4.05E-3	0.521234	4.07E-3	0.076692	4.11E-03
流量/(kmol/h)		17.47101	1.158942	24.569	8.256935	7.097994
温度/K		351.1679	337.3673	350.8915	337.3596	351.1955
汽化率		0	1	0	0	0

5.6　Aspen Plus 设计任务书

5.6.1　用 Aspen Plus 进行精馏塔设计任务书

根据以下条件设计一座分离甲醇-水-正丙醇混合物的连续操作常压精馏塔：生产能力：4000t 精甲醇/a；原料组成：甲醇 70%(质量百分数，下同)，水 28.5%，丙醇 1.5%；产品组成：甲醇≥ 99.9%；废水组成：水 ≥ 99.5%；进料温度：323.15 K；全塔压降：0.011 MPa；所有塔板的 Murphree 效率 $Eff_i^M = 0.35$。给出下列设计结果：

① 进料、塔顶产物、塔底产物、侧线出料流量；

② 全塔总塔板数 N；

③ 最佳加料板位置 N_F；

④ 最佳侧线出料位置 N_P；

⑤ 回流比 R；

⑥ 冷凝器和再沸器温度；

⑦ 冷凝器和再沸器热负荷；

⑧ 使用 Koch Flexitray 和 Glistch Ballast 塔板时的塔径和板间距。

5.6.2 用 Aspen Plus 进行填料吸收塔设计任务书

用甲醇在低温和加压条件下吸收合成气里的二氧化碳。原料合成气的温度为 20℃，压力为 2.9 MPa，流量为 1000kmol/h，摩尔组成为 CO_2 :12%，N_2 :23%，H_2 :65%。要求经吸收处理后的净化合成气中的 CO_2浓度降低到 0.5%。吸收剂甲醇中 CO_2含量为 0.1%，冷却到 -40℃下进入吸收塔。给出下列设计结果：

① 合理的吸收塔理论塔板数；

② 进入吸收塔的吸收剂流量；

③ 吸收剂甲醇的消耗量。

④ 使用 MellaPak 填料时的塔径和最大负荷分数(Maximum fractional capacity)。

附录 1　精馏塔的设计任务书

______混合液筛板(浮阀、填料)精馏塔的设计任务书

1　设计参数

年处理量：______ t　　　　　　　　料液初温：35 ℃；

料液浓度：______(轻组分质量分率)；

塔顶产品浓度：______(轻组分质量分率)；

塔底釜液浓度：______(轻组分质量分率)；

每年实际生产天数：330 天(一年中有一个月检修)；

精馏塔塔顶压强：4kPa(表压)；

冷却水进口温度：30℃；

饱和水蒸气压力：______ $\times 10^5$Pa(表压)；

设备型式：筛板精馏(浮阀精馏、填料精馏)塔；

厂址：江苏地区。

设计条件见表 1。

表 1　设计条件(单双号要求塔顶、塔底产品浓度不同)

年处理量/t	进料组成(质量%)						
	学号						
		1	20	11	15	25	31
		21	2	28	24	10	31
		16	30	3	9	14	33
		29	17	8	4	26	34
		19	7	22	27	5	35
		6	18	12	23	13	36

2　设计任务

完成精馏塔工艺设计，运用最优化方法确定最佳操作参数；精馏设备设计，有关附属设备的设计和选用，绘制带控制点工艺流程图，塔板结构简图和塔板负荷性能图，编制设计说明书。

3　设计内容

(1) 工艺设计

① 选择工艺流程和工艺条件。

加料方式及加料状态，塔顶蒸汽冷凝方式，塔釜加热方式。

塔顶塔底产品的出料状态，塔顶产品由塔顶产品冷却器冷却至常温。

② 精馏工艺计算：

物料衡算确定各物料流量和组成。

经济核算确定适宜的回流比。

根据生产经费和设备投资费综合核算最经济原则，尽量使用计算机进行最优化计算，确定适宜回流比(本步可用捷算法代替)。

精馏塔实际塔板数：用近似后的适宜回流比，在计算机上(或手算)通过逐板计算得到全塔理论塔板数以及精馏段和提馏段各自的理论塔板数，同时要求作图计算。

根据全塔效率 E_T，求得全塔、精馏段、提馏段的实际塔板数，确定加料板位置。

(2) 精馏塔设备设计

板式精馏塔

① 板型：板型为筛板或浮阀塔。

② 塔板结构设计和流体力学计算。

③ 绘制塔板负荷性能图。画出精馏段或提馏段某块的负荷性能图。

④ 有关具体机械结构和塔体附件的选定。

接管规格：根据流量和流体的性质，选取经验流速，选择标准管道。

全塔高度：包括上、下封头，裙座高度。

填料精馏塔

填料的选择、填料层压降的计算、液体分布器简要设计、绘制液体分布器简图(可根据实际情况选作)、填料层高度的计算、精馏塔接管尺寸计算、填料支承板的选择、除沫器等、有关具体机械结构和塔体附件的选定。

接管规格：根据流量和流体的性质选取经验流速，选择标准管道。

全塔高度：包括上、下封头，裙座高度。

(3) 附属设备设计和选用

① 加料泵选型，加料管规格选型。

加料泵以每天工作 3h 计(每班打 1h)。

大致估计一下加料管路上的管件和阀门。

对 2 周设计学时的同学，加料泵按照教师要求进行详细的设计计算(考虑阀门、直管、流量计、弯头、换热器等的阻力)。

② 高位槽、储槽容量和位置。

高位槽以一次加满再加一定裕量来确定其容积。

储槽容积按加满一次可生产 10 天计算确定。

③ 换热器选型。

对原料预热器、塔底再沸器、塔顶产品冷却器等进行选型。

④ 塔顶冷凝器设计选型。

根据换热量，回流管内流速，冷凝器高度，对塔顶冷凝器进行选型设计。

(4) 换热器设计

选择一个换热器进行详细设计，根据生产任务确定设计方案。①换热器类型的选择；②换热器内流体流入空间的选择。

化工计算：①传热面积的计算；②管数、管程数及管子排列，管间距确定；③壳体直径及壳体厚度的确定，换热器尺寸确定及有关构件的选择，换热器流体阻力的计算，换热器结构简图。

换热器设计要求：

① 在确定设计方案时既要考虑到工艺、操作的要求又要兼顾经济和安全上的要求。

② 在化工计算时要求掌握传热的基本理论、有关公式，要知道查哪些资料，怎样使用算图以及怎样选择经验公式，并进行优化设计。

③ 要求根据国家有关标准来选择换热器的构件。

④ 要求一部分学生利用计算机来辅助设计及优化设计方案。

⑤ 要求必须掌握固定管板式或浮头式列管换热器的设计。

(5) 编写设计说明书

设计说明书应根据设计指导思想阐明设计特点，列出设计主要技术数据，对有关工艺流程和设备选型做出技术上和经济上的论证和评价。应按设计程序列出计算公式和计算结果，对所选用的物性数据和使用的经验公式图表应注明来历。

设计说明书应附有带控制点工艺流程图(A3 纸)，塔体结构简图(A3 或 A4)、换热器的结构简图(A3 或 A4 纸)、计算机程序框图和原程序。

(6) 注意事项

① 写出详细计算步骤，并注明选用数据的来源；

② 每项设计结束后，列出计算结果明细表；

③ 设计说明书要求字迹工整，装订成册上交。

4 设计基础数据

略。

附录2　化工原理课程设计评分标准

化工原理课程设计(板式精馏塔)
评　分　规　则

一、成绩构成

为全面考核学生在课程设计期间的表现及任务完成情况，其总成绩由下列三方面构成：

① 设计过程表现成绩(简称表现分)；

② 设计说明书成绩(简称设计分)；

③ 设计面试成绩(简称面试分)。

各项成绩分别占总成绩的10%、60%和30%。

二、评分细则

(一) 表现分(满分100分)

评分点：

①工作态度(25分)；②独立工作能力(25分)；③检索和阅读有关资料能力(25分)；④现场参观中表现(25分)。

(二) 设计分(满分100分)

(1) 精馏设计方案的选定(满分10分)

评分点：

①精馏方式的选定(2分)；②操作压力的选取(2分)；③塔板型式的选择(2分)；④加料方式和加料热状态的确定(2分)；⑤再沸器，冷凝器，回流罐，回流泵，产品冷却器及附属设备在流程上的安排(2分)。

(2) 绘制工艺流程图(满分10分)

评分点：

①合规定画法，标注设备名称及特性数据(6分)；②图面整洁，字迹工整(4分)。

(3) 工艺计算(满分20分)

评分点：

①物料衡算(4分)；②热量衡算(4分)；③最小回流比的确定和操作回流比的选定(4分)；④理论塔板数的计算和实际塔板数的确定(4分)；⑤进料口位置的确定(4分)。

(4) 塔板和塔的工艺尺寸的设计计算(满分30分)

评分点：

①设计板的确定(2分)；②板上液流型式的确定(2分)；③塔径，塔板间距的确定(2分)；④版面布置(2分)；⑤水力学性能计算(5分)；⑥负荷性能图(5分)；⑦塔板结构图(5分)；⑧塔的工艺尺寸设计(5分)；⑨主要工艺参数汇总表(2分)。

(5) 板式塔工艺条件图(满分10分)

评分点:

①设备完整，标明管口方位(4分)；②技术特性表(2分)；③管口表(2分)；④图面整洁，字迹工整(2分)。

(6) 辅助设备选型设计(满分10分)

评分点:

①冷凝器选型设计(3分)；②再沸器选型设计(3分)；③加料泵选型设计(2分)；④回流泵选型设计(2分)。

(7) 设计评述(满分5分)

(8) 设计说明书的规格与形式(满分5分)

评分点:

①规格符合要求，内容完整(2分)；②论述严谨，思路清晰，有理有据(2分)；③文字简练，字迹工整(1分)。

几种情况的评分办法:

① 不能按时完成课程设计，总成绩扣10分。

② 抄袭别人设计，总成绩以零分计不准补做。

③ 有创新有特色的设计，总成绩加1~5分。

④ 本评分规则未包括事项由教研室研究解决。

3. 面试分(满分100分)

通过质疑、提问全面考查学生的设计及其知识的掌握程度。

三、成绩评定

成绩由指导教师评定。按成绩构成的三个方面分别评分后再依权重确定总成绩。

评定成绩要实事求是，对不符合化工原理课程设计指导书基本要求的，应评不及格，不可姑息迁就。

附录 3　带控制点工艺流程图

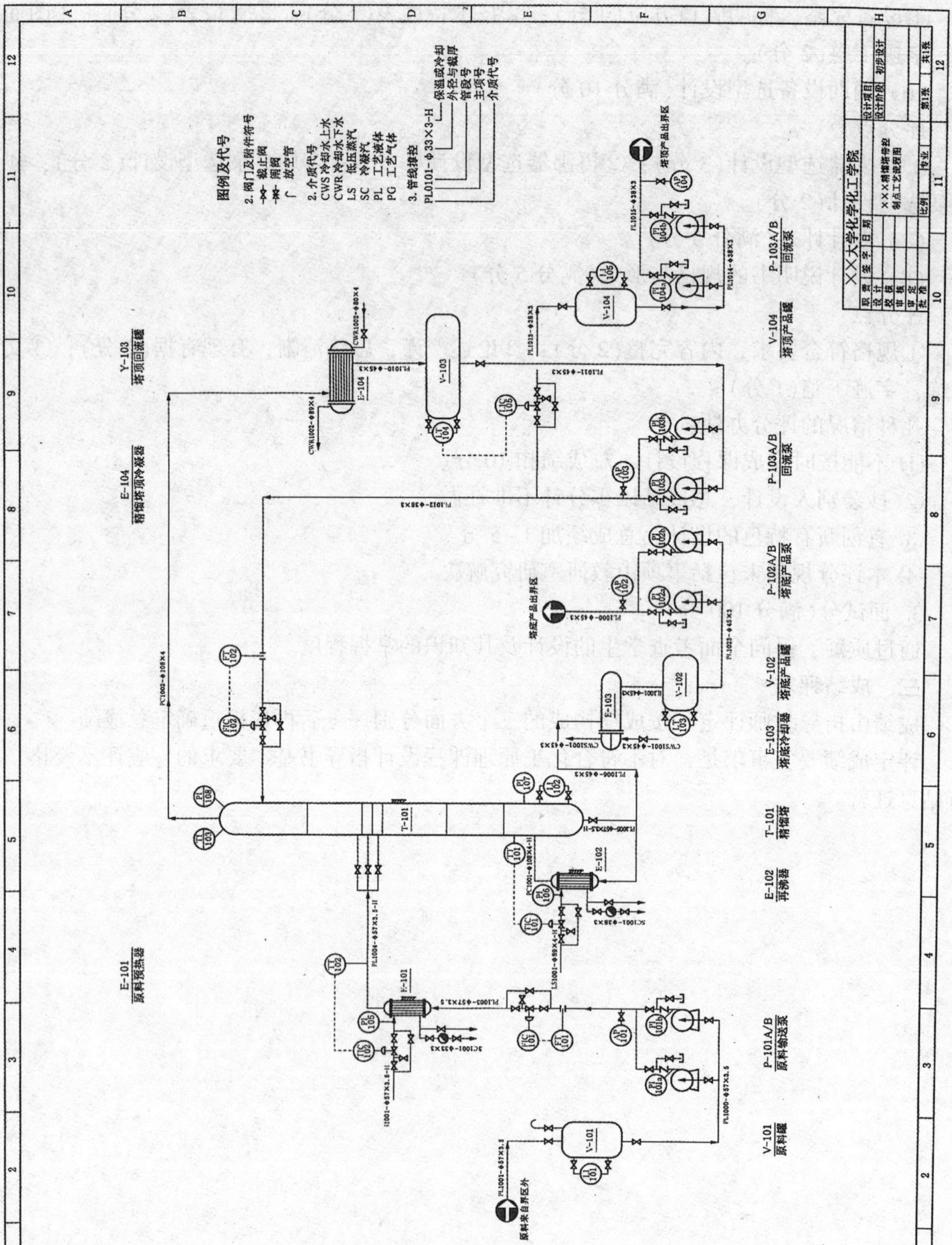

附录4 列管换热器装配图

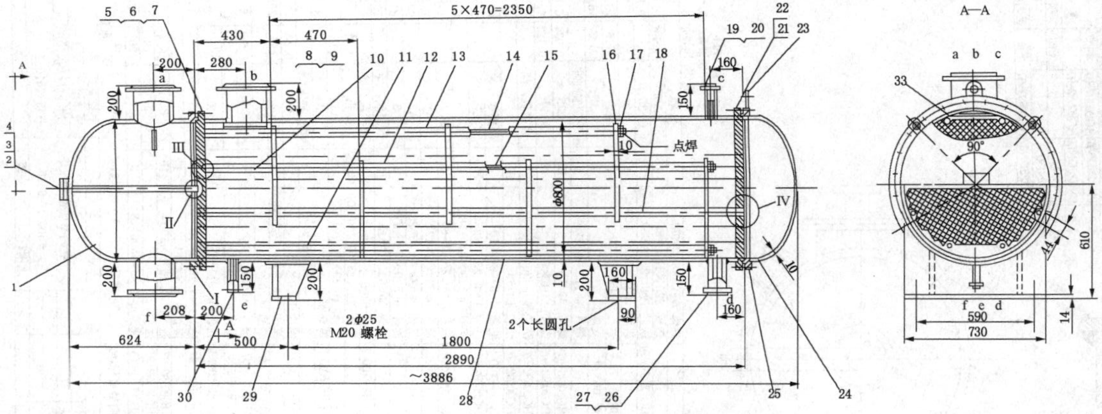

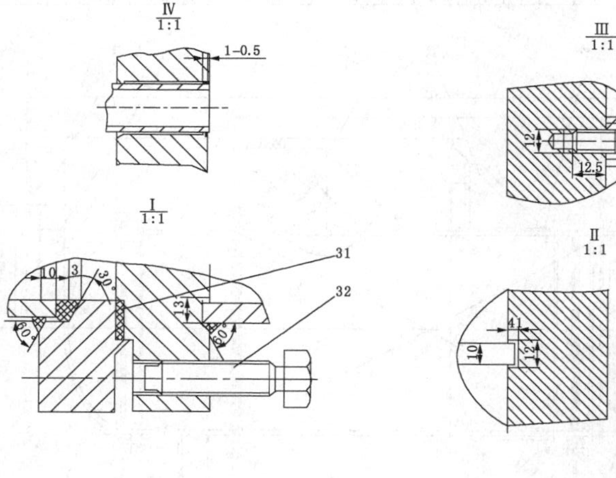

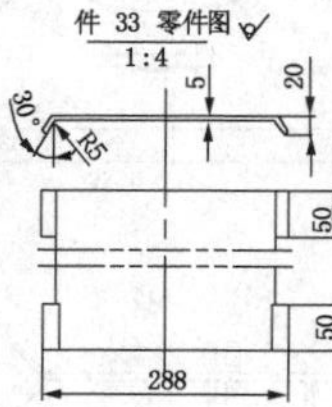

技 术 要 求

1.本设备按原国家劳动总局颁发的《压力容器安全技术监察规程》,《钢制化工容器制造技术要求》,《钢制管器壳式换热器设计规定》,GB151—1999《管壳式换热器》进行设计、制造、试验和验收。

2.焊接采用电焊,焊条型号为T422。

3.焊接接头型式及尺寸,除图注明外,均采用HG20583—1998中规定对接焊缝采用8号,T型焊缝采用33号,角焊缝采用25号,法兰焊接按相应法兰标准中的规定。

4.壳体焊缝应进行无损探伤检查,探伤长度占缝总长的20%。

5.设备制造完毕后,壳程及管程分别以0.75MPa的表压试验合格后壳程再以0.63MPa表压进行气密性试验。

6.管口方位见本图。

说明:吊耳只能作吊装管箱封头用,不能用于整体吊装。

技术特性表

名 称	管 程	壳 程
设计压力/MPa	0.5	0.5
设计温度/℃	100	100
操作压力/MPa	0.05	0.05
操作温度/℃	40	67
物料名称	循环水	甲醇
程数	II	I
腐蚀裕度/mm	1.5	2
焊缝系数	0.85	0.85
换热面积/m^2	107.5	
容器类别	I	

管 口 表

符号	公称尺寸	连接尺寸标准	连接面型式	用途或名称
a	200	PN1.0 DN200 HG20592-97	平面	冷却水出口
b	200	PN1.0 DN200 HG20592-97	凹面	甲醇蒸气入口
c	20	PN1.0 DN20 HG20592-97	凹面	放气口
d	65	PN1.0 DN65 HG20592-97	凸面	甲醇物料出口
e	20	PN1.0 DN20 HG20592-97	凸面	排净口
f	200	PN1.0 DN200 HG20592-97	平面	冷却水入口

设备重:3540kg

件号	图号或标准号	名 称	数量	材料	单重/kg	总重/kg	备注
35	S20-0056-1	防冲板	1	Q235-A		3	本国
32	S20-0056-3	顶缘 M20	8	Q235-A	0.2	1.6	
31	S20-0056-3	垫片	1	耐油橡胶石棉板			
30	HG20592-97	凸面法兰 PN1 DN20	1	Q235-B		1.47	
29	JB/T47121-2007	支座Dg900-BIIIM-20	2	Q235-A	51	102	垫板用16MnR
28		筒体φ800 δ=10	1	16MnR		584.8	l=2909
27	HG20592-97	凸面法兰 PN1 DN70	1	Q235-B		2.99	
26		接管φ76×4	1	10		11	l=151
25	HG20592-97	凹面法兰 Y6-800	1	16MnR		51.6	
24	JB/T4746-2002	封头 Dg800×10	1	A3		63.6	
23	S20-0056-3	吊耳	2	A3	0.2	0.4	
22	HG20606-97	垫片 844*803*3	1	耐油橡胶石棉板			
21	S20-0056-2	后管板	1	15MnR		152	
20	HG20592-97	凹面法兰 PN1DN200	1	Q235-B		1.32	
19		接管 φ25×3	2	10	0.45	0.9	l=155
18		换热管 φ25×2.5	472	10	4.17	1968	l=3000
17	S20-0056-3	螺母 M12	16	Q235-A	0.010	0.256	
16	S20-0056-3	折流板 δ=12	6	Q235-A	15	90	
15	S20-0056-3	拉杆 φ12	6	10	2.49	14.9	l=2800
14	S20-0056-3	拉杆 φ12	2	10	2.06	4.12	l=2320
13		定距管 φ25×2.5	8	10	1.29	10.3	l=930
12		定距管 φ25×2.5	20	10	0.64	12.7	l=460
11		定距管 φ25×2.5	2	10	1.17	2.34	l=856
10		定距管 φ25×2.5	6	10	0.5	3.13	l=386
9	HG20592-97	凹面法兰 PN1 DN200	1	Q235-B		7.69	
8		接管 φ219×6	1	10		6.8	l=217
7	HG20613-97	螺母 M20	96	10	0.068	5.95	
6	HG20613-97	螺栓 M20×140	48	Q235-A	0.291	13.9	
5	S20-0056-2	前管板	1	16MnR		189	
4		螺钉	4				制造厂定
3		铭牌鞍架	1				制造厂定
2		铭牌	1	A3			制造厂定
1	S20-0056-2	管箱	1	铝		243.5	

大学 专业						
职员	姓名	签字	日期	甲醇塔顶冷凝器 装配图	设计项目	
设计					设计阶段	施工图
制图					S20-0056-1	
校对						
审定				比例1:10 专业设备	第1张 共3张	

附录5　填料吸收塔装配图

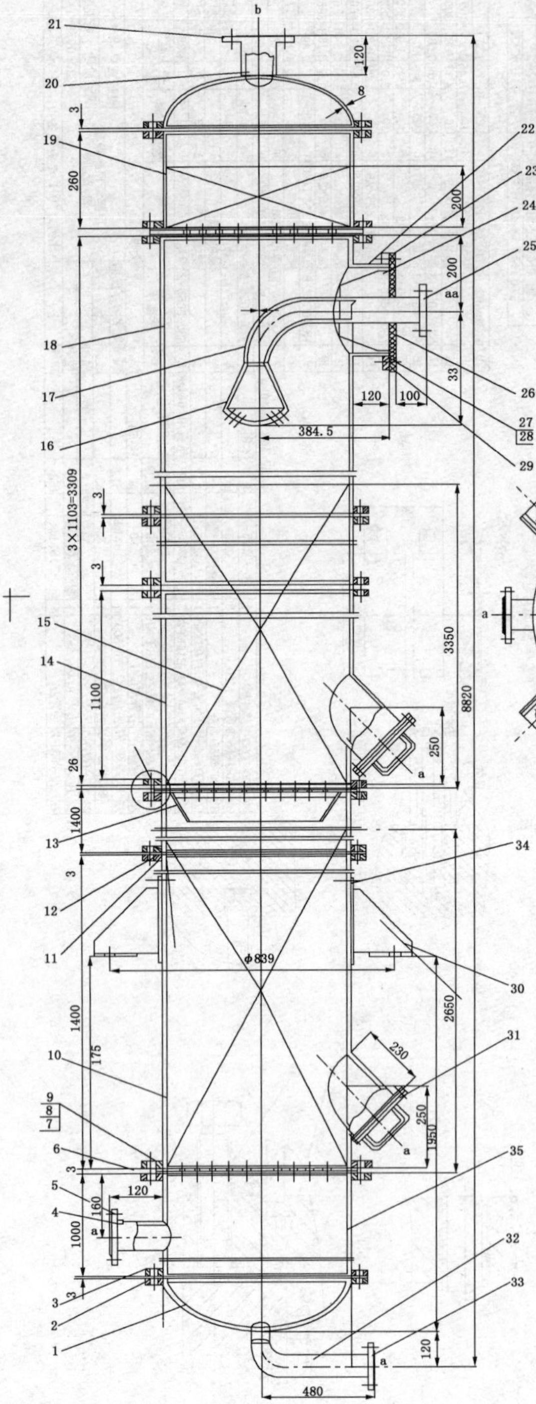

技术要求

1.本设备按JB4708-2000《钢制焊接压力容器技术条件》进行制造、试验、验收。
2.焊接采用电焊,焊条型号按HG20581-1998中型号选用。
3.焊缝结构型式按HG20583-1998中之规定。
4.设备制造完毕后以0.2MPa进行水压试验,水压试验后再进行喷涂。
5.筒体、筒体内部各构件及接管内壁属碳钢部分与酸接触处喷涂聚三氟乙烯以作防腐处理,所有防腐层部位的焊缝均需在喷前磨圆。
6.孔板应平整,安装后的不平度不超过2mm。
7.喷淋装置安装时水平差不超过±3mm,标高偏差不超过±3mm,其中心线与塔中心线偏差不超过±3mm。
8.塔体弯曲度应小于0.2%,塔高总弯曲度应小于20mm,塔体安装垂直偏差不得超过塔高的2/1000。
9.管口与支座见管口方位图。

技术特性表

名　称	指标
工作压力	0.05MPa
工作压力	60℃
工作压力	80%~84%硫酸N2O3
	亚硝基硫酸

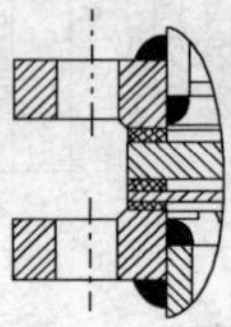

管口表

符号	规格	连接法兰标准	紧密面形式	用途
a	PN0.25DN70	HG20592-97	平面	N2O3入口
b	PN0.25DN80	HG20592-97		N2O3尾出口
c	DN50		平面	喷淋酸入口
dl-2	DN150			手孔
e	PN0.25DN32	HG20592-97	平面	亚硝基硫酸出口

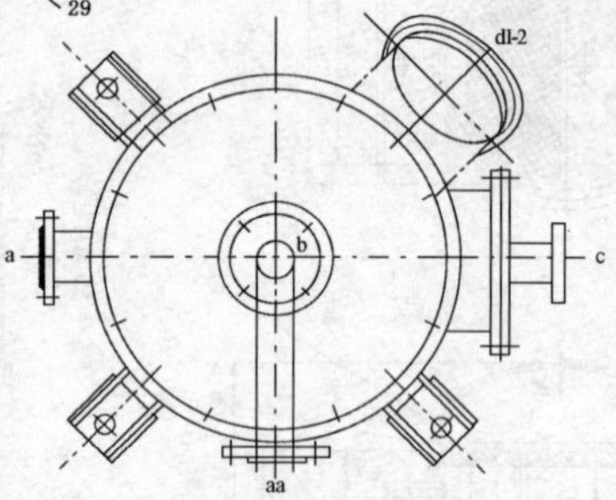

总重:2135kg
其中硬聚氯乙烯:8kg
碳钢: 1535kg

35		筒体 ϕ529×8 *H*=978	1	A3		101	
34		垫板 220×150δ=8	4	A3F	2.36	9.44	
33	HG 20592-97	法兰 PN0.25 DN32	1	Q235-B		0.95	
32		接管 ϕ38×3.51=600	1	10		2.77	
31	JB 589-79	手孔 *Dg*150 *H*=230	2	组合件	7.6	15.2	
30	JB 1165-81	支座1	4	A3F	3.8	15.2	
29		垫片 ϕ213/ϕ312δ=3	1	耐酸石棉橡胶板			
28	HG20613-97	螺母 AM16	12	Q235-A	0.034	0.41	
27	HG20613-97	螺栓 M16×60	12	A4	0.122	1.46	
26	HG20592-97	法兰盖 δ=20	1	硬聚氯乙烯		0.75	
25	HG20592-97	法兰 DN50	1			0.187	
24	H 45-0010-2	肋板 150×80×10	3	硬聚氯乙烯	0.4	0.6	
23	HG20592-97	法兰 PN0.25 DN250	1	Q235-B		7.32	
22		接管 ϕ273×81=118	1	A3		6.28	
21	HG20592-97	法兰 PN0.25 DN80	1	Q235-B		1.95	
20		接管 ϕ89×41=122	1	A3		1.32	
19		筒体 ϕ529×8 *H*=238		A3		24.7	
18		筒体 ϕ529×8 *H*=778	1	A3		84.6	
17		接管 ϕ65×71=615	1	硬聚氯乙烯		1.13	
16	H 45-0010-2	喷头 6200	1	硬聚氯乙烯		1.15	
15		瓷环 25×25×3 *H*=6000	123×M	陶瓷	530	6.52	
14		筒体 ϕ529×8 *H*=1078	3	A3	113	339	
13	H 45-0010-2	再分布器 δ=3	1	A3		3.3	
12		垫片 ϕ529/ϕ570δ=3	13	耐酸石棉橡胶板		/	
11	HG20613-97	螺栓 M20×75	96	A4	0.279	21.6	
10		筒体 ϕ529×8 *H*=1378	2	A3	144	288	
9	GB 97.1-85	垫圈 A20	144	A3		/	
8	HG20613-97	螺母 AM20	144	Q235-A	0.061	8.9	
7	HG20613-97	螺栓M20×100	48	A4	0.279	13.44	
6	H 45-0010-2	孔板 GB 971-85	(2) 1	A3	13 2	80	
5	HG20592-97	法兰PN0.25 DN70	1	Q235-B		43	
4		接管 ϕ76×41=122	1	10		0.85	
3	HG20592-97	法兰PN0.25 DN500	16	Q235-B	16.4	39.2	
2	HG20592-97	法兰	2	Q235-B	18	36	
1	JB 1154-73	椭圆形封头DN500×8	2	A3	20	40	
件号	图号或标准	名称	数量	材料	单重量	总重量	备注

大学　专业			工程名称
设计		亚硝基硫酸吸收塔	设计项目
校核			设计阶段施工图
描图		ϕ500 H=8820	H45-0010-1
		比例1：5　图幅	

附录6　填料精馏塔装配图

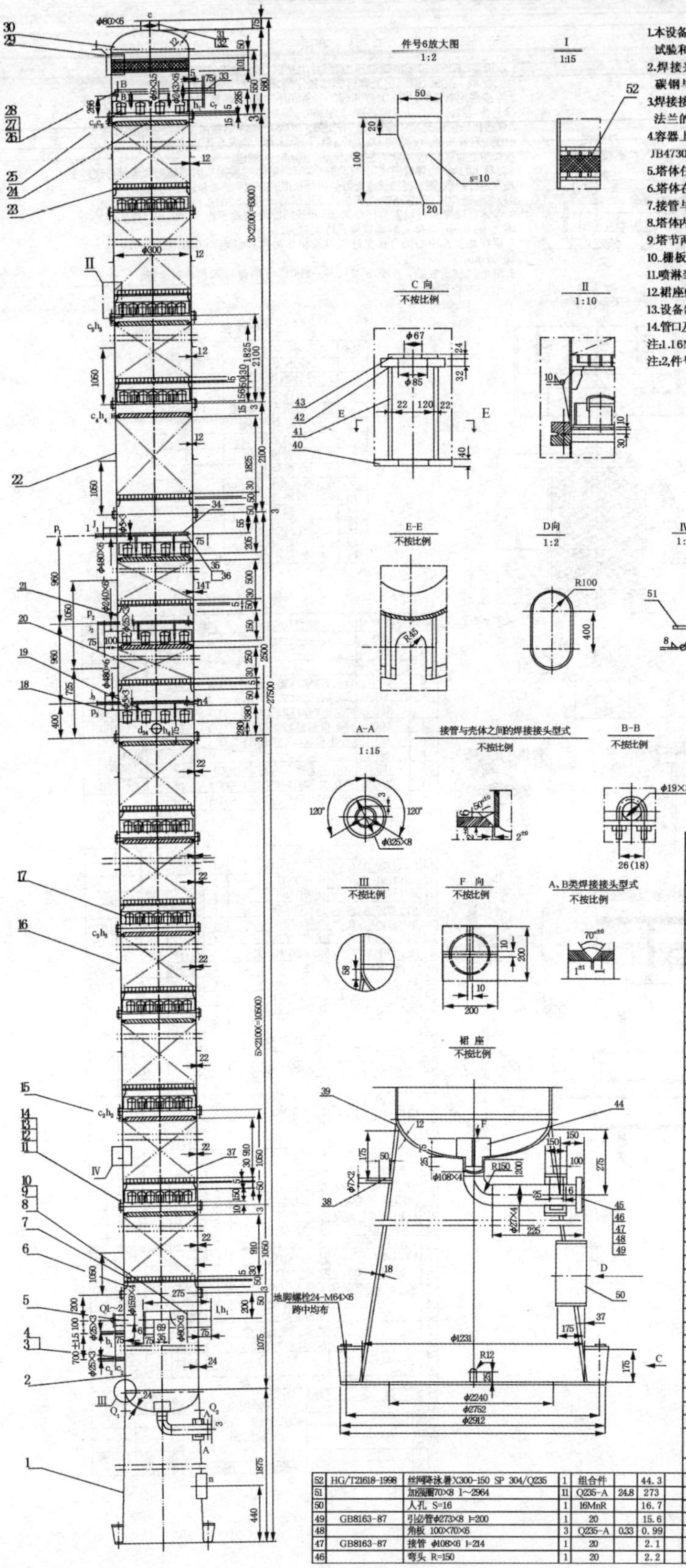

技　术　要　求

1.本设备按JB4710—1998《钢制塔式容器》和HG20584-1998《钢制化工容器制造技术要求》进行制造,试验和验收.

2.焊接采用电弧焊,按JB/T4709—92中执行,手工焊焊条牌号:16MnR间为J507,碳钢间为J422,碳钢与16MnR间为J427.

3.焊接接头型式及尺寸除图中注明外,按HGJ20583-1998中规定,角焊缝的焊脚尺寸按较薄板的厚度;法兰的焊接按相应法兰标准中的规定.

4.容器上的A,B类焊缝应进行X射线探伤检测,探伤长度为20%,且不小于250mm,并符合JB4730-94规定的III级为合格,塔体与裙坐的对接焊缝应按JB4730-94规定进行磁粉探伤检查.

5.塔体任意3000mm长度圆筒段偏差不得大于3mm,长度L偏差不大于32mm.

6.塔体在同一断面上的最大直径与最小直径之差小于等于3.

7.接管与筒体焊接时,不能突出于筒体内壁.

8.塔体内表面焊缝应修平,焊疤与焊渣应清理干净.

9.塔节两端法兰与塔体塔体焊接时,应保证法兰密封面与筒体轴线垂直,其允差为0.5mm。

10..栅板应平整,安装后的平面度允差为1.

11.喷淋装置安装后,平面度允差为1,其中心线与塔体中心线同轴度允差为3.

12.裙座螺栓孔中心圆直径允差以及相邻两螺栓孔弦长允差为2.

13.设备制造完毕后筒体以0.62MPα(卧置)进行水压试验,合格后,以0.1MPa进行气密性试验.

14.管口及支座方位按管口方位图.

注:1.16MnR钢板应为GB6654-1996正火板.

注:2,件号1冷成形后应做消除应力热处理.

技术要求

序号	名　称	指　标
1	设计压力,MPa	-0.1
2	设计温度℃	180
3	工作压力,MPa	-0.085
4	工作温度℃	160
5	工作介质	AMEA
6	主要受压元件材料	16MnR
7	焊接接头系数	0.85
8	腐蚀裕度mm	1.5
9	高度m	27.5
10	填料类型	不锈钢丝网填料SW-1
10	容器类别	

管口表

符号	公称尺寸	连接尺寸标准	连接面形式	用途或名称
$a_{1\sim2}$	10			排气口
$b_{1\sim2}$	20	PN25DN20　HG20592-97	RF	液位计口
$c_{1\sim7}$	25	M27×2	内螺纹	温度计口
$d_{1\sim10}$	150			视镜
e	150	PN10DN150　HG20592-97	RF	出气口
f	32	PN10DN32　HG20592-97	RF	回液口
$h_{1\sim7}$	15	M20×1.5	内螺纹	压力计口
$j_{1\sim3}$	20	PN10DN20　HG20592-97	RF	进料口
l	250	PN10DN250　HG20592-97	RF	进气口
m	100	PN10DN100　HG20592-97	RF	出液口
n				人孔
$p_{1\sim3}$	450			人孔

总重　38135kg

序号	图号或标准号	名　称	数量	材　料	单重	总重	备注
45	GB8163-87	接管 φ108×61=897	1	20		14.4	
44		拷板 s=10	1	Q235-A		15	
43		垫板 s=24	24	16MnR	2.8	67.2	
42		板 φ2760/φ2294 s=32	1	16MnR		465	
41		筋板 131×350×22	48	16MnR	7.9	379.2	
40		基础环板φ2912/2240 s=40	1	16MnR		848.4	
39	JB/T4737-95	封头 DN300×24	1	16MnR		204	
38	GB8163-87	排气管 φ14×21=116	2	20	0.07	0.14	
37		填料 sw-1 h=3650	10	0Cr18Ni9	322.6	3226	
36	GB6170-86	螺母 M10	3	8级			
35	Q/D115-66	U型螺栓 M10/25-38	1	Q235-A		0.69	
34	SH3-1048-04	喷淋管II	3	组合件	6.04	18.12	
33	SH3-1048-04	喷淋管I	1	组合件		6.2	
32	HG20592-97	法兰 PL150-1.0 RF	1	16MnR		4.6	
31	GB8163-87	接管 φ159×61=154	1	20		3.6	
30	JB/T4737-95	封头 DN300×12	1	16MnR		97.3	
29		筒体 DN300×10 H=1066	1	16MnR		236.6	
28	GB41-86	螺母 M12	1	4级			
27	Q/D115-66	U型螺栓 M12/38-50	1	Q235-A		0.95	
26		支承 s=10	4	20	0.05	0.2	
25	SH3-1048-02	上喷漆装置	1	组合件		141	
24	SH3-1048-03	填料压置	12	组合件	33.4	400.8	
23		支承 II φ294/794 s=10	24	Q235-A	8.26	239.5	
22		筒体 DN300×12 H=4132	4	16MnR	1402	5608	
21		筒体 DN300×14 H=4932	1	16MnR		1554	
20		填料 sw-1 h=1000	2	0Cr18Ni9	88.3	176.6	
19	SH3-1048-02	下喷漆装置	3	组合件	137.5	412.5	
18	HG21516-95	人孔IV(AG) 450-0.6	4	组合件	106	424	
17	SH3-1048-04	再分布器	11	组合件	157.1	1728	
16		筒体 DN300×22 H=4132	6	16MnR	2060	12360	
15		接头 M27×2 (M20×1.5)h=90	7	Q235-A	0.1	1.4	外径φ45
14	GB6170-86	螺母 M20	768	8级	0.06	46	
13	JB4707-92	螺柱 M20×140-T	384	35	0.29	111.4	
12	JB4704-92	片 300-0.6	12	耐油石棉橡胶板			
11	JB4701-92	法兰 PII 300-0.6	24	16MnR	64.6	1550	
10	GB8163-87	接管 φ159×61=832	1	20		19.2	
9		盲板 s=6	1	Q235-A		0.8	
8	HG20592-97	法兰 PL150-1.0 RF	1	16MnR		7.6	
7	SH3-1048-03	钢板	12	Q235-A	33.3	399.6	
6		支撑板 s=10	48	Q235-A	0.4	19.2	
5	JB593-64-4	视镜IPg6Dg150	10	组合件	9.12	91.2	
4	HG20592-97	法兰 PL120-2.5 RF	2	16MnR	0.94	1.88	
3	GB8163-87	接管 φ25×31=61	2	20	0.26	0.52	
2		筒体 DN300×24 H=2116	1	16MnR		1119	
1		连 DN2512/300×36 H=3652	1	16MnR		5784	
序号	图号或标准号	名　称	数量	材　料	单 重量	总 重量	备注

52	HG/T21618-1998	丝网除沫器X300-150 SP 304/Q235	1	组合件		44.3	
51		加强圈70×8 1~2964	11	Q235-A	24.8	273	
50		人孔 S=16	1	16MnR		16.7	
49	GB8163-87	引必管φ273×8 l=200	1	20		15.6	
48		角板 100×70×6	3	Q235-A	0.33	0.99	
47	GB8163-87	接管 φ108×6 l=214	1	20		2.1	
46		弯头 R=150	1	20		2.2	

大学　　专业

职责		日期		设计项目	
设计			AMEA塔 DN300 H=27.5m 装配图	设计阶段	施工图
制图				CE&T99-1	
校核					
审核					
审定				第4张	共4张
批准			比例1:6　图幅 A3		

附录7 浮阀精馏塔装配图

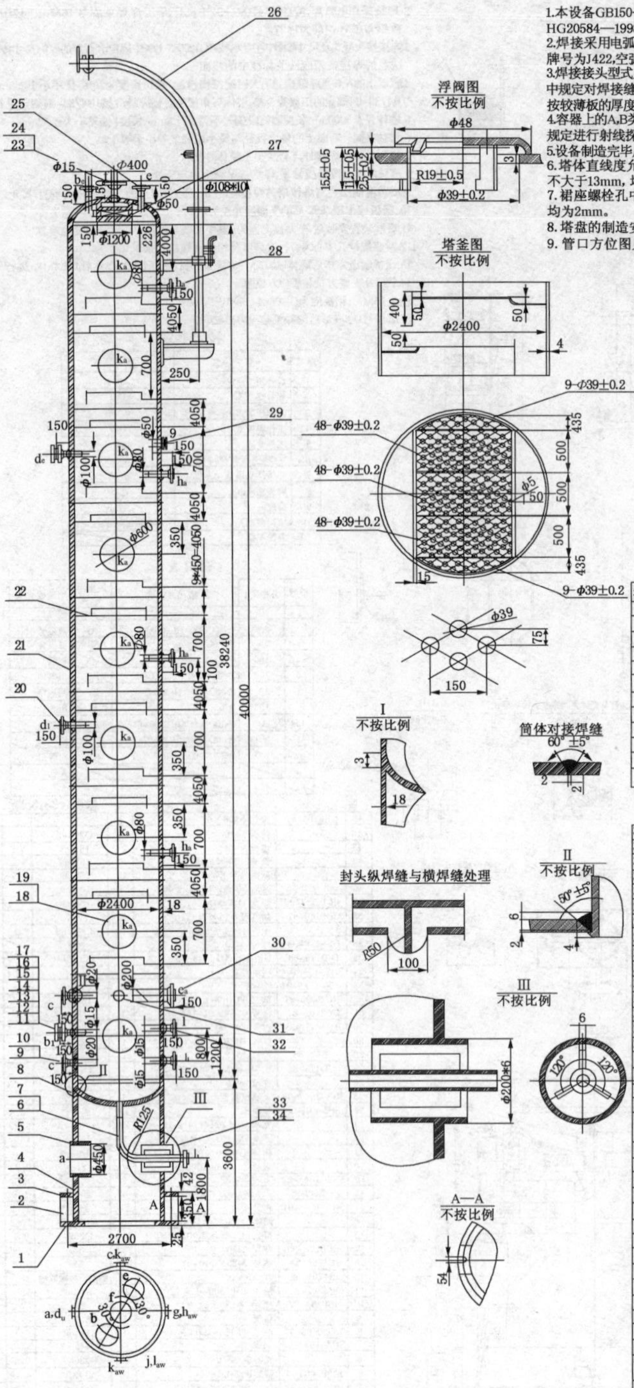

技术要求

1.本设备GB150—1998《钢制压力容器》,JB/T4710—2005《钢制塔式容器》和HG20584—1998《钢制化工容器制造技术要求》进行制造,试验和验收。

2.焊接采用电弧焊,并按JB4709-2000《钢制压力容器焊接规程》进行,手工焊焊条牌号为J422,空弧自动焊焊条牌号为H08A,焊剂牌号为HJ431。

3.焊接接头型式及尺寸除图中注明外,按HG20583-1998《钢制化工容器结构设计规定》中规定对焊接缝为Y型坡口双面焊,接管与壳体的焊缝应全焊透,角焊缝的焊角尺寸按较薄板的厚度,法兰的焊接按相应法兰标准中的规定。

4.容器上的A,B类焊缝应按GB/T3323-2005《钢熔化对接接头射线照相和质量分级》规定进行射线探伤,探伤长度为每条焊缝长度的20%,焊缝质量III级合格。

5.设备制造完毕后以1.4MPa进行卧式水压试验,合格后以0.11MPa进行气密性试验。

6.塔体直线度允许误差为任意3000mm长圆筒段偏差不得大于3mm,总长偏差不大于13mm,塔体安装垂直度允许误差为13mm.

7.裙座螺栓孔中心圆直径允许误差及相邻两孔和任意两孔弦长允许误差均为2mm。

8.塔盘的制造安装,按照JB/T1205—2001,《塔盘技术条件》进行。

9.管口方位图见本图。

技术特性表

序号	项目	指标
1	工作压力/MPa	1.4
2	设计温度/℃	250
3	工作介质	苯 甲苯
4	主要受压元件材质	16MnR
5	许用应力/MPa	147
6	焊缝系数	0.85
7	腐蚀余量/mm	3
8	塔板块数	79
9	设计基本风压/(kN/m)	0.4
10	地震烈度	8
11	浮阀型式	浮阀F1Z-3B
12	保温层材料	
13	保温层厚度	100
14	全容积/m	

管 口 表

符号	公称尺寸	接管尺寸标注	连接面形式	用途或名称
a	450			裙座人孔
b	15			压力计口
c	20			液面计口
d	100	PN1.6DN100GB/T9115.1-2000	FF	进料口
e	50			放空口
e	300	PN1.6DN300GB/T9115.1-2000	FF	气体入口
f	400	PN1.6DN400GB/T9115.1-2000	FF	气体出口
g	50	PN1.6DN50GB/T9115.1-2000		回流口
h	80		FF	循环液入口
I	15	PN1.6DN80GB/T115.1-2000		采样口
j	200	PN1.6DN200GB/T115.1-2000	FF	液体出口
k	600	PN1.6DN600GB/T115.1-2000	RF	人孔

件号	图号或标准号	名称	数量	材料	单重/kg	总重/kg	备注
34		支承板S=16	1	Q235-B			
33	JB/T4710-2005	引出口DN200	1	Q235-B			
32	JB/T4710-2005	接管DN15	1	20			
31	JB/T4710-2005	接管DN15	1	20			
30	JB/T4710-2005	接管DN300	1	20			
29	JB/T4710-2005	接管DN50	1	20			l=150
28	JB/T4710-2005	接管DN80	4	20			l=150
27	HG/T21618	除沫器DN1200	1	组合件	63		l=150
26	HG/T21639-2005	吊柱	1	组合件			l=150
25	JB/T4710-2005	接管DN50	1	20			l=150
24	GB/T9115.1-2000	法兰DN400	1	20			
23	JB/T4710-2005	接管DN400	1	20			
22		塔盘	79	组合件			l=150
21		筒体Dg2400*18	1	16MnR	39733	39733	
20	JB/T4710-2005	接管DN100	2	20	3.8	3.8	l=150
19	HG21506-92	补强圈DN600*18	9	20	33.9	33.9	
18		人孔PN1.6DN600	9	组合件			
17	JB/T4710-2005	压力计口DN15	2	组合件			
16	GB/T9115.1-2000	法兰盖DN15	5	20			
15		垫片FF	5	耐油石棉橡胶板			
14	HG20613-97	螺母M12					
13	HG20613-97	螺栓M12					
12	GB/T9115.1-2000	法兰DN15	5	20			
11	JB/T4710-2005	接管DN15	5	20			
10	GB/T9115.1-2000	法兰DN20	2	20			
9	JB47100-92	接管DN20	2	20			
8	JB/T4735-95	封头Dg2400*18	2	16MnR	940	1880	
7	GB/T9115.1-2000	法兰DN200	1	20			l=150
6	JB/T4710-2005	接管DN200	1	20			
5	HG21514-29535-95	裙座人孔PN1.6DN450	1	组合件	168	168	l=150
4		裙座φ2400*18	1	Q235-B	3305	3305	
3		压板S=42	28	Q235-B			
2		筋板320*186 S=21	56	Q235-B			l=150
1		基础环φ2700 S=25	1	Q235-B			

大学			专业		
职责	姓名	日期	浮阀塔 φ2400*18 H=40000 装配图	实际项目	
设计				设计阶段	
制图					
校核					
审核					
审定				第 张	共 张
批准			不按比例 图副：A1	版次	

参 考 文 献

1 化学工程手册编委会．化学工程手册．北京：化学业出版社，1991
2 上海医药设计院．化学工艺设计手册．北京：化学工业出版社，1996
3 刘光启．化工物性算图手册．北京：化学工业出版社，2002
4 童景山．流体的热物理性质．北京：中国石化出版社，1996
5 卢焕章等．石油化工基础数据手册．北京：化学工业出版社，1982
6 马沛生．石油化工基础数据手册．续编．北京：化学工业出版社，1993
7 王松汉．石油化工设计手册(第1卷)，石油化工基础数据．北京：化学工业出版社，2002
8 兰州石油机械研究所．换热器：上册．北京：中国石化出版社，1992
9 化工设备设计全书编辑委员会．换热器设计．上海：上海科学技术出版社，1998
10 中华人民共和国国家标准 GB 151—89 钢制管壳式换热器．国家技术监督局发布，1989
11 施林德尔 EU. 热交换器设计手册：第三卷．北京：机械工业出版社，1988
12 匡国柱，史启才．化工单元过程及设备课程设计．北京：化学工业出版社，2002
13 马江权，杨德明，龚方红．计算机在化学化工中的应用．北京：高等教育出版社，2005
14 贾绍义，柴诚敬．化工原理课程设计．天津：天津科学技术出版社，2002
15 刘乃鸿等．工业塔新型规整填料应用手册．天津：天津大学出版社，1993
16 王树楹等．现代填料塔技术指南．北京：中国石化出版社，1998
17 徐崇嗣等．塔填料产品及技术手册．北京：化学工业出版社，1995
18 LM 罗斯著．经文魁，许正宇译．实用精馏设计，北京：化学工业出版社，1993
19 陈英南．常用化工单元设备的设计．上海：华东理工大学出版社，1993
20 潘国昌，郭庆丰．化工设备设计．北京：清华大学出版社，1996
21 徐中全译，尾花英郎著．热交换器设计手册．北京：石油工业出版社，1982
22 王国胜．化工原理课程设计．大连：大连理工大学出版社，2005
23 王立页．化工装置技术．大连：大连理工大学出版社，2005
24 尹先清．化工装置技术．北京：石油工业出版社，2005
25 尹芳华，钟璟，马江权等．现代分离技术．北京：化学工业出版社，2009